游戏软件开发专家系列

3D 数学基础：图形与游戏开发

(美)Fletcher Dunn
(美)Ian Parberry 著

史银雪　陈　洪　王荣静　译
北京递归开元教育科技有限公司　审校

清华大学出版社
北　京

内容简介

本书主要研究隐藏在3D几何世界背后的数学问题。3D数学是一门与计算几何相关的学科，计算几何则是研究怎样用数值方法解决几何问题的学科。3D数学和计算几何广泛应用在那些使用计算机来模拟3D世界的领域，如图形学、游戏、仿真、机器人技术、虚拟现实和动画等。

本书涵盖了理论知识和C++实现代码。理论部分解释3D中数学和几何之间的关系，列出的技巧与公式可以当做参考手册以方便查找。实现部分演示了怎样用代码来实现这些理论概念。编程示例语言使用的是C++，实际上，本书的理论知识能通过任何编程语言实现。

3D数学基础：图形与游戏开发

3D Math Primer for Graphics and Game Development (ISBN 1-55622-911-9)
Fletcher Dunn，Ian Parberry

图书在版编目(CIP)数据

3D数学基础：图形与游戏开发/(美)邓恩(Dunn, F.)，(美)帕贝利(Parberry, I.)著；史银雪，陈洪，王荣静译；北京递归开元教育科技有限公司审校．—北京：清华大学出版社，2005.7(2022.11重印)
(游戏软件开发专家系列)
书名原文：3D Math Primer for Graphics and Game Development
ISBN 978-7-302-10946-4

①Ⅰ.3…　Ⅱ.①邓…②帕…③史…④陈…⑤王…⑥北…　Ⅲ.①三维—动画—图形软件②游戏—应用程序—程序设计　Ⅳ.①TP391.41②G899

中国版本图书馆CIP数据核字(2005)第042467号

责任编辑：张　莉
装帧设计：陈刘源
责任印制：沈　露
出版发行：清华大学出版社
　　网　　址：http://www.tup.com.cn, http://www.wqbook.com
　　地　　址：北京清华大学学研大厦A座　　**邮　　编：**100084
　　社 总 机：010-83470000　　**邮　　购：**010-62786544
　　投稿与读者服务：010-62776969, c-service@tup.tsinghua.edu.cn
　　质量反馈：010-62772015, zhiliang@tup.tsinghua.edu.cn
印 装 者：三河市科茂嘉荣印务有限公司
经　　销：全国新华书店
开　　本：185mm×230mm　　**印　张：**24.5　　**字　数：**530千字
版　　次：2005年7月第1版　　**印　次：**2022年11月第21次印刷
定　　价：58.00元

产品编号：014855-02

译　者　序

计算机图形及游戏开发技术是一门与数学紧密相关的技术。正由于拥有强大的数学理论后盾，计算机模拟的虚拟世界才可以像今天这样逼真。数学在计算机图形及游戏开发中占有重要的位置，将游戏数学单独进行讲解也成为需要。

本书着重讲解与计算机图形及游戏开发相关的数学知识，重点放在3D数学上。3D数学是一门和计算几何相关的学科，主要研究怎样用数值方法解决几何问题。3D数学和计算几何广泛应用在图形及游戏开发领域中，如图形变换、物理仿真等。

本书首先介绍基本的代数和几何知识，其中包括向量、矩阵、四元数、几何变换等相关内容；在此基础上，进一步介绍与计算机游戏开发相关的数学知识，其中包括几何图元的碰撞检测、三角形网格的实现、可见性判断等内容。由于本书是一本和计算机紧密结合的技术性书籍，因此本书在对相关数学知识进行讨论的同时，还给出相应的C++实现代码。

通过本书的学习，用户可以掌握计算机游戏开发中常用的数学方法及相关公式，并能为进一步学习高级开发技术打下基础。

计算机图形及游戏数学是一门复杂的学科，因此在进入本书的学习之前读者需要具备一定的代数和几何学基础。本书可以作为计算机游戏开发人员使用的参考用书，也可以作为计算机游戏初学者的入门书籍。由于译者水平有限，错误在所难免，对于书中叙述不清，讲解有误的地方，欢迎读者批评指正。大家可以利用中国游戏开发者联盟网站http://www.cngda.com进行沟通与交流。

感谢北京递归开元教育科技有限公司提供的机会与平台，感谢家人以及业界的朋友在本书编写过程中给予我们的支持和帮助，这里还要特别感谢任小宇、李巍、郑砚、张启竣，在本书翻译过程中提出了非常宝贵的意见，希望我们的绵薄之力能够促进中国游戏产业的发展。

译者　于北京绿园

2005年5月

目　录

简介

1.1 什么是 3D 数学

本书将研究隐藏在 3D 几何世界背后的数学问题——3D 数学。3D 数学是一门和计算几何相关的学科，计算几何则是研究用数值方法解决几何问题的学科。这两门学科广泛应用于那些使用计算机来模拟 3D 世界的领域，如图形学、游戏、仿真、机器人技术、虚拟现实和动画等等。

本书包含理论知识和用 C++语言实现的示例代码两部分。理论知识部分解释 3D 领域中数学和几何之间的关系，这部分还可作为相关技巧与公式的参考手册。示例实现部分则演示了怎样通过编写代码来实现这些理论概念。示例中的编程语言使用 C++，但本书所介绍的理论技术能用任何编程语言实现。

本书并不是讲解计算机图形学、仿真、或计算几何的专著。但如果您打算学习这些学科，那么您有必要首先了解本书所介绍的内容是必要的。

1.2 为什么选择本书

如果您打算学习 3D 数学并用于编写游戏或图形程序，那么本书就是为您而准备的。市场上已经有许多书承诺能教会您如何制作一款游戏或如何把图像显示到屏幕上，那么为什么还要选择本书呢？因为本书有许多独一无二的优点。

- 独一无二的主题：本书填补了讲解图形学、线性代数和编程之间关系的空白。首先这是一本入门书，意味着我们将集中精力介绍基本的 3D 概念——而其他书往往是以很小的篇幅或仅在附录中对 3D 概念进行简要介绍(作者通常假设读者已经具备了这些知识)。所以本书的定位是：学习编写游戏或图形程序时应该读的第一本书。其次，本书还可以当做参考手册使用，您可以先通读一遍全文，等以后需要时再查阅具体的内容。

- 独一无二的讲解方法：本书通过三个方面来讲解：数学、几何和代码。**数学**部分列出了一些方程和公式，许多书讲解到这里就止步了。但为了使数学部分的学习更有效，我们还需具备认识数学怎样和**几何**相互联系的直觉。本书将以多个例子来展示数学和几何的联系，如 3D 定位、矩阵乘法和四元数。有了直观印象后，接着就是具体的**代码**实现部分。本书给出了实际可用的代码示例，以使您学习 3D 数学编程更加直观容易。
- 独一无二的作者：本书是实际经验与学术权威的结合。Fletcher Dunn 有六年的专业游戏编程经验，在不同游戏平台上发表过多个作品。他现在是 Terminal Reality 公司的首席程序员，BloodRayne 项目的领导者。Lan Parberry 博士有 18 年的相关学术研究和大学教学经验。本书是他的第六本书，也是第三本讲解游戏编程的书。他现在是北德克萨斯大学计算机科学系的终身教授，高等教育界著名的游戏教育先锋。从 1993 年起，他就在北德克萨斯大学向本科生讲授游戏开发课程。
- 独一无二的插图：仅仅依靠阅读文字和公式就能学会 3D 数学几乎是不可能的，本书提供了很多插图助您思考。粗略翻一下本书，会发现几乎每页都有插图，而且插图经常出现在公式和代码的旁边，我们不仅“讲述”3D 数学，还通过插图“展示”给读者。总之，本书贯彻了将数学概念、几何直观表示和代码实现结合在一起讲述的风格。
- 独一无二的代码：本书代码中的类被设计成可以完成某些特定任务，并且易于理解、不会被误用。因为它们简单而且重点分明，您很容易通过一次尝试就让它成功运行。许多书中使用了错误的类设计思想——提供了所有可能的操作，但只有很小一部分才是实际工作中会用到的。
- 独一无二的写作风格：我们的写作风格通俗易懂，富于趣味性，但有时为了表达清晰，语言就会比较正规并力图表达准确。我们想用有趣的例子来激发读者的兴趣，绝不单纯是为了幽默。
- 独一无二的网站：本书没有附带光盘。光盘成本较高并且一旦发行就不能再更新。我们制作了一个帮助网站：www.cngda.com。在那里可以浏览一些交互式的例子，以使读者能更好地理解那些很难从字面和插图中领悟的概念。可以从网站上下载代码(包括所有漏洞补丁)和有用的工具，也可以在上面找到习题答案和其他关于 3D 数学、图形和编程的网站链接。

1.3 阅读本书需要的基础知识

要学习本书的理论部分，读者需要具备一些基本的代数和几何知识，包括：

- 代数表达式变换
- 代数运算法则，如结合律、分配律
- 函数和变量
- 基本的 2D 欧几里德几何知识

另外，最好懂得三角函数，但不是必须的。附录 A 列出了一些关键数学概念的简短介绍。

要学习本书的实践部分，读者需要了解 C++编程的基础知识包括：

- 程序流程控制
- 函数和参数
- 面向对象编程和类的设计

本书的示例代码没有编译器和目标平台的限制，不会使用 C++语言中的一些高级特性。任何读者可能不熟悉的语言特性如操作符重载、引用参数等，都会在必要的时候给以解释。

1.4　概　　览

- **第 1 章**　简介，就是您正在阅读的这一章。基本介绍了本书的目标读者、本书特点，以及阅读本书者要具备的一些基本知识。
- **第 2 章**　介绍 2D、3D 笛卡尔坐标系，并讨论了用笛卡尔坐标系定位空间中的点的方法。
- **第 3 章**　讨论多种坐标系以及它们是如何互相嵌套以形成层次关系的。
- **第 4 章**　介绍向量的概念，以及如何在数学和几何领域解释向量。
- **第 5 章**　介绍向量运算和这些运算的几何解释。
- **第 6 章**　提供一个可用的 C++3D 向量类。
- **第 7 章**　从数学和几何的角度介绍矩阵，并展示了怎样用矩阵作线性变换。
- **第 8 章**　介绍多种线性变换和它们对应的矩阵。
- **第 9 章**　介绍一些常用的和有趣的矩阵以及它们的性质。
- **第 10 章**　介绍 3D 空间中表达方位和角位移的不同方法。
- **第 11 章**　为 7 到 10 章的数学原理提供 C++类。
- **第 12 章**　介绍多种几何图元并讨论了怎样用数学方法表达和操作它们。
- **第 13 章**　给出多个关于几何图元的常用检测方法。
- **第 14 章**　讨论怎样存储和操作三角网格，并设计了一个 C++三角网格类。
- **第 15 章**　计算机图形学概述，集中讲解了关键的数学知识点。
- **第 16 章**　讨论计算机图形学的一个重要问题：可见性检测技术。
- **第 17 章**　提醒读者访问我们的网站并为进一步的学习提供一些建议并推荐一些参考资料。

笛卡尔坐标系统

本章主要介绍3D数学的基本概念，共分三节。

- 2.1节介绍1D数学——计数和度量的数学，主要内容有：
  - 数学概念：自然数、整数、有理数和实数
  - 一方面讲解数学中自然数、整数、有理数、实数之间的关系，另一方面讲解编程语言中short、int、float、double几种数据类型之间的联系
  - 计算机图形学第一准则
- 2.2节介绍了2D笛卡尔数学——关于平面的数学，主要内容有：
  - 2D笛卡尔平面
  - 原点
  - x轴，y轴
  - 2D中轴的方向
  - 用笛卡尔坐标(x,y)定位2D空间内的点
- 2.3节将2D笛卡尔数学扩展到3D空间，主要内容有：
  - z轴。
  - xy、xz、yz平面
  - 用笛卡尔坐标(x,y,z)定位3D空间内的点
  - 左手坐标系，右手坐标系

3D数学讲解如何在3D空间中精确度量位置、距离和角度。其中使用最广泛的度量体系是笛卡尔坐标系统。笛卡尔数学由著名的法国哲学家、物理学家、生理学家、数学家勒奈·笛卡尔(Rene Descartes)(1596-1650)发明，并以他的名字命名。笛卡尔不仅创立了解析几何，将当时完全分离的代数学和几何学联系到了一起，还在回答“怎样判断某件事物是真的？”这个哲学问题上迈出了一大步，使后来的一代代哲学家能够轻松起来，因为他们再也不用通过数羊来确认事情的真伪了(2.1节将详细介绍这个问题)。笛卡尔推翻了古希腊学者对此问题提出的答案：ethos(因为是我告诉您的)，pathos(因为这样会更好)，

logos(因为它有意义)，而是提倡一开始就用纸和笔来解决问题。

2.1　1D 数学

阅读本书的目的是学习 3D 数学，所以您可能会奇怪为什么要讨论 1D 数学。这是因为在进入 3D 世界之前，首先要弄清关于数字体系和计数的一些概念。

两千多年前，人们为了方便“数羊”而发明了自然数。“一头羊”的概念很容易理解(如图 2.1)，接下来是“两头羊”和“三头羊”，依此类推。人们很快意识到这样数下去工作量巨大，于是就在某一点放弃计数而代之以“很多羊”。不同的文明在不同点放弃计数。随着文明的发展，我们渐渐可以支持专门的人去思考“数字”，这些人不用考虑生计问题。这些智者确定了“零”的概念(没有羊)，他们不准备为所有的自然数命名，而是发展出多种计数体系，在需要的时候再为自然数命名——使用数字“1”，“2”等(如果您是古罗马人，则使用“M”，“X”，“I”等)。这样，数学诞生了。

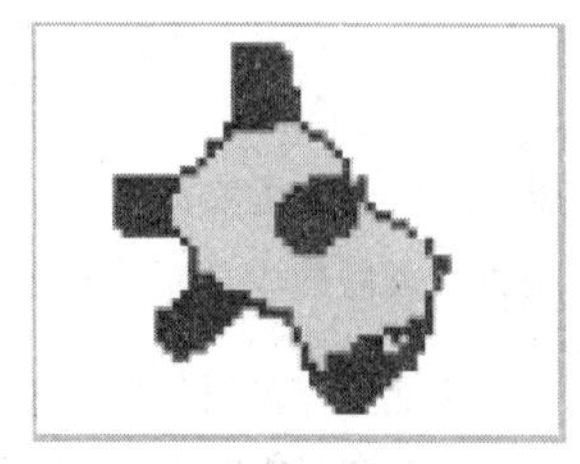

图 2.1　一头羊

人们习惯于把羊排成一排来计数，这导致了数轴概念的产生，如图 2.2 所示，在一条直线上等间隔地标记数字。理论上，数轴可以无限延长，但为了方便，我们只标识到第 5 只羊，后面用一个箭头来表示数轴可以沿长。历史上的思想家们想到它能表示无穷大的数，但羊贩子们可能不会理解这个概念，因为这已经超出了他们的想像。

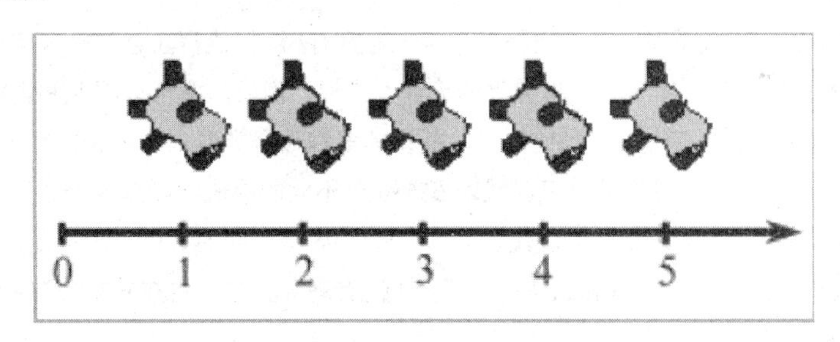

图 2.2　自然数数轴

如果您很健谈，就能劝说别人买一只您实际上没有的羊，由此产生了债务和负数的概念。卖掉这只想像中的羊，您实际有“负一”只羊。这种情况导致了整数的产生——由自然数和它们的相反数(负数)组成。相应的整数数轴如图 2.3 所示。

贫穷的出现显然早于债务，贫穷致使一部分人只买得起半只羊，甚至四分之一只羊。于是产生了分数——由一个整数除以另一个整数形成，如 2/3，111/27。数学家们称这些数为有理数，有理数填补了数轴上整数之间的空白。为了方便，人们发明了小数点表示法，用“3.1415”来代替冗长的 31415/10000。

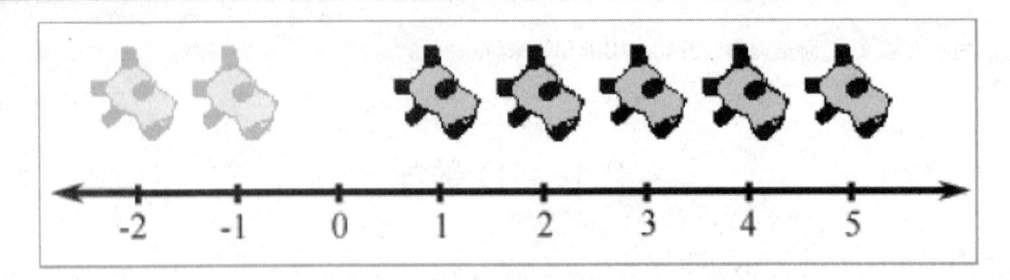

图 2.3 整数数轴(灰色的羊表示负数)

过了一段时间，人们发现日常生活中使用的有些数无法用有理数表示，最典型的例子是圆的周长与直径的比，记作 π (读 pai)。这就产生了所谓的实数，实数包含有理数和 π 这样的无理数——如果用小数形式表示，小数点后需要无穷多位。实数数学被很多人认为是数学中最重要的领域之一，因为它是工程学的基础，人类使用实数创建了现代文明。最酷的事情是有理数可数，而实数不可数。研究自然数和整数的领域称作**离散数学**，研究实数的领域称作**连续数学**。

事实上，实数只是被我们文化所认可的、约定俗成的一种概念。许多著名的物理学家们都认为：实数只是一种错觉，因为宇宙是离散和有限的。如果现实世界是由有限个离散事物组成的，那么我们只能计数到某个固定值——因为我们已经数完了世界中所有的事物(不仅我们数完了羊，连烤面包机、修理工等等也都数完了)。由此我们断定，仅用离散数学就能描述整个宇宙，并且只需要用到自然数的一个有限子集(很大，但可数)。也许宇宙中就存在着一个超越我们科技的文明，他们从来没有听说过连续数学、基本微积分理论，甚至是无限这样的概念。他们从不使用 π ，而是使用 3.14159(或更精确些：3.1415926535897932382626433832795)就可以建造完美的世界。

那为什么还要使用连续数学呢？因为它在工程学上非常有用。但值得注意的是现实世界中使用的术语“实数”，通常是离散的意思。对 3D 虚拟世界的设计者来说，需要注意什么呢？和现实世界一样，将要处理的是一系列离散和有限的事物，可以使用 C++提供的多种数据类型来描述 3D 虚拟世界，包括 short，int，float 和 double。short 是 16 位整数，可以代表 65536 个不同的数值，虽然这个数很大，但度量现实世界还是远远不够的。int 是 32 位整数，可以代表 4,294,967,296 个不同的数值。float 是 32 位有理数，可以代表 4,294,967,296 个数值。double 与 float 类似，是 64 位有理数。我们将在 6.3.1 节深入讨论这个问题。

为虚拟世界选择度量单位的关键是选择离散的精度。有一种错误的观点认为 short、int 是离散的，而 float、double 是连续的，而实践上这些数据类型都是离散的。以前的计算机图形学教材通常建议选用整数，因为那时硬件处理浮点数的能力要比处理整数弱，但对于现在的硬件，这种说法已经过时了。那应该怎样选择精度呢？我们向您介绍计算机图形学的第一准则，留给您思考：

计算机图形学第一准则：近似原则如果它看上去是对的它就是对的。

本书大量使用了三角数学，它由实数来度量，包括实常量 π 和实函数(如 sin、cos)。我们将继续使用实数这个惯用的概念，因为它能很好地表达事物，而这样的选择也正符合刚提到的计算机图形学第一准则。

2.2　2D 笛卡尔数学

即使以前从没有听说过“笛卡尔”，您可能也早就使用过 2D 笛卡尔坐标系了。笛卡尔很像是由矩形构成的一个虚拟世界。如果您曾经注视过房屋的天花板，用过街区地图，看过足球比赛，下过象棋，那么您已经在笛卡尔坐标系中了。

2.2.1　笛卡尔坐标系的实例：假想中的笛卡尔城

让我们想像一个名为笛卡尔的虚拟城市。笛卡尔城的设计者们精心设计了街道的布局，如图 2.4 所示。

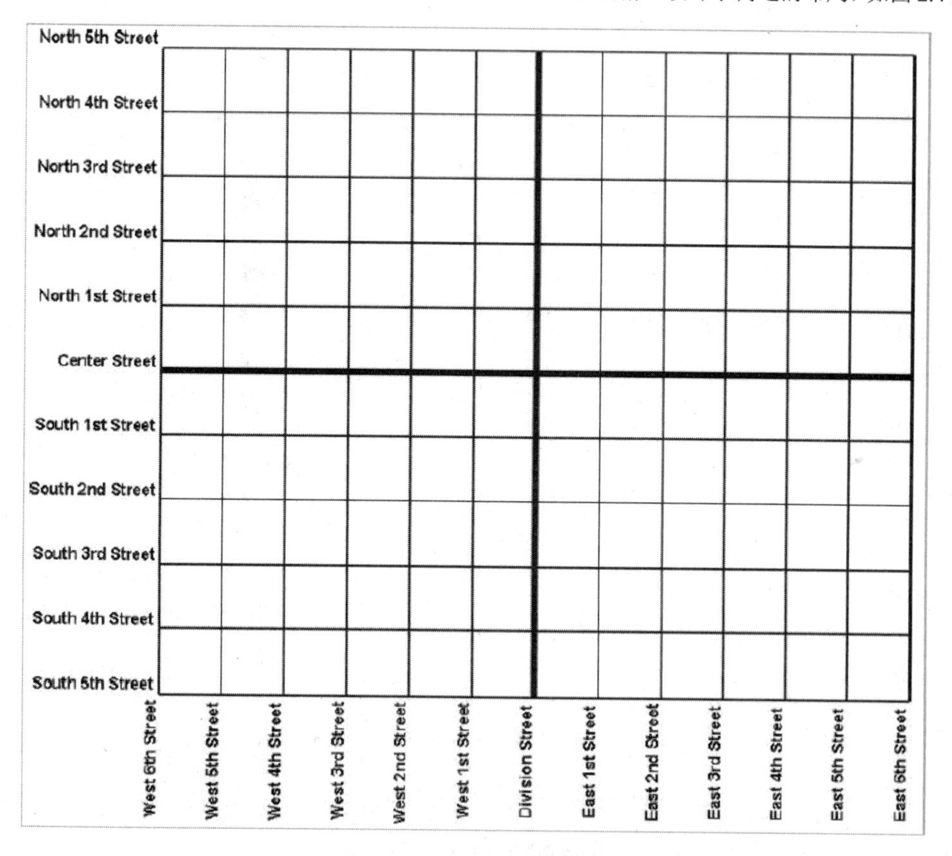

图 2.4　笛卡尔城的地图

从图中我们可以看到，中央街道(Center Street)经过城镇中心贯穿东西。其他东西走向的街道是根据它与中央街道的相对位置来命名的，如北 3 街和南 15 街。

剩下的街道都是南北走向的。分界街道(Division Street)由南向北穿过城镇中心。其他南北走向的街道是根据它与分界街道的相对位置来命名的，如东 5 街和西 22 街。

虽然街道名字没有什么艺术性可言，但它相当实用。即使不看地图，也能很容易找到位于北 4 街和西 22 街的油炸圈饼店，也很容易估计驱车从一个地方到另一个地方的路程。例如，从位于北 4 街和西 22 街的油炸圈饼店到南 3 街中央的警察局，需要向南走 7 个街区，向东走 22 个街区。

2.2.2　任意 2D 坐标系

笛卡尔城建立之前，这里只是一片空地。城市的设计者可以任意选定城镇的中心、街道方向、街道间距等等。类似地，我们可以在任何地方建立 2D 坐标系——比如说在纸上、棋盘上、黑板上、水泥平台上或足球场上。

图 2.5 展示了一个 2D 笛卡尔坐标系。

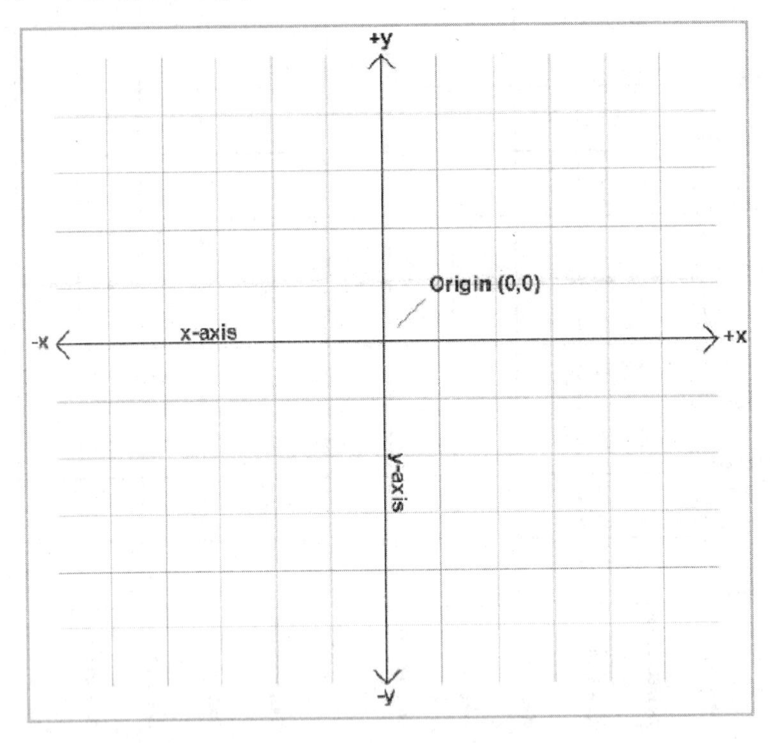

图 2.5　2D 笛卡尔坐标系

如图 2.5 所示，2D 笛卡尔坐标系由以下两点定义：

- 每个 2D 笛卡尔坐标系都有一个特殊的点，称作原点(Origin(0,0))，它是坐标系的中心。原点相当于笛卡尔城的中心。

- 每个 2D 笛卡尔坐标系都有两条过原点的直线向两边无限延伸，称做“轴”(axis)。两个轴互相垂直，这相当于笛卡尔城的中央街道和分界街道(垂直不是必须的，但我们通常使用坐标轴互相垂直的坐标系)。图中的灰色网格线相当于笛卡尔城的其他街道。

下面介绍笛卡尔城与 2D 坐标系之间的区别：

- 笛卡尔城有大小限制，超过城市边界的土地不再被认为是城市的一部分。而 2D 坐标空间是无限延伸的。
- 笛卡尔城的街道有宽度。而抽象坐标系中的直线没有宽度。
- 抽象坐标系中，每个点都是坐标系的一部分。而图中的灰线只是作为参考。

图 2.5 中，水平的轴称作 x 轴，向右为 x 轴正方向，垂直的轴称作 y 轴，向上为 y 轴正方向，这是表示 2D 坐标系的惯用法。注意，名词“水平”和“垂直”实际上并不准确，比如桌面上的坐标系，两个轴都是“水平”的，并没有真正“垂直”的轴。

我们可以根据自己的需要来决定坐标轴的指向。也就是说笛卡尔城的设计者当初可以将中央街道设计为南北走向或任意方向，而不必是东西走向(纽约长岛的街道走向就是根据地理方位特征设计的)。我们还需要决定轴的正方向，例如，规定屏幕坐标系的 x 轴以原点向右为正，y 轴向下为正(如图 2.6 所示)。

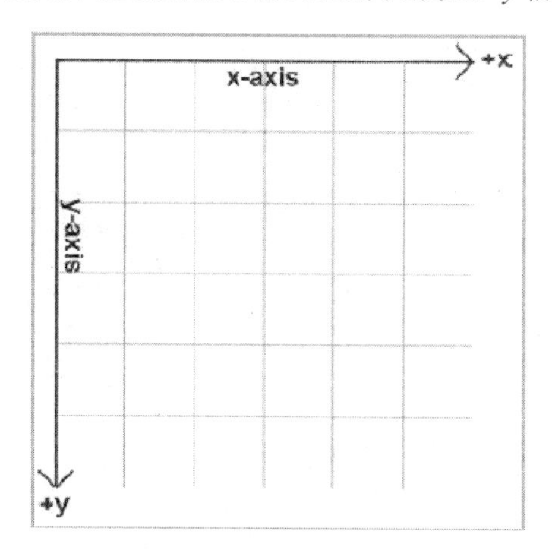

图 2.6　屏幕坐标系

很不幸，当笛卡尔城的建设方案已经完成时，仅有的地图制作者却住在德塞利城。去订购地图的笛卡尔城下层官员没有注意到德塞利城的地图制作者有特殊的习惯，他们认为地图的上下左右都可以表示北方，尽管他们让东西线和南北线具有正确的垂直关系，但却经常将东西线反向。当高层官员发现问题的时候，为时已晚，合同已经签定，取消合同的代价太大。而且最尴尬的是，没人知道地图制作者将提交什么形式的地图。于是笛卡尔城官方组织了专门的委员会来讨论对策。

委员会迅速分析出了 8 种可能的解决方案，如图 2.7 所示。人们最常用的是左上第 1 个图显示的方式，上北右东。委员会决定将此方式定义为标准方式。

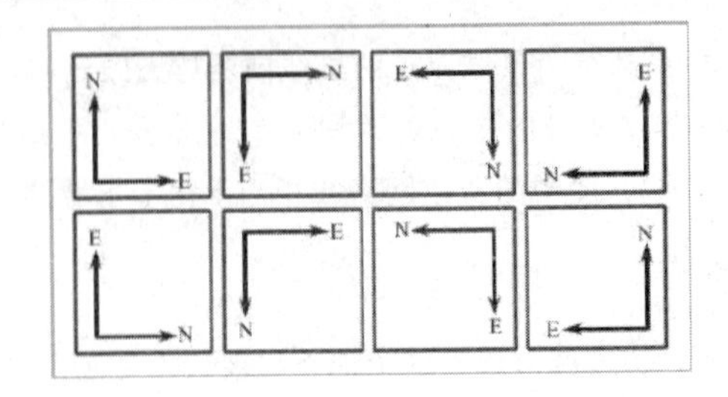

图 2.7　2D 中可能的轴的指向

会议持续了数个小时，与会者们进行了激烈的讨论。终于，图 2.7 中第 1 行的另外 3 种方式也被采纳了，因为这些图通过旋转就可以得到标准方式。

可是，不论与会者们怎样旋转第 2 行的 4 个坐标系也得不到标准形式。最后终于发现，如果对着灯光从背面观看，就可以将第 2 行的坐标系转换成标准方式！

总体来说，无论我们为 x 轴和 y 轴选择什么方向，总能通过旋转使 x 轴向右为正，y 轴向上为正。所以从某种意义上说，所有 2D 坐标系都是“等价”的。注意，这种说法对于 3D 坐标系是不成立的，后面的相关章节将详细介绍这个问题。

2.2.3　在 2D 笛卡尔坐标系中定位点

坐标系是一个精确定位点的框架。为了在笛卡尔坐标系中定位点，人们引入了笛卡尔坐标的概念。在 2D 平面中，两个数(x,y)就可以定位一个点(因为是二维空间，所以使用两个数。类似地，三维空间中使用三个数)。和笛卡尔城街道名的意思类似，坐标的每个分量都表明了该点与原点之间的距离和方位。确切地说，每个分量都是到相应轴的**有符号距离**。图 2.8 展示了怎样在 2D 笛卡尔坐标系中定位点。

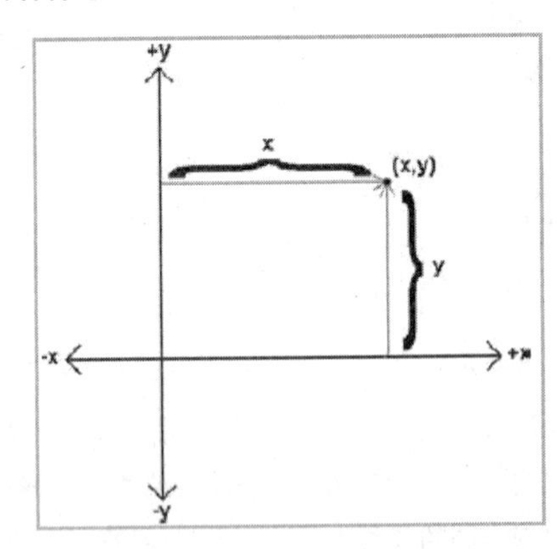

图 2.8　在 2D 笛卡尔坐标系中定位点

如图 2.8 所示，x 分量表示该点到 y 轴的**有符号距离**。同样 y 分量表示该点到 x 轴的**有符号距离**。“有符号距离”是指在某个方向上距离为正，而在相反的方向上为负。

2D 坐标的标准表示法是(x, y)。图 2.9 展示了笛卡尔坐标系上的多个点。注意 y 轴左边的点 x 坐标为负，右边的点 x 坐标为正。同样，y 坐标为正的点在 x 轴上方，y 坐标为负的点在 x 轴下方。注意，我们可以表达坐标平面上的任意点，而不仅是灰线的交点。请仔细研究此图，弄明白这种表示法。

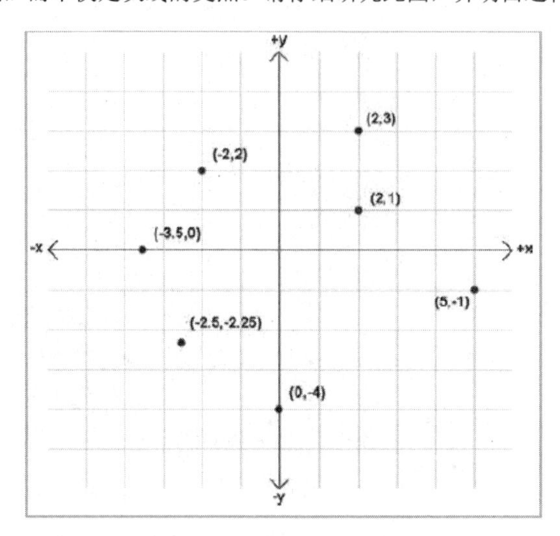

图 2.9 2D 笛卡尔坐标的例子

2.3 从 2D 到 3D

我们已经理解了 2D 笛卡尔坐标系，下面来思考一下 3D 空间。初看起来，3D 空间只是比 2D 空间多一个轴，也就是多了 50%的复杂度，而事实并非如此。相对于 2D 空间，3D 空间更难以认识和描述(这可能是我们经常用平面媒体来表现 3D 世界的原因)。3D 中有许多 2D 没有的概念。当然，也有许多 2D 概念可以直接引入到 3D 中，我们会经常在 2D 中推导结论，然后再扩展到 3D 中。

2.3.1 第三个维度，第三个轴

我们需要 3 个轴来表示三维坐标系，前两个轴称作 x 轴和 y 轴，这类似于 2D 平面，但并不等同于 2D 的轴，稍后我们会讨论。第 3 个轴称作 z 轴。一般情况下，3 个轴互相垂直。也就是每个轴都垂直于其他两个轴。图 2.10 展示了一个 3D 坐标系。

2.2.2 节中已经讨论过，2D 平面中我们指定 x 轴向右为正、y 轴向上为正的坐标系为标准形式，但是 3D 中并没有标准形式。不同的作者、不同的研究领域使用不同的标准。2.3.4 节将讨论本书中所使用的标准。

前面提到过，把 3D 中的 x 轴、y 轴等同于 2D 中的 x 轴、y 轴是不准确的。3D 中，任意一对轴都定义了一个平面并垂直于第 3 个轴(如，包含 x，y 轴的 xy 平面，垂直于 z 轴。同样，xz 平面垂直于 y 轴，yz

平面垂直于 x 轴)。我们可以认为这 3 个平面是 3 个 2D 笛卡尔空间。例如，如果指定+x，+y 和+z 分别指向右方，上方和前方，则可以用 xz 平面来表示“地面”的 2D 笛卡尔平面。

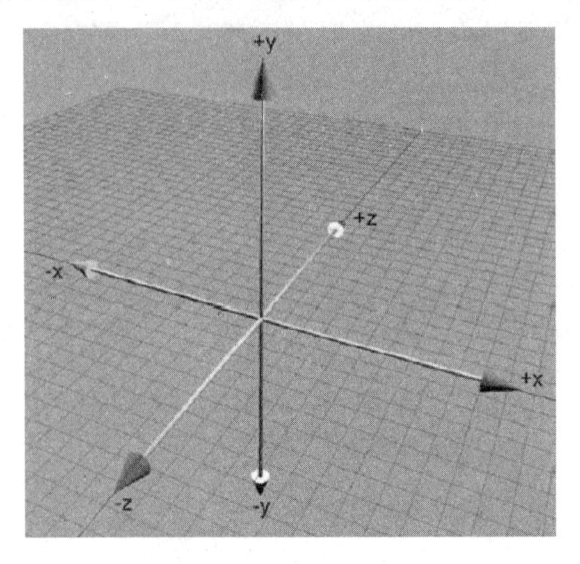

图 2.10　3D 笛卡尔坐标系

2.3.2　在 3D 笛卡尔坐标系中定位点

在 3D 中定位一个点需要 3 个数：x，y 和 z，分别代表该点到 yz，xz 和 xy 平面的**有符号距离**。例如 x 值是到 yx 平面的有符号距离，此定义是直接从 2D 中扩展来的。如图 2.11 所示。

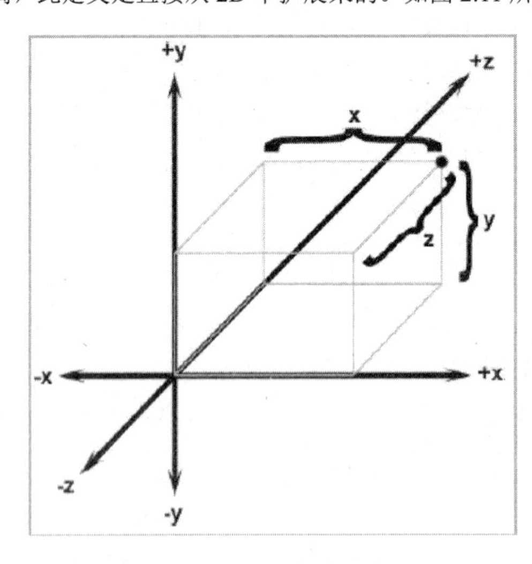

图 2.11　3D 中定位点

2.3.3 左手坐标系与右手坐标系

2.2.2 节讨论过，所有 2D 坐标系都是“等价”的。例如，两个 2D 坐标系 A 和 B，旋转坐标系 A，总能使其 x, y 轴的指向和 B 的相同(假设坐标轴互相垂直)。本节将详细讨论这个命题在 3D 空间中是否成立。

图 2.5 展示了 2D 坐标系的标准形式，它和图 2.6 所示的屏幕坐标系 y 轴方向相反。现在，把图 2.6 顺时针旋转 180°，使 y 轴向上，x 轴向左，接着将图翻转过来，就得到了标准形式。总之，对任意 2D 坐标系，我们总能将其变换为标准形式。

下面我们试着将这个观点扩展到 3D 中。请看图 2.10 所示的坐标系，z 轴指向纸里面。我们是否可以通过旋转使 z 轴指向外面，而其他轴不变呢？

答案是否定的，通过旋转我们只能使两个轴和目标相同，第三个轴总是和目标方向相反(如果您觉得理解困难，不要着急，后面还举了许多例子)。

3D 坐标系之间不一定是等价的。实际上，存在两种完全不同的 3D 坐标系：左手坐标系和右手坐标系。如果同属于左手坐标系或右手坐标系，则可以通过旋转来重合，否则不可以。

“左手”和“右手”分别代表什么意思呢？我们先学习一下怎样判断坐标系的类型。伸出左手，让拇指和食指成“L”形，大拇指向右，食指向上。其余的手指指向前方(注意，不要在大街上这样做，否则后果自负)。现在，我们就已经建立了一个左手坐标系，拇指、食指和其余三个手指分别代表 x、y、z 轴的正方向。如图 2.12 所示。

同样，伸出右手，使食指向上，其余三指向前，拇指这时指向左，这就是一个右手坐标系，拇指、食指和其余三个手指分别代表 x、y、z 轴的正方向。右手坐标系如图 2.13 所示。

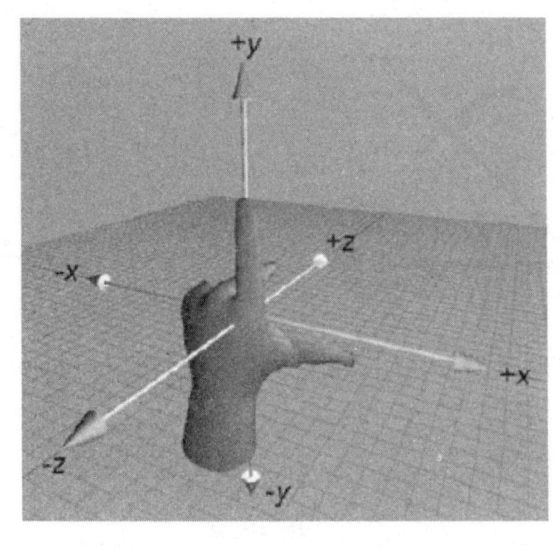

图 2.12 左手坐标系

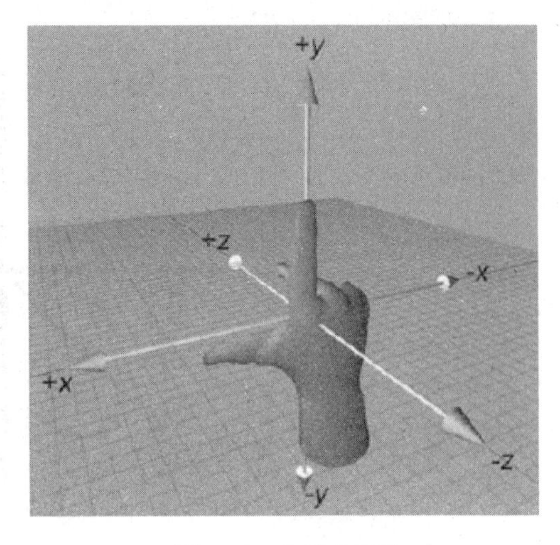

图 2.13 右手坐标系

无论您怎样转动手腕，也不可能让两只手代表的坐标系重合(当然，掰断手指是不允许的☺)。

我们已经讨论了左、右手坐标系的概念，下面讨论沿固定轴顺时针旋转，以加深对左、右手坐标系之间关系的理解。请参考图 2.14 中的表格，我只解释第一行，其他各行依此类推：想像一下您站在 x 轴的正方向看原点，然后以 x 为轴顺时针旋转 yz 平面。对于左手坐标系，y 轴正方向向 z 轴正方向旋转，z 轴正方向向 y 轴负方向旋转，如图 2.15 所示。

从…轴向原点看	左手坐标系中的顺时针旋转	右手坐标系中的顺时针旋转
$+x$	$+y$ 转向 $+z$ $+z$ 转向 $-y$ $-y$ 转向 $-z$ $-z$ 转向 $+y$	$+y$ 转向 $-z$ $-z$ 转向 $-y$ $-y$ 转向 $+z$ $+z$ 转向 $+y$
$+y$	$+x$ 转向 $-z$ $-z$ 转向 $-x$ $-x$ 转向 $+z$ $+z$ 转向 $+x$	$+x$ 转向 $+z$ $+z$ 转向 $-x$ $-x$ 转向 $-z$ $-z$ 转向 $+x$
$+z$	$+x$ 转向 $+y$ $+y$ 转向 $-x$ $-x$ 转向 $-y$ $-y$ 转向 $+x$	$+x$ 转向 $-y$ $-y$ 转向 $-x$ $-x$ 转向 $+y$ $+y$ 转向 $+x$

图 2.14　左手坐标系与右手坐标系的比较

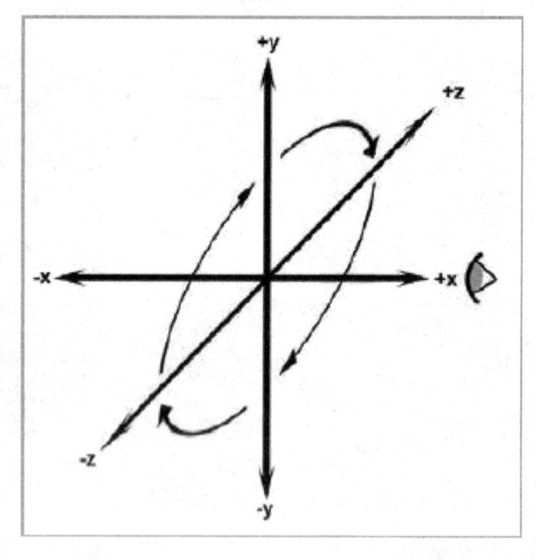

图 2.15　从 x 轴正方向看左手坐标系

右手坐标系正好相反：y 轴正方向向 z 轴负方向旋转。它们的区别是有一个轴的符号不同，其实做的是同样的旋转。

左、右手坐标系可以相互转换，最简单的方法是只翻转一个轴的符号。注意如果同时翻转两个轴的符号，结果和不翻转是一样的。

左手坐标系和右手坐标系没有好坏之分，在不同的研究领域和不同的背景下，人们会选择不同的坐标系。如，传统的计算机图形学使用左手坐标系，而线性代数则倾向于使用右手坐标系。所以，在使用坐标系之前首先要知道它的种类。如果您运用某种技术的结果不对，那么很可能是弄错了坐标系类型。

2.3.4　本书的重要约定

在开始设计 3D 虚拟世界之前，我们需要预先做一些约定：比如采用左手坐标系还是右手坐标系，$+y$ 指向哪个方向等等。上面我们提到，来自德塞利城的制图者需要从 8 种方案中选择一种(参考前面的图 2.7)。而在 3D 情景中，总共会有 48 种不同的方案供我们选择，其中 24 种是左手坐标系，24 种是右手坐标系。

不同的场景要求使用不同的约定，这会降低处理问题的难度。通常，在设计的开始阶段选择一种约定并坚持到底并不是一件难事。所有本书中的基本原理都与约定无关，大部分章节给出的公式、技术也跟约定无关，当所讲内容在左手和右手坐标系中有差别的时候，会做特殊说明。

本书使用左手坐标系。+x，+y，+z 分别指向右方、上方、前方，如图 2.16 所示。

当“右”和“前”不太明确的时候(如，对于世界坐标系)，我们以 $+x$ 表示向“东”，$+z$ 表示向“北”。

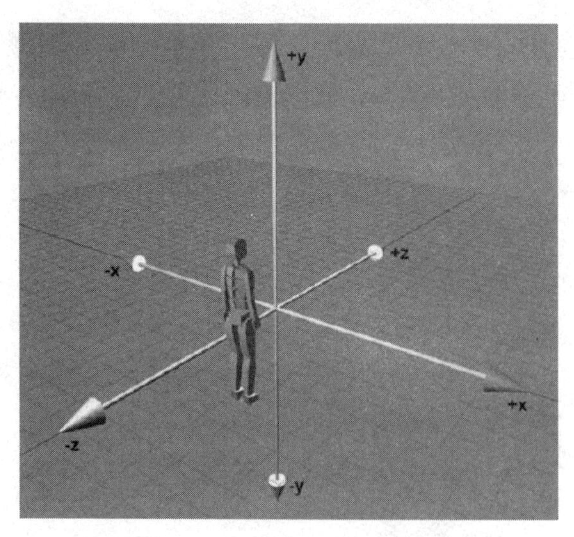

图 2.16　本书使用的左手坐标系约定

2.4　练　　习

(1)　给出图 2.17 中 a、b、c、d、e、f、g、h、j 点的坐标。

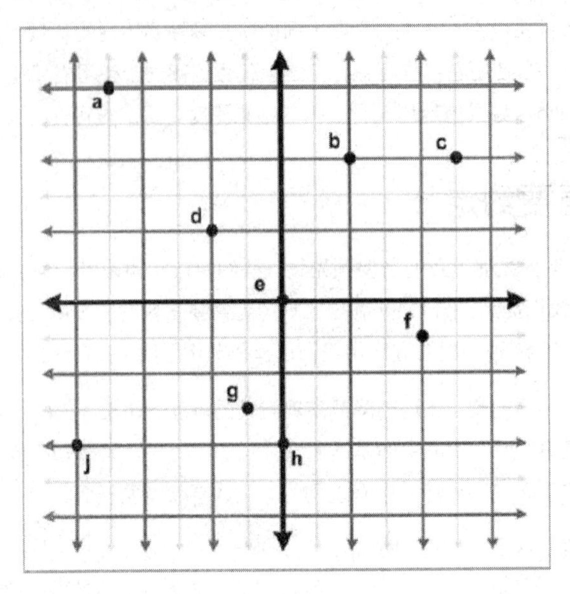

图 2.17　给出各点的坐标

(2)　列出 3D 笛卡尔坐标系的 48 种不同组合。指出哪些是左手坐标系，哪些是右手坐标系。

(3)　流行的建模软件 3D Studio Max 中，缺省方向是 $+x$ 向右，$+y$ 向前，$+z$ 向上。它是左手坐标系还是右手坐标系？

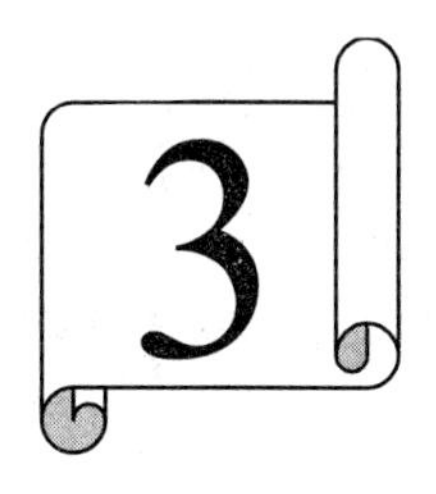

多坐标系

本章将引入多坐标系的概念，共五节。

- 3.1 节提出对多坐标系的需求。
- 3.2 节介绍常见的坐标系，主要内容有：
  - 世界坐标系
  - 物体坐标系
  - 摄像机坐标系
  - 惯性坐标系
- 3.3 节引入嵌套坐标系，它主要用于描述 3D 中以层次关系组织的物体。
- 3.4 节介绍怎样在一个坐标系中描述另一个坐标系。
- 3.5 节介绍坐标系转换，主要内容有：
  - 物体坐标系转换到惯性坐标系
  - 惯性坐标系转换到世界坐标系

通过第 2 章的学习我们知道，只要选定原点和坐标轴就能在任何地方建立坐标系。但我们不能轻易作出这样的选择，而是要考虑某些具体的条件(在不同场合下可能会使用不同坐标系)。本章给出了一些游戏和图形应用开发中常用的坐标系，并讨论了坐标系嵌套问题。

3.1　为什么要使用多坐标系

为什么要使用多种坐标系呢？毕竟，任何一个 3D 坐标系都是可以无限延伸的，可以包含空间中所有的点。因此只需要选定一个坐标系，然后宣称它为“世界”坐标系，用这个坐标系就能描述所有的点了。这样不是更简单吗？实际上，对此的回答是“NO”。人们发现，不同的情况下使用不同的坐标系更加方便。

使用多种坐标系的原因是某些信息只能在特定的上下文环境中获得。理论上，确实所有点都能只用一个“世界”坐标系描述。但是，对于一个特殊点a，也许不知道它在世界坐标系中的坐标，但可能知道它在其他坐标系中的坐标。例如，笛卡尔城的居民使用的地图，原点在城镇中央，非常直观，坐标轴穿过城镇主要的点。而德塞利城的居民使用的地图，原点在任意点，坐标轴指向某个方向。现在看起来这似乎是个好主意，两个城的居民都十分快乐地使用着他们各自的地图。但联邦大臣指派了一项任务，要对连接笛卡尔和德塞利的公路做预算。于是需要一张地图能同时展现两个城的风貌。这样就需要建立跨越这两个坐标系的第三个坐标系，虽然这对于其他人来说是不必要的。原来两张地图上的重要点都需要从各自所在的坐标系转换到新的坐标系以制作新的地图。多坐标系的概念是有历史渊源的。亚里士多德(公元前384—322年)在他的著作《天文学》(On the Heavens)与《物理学》(Physics)中提出了地心说，认为地球是宇宙的原点。阿里斯塔克斯(公元前310—230年)提出了日心说，认为太阳才是宇宙的原点。可以看到，早在两千多年前，坐标系的选择就是讨论的热点了。两千多年过去了，这个问题仍然没有解决。直到尼古拉斯·哥白尼(1473—1543年)在他的著作《On the Revolutions of the Celestial Orbs》中指出，在日心说中解释行星的轨道要比在地心说中容易得多，因为没有轨迹交叉的麻烦。当然，并非所有人都欣赏这个理论，教会有它们自己的理由相信地心说，所以伽利略(1520—1591年)在宗教裁判所中遇到了巨大麻烦。

在《数沙术》(Sand-Reckoner)一书中，阿基米德也许也受到了与本书2.1节某些内容类似的影响，发明了一种记数法来记录非常大的数，比当时任何人已经记过的数都大。他不再记录2.1节中的羊，而代之以能填满整个宇宙的沙砾。(他估计需要8×10^{63}颗沙砾，但他没有解决从哪里弄到这么多沙砾的问题)。为了使数更大一些，他选择了阿里斯塔克斯革命性的日心说，而不是当时被广泛接受的地心说。在日心说所描述的宇宙中，地球绕着太阳转，在此情况下，行星没有表现出视差(大小差异)，说明它们的距离要比亚里士多德想象过的大得多。不知是否想让自己的生活更具挑战性，他深思熟虑地选择了能产生更大数的坐标系。但我们将使用和他完全相反的方法，在计算机中创建虚拟世界时，应该选择较为简单的坐标系，而不是较复杂的。

在当今的开明时代，我们可能从媒体上听说过文化相对论，它认为强调某种文化、信仰可以优于另外一种的观点是错误的。在想象上只需要一小步，就能将此观点扩展成我们所谓的“转换相对论”，没有哪个位置、方向、坐标系能被认为优于另外一个。在某种意义上，它是正确的，但是正如乔治·奥维尔在《动物庄园》(Animal Farm)中解释的一样，“所有坐标系都是平等的，但某些可能比其他的更合适。”接下来，让我们看一些3D图形学中常用的坐标系。

3.2 一些有用的坐标系

各种坐标系都是有用的，因为某些信息只能在特定场景中才有意义。

3.2.1　世界坐标系

参与本书创作的一位作者在 Lewisville，Texas(靠近 Dallas 和 Fort Worth)进行写作。更准确的说，他的位置是：北纬 33 度 01 分，西经 96 度 59 分。另一位作者在 Denton，Texas 工作，位于北纬 33 度 11 分，西经 97 度 07 分。

这些值描述了我们在地球上的“绝对”位置。使用这些信息时，不需要知道 Denton，Lewisville 甚至美国在哪里，因为它们是绝对位置(细心的读者可能会注意到这些坐标不是笛卡尔坐标，的确，它们是经纬坐标。过去的观点认为我们生活一个在被球包围着的平坦的 2D 世界中，这个观点愚弄了绝大部分人，直到克里斯托弗 • 哥伦布用实践批驳了它)。原点，也就是世界的(0，0)点，出于某些历史原因被定于赤道与本初子午线的交点，本初子午线是穿过英国格林威治皇家天文台的经线。

世界坐标系是一个特殊的坐标系，它建立了描述其他坐标系所需要的参考框架。从另一方面说，能够用世界坐标系描述其他坐标系的位置，而不能用更大的、外部的坐标系来描述世界坐标系。

从非技术意义上讲，世界坐标系所建立的正是我们所“关心”的最大坐标系，所以世界坐标系不必是整个世界。例如，如果要显示笛卡尔城的全貌，那么就整个实际目标而言，笛卡尔城就是“整个世界”，因为不必关心笛卡尔城的位置在哪里(甚至是否存在)。不同情况下，世界坐标系定义了不同的“世界”。4.3.1 节将讨论为什么“绝对坐标”在技术上不可行。本书中，术语“绝对”的意思是“我们所关心的最大坐标系中的绝对”，从另一方面说，“绝对”意味着“在世界坐标系中”。

世界坐标系也被广泛称作全局坐标系或者宇宙坐标系。

关于世界坐标系的典型问题都是关于初始位置和环境的，如：

- 每个物体的位置和方向。
- 摄像机的位置和方向。
- 世界中每一点的地形是什么(如山丘、建筑、湖泊等)。
- 各物体从哪里来、到哪里去(NPC 的运动策略)。

3.2.2　物体坐标系

物体坐标系是和特定物体相关联的坐标系。每个物体都有它们独立的坐标系。当物体移动或改变方向时，和该物体相关联的坐标系将随之移动或改变方向。例如，我们每个人都带着自己的坐标系。如果我告诉您“向前走一步”，是在向您的物体坐标系发指令(请原谅将您比作物体)。我们并不知道您会向哪个绝对方向移动，一些人会向北，一些人向南，另外一些人向其他方向。“前”、“后”、“左”、“右”这样的概念只在物体坐标系中才有意义。当某人告诉您行驶方向时，有时候他会说“向左转”而有时候会说“向东”，“向左转”是物体坐标系中的概念，“向东”则是世界坐标系中的。

物体坐标系中也能像指定方向一样指定位置。例如，我问您车上的消声器安装在哪儿，即使您住在芝加哥，您也不能告诉我“在芝加哥”。我问的是“在您的车里”，它在哪儿？换句话讲，我想让您描述在您汽车的物体坐标系中消声器的位置。

某些情况下，物体坐标系也被称作模型坐标系。因为模型顶点的坐标都是在模型坐标系中描述的。有时候它也称作身体坐标系。

在物体坐标系中可能会遇到的问题，如：

- 周围有需要互相作用的物体吗？(我要攻击它吗？)
- 哪个方向？在我前面吗？我左边一点？右边？(我应该向它射击还是转身就跑？)

3.2.3 摄像机坐标系

摄像机坐标系是和观察者密切相关的坐标系。摄像机坐标系和屏幕坐标系相似，差别在于摄像机坐标系处于 3D 空间中而屏幕坐标系在 2D 平面里。摄像机坐标系能被看作是一种特殊的“物体”坐标系，该“物体”坐标系就定义在摄像机的屏幕可视区域。摄像机坐标系中，摄像机在原点，x 轴向右，z 轴向前(朝向屏幕内或摄像机方向)，y 轴向上(不是世界的上方而是摄像机本身的上方)。图 3.1 展示了一个摄像机坐标系。

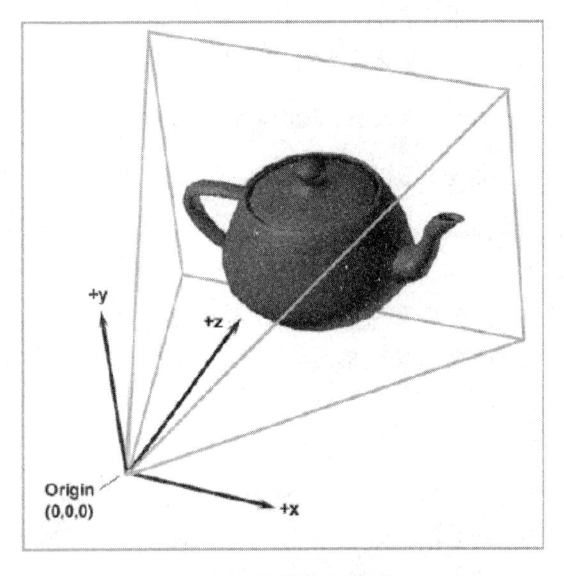

图 3.1 摄像机坐标系

注意，其他书中的摄像机坐标系关于轴向的约定可能不同。特别是，许多图形学书中习惯使用右手坐标系，z 轴向外，即从屏幕指向读者。

关于屏幕坐标系的典型问题是哪些物体应该在屏幕上绘制出来。如：

- 3D 空间中的给定点在摄像机前方吗？
- 3D 空间中的给定点是在屏幕上，还是超出了摄像机平截锥体的左、右、上、下边界？(平截锥体就是摄像机能观察到的金字塔区域)
- 某个物体是否在屏幕上？它的部分在，或全部不在？
- 两个物体，谁在前面？(该问题称作可见性检测)

请注意，要绘制任何物体，这些问题都是很关键的。15.3 节中将讨论 3D 摄像机坐标系是怎样通过一种称作**投影**的过程转换到 2D 屏幕上的。

3.2.4　惯性坐标系

有时候，好的术语是引领人们正确理解主题的钥匙。为了简化世界坐标系到物体坐标系的转换，人们引入了一种新的坐标系，称作**惯性坐标系**，意思是在世界坐标系到物体坐标系的“半途”。惯性坐标系的原点和物体坐标系的原点重合，但惯性坐标系的轴平行于世界坐标系的轴。图 3.2 展示了 2D 中的情形。(注意，这里我们选择机器人的脚而不是机器人的中心作为机器人坐标系的原点。)

为什么要引入惯性坐标系呢？因为从物体坐标系转换到惯性坐标系只需旋转，从惯性坐标系转换到世界坐标系只需要平移。分开考虑着两件事比把它们糅合在一起容易得多。图 3.3 到 3.5 展示了这个过程。图 3.3 用黑色显示机器人的物体坐标系，显然，机器人认为它的 y 轴从脚指向头而 x 轴指向其左边。绕物体坐标系的原点旋转，直到物体坐标系的轴和世界坐标系的轴平行就得到了惯性坐标系(图 3.4)。最后，把惯性坐标系的原点平移到世界坐标系的原点就完成了惯性坐标系到世界坐标系的转换。3.5 节将继续深入地讨论这个问题。

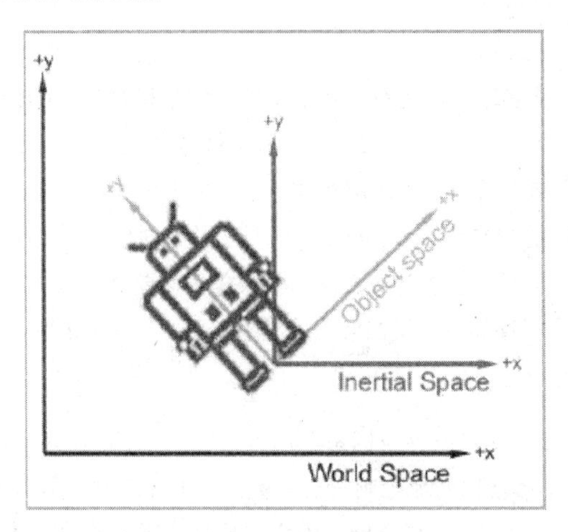

图 3.2　机器人物体坐标系、惯性坐标系和世界坐标系

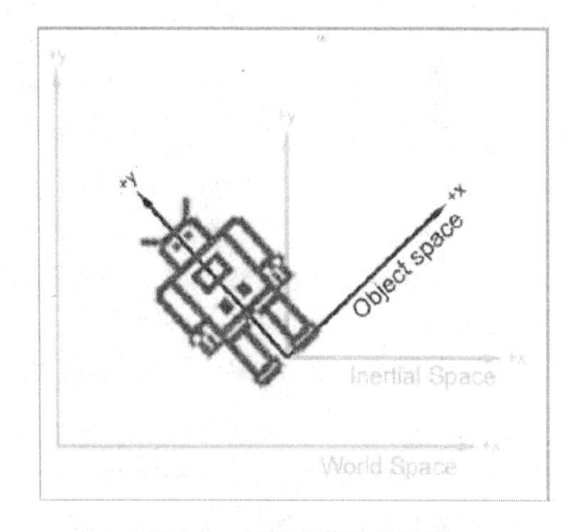

图 3.3　机器人物体坐标系

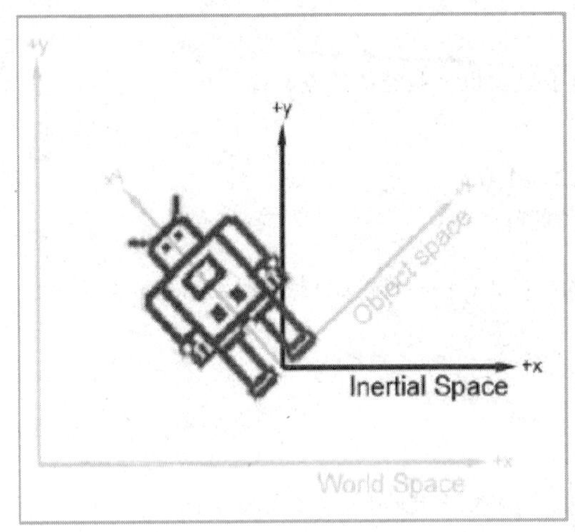

图 3.4 机器人惯性坐标系

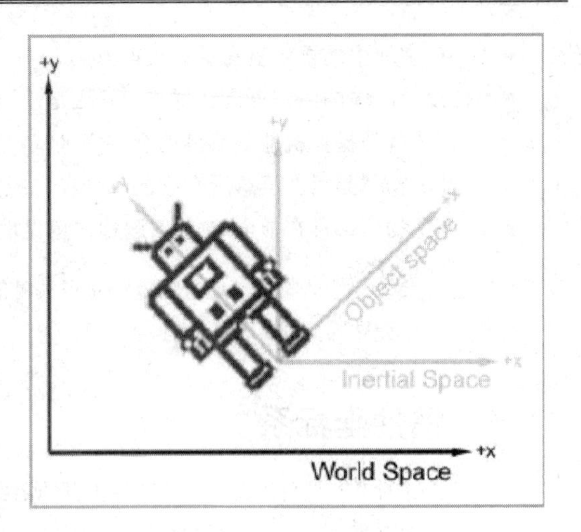

图 3.5 世界坐标系

3.3 嵌套式坐标系

3D 虚拟世界中每个物体都有自己的坐标系——自己的原点和坐标轴。例如，它的原点可以取其形体的中心点，它的轴指明哪个方向是相对原点的“上”、“右”、“前”等。美工创作的 3D 模型有它自己的原点和坐标轴，这由美工决定。组成网格的顶点的位置是和该原点与坐标轴所定义的物体坐标系相关的。如，羊的中心在(0，0，0)，鼻子在(0，0，1000)，尾巴在(10，0，-1200)，右耳朵在(100，200，800)，它们都是这些器官在羊坐标系中的位置。

为了在世界坐标系中计算相邻物体之间的关系，需要实时了解任意一点上物体的位置和方向。更加准确地说，需要知道物体坐标系的轴在世界坐标系中的位置和方向。为了在世界坐标系中定位笛卡尔城，可以通过描述原点位于纬度 q 经度 p，x 轴向东，y 轴向北来定位。为了在您的虚拟世界中定位羊，只需要知道它的原点在世界坐标系中的位置和轴在世界坐标系中的方向就够了。至于它的鼻子的绝对位置，能通过鼻子到羊原点的相对位置，羊的原点到世界坐标系原点的相对位置计算出来。如果羊不需要真正画出来，只需要追踪它物体坐标系的原点和方向就够了，这可以节省资源。仅在某些情况下有必要计算它的鼻子、尾巴和右耳朵的绝对位置，比如它走到了摄像机的视野中。

因为物体坐标系在世界坐标系中运动，很自然地会想到将世界坐标系看作“父”空间而将物体坐标系看作“子”空间。也能很自然地想到将物体打散成子块，独立地控制它们。例如，羊行走时，羊头前后晃动，耳朵上下扇动，在“羊头”这个坐标系中，耳朵只是上下扇动，因为这只是关于 y 轴的运动，所以很好理解。在“羊”这个坐标系中，羊头只是沿 x 轴晃动，这也很好理解。现在想象羊沿着世界坐标系的 z 轴移动。这三个动作——耳朵扇动、头晃动、羊向前走——每个动作都只涉及到一个轴，很容易理解和独立地画出来。羊右耳朵的运动，在世界坐标系中是一个很复杂的轨迹，跟踪它将是程序员的噩梦。通过把羊打散成嵌套式的、按层次结构组织的对象序列，这个动作就能很容易独立计算，并通过线性变换工具(如矩阵和向量组合)起来，这些将在后面的相关章节讨论。

若认为羊坐标系相对于世界坐标系运动，羊头坐标系相对于羊坐标系运动，羊耳朵坐标系相对于羊头坐标系运动，这样将会很方便。将羊头看作羊的子空间，羊耳朵看作羊头的子空间，根据物体运动的复杂性，物体能在不同层次上分为许多不同的子空间。我们称子坐标系嵌入在父坐标系中，这种坐标系的父—子关系定义了一种层次的、或树状的坐标系。世界坐标系是这棵树的根。嵌套式坐标系树能在虚拟世界的生命周期内动态更新，例如，羊毛能被修剪，并从羊身上掉落，这样，羊毛就从羊的子空间变成世界坐标系的子空间。层次化的嵌套坐标系是动态的，能够以最方便于表达重要信息的方式进行组织。

3.4　描述坐标系

至此，读者可能会提出一个非常重要的问题：怎样在一个坐标系中描述另一个坐标系？

2.2.2 节中曾提到，坐标系由原点和坐标轴定义。原点定义了坐标系的位置，轴定义了坐标系的方向(另外，轴还描述了其他信息，如刻度等。在此假设坐标轴是互相垂直的，并且子坐标系和父坐标系的单位相同)。如果能找到一种方法描述原点和轴，就能定位坐标系了。

坐标系位置的描述是很直接的，所要做的一切就是描述原点的位置。当然，采用的是其在父坐标系中的位置，而不是在其本身的子坐标系中的位置。因为根据定义，原点在子坐标系中总是(0，0，0)。

描述方向和轴所代表的其他信息，在 3D 中是一个很复杂的问题，这将在第 10 章中讨论。

3.5　坐标系转换

想象在我们的虚拟世界中，一个机器人试图拿起一块青鱼三明治。知道三明治和机器人的世界坐标，为了拿到三明治，机器人必须要回答一些关于它本身的基本问题，如“向哪个方向转动，以面对三明治？”，“离三明治有多远？”，“勺子向哪个方向移动才能够到三明治？”

设想我们要渲染机器人拿起三明治的画面，整个场景由安装在机器人胸部的灯照明。在机器人坐标系中，知道灯的位置，但为了更好地为场景提供照明，必须计算灯在世界坐标系中的位置。

这两个问题其实是同一个基本问题的两个表现形式——知道某一点的坐标，怎样在另一个坐标系中描述该点。这项技术的术语名称是：**坐标变换**。需要把位置从世界坐标系转换到物体坐标系(三明治的例子)，或是从物体坐标系转换到世界坐标系(光照的例子)。注意到，三明治和灯都没有真正移动，只是在不同的坐标系中描述它们的位置而已。

在 3.2.4 节中，我们知道能用惯性坐标系作为中介来转换世界和物体坐标系。用旋转能从物体坐标系转换到惯性坐标系，用平移能从惯性坐标系转换到世界坐标系。

现在考虑将灯的中心点从物体坐标系转换到世界坐标系。知道灯在机器人坐标系中的位置——胸部的矩形框内。从图 3.6 可知，它位于 y 轴的正方向上，所以它的 x 坐标为零。为了更好地叙述，假设灯在物体坐标系中的坐标为(0，100)。现在不考虑怎样将某个具体点从物体坐标系转换到世界坐标系，而是考虑将物体坐标系本身转换到世界坐标系。这样可以得到转换任意点的一般方法，而不仅是针对灯的特殊方法。

首先，旋转物体坐标系到惯性坐标系。可以想象这个转换是将物体坐标轴旋转到和惯性坐标系重合。图 3.6 中，将物体坐标轴顺时针旋转 45º，就得到了惯性坐标系，如图 3.7。注意在惯性坐标系中，灯位于 y 轴正方向，x 轴负方向。灯在惯性坐标系中的大概位置是(-300，600)。

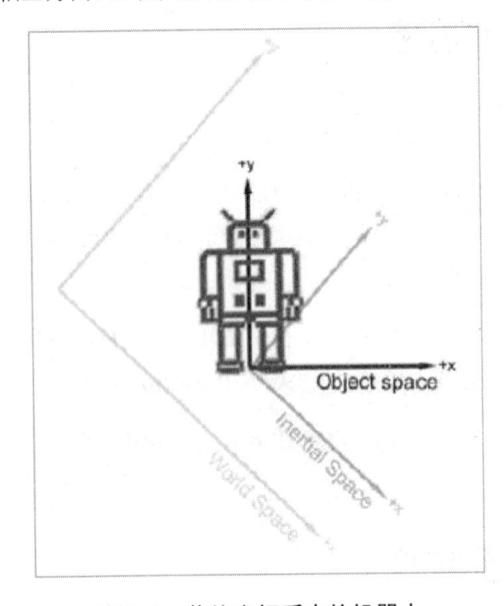

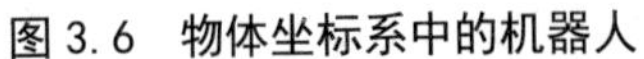
图 3.6 物体坐标系中的机器人

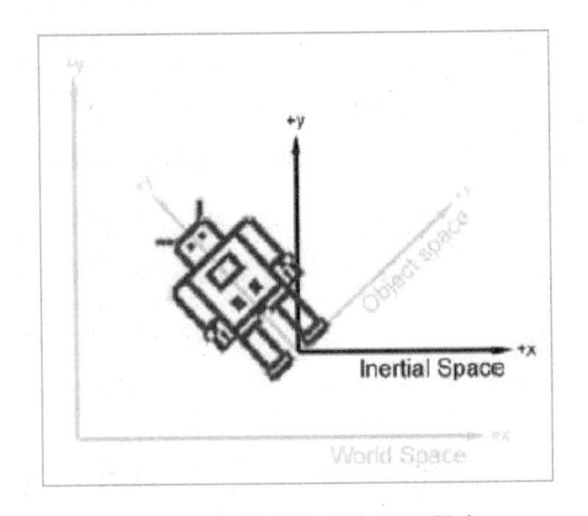

图 3.7 惯性坐标系中的机器人

第二步，将惯性坐标系转换到世界坐标系。可以想象这个转换是将物体坐标系原点向下、向左平移至世界坐标系原点，如图 3.8，注意现在灯在世界坐标系两个轴的正方向上，可能是(1200，1000)位置。

总结这个例子，为了将轴从物体坐标系转换到世界坐标系，步骤为：

1. 将物体坐标轴顺时针旋转 45º 转换到惯性坐标系；
2. 将惯性坐标系向下向左平移转换到世界坐标系；
3. 这样，物体坐标轴顺时针旋转 45º，向下向左平移就转换到了世界坐标系。

从物体上某点的角度看(如机器人胸部矩形框中的灯)，则恰恰相反：

1. 从物体坐标系的(0，100)逆时针旋转 45° 到惯性坐标系的(-300，600)；
2. 从惯性坐标系的(-300，600)向右向上平移至世界坐标系的(1200，1000)；
3. 这样，物体坐标系中的一个点逆时针旋转 45°，向上向右平移就转换到了世界坐标系。

为什么点的平移和旋转方向都和轴的方向相反？这就像开车一样，您向前行驶，世界就像在向后移动，您向右转，世界做着和您相反的事。

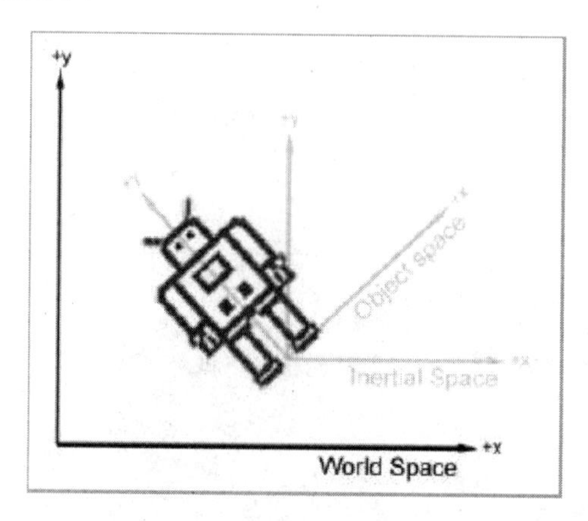

图 3.8 世界坐标系中的机器人

这个方法的妙处在于只考虑轴的旋转，这样就找到了对所有点都适用的方法。8.1 节将深入探讨这个问题。

3.6 练 习

(1) 为 3.3 节羊的嵌套式坐标系画出层次树，假设头、耳朵、前腿、后腿和身体都是独立的。

(2) 假设物体坐标系到世界坐标系的转换如下：绕 y 轴逆时针旋转 42°，沿 z 轴平移 6 个单位，沿 x 轴平移 12 个单位。请给出物体上点的变换过程。

(3) 下列每个问题中，哪个坐标系是最合适的？(物体、惯性、摄像机、世界)

a. 计算机在我前面还是后面

b. 书在我的西边还是东边

c. 怎样从一个房间移动到另一个房间

d. 我能看见我的计算机吗

向量

本章主要介绍向量的概念，共分三节。

- 4.1 节从数学角度讲解向量，主要包括以下概念：
  - 向量
  - 标量
  - 向量的维度
  - 行向量和列向量
- 4.2 节从几何角度讲解向量，主要内容有：
  - 怎样绘制向量
  - 位置与位移
  - 用一系列数(数组)表示向量
  - 用一系列位移表示向量
- 4.3 节介绍经常令人混淆的向量和点之间的关系，主要内容有：
  - 相对位置
  - 位移与位置
  - 点和向量的关系

向量是 2D、3D 数学研究的标准工具。术语**向量**有两种不同但相关的意义，一种是纯抽象的数学意义，另一种是几何意义。大部分书只集中讲解了向量的某一种意义，然而为了精通 3D 数学，您需要理解这两种意义以及它们之间的关系。

4.1　向量——数学定义

对数学家而言，**向量**就是一个数字列表，对程序员而言则是另一种相似的概念——**数组**。数学上，一个向量就是一个**数组**。如果您觉得这个抽象定义艰涩难懂，不用着急，这就像数学的其他分支学科一样，需要首先引入一些术语和符号才能理解真正“有趣的内容”。

4.1.1　向量与标量

数学上区分**向量**和**标量**。标量是对我们平时所用数字的技术称谓。使用该术语时，是想强调数量值。比如稍后将要讨论的，“速度”和“位移”是向量，而“速率”和“长度”是标量，稍后将详细讨论。

4.1.2　向量的维度

向量的维度就是向量包含的“数”的数目。向量可以有任意正数维，当然也包括一维。事实上，标量可以被认为是一维向量。本书中主要讨论 2 维、3 维和 4 维向量。

4.1.3　记法

书写向量时，用方括号将一列数括起来，如[1，2，3]。在叙述时书写向量时，每个数字中间都有逗号，在等式中写时，则通常省略逗号。不管是哪种情况，水平书写的向量叫**行向量**，人们也经常垂直地列出各分量，如

$$\begin{bmatrix}1\\2\\3\end{bmatrix}$$

垂直书写的向量叫**列向量**。本书同时使用这两种记法。现在，暂时认为行向量和列向量是没有区别的，在 7.1.8 节中，我们将讨论特定情况下它们的区别。

我们通常使用下标记法来引用向量的某个分量。在数学中，整数下标表示引用该元素。如，$\mathbf{v}_1$ 表示引用向量 $\mathbf{v}$ 的第一个元素。因为本书只讨论 2D、3D、4D 向量，不涉及 n 维向量，所以很少使用下标记法。取而代之的是，用 x，y 代表 2D 向量的分量；x，y，z 代表 3D 向量的分量；x，y，z，w 代表 4D 向量的分量。公式 4.1 展示了所有记法：

$$\mathbf{a}=\begin{bmatrix}1\\2\end{bmatrix} \qquad \begin{aligned}\mathbf{a}_1&=\mathbf{a}_x=1\\ \mathbf{a}_2&=\mathbf{a}_y=2\end{aligned}$$

$$\mathbf{b}=\begin{bmatrix}3\\4\\5\end{bmatrix} \qquad \begin{aligned}\mathbf{b}_1&=\mathbf{b}_x=3\\ \mathbf{b}_2&=\mathbf{b}_y=4\\ \mathbf{b}_3&=\mathbf{b}_z=5\end{aligned}$$

$$\mathbf{c}=\begin{bmatrix}5\\6\\7\\8\end{bmatrix} \qquad \begin{aligned}\mathbf{c}_1&=\mathbf{c}_x=6\\ \mathbf{c}_2&=\mathbf{c}_y=7\\ \mathbf{c}_3&=\mathbf{c}_z=8\\ \mathbf{c}_4&=\mathbf{c}_w=9\end{aligned}$$

公式 4.1　　向量下标记法

请注意，4D 向量的分量不是按字母排序的，第 4 个分量是 w。

4.2　向量——几何定义

上一节讨论了向量的数学定义，接下来让我们看看它的几何定义。从几何意义上说，向量是有**大小**和**方向**的有向线段。

- 向量的**大小**就是向量的长度(模)。向量有非负的长度。
- 向量的**方向**描述了空间中向量的指向。注意，方向并不完全和**方位**等同，10.1 节将详细讨论它们的区别。

4.2.1　向量的形式

图 4.1 展示了一个 2D 向量。

它看起来就像一支箭，对吗？这是用图形描述向量的标准形式，因为向量定义的两个要素——大小和方向都被包含在其中。有时候需要引用向量的**头**和**尾**，如图 4.2 所示，箭头是向量的末端(向量“结束”于此)，箭尾是向量的“开始”。

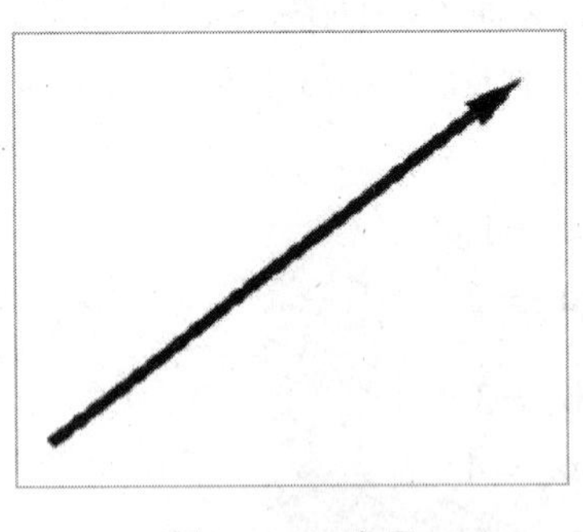

图 4.1　2D 向量

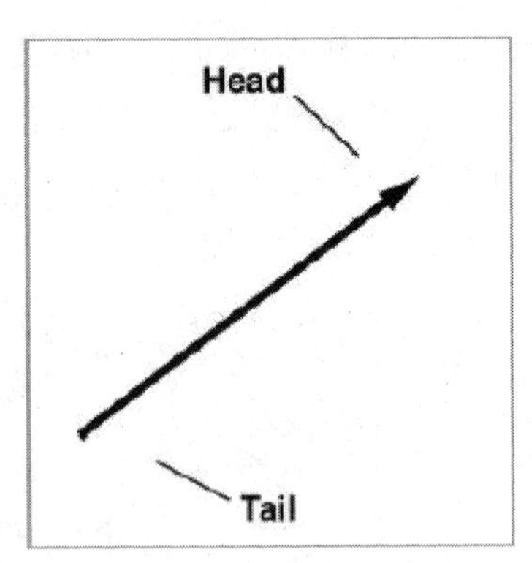

图 4.2　向量的头和尾

4.2.2　位置与位移

向量在哪儿？实际上，这不是一个恰当的问题。因为向量没有位置，只有大小和方向。这听起来不可思议，但其实日常生活中很多量有大小和方向，却没有位置。例如：

- **位移**：“向前走三步”，这句话好像是关于位置的，但其实句子中使用的量表示的是相对位移，而不是绝对位置。这个相对位移由大小(三步)和方向(向前)构成，所以它能用向量表示。
- **速度**：“我们以 50 英里每小时的速度向北行驶”。这句话描述了一个量，它有大小(50 英里每小时)和方向(北)，但没有具体位置。“50 英里每小时的速度向北”能用向量表示。

注意，**位移**、**速度**与**距离**、**速率**是完全不同的两种定义。位移和速度是向量，包含方向，而距离和速率是标量，不指明任何方向。

因为向量能描述事物间的位移和相对差异，所以它能用来描述相对位置：“我的房子位于从这儿向东的第四个街区”。不能认为向量有绝对位置(4.3.1 节有关于此话题的更多说明)。为了强调这一点，当您想像一个向量，一个箭头时，记住：只有箭头的长度和方向是有意义的，不包括位置。

因为向量是没有位置的，所以能在图的任何地方表示，只要方向和长度的表示正确即可。我们经常会利用向量的这个优点，将向量平移到图中更有用的点。

4.2.3　向量的表达

向量中的数表达了向量在每个维度上的**有向位移**。例如，图 4.3 中的 2D 向量列出的是沿 x 坐标方向和 y 坐标方向的位移。

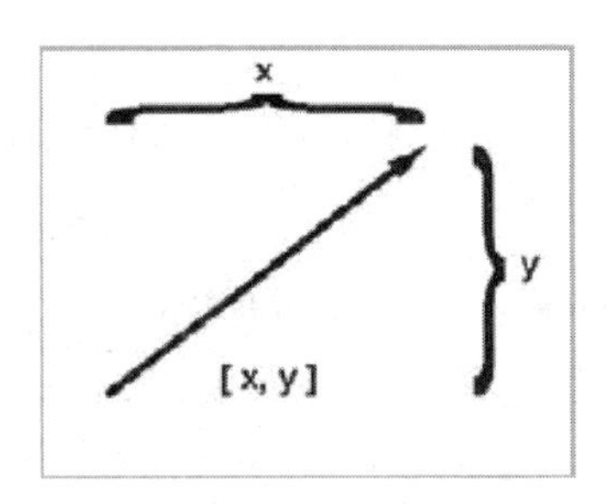

图 4.3　通过列出各维度上的有符号位移来表达向量

图 4.4 展示了若干 2D 向量和它们的值。

注意，图中的每个向量都是不相关的。(这里故意不画出数轴，以加强您的印象，标准约定 x 向右，y 向上。)例如，图 4.4 中展示了两个值为[1.5，1]的向量，但它们不在图的同一位置。

3D 向量是 2D 向量的简单扩展。正如您所想像的，3D 向量包含了 3 个数，分别度量向量在 x，y，z 轴方向上的位移。

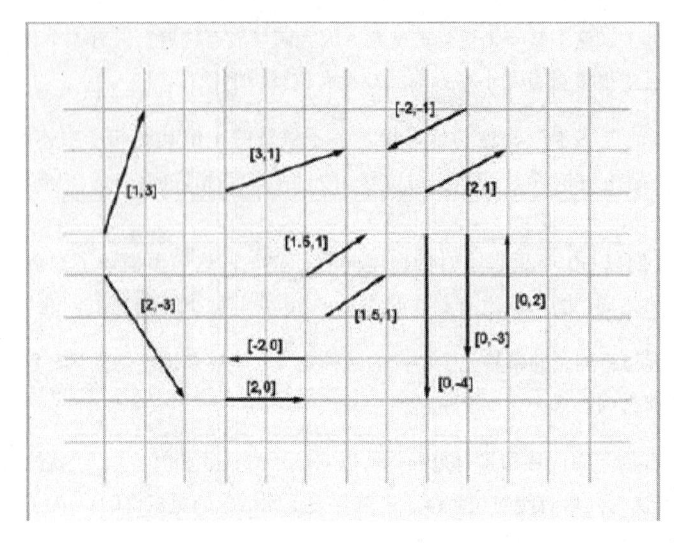

图 4.4　2D 向量和它们的值

4.2.4　将向量表示为位移序列

思考向量所代表的位移的一个好办法是将向量分解成与轴平行的分量，把这些分量的位移组合起来，就得到了向量作为整体所代表的位移。

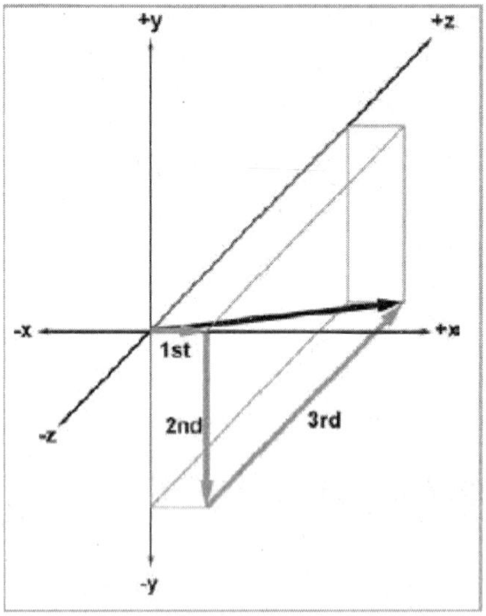

例如，3D 向量[1，−3，4]表示单一位移，但可以将此位移想像为向右平移 1 个单位，向下 3 个单位，向前 4 个单位。(假设+x，+y，+z 轴分别向右，向上，向前。注意，每步之间没有转向，所以“向前”时应和+z 轴平行。)如图 4.5 所示。

这些步骤的执行顺序无关紧要。比如，可以先向前移动 4 个单位，再向下 3 个单位，向右 1 个单位。仍然得到同样的位移量。不同的顺序对应着向量轴对齐包围盒(AABB(axially aligned bounding box))上的不同路径。5.8 节将从数学意义上验证这个几何的直观现象。

图 4.5　将向量表示为位移序列

4.3 向量与点

“点”有位置，但没有实际的大小或厚度。上一节中学习了向量有大小和方向，但没有位置。所以使用“点”和“向量”的目的完全不同。“点”描述位置，而“向量”描述位移。

图 4.6 比较了两幅图。一幅在第二章中用于展示点的位置，另一幅是本章前一节中展示向量的，它看上去显示出点和向量间有某种很强的联系。这一节正是要考察这个重要关系。

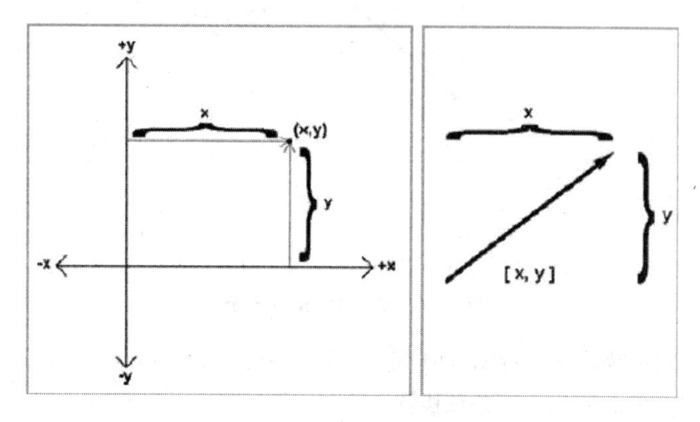

图 4.6　指明点与指明向量

4.3.1 相对位置

4.2.2 节讨论了向量能描述**相对**位置的事实，因为它能描述位移。相对位置的想法是很直接的：某个物体的位置，能通过描述它与已知点之间的相对关系来指明。

由此引出一个问题，这些“已知”点在哪儿？什么是“绝对”位置？令人吃惊的是并不存在这样的东西。在描述一个点的位置时，总是要描述它和其他一些点的关系，任何对于位置的描述只有在一定参考系内才有意义。第 3 章讨论嵌套式坐标系时已经接触过这个观点了。

理论上，能够建立一个包容一切的参考系，并选择一个点作为这个空间的原点，然后定义“绝对”坐标系(这假设我们能克服相互影响，如空间扭曲。事实上，相对论的一个重要观点就是不存在绝对参考系)。但是即使能建立绝对坐标系，它在实践中也没什么意义。幸运的是，宇宙中的绝对位置并不重要，您现在知道您在宇宙中的精确位置吗？

4.3.2 点和向量的关系

向量能够用来描述位移，当然也包括相对位置。点用来描述位置。4.3.1 节刚刚讨论过任何描述位置的方法都是相对的，那么，我们必须承认点也是相对的。它们和确定其坐标的原点相关。这导出了点和向量的关系。

对于任意 x，y，图 4.7 展示了点(x，y)是怎样和向量[x，y]相关的。

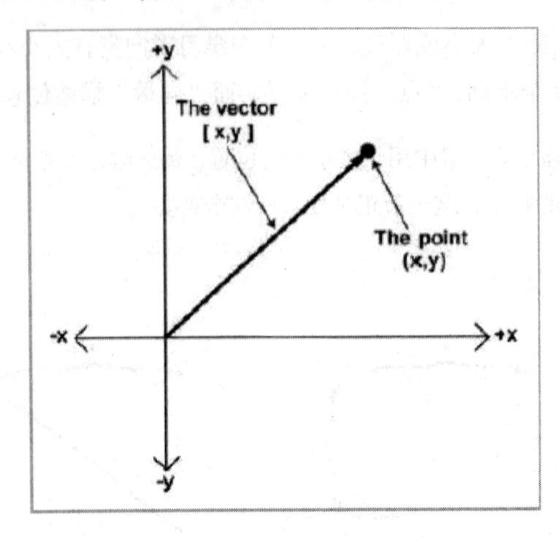

图 4.7　点和向量的关系

正如您所见，从原点开始，按向量[x，y]所代表的位移移动，总是会到达点(x，y)所代表的位置。也可以说，向量[x，y]描述了原点到点(x，y)的位移量。

这看起来很明显，重要的是要理解点和向量在概念上完全不同，而在数学上却是等价的。点和向量的这种令人迷惑的关系对初学者来说可能是个障碍，但对您来说应该已经不是问题了。思考位置时，想像一个点，思考位移时，想像一个向量和一个箭头。

许多情况下，位移是从原点开始的，点和向量间的区别很清楚。但我们还要经常对付一些和原点不相关的量，这种情况下，认识到这是一些箭头而不是点很重要。

在第 5 章中，我们将学习“向量”上的操作，而不是“点”上的。时刻记住，任意一点都能用从原点开始的向量来表达。

4.4　练　　习

(1)　假设，$\mathbf{a}=[13, 8]$，$\mathbf{b}=\begin{bmatrix}4\\0\\5\end{bmatrix}$，$\mathbf{c}=\begin{bmatrix}16\\-1\\4\\6\end{bmatrix}$。那些是列向量，那些是行向量。

a. a、b、c 中哪些是列向量？哪些是行向量？各向量的维度分别是多少？

b. 计算 $b_y+c_w+a_x+b_z$ 的结果。

(2)　下列句子中描述的量，哪些是向量？哪些是标量？如果是向量，给出大小和方向(注意，有些方向是隐含的)。

a. 您有多重？

b. 您知道您的行走速度吗？

c. 从这里向北两个街区。

d. 我们从洛杉矶飞往纽约，速度 600 英里每小时，高度 33，000 英尺。

(3)　给出图 4.8 中各向量的大小。

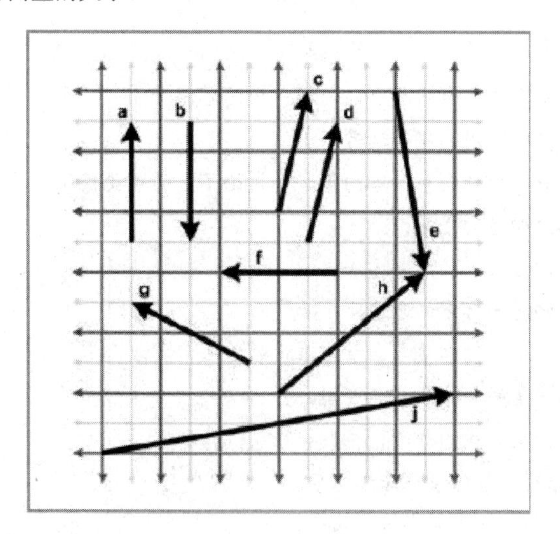

图 4.8　向量

(4)　下列声明那些是对的，那些是错的，如果是错的，给出理由：

a. 图中向量长度并不重要，只要位置对就行了。

b. 向量描述的位移能被认为是与轴平行的位移序列。

c. 前一问题中的序列必须按一定顺序。

d. 向量[x，y]给出了点(x，y)到原点的位移。

向量运算

本章主要介绍向量的运算，共分十二小节。

- 5.1 节讨论向量在线性代数和几何操作中的不同。
- 5.2 节介绍本书使用的符号约定。
- 5.3 节介绍一个特殊向量：零向量，并讨论了它的重要性质。
- 5.4 节介绍负向量的定义。
- 5.5 节描述向量大小的计算方法。
- 5.6 节介绍向量与标量的乘法。
- 5.7 节介绍标准化的向量与向量标准化的方法。
- 5.8 节介绍向量的加减法及其应用。
- 5.9 节解释距离公式的原理。
- 5.10 节介绍第一种向量乘法：点乘。
- 5.11 节介绍第二种向量乘法：叉乘。
- 5.12 节列出一些向量的代数运算公式。

第 4 章我们讨论了**向量**的数学定义和几何意义。本章将介绍向量的运算。每讲解一种运算，我们都先给出运算法则，然后再解释它的几何意义。

5.1 线性代数与几何

数学中专门研究向量的分支称作**线性代数**。4.1 节曾经提到过，向量在线性代数中只是一个数组。这个抽象概念使我们能解决许多数学问题，如，线性代数中，可以用 n 维向量和矩阵解有 n 个未知数的线性方程组。线性代数是一个非常有趣并且应用广泛的研究领域，但它与 3D 数学关注的领域并不相同。

3D 数学主要关心向量和向量运算的几何意义。而大多线性代数课本都没有介绍相应的几何意义。比如说，线性代数只讲解向量和矩阵乘法的运算步骤。而本书还会讲解 3×3 矩阵的几何意义，以及为什么向量乘以矩阵可以实现坐标空间变换(请见 7.2 节)。

本书略去了线性代数的许多运算细节，把注意力集中在讲解几何意义上。主要讨论 n 维向量的性质和运算，并以 2D、3D、4D 向量和矩阵举例说明。

5.2　符号约定

正如您所知道的，**变量**是代表未知量的占位符。我们需要用具体的变量来标识 3D 数学中大量使用的标量、向量和矩阵。本书用不同的字体来区分不同的变量。

- **标量**，用斜体的小写罗马或希腊字母表示，如 a，b，x，y，z，θ，λ。
- **向量**，用小写黑粗体字母表示，如 **a**，**b**，**u**，**v**，**q**，**r**。
- **矩阵**，用大写黑粗体字母表示，如 **A**，**B**，**M**，**R**。

注意，不同书籍有不同的符号约定。一种常用的手写约定是，用符号 $\bar{a}$ 来表示向量。

5.3　零　向　量

任何集合，都存在**加性单位元** x，对集合中任意元素 y，满足 $y+x=y$。(这里使用的字体并不意味着只是标量集合，而是对任意集合。)

n 维向量集合的加性单位元就是 n 维“零向量”。它的每一维都是零。我们用黑粗体的零表示任意维零向量，如：

$$\mathbf{0}=\begin{bmatrix}0\\0\\\vdots\\0\end{bmatrix}$$

例如，3D 零向量表示为[0，0，0]。

零向量非常特殊，因为它是惟一大小为零的向量。对于其他任意数 m，存在无数多个大小(模)为 m 的向量。它们构成了一个圆。如图 5.1 所示。零向量也是惟一一个没有方向的向量。

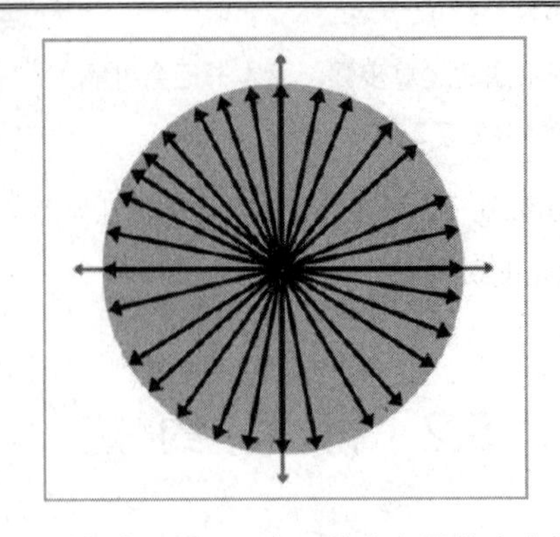

图 5.1　对任意正值 m，有无数个向量的大小等于它

虽然在图中表示零向量用的是一个点，但是认为零向量就是一个点并不准确，因为零向量没有定义某个位置。应该认为零向量表示的是“没有位移”，就像标量零表示的是“没有数量”一样。

5.4　负　向　量

对于任意集合，元素 x 的**加性逆元**为 $-x$，其与 x 相加等于加性单位元。简单的说就是 $x+(-x)=0$。(再次提醒，尽管变量的字体表示标量，但我们讨论的是一般集合。)从另一方面来说，集合中的元素能求负。

负运算符也能应用到向量上。每个向量 $\mathbf{v}$ 都有一个加性逆元 $-\mathbf{v}$，它的维数和 $\mathbf{v}$ 的一样，满足 $\mathbf{v}+(-\mathbf{v})=\mathbf{0}$。(5.8 节将介绍向量加法。)

5.4.1　运算法则

要得到任意维向量的负向量，只需要简单地将向量地每个分量都变负即可。数学表达式为：

$$-\begin{bmatrix} a_1 \\ a_2 \\ \vdots \\ a_{n-1} \\ a_n \end{bmatrix} = \begin{bmatrix} -a_1 \\ -a_2 \\ \vdots \\ -a_{n-1} \\ -a_n \end{bmatrix}$$

公式 5.1　向量变负

将此法则运用到 2D、3D、4D 特例，有：

$$-\begin{bmatrix} x & y \end{bmatrix} = \begin{bmatrix} -x & -y \end{bmatrix}$$
$$-\begin{bmatrix} x & y & z \end{bmatrix} = \begin{bmatrix} -x & -y & -z \end{bmatrix}$$
$$-\begin{bmatrix} x & y & z & w \end{bmatrix} = \begin{bmatrix} -x & -y & -z & -w \end{bmatrix}$$

公式 5.2 2D、3D、4D 向量变负

示例如下：

$$-\begin{bmatrix} 4 & -5 \end{bmatrix} = \begin{bmatrix} -4 & 5 \end{bmatrix}$$
$$-\begin{bmatrix} -1 & 0 & \sqrt{3} \end{bmatrix} = \begin{bmatrix} 1 & 0 & -\sqrt{3} \end{bmatrix}$$
$$-\begin{bmatrix} 1.34 & -3/4 & -5 & 10 \end{bmatrix} = \begin{bmatrix} -1.34 & 3/4 & 5 & -10 \end{bmatrix}$$

5.4.2 几何解释

向量变负，将得到一个和原向量大小相等，方向相反的向量。如图 5.2 所示。

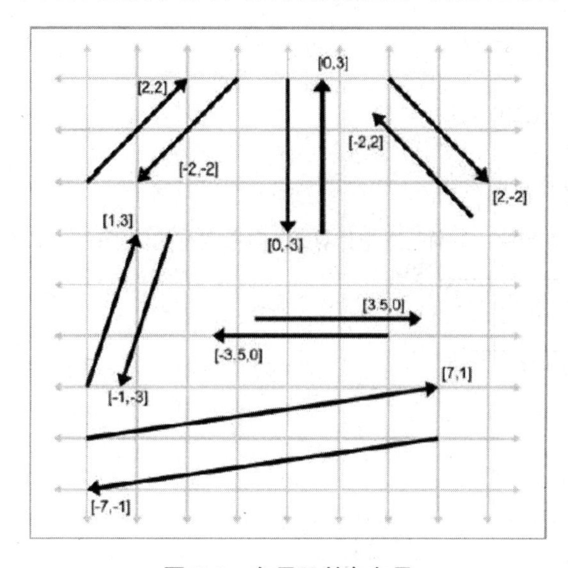

图 5.2 向量及其负向量

注意，向量在图中的位置是无关紧要的，只有大小和方向才是最重要的。

5.5 向量大小(长度或模)

前面讨论过，向量有大小和方向。您可能已经注意到了，大小和方向都没有在向量中明确地表示出来。如 2D 向量[3，4]的大小既不是 3，也不是 4，而是 5。因为向量的大小没有明确表示，所以需要计算。向

量大小也常被称作向量的**长度**或**模**。

5.5.1 运算法则

在线性代数中，向量的大小用向量两边加双竖线表示，这和标量的“绝对值”在标量两边加单竖线表示类似。这种记法和 n 维向量大小的计算公式如下：

$$\|\mathbf{v}\| = \sqrt{\mathbf{v}_1^2 + \quad \mathbf{v}_2^2 + \quad \cdots \quad \mathbf{v}_{n-1}^2 + \quad \mathbf{v}_n^2}$$

$$\|\mathbf{v}\| = \sqrt{\sum_{i=1}^{n} \mathbf{v}_i^2}$$

公式 5. 3　　向量大小

向量的大小就是向量各分量平方和的平方根，这听起来很复杂，其实 2D、3D 向量的计算公式很简单，如下：

$$\|\mathbf{v}\| = \sqrt{\mathbf{v}_\mathbf{x}^2 + \mathbf{v}_\mathbf{y}^2} \text{ (对 2D 向量 } \mathbf{v}\text{)}$$

$$\|\mathbf{v}\| = \sqrt{\mathbf{v}_\mathbf{x}^2 + \mathbf{v}_\mathbf{y}^2 + \mathbf{v}_\mathbf{z}^2} \text{ (对 3D 向量 } \mathbf{v}\text{)}$$

公式 5. 4　　2D、3D 向量的大小

向量的大小是一个非负标量。下面是一个计算 3D 向量大小的例子：

$$\begin{aligned}\left\| \begin{bmatrix} 5 & -4 & 7 \end{bmatrix} \right\| &= \sqrt{5^2 + (-4)^2 + 7^2} \\ &= \sqrt{25 + 16 + 49} \\ &= \sqrt{90} \\ &\approx 9.4868\end{aligned}$$

5.5.2 几何解释

让我们对公式 5.4 作更深入的研究。对 2D 中的任意向量 $\mathbf{v}$，能构造一个以 $\mathbf{v}$ 为斜边的直角三角形，如图 5.3 所示。

注意直角边的长度分别为分量 v_x ， v_y 的绝对值。向量的分量可以为负，因为它们是有符号位移，但长度总是正的。

由勾股定理可知，对于任意直角三角形，斜边长度的平方等于两直角边长度的平方和。应用到图 5.3 中就是：

$$\|\mathbf{v}\|^2 = |\mathbf{v}_x|^2 + |\mathbf{v}_y|^2$$

因为$|\boldsymbol{x}|^2=\boldsymbol{x}^2$，所以能省略绝对值号，即：

$$\|\mathbf{v}\|^2 = \mathbf{v}_x^2 + \mathbf{v}_y^2$$

两边取平方根，化简得到：

$$\sqrt{\|\mathbf{v}\|^2} = \sqrt{\mathbf{v}_x^2 + \mathbf{v}_y^2}$$
$$\|\mathbf{v}\| = \sqrt{\mathbf{v}_x^2 + \mathbf{v}_y^2}$$

这与公式 5.4 相同。证明计算 3D 向量模的公式要更为复杂。

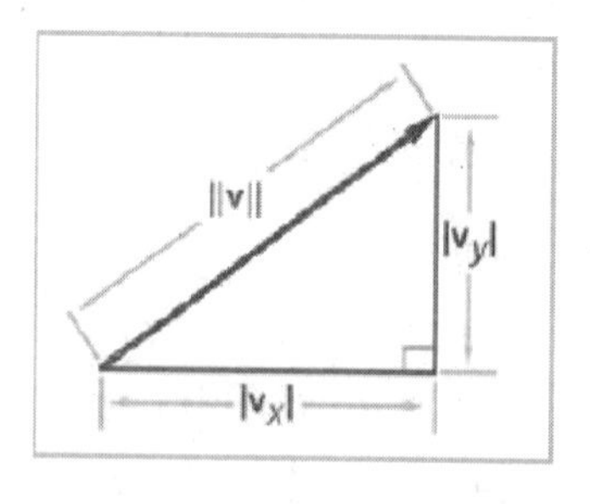

图 5.3　向量大小公式的几何解释

5.6　标量与向量的乘法

虽然标量与向量不能相加，但它们能相乘。结果将得到一个向量，与原向量平行，但长度不同或方向相反。

5.6.1　运算法则

标量与向量的乘法非常直接，将向量的每个分量都与标量相乘即可。标量与向量乘的顺序并不重要，但经常把标量写在左边，数学表述为：

$$k\begin{bmatrix} a_1 \\ a_2 \\ \vdots \\ a_{n-1} \\ a_n \end{bmatrix} = \begin{bmatrix} a_1 \\ a_2 \\ \vdots \\ a_{n-1} \\ a_n \end{bmatrix} k = \begin{bmatrix} ka_1 \\ ka_2 \\ \vdots \\ ka_{n-1} \\ ka_n \end{bmatrix}$$

公式 5.5　向量与标量相乘

应用到 3D 向量，如：

$$k\begin{bmatrix} x \\ y \\ z \end{bmatrix} = \begin{bmatrix} x \\ y \\ z \end{bmatrix} k = \begin{bmatrix} kx \\ ky \\ kz \end{bmatrix}$$

公式 5.6　3D 向量与标量相乘

向量也能除以非零标量，效果等同于乘以标量的倒数：

$$\frac{\mathbf{v}}{k}=\left(\frac{1}{k}\right)\mathbf{v}=\begin{bmatrix}\mathbf{v}_x/k\\ \mathbf{v}_y/k\\ \mathbf{v}_z/k\end{bmatrix}$$ (对 3D 向量 **v** 和非零标量度 κ)

公式 5.7　3D 向量除以标量

示例：

$$2\begin{bmatrix}1 & 2 & 3\end{bmatrix}=\begin{bmatrix}2 & 4 & 6\end{bmatrix}$$
$$-3\begin{bmatrix}-5 & 0 & 0.4\end{bmatrix}=\begin{bmatrix}15 & 0 & -1.2\end{bmatrix}$$
$$\begin{bmatrix}4.7 & -6 & 8\end{bmatrix}/2=\begin{bmatrix}2.35 & -3 & 4\end{bmatrix}$$

应注意以下几点：

- 标量与向量相乘时，不需要写乘号。将两个量挨着写即表示相乘(常将标量写在左边)。
- 标量与向量的乘法和除法优先级高于加法和减法。例如，**3a**＋**b** 是(**3a**)＋**b**，而不是 3(**a**＋**b**)
- 标量不能除以向量，并且向量不能除以另一个向量。
- 负向量能被认为是乘法的特殊情况，乘以标量−1。

5.6.2　几何解释

几何意义上，向量乘以标量 k 的效果是以因子$|k|$缩放向量的长度。例如，为了使向量的长度加倍，应使向量乘以 2。如果 $k<0$，则向量的方向被倒转。图 5.4 展示了向量被多个不同因子 k 乘的效果。

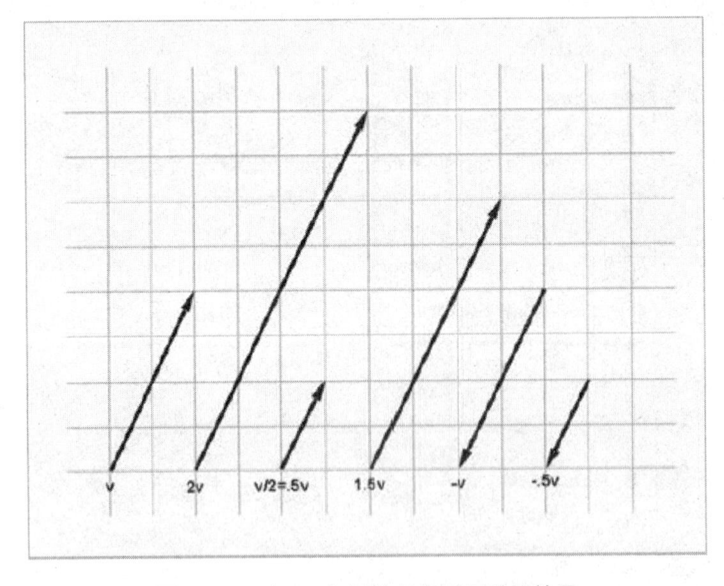

图 5.4　一个 2D 向量被多个因子乘的效果

5.7　标准化向量

对于许多向量，我们只关心它的方向而不关心其大小。如：“我面向的是什么方向？”，在这样的情况下，使用**单位向量**将非常方便。单位向量就是大小为 1 的向量，单位向量经常也被称作**标准化向量**或更简单地称为“**法线**”。

5.7.1　运算法则

对任意非零向量 $\mathbf{v}$，都能计算出一个和 $\mathbf{v}$ 方向相同的单位向量 $\mathbf{v}_{norm}$。这个过程被称作向量的“标准化”，要标准化向量，将向量除以它的大小(模)即可。

$$\mathbf{v}_{norm} = \frac{\mathbf{v}}{\|\mathbf{v}\|}, \mathbf{v} \neq 0$$

公式 5.8　标准化向量

例如，标准化 2D 向量[12，−5]：

$$\begin{aligned}\frac{[12-5]}{\|[12-5]\|} &= \frac{[12-5]}{\sqrt{12^2+(-5)^2}} \\ &= \frac{[12-5]}{\sqrt{169}} \\ &= \frac{[12-5]}{13} \\ &= [0.923-0.385]\end{aligned}$$

零向量不能被标准化。数学上这是不允许的，因为将导致除零。几何上也没有意义，因为零向量没有方向。

5.7.2　几何解释

2D 环境中，如果以原点为尾画一个单位向量，那么向量的头将接触到圆心在原点的单位圆(单位圆的半径为 1)。3D 环境中，单位向量将触到单位球。图 5.5 中，用灰色箭头表示了若干 2D 向量，黑色箭头表示这些向量的标准化向量。

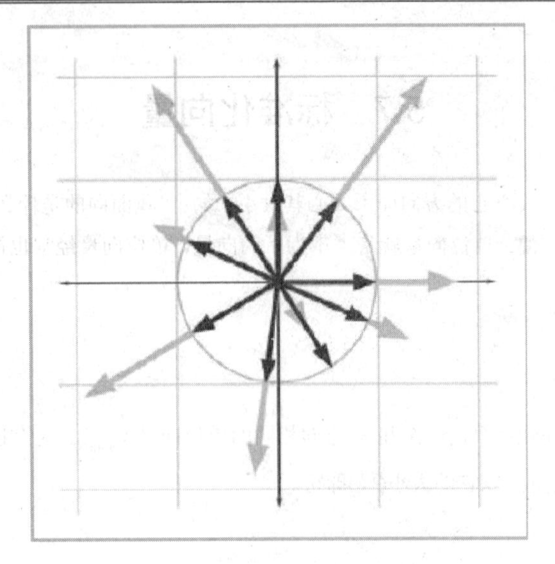

图 5.5　2D 中的标准化向量

5.8　向量的加法和减法

如果两个向量的维数相同，那么它们能相加，或相减。结果向量的维数与原向量相同。向量加减法的记法和标量加减法的记法相同。

5.8.1　运算法则

向量加法的运算法则很简单：两个向量相加，将对应分量相加即可。

$$\begin{bmatrix} a_1 \\ a_1 \\ \vdots \\ a_{n-1} \\ a_n \end{bmatrix} + \begin{bmatrix} b_1 \\ b_1 \\ \vdots \\ b_{n-1} \\ b_n \end{bmatrix} = \begin{bmatrix} a_1 + b_1 \\ a_1 + b_2 \\ \vdots \\ a_{n-1} + b_{n-1} \\ a_n + b_n \end{bmatrix}$$

公式 5.9　　两个向量相加

减法解释为加负向量，$\mathbf{a}-\mathbf{b}=\mathbf{a}+(-\mathbf{b})$。

$$\begin{bmatrix} a_1 \\ a_1 \\ \vdots \\ a_{n-1} \\ a_n \end{bmatrix} - \begin{bmatrix} b_1 \\ b_1 \\ \vdots \\ b_{n-1} \\ b_n \end{bmatrix} = \begin{bmatrix} a_1 \\ a_1 \\ \vdots \\ a_{n-1} \\ a_n \end{bmatrix} + \left(-\begin{bmatrix} b_1 \\ b_1 \\ \vdots \\ b_{n-1} \\ b_n \end{bmatrix} \right) = \begin{bmatrix} a_1 - b_1 \\ a_1 - b_2 \\ \vdots \\ a_n - b_{n-1} \\ a_n - b_n \end{bmatrix}$$

公式 5.10 两个向量相减

示例如下：

$$\mathbf{a} = \begin{bmatrix} 1 \\ 2 \\ 3 \end{bmatrix}, \mathbf{b} = \begin{bmatrix} 4 \\ 5 \\ 6 \end{bmatrix}, \mathbf{c} = \begin{bmatrix} 7 \\ -3 \\ 0 \end{bmatrix}$$

$$\mathbf{a} + \mathbf{b} = \begin{bmatrix} 1 \\ 2 \\ 3 \end{bmatrix} + \begin{bmatrix} 4 \\ 5 \\ 6 \end{bmatrix} = \begin{bmatrix} 1+4 \\ 2+5 \\ 3+6 \end{bmatrix} = \begin{bmatrix} 5 \\ 7 \\ 9 \end{bmatrix}$$

$$\mathbf{a} - \mathbf{b} = \begin{bmatrix} 1 \\ 2 \\ 3 \end{bmatrix} - \begin{bmatrix} 4 \\ 5 \\ 6 \end{bmatrix} = \begin{bmatrix} 1-4 \\ 2-5 \\ 3-6 \end{bmatrix} = \begin{bmatrix} -3 \\ -3 \\ -3 \end{bmatrix}$$

$$\mathbf{b} + \mathbf{c} - \mathbf{a} = \begin{bmatrix} 4 \\ 5 \\ 6 \end{bmatrix} + \begin{bmatrix} 7 \\ -3 \\ 0 \end{bmatrix} - \begin{bmatrix} 1 \\ 2 \\ 3 \end{bmatrix} = \begin{bmatrix} 4+7-1 \\ 5+(-3)-2 \\ 6+0-3 \end{bmatrix} = \begin{bmatrix} 10 \\ 0 \\ 3 \end{bmatrix}$$

应注意以下几点：

- 向量不能与标量或维数不同的向量相加减。
- 和标量加法一样，向量加法满足交换律，但向量减法不满足交换律。永远有 **a+b=b+a**，但 **a−b=−(b−a)**，仅当 **a=b** 时，**a−b=b−a**。

5.8.2 几何解释

向量 **a** 和 **b** 相加的几何解释为：平移向量，使向量 **a** 的头连接向量 **b** 的尾，接着从 **a** 的尾向 **b** 的头画一个向量。这就是向量加法的“三角形法则”。向量的减法与之类似，如图 5.6 所示。

图 5.6 证明了向量加法满足交换律，也证明减法不满足交换律。注意，向量 **a+b** 和向量 **b+a** 相等，但向量 **d−c** 和 **c−d** 的方向相反，因为 **d−c=− (c−d)**。

三角形法则能扩展到多个向量的情形中，如图 5.7 所示。

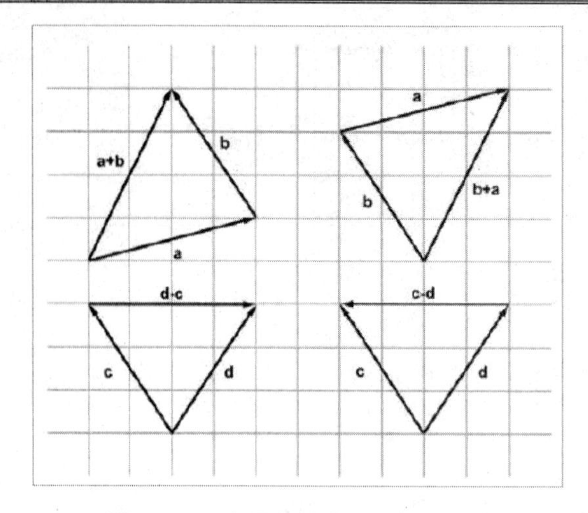

图 5.6 2D 向量加减法的三角形法则

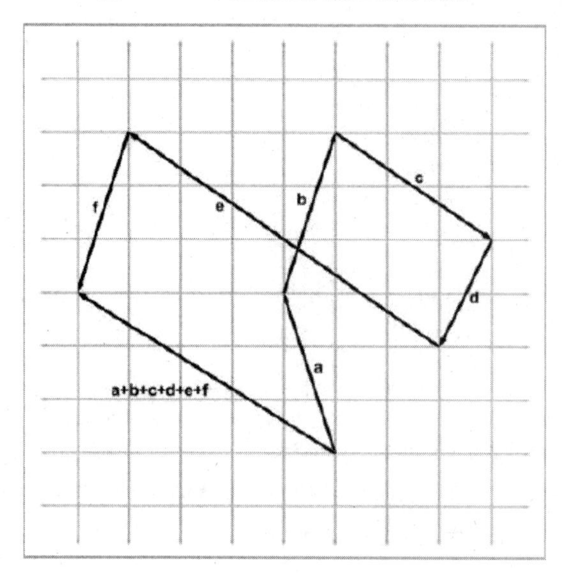

图 5.7 三角形法则扩展到多个向量

有了三角形法则，就能解释 4.2.4 节中所提出的几何意义：向量能被解释为与轴平行的位移序列。图 5.8 是对图 4.5 的重绘，它解释了向量[1，-3，4]为什么能解释为位移序列：向右 1 个单位，向下 3 个单位，向前 4 个单位。

用向量加法对图 5.8 作数学解释，即为：

$$\begin{bmatrix}1\\-3\\4\end{bmatrix}=\begin{bmatrix}1\\0\\0\end{bmatrix}+\begin{bmatrix}0\\-3\\0\end{bmatrix}+\begin{bmatrix}0\\0\\4\end{bmatrix}$$

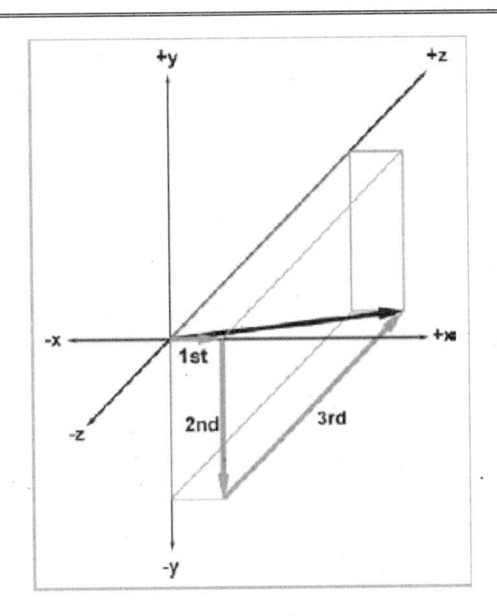

图 5.8　向量解释为位移序列

这看起来很简单，但它是一个非常有用的概念。7.2.1 节将使用类似的技术在坐标系间转换向量。

5.8.3　一个点到另一个点的向量

计算一个点到另一个点的位移是一种非常普遍的需求，可以使用三角形法则和向量减法来解决这个问题。图 5.9 展示了怎样用 **b**−**a** 计算 **a** 到 **b** 的位移向量。

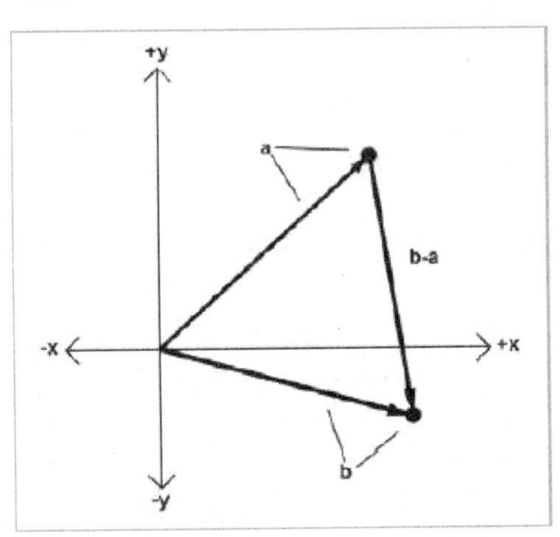

图 5.9　用 2D 向量减法计算从 a 到 b 的向量

如上图所示，为了计算 **a** 到 **b** 的向量，将点 **a** 和点 **b** 解释为从原点开始的向量，接着使用三角形法则。事实上，在有些书中，向量确实被定义为两个点的减法。

注意，减法 **b**−**a** 代表了从 **a** 到 **b** 的向量。简单的求“两点之间”的向量是没有意义的，因为没有指明方向。求一个点到另一个点的向量才有实际意义。

5.9 距离公式

下面介绍计算几何中最重要的公式之一：距离公式。该公式用来计算两点之间的距离。

首先，定义距离为两点间线段的长度。因为向量是有向线段，所以从几何意义上说，两点之间的距离等于从一个点到另一个点的向量的长度。现在，让我们导出 3D 中的距离公式。先计算从 **a** 到 **b** 的向量 **d**，在 5.8.3 节中我们已经学过如何进行这样的计算了。在 3D 情况中：

$$\mathbf{d}=\mathbf{b}-\mathbf{a}=\begin{bmatrix} b_x-a_x \\ b_y-a_y \\ b_z-a_z \end{bmatrix}。$$

a 到 **b** 的距离等于向量 **d** 的长度。在 5.5 节学过如何计算向量长度，

$$距离(\mathbf{a},\mathbf{b})=\|\mathbf{d}\|=\sqrt{\mathbf{d}_x^2+\mathbf{d}_y^2+\mathbf{d}_z^2}$$

将 **d** 代入，得到：

$$距离(\mathbf{a},\mathbf{b})=\|\mathbf{b}-\mathbf{a}\|=\sqrt{(\mathbf{b}_x-\mathbf{a}_x)^2+(\mathbf{b}_y-\mathbf{a}_y)^2+(\mathbf{b}_z-\mathbf{a}_z)^2}$$

公式 5.11 3D 距离公式

这样就导出了 3D 中的距离公式。2D 中的公式更简单。

$$距离(\mathbf{a},\mathbf{b})=\|\mathbf{b}-\mathbf{a}\|=\sqrt{(\mathbf{b}_x-\mathbf{a}_x)^2+(\mathbf{b}_y-\mathbf{a}_y)^2}$$

公式 5.12 2D 距离公式

看一个 2D 中的例子：

$$\begin{aligned}距离([5\quad 0],[-1\quad 8])&=\sqrt{(-1-5)^2+(8-0)^2}\\&=\sqrt{(-6)^2+8^2}\\&=\sqrt{36+64}\\&=10\end{aligned}$$

应注意，哪个点是 **a** 和哪个点是 **b** 并不重要。如果定义 **d** 为从 **b** 到 **a** 的向量而不是从 **a** 到 **b**，会得到

一个稍微不同但数学上等价的公式。

5.10　向量点乘

从 5.6 节中我们知道，标量和向量可以相乘。两个向量也可以相乘，有两种不同类型的向量乘法。我们首先学习**点乘**(也常称作**内积**)。

5.10.1　运算法则

术语“点乘”来自记法 $\mathbf{a}\cdot\mathbf{b}$ 中的点号。与标量与向量的乘法一样，向量点乘的优先级高于加法和减法。标量乘法和标量与向量的乘法经常可以省略乘号，但在向量点乘中不能省略点乘号。

向量点乘就是对应分量乘积的和，其结果是一个标量：

$$\begin{bmatrix} a_1 \\ a_2 \\ \vdots \\ a_{n-1} \\ a_n \end{bmatrix} \cdot \begin{bmatrix} b_1 \\ b_2 \\ \vdots \\ b_{n-1} \\ b_n \end{bmatrix} = \mathbf{a}_1\mathbf{b}_1 + \mathbf{a}_2\mathbf{b}_2 + \cdots + \mathbf{a}_{n-1}\mathbf{b}_{n-1} + \mathbf{a}_n\mathbf{b}_n$$

公式 5.13　向量点乘

用连加符号简写为：

$$\mathbf{a}\cdot\mathbf{b} = \sum_{i=1}^{n}\mathbf{a}_i\mathbf{b}_i$$

公式 5.14　向量点乘的连加记法

应用到 2D、3D 中，为：

$$\mathbf{a}\cdot\mathbf{b} = \mathbf{a}_x\mathbf{b}_x + \mathbf{a}_y\mathbf{b}_y \qquad (\mathbf{a}\text{ 和 }\mathbf{b}\text{ 是 2D 向量})$$

$$\mathbf{a}\cdot\mathbf{b} = \mathbf{a}_x\mathbf{b}_x + \mathbf{a}_y\mathbf{b}_y + \mathbf{a}_z\mathbf{b}_z \qquad (\mathbf{a}\text{ 和 }\mathbf{b}\text{ 是 3D 向量})$$

公式 5.15　2D 和 3D 点乘

很明显，从公式中可以得出点乘满足交换律：$\mathbf{a}\cdot\mathbf{b} = \mathbf{b}\cdot\mathbf{a}$ 。有关点乘的更多法则将在 5.12 节给出。

2D、3D 中向量点乘的例子如下：

$$\begin{bmatrix} 4 & 6 \end{bmatrix} \cdot \begin{bmatrix} -3 & 7 \end{bmatrix} = (4)(-3) + (6)(7) = 30$$

$$\begin{bmatrix}3\\-2\\7\end{bmatrix}\cdot\begin{bmatrix}0\\4\\-1\end{bmatrix}=(3)(0)+(-2)(4)+(7)(-1)=-15$$

5.10.2 几何解释

一般来说，点乘结果描述了两个向量的“相似”程度，点乘结果越大，两向量越相近。几何解释更加直观，如图 5.10。

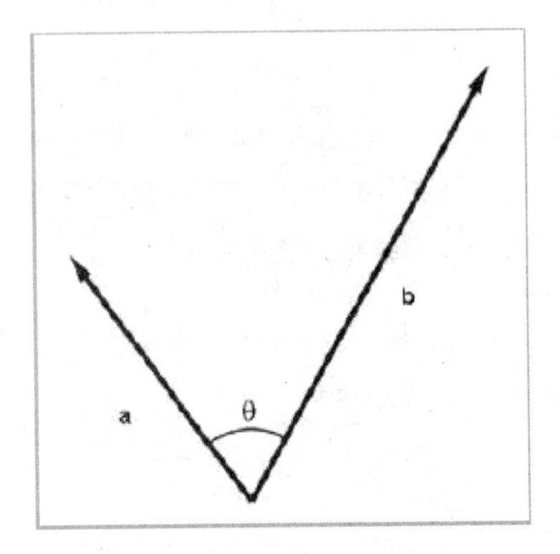

图 5.10 点乘和向量间的夹角相关

点乘等于向量大小与向量夹角的 cos 值的积：

$$\mathbf{a}\cdot\mathbf{b}=\|\mathbf{a}\|\,\|\mathbf{b}\|\cos\theta$$

公式 5.16 向量点乘的几何解释

(3D 中，两向量的夹角是在包含两向量的平面中定义的。)

解得：

$$\theta=\arccos\left(\frac{\mathbf{a}\cdot\mathbf{b}}{\|\mathbf{a}\|\,\|\mathbf{b}\|}\right)$$

公式 5.17 用点乘计算两个向量的夹角

如果 **a**、**b** 是单位向量，就可以避免公式 5.17 中的除法运算。在这种情况下，上式中的分母是 1，只剩下：

$$\theta=\arccos(\mathbf{a}\cdot\mathbf{b})\ \ (\mathbf{a}\text{ 和 }\mathbf{b}\text{ 是单位向量})$$

公式 5.18　　计算两个向量的夹角

如果不需要 θ 的确切值而只需要 **a** 和 **b** 夹角的类型，可以只取用点乘结果的符号，如图 5.11 所示。

a·b	θ	角度	a 和 b
>0	$0° \leqslant \theta < 90°$		方向基本相同
0	$\theta \leqslant 90°$		正交
<0	$90° < \theta \leqslant 108°$		方向基本相反

图 5.11　点乘结果的符号可大致确定 θ 的类型

向量大小并不影响点乘结果的符号，所以上表是和 **a**、**b** 大小无关的。注意，如果 **a**、**b** 中任意一个为零，那么 $\mathbf{a}\cdot\mathbf{b}$ 的结果也等于零。因此，点乘对零向量的解释是，零向量和任意其他向量都垂直。

5.10.3　向量投影

给定两个向量 **v** 和 **n**，能将 **v** 分解成两个分量：$\mathbf{v}_{\parallel}$ 和 $\mathbf{v}_{\perp}$。它们分别平行于和垂直于 **n**，并满足 $\mathbf{v} = \mathbf{v}_{\perp} + \mathbf{v}_{\parallel}$。一般称平行分量 $\mathbf{v}_{\parallel}$ 为 **v** 在 **n** 上的**投影**。

我们使用点乘计算投影。图 5.12 展示了其几何解释。

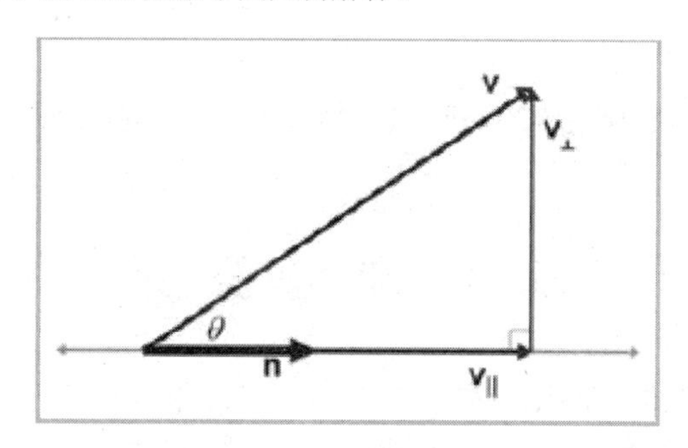

图 5.12　向量的投影

下面我们先求 $\mathbf{v}_{\parallel}$。观察到 $\mathbf{v}_{\parallel}$ 平行于 **n**，它可以表示为：$\mathbf{v}_{\parallel} = \mathbf{n}\dfrac{\|\mathbf{v}_{\parallel}\|}{\|\mathbf{n}\|}$。

因此只要能够求出 $\mathbf{v}_{\parallel}$ 的模，就能够计算出该投影向量的值了。幸运的是，三角分解能帮助我们求出该值：

$$\cos\theta = \frac{\|\mathbf{v}_{\parallel}\|}{\|\mathbf{v}\|}$$

$$\cos\theta\|\mathbf{v}\| = \|\mathbf{v}_{\parallel}\|$$

将$\left\|\mathbf{v}_{\|}\right\|$代入原等式并应用 5.10.2 节中的公式 5.16，得到：

$$\begin{aligned}\mathbf{v}_{\|} &= \mathbf{n}\frac{\|\mathbf{v}\|\cos\theta}{\|\mathbf{n}\|} \\ &= \mathbf{n}\frac{\|\mathbf{v}\|\ \|\mathbf{n}\|\cos\theta}{\|\mathbf{n}\|^2} \\ &= \mathbf{n}\frac{\mathbf{v}\cdot\mathbf{n}}{\|\mathbf{n}\|^2}\end{aligned}$$

公式 5.19 向量的投影

当然，如果 $\mathbf{n}$ 是单位向量，除法就不必要了。

知道 $\mathbf{v}_{\|}$，求 $\mathbf{v}_{\perp}$ 就很容易了，如下：

$$\begin{aligned}\mathbf{v}_{\perp} + \mathbf{v}_{\|} &= \|\mathbf{v}\| \\ \mathbf{v}_{\perp} &= \|\mathbf{v}\| - \mathbf{v}_{\|} \\ &= \|\mathbf{v}\| - \mathbf{n}\frac{\mathbf{v}\cdot\mathbf{n}}{\|\mathbf{n}\|^2}\end{aligned}$$

本书的剩余部分将多次使用该公式将向量分解为平行和垂直于其他向量的两个分量。

5.11 向量叉乘

另一种向量乘法称作**叉乘**或**叉积**，仅可应用于 3D 向量。和点乘不一样，点乘得到一个标量并满足交换律，向量叉乘得到一个向量并且不满足交换律。

5.11.1 运算法则

和点乘一样，术语“叉乘”来自记法 $\mathrm{a}\times\mathrm{b}$ 中的叉号。这里要把叉乘号写出来，不能像标量乘法那样省略它。

叉乘公式为：

$$\begin{bmatrix} x_1 \\ y_1 \\ z_1 \end{bmatrix} \times \begin{bmatrix} x_2 \\ y_2 \\ z_2 \end{bmatrix} = \begin{bmatrix} y_1 z_2 - z_1 y_2 \\ z_1 x_2 - x_1 z_2 \\ x_1 y_2 - y_1 x_2 \end{bmatrix}$$

公式 5.20　　叉乘

示例如下：

$$\begin{bmatrix} 1 \\ 3 \\ 4 \end{bmatrix} \times \begin{bmatrix} 2 \\ -5 \\ 8 \end{bmatrix} = \begin{bmatrix} (3)(8)-(4)(-5) \\ (4)(2)-(1)(8) \\ (1)(-5)-(3)(2) \end{bmatrix} = \begin{bmatrix} 44 \\ 0 \\ -10 \end{bmatrix}$$

叉乘的运算优先级和点乘一样，乘法在加减法之前计算。当点乘和叉乘在一起时，叉乘优先计算：$\mathbf{a}\cdot\mathbf{b}\times\mathbf{c}=\mathbf{a}\cdot(\mathbf{b}\times\mathbf{c})$。因为点乘返回一个标量，同时标量和向量间不能叉乘，所以 $(\mathbf{a}\cdot\mathbf{b})\times\mathbf{c}$ 没有定义。运算 $\mathbf{a}\cdot(\mathbf{b}\times\mathbf{c})$ 称作**三重积**。9.1 节将给出此类运算的一些特殊性质。

前面提到，向量叉乘不满足交换律。事实上，它满足反交换律：$\mathbf{a}\times\mathbf{b}=-(\mathbf{b}\times\mathbf{a})$。叉乘也不满足结合律。一般而言，$(\mathbf{a}\times\mathbf{b})\times\mathbf{c}\neq\mathbf{a}\times(\mathbf{b}\times\mathbf{c})$。有关叉乘的更多代数法则将在 5.12 节给出。

5.11.2　几何解释

叉乘得到的向量垂直于原来的两个向量，如图 5.13 所示。

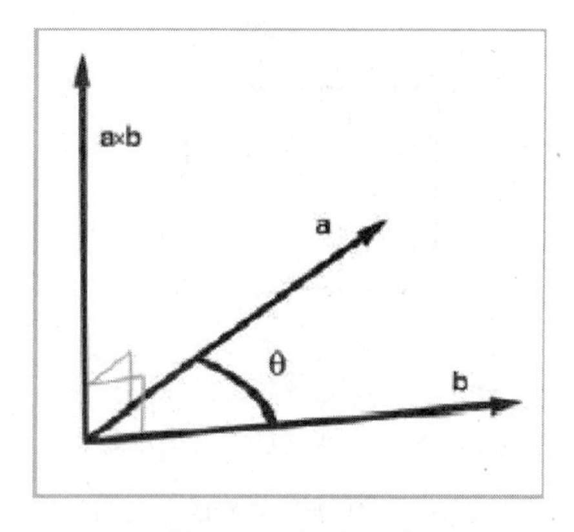

图 5.13　向量叉乘

图中，向量 **a** 和 **b** 在一个平面中。向量 **a**×**b** 指向该平面的正上方，垂直于 **a** 和 **b**。

a×**b** 的长度等于向量的大小与向量夹角 sin 值的积，如下：

$$\|\mathbf{a}\times\mathbf{b}\|=\|\mathbf{a}\|\ \|\mathbf{b}\|\sin\theta$$

公式 5.21　　叉乘的长度与向量夹角的 sin 值有关

可以看到，$\|\mathbf{a}\times\mathbf{b}\|$ 也等于以 **a** 和 **b** 为两边的平行四边形的面积。让我们验证这一结论，看图 5.14。

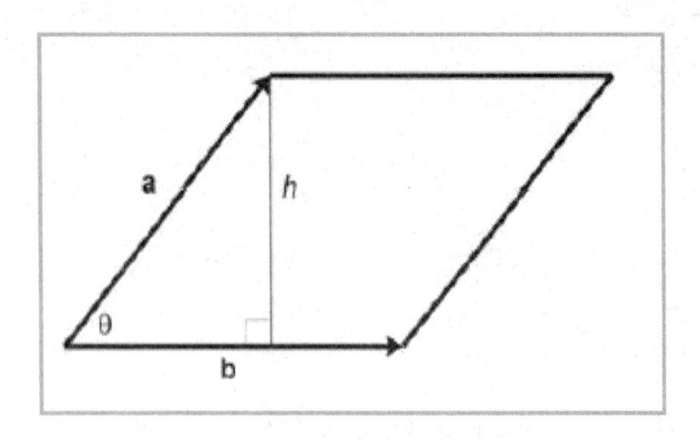

图 5.14 叉乘和平行四边形的面积

由经典几何知识可知平行四边形的面积是 bh，即底和高的乘积。可以验证这一点，通过把一端的三角形“切”下来移到另一边，可构成一个矩形，如图 5.15 所示。

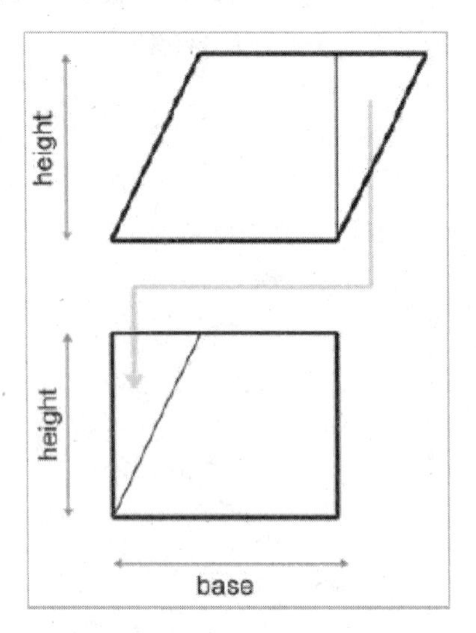

图 5.15 平行四边形面积

矩形的面积由长和宽确定，上图中为 bh。因为转换后的矩形面积等于原平行四边形的面积，所以该平行四边形的面积也为 bh。

返回到图 5.14，设 a、b 分别为 **a**、**b** 的长度。注意到 $\sin\theta = h/a$，有：

$$
\begin{aligned}
A &= bh \\
&= b(a\sin\theta) \\
&= \|\mathbf{a}\|\,\|\mathbf{b}\|\sin\theta
\end{aligned}
$$

$$= \|\mathbf{a} \times \mathbf{b}\|$$

如果 **a**、**b** 平行或任意一个为 **0**，则 $\mathbf{a}\times\mathbf{b}=\mathbf{0}$。叉乘对零向量的解释为：它平行于任意其他向量。注意这和点乘的解释不同，点乘的解释是和任意其他向量垂直。(当然，定义零向量平行或垂直于任意向量都是不对的，因为零向量没有方向。)

已经证明了 $\mathbf{a}\times\mathbf{b}$ 垂直于 **a**、**b**。但是垂直于 **a**、**b** 有两个方向。$\mathbf{a}\times\mathbf{b}$ 指向哪个方向呢？通过将 **a** 的头与 **b** 的尾相接，并检查从 **a** 到 **b** 是顺时针还是逆时针，能够确定 $\mathbf{a}\times\mathbf{b}$ 的方向。在左手坐标系中，如果 **a** 和 **b** 呈顺时针，那么 $\mathbf{a}\times\mathbf{b}$ 指向您。如果 **a** 和 **b** 呈逆时针，$\mathbf{a}\times\mathbf{b}$ 远离您。在右手坐标系中，恰好相反。如果 **a** 和 **b** 呈顺时针，$\mathbf{a}\times\mathbf{b}$ 远离您，如果 **a** 和 **b** 呈逆时针，$\mathbf{a}\times\mathbf{b}$ 指向您。

图 5.16 和图 5.17 分别展示了顺时针和逆时针方向。

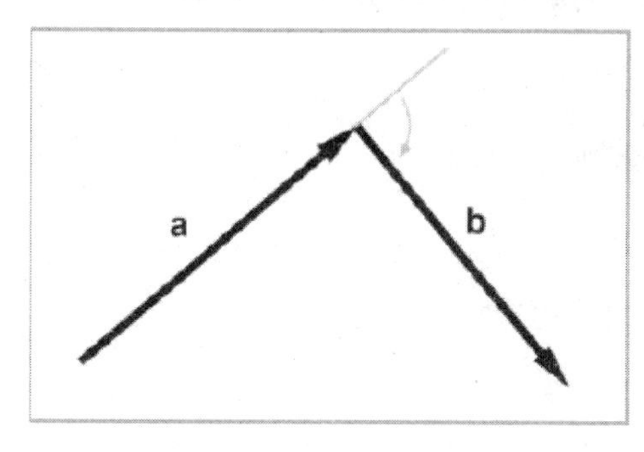

图 5.16　顺时针方向

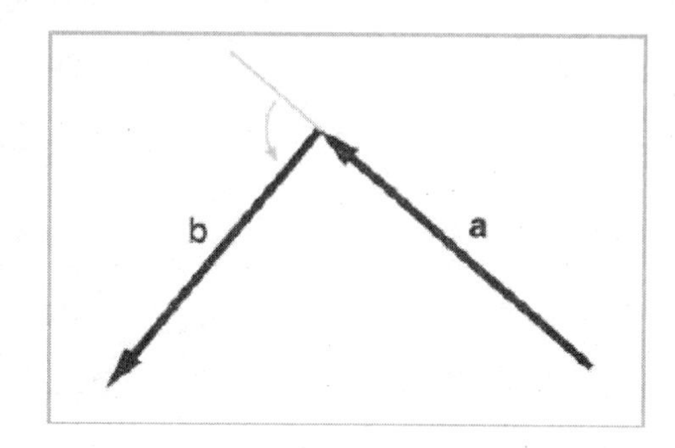

图 5.17　逆时针方向

注意，探测顺时针还是逆时针时，必须让 **a** 的头与 **b** 的尾相接。和图 5.13 比较，那里是尾相接。图 5.13 中的尾—尾相接是用来求向量间的夹角。然而，在决定顺时针、逆时针时，必须是头—尾相接。如图 5.16 和 5.17 所示。

叉乘最重要的应用就是创建垂直于平面(12.5 节)、三角形(12.6 节)或多边形(12.7 节)的向量。

5.12 线性代数公式

下表列出了一些有用的公式。许多公式是显而易见的，列在这里是为了完整。所有这些公式都能从前面各节中的定义推导出来。

公式	解释
$\mathbf{a}+\mathbf{b}=\mathbf{b}+\mathbf{a}$	向量加法的交换律
$\mathbf{a}-\mathbf{b}=\mathbf{a}+(-\mathbf{b})$	向量减法的定义

续表

公式	解释
$(\mathbf{a}+\mathbf{b})+\mathbf{c}=\mathbf{a}+(\mathbf{b}+\mathbf{c})$	向量加法的结合律
$s(t\mathbf{a})=(st)\mathbf{a}$	标量乘法的结合律
$k(\mathbf{a}+\mathbf{b})=k\mathbf{a}+k\mathbf{b}$	标量乘法对向量加法的分配律
$\lVert k\mathbf{a}\rVert=\lvert k\rvert\lVert\mathbf{a}\rVert$	向量乘以标量相当于以标量的绝对值为因子缩放向量
$\lVert\mathbf{a}\rVert\geqslant 0$	向量的大小非负
$\lVert\mathbf{a}\rVert^2+\lVert\mathbf{b}\rVert^2=\lVert\mathbf{a}+\mathbf{b}\rVert^2$	勾股定理在向量加法中的应用
$\lVert\mathbf{a}\rVert+\lVert\mathbf{b}\rVert\geqslant\lVert\mathbf{a}+\mathbf{b}\rVert$	向量加法的三角形法则
$\mathbf{a}\cdot\mathbf{b}=\mathbf{b}\cdot\mathbf{a}$	点乘的交换律
$\lVert\mathbf{a}\rVert=\sqrt{\mathbf{a}\cdot\mathbf{a}}$	用点乘定义向量大小
$k(\mathbf{a}\cdot\mathbf{b})=(k\mathbf{a})\cdot\mathbf{b}=\mathbf{a}\cdot(k\mathbf{b})$	标量乘法对点乘的结合律
$\mathbf{a}\cdot(\mathbf{b}+\mathbf{c})=\mathbf{a}\cdot\mathbf{b}+\mathbf{a}\cdot\mathbf{c}$	点乘对向量加减法的分配律
$\mathbf{a}\times\mathbf{a}=0$	任意向量与自身的叉乘等于零向量
$\mathbf{a}\times\mathbf{b}=-(\mathbf{b}\times\mathbf{a})$	叉乘逆交换律
$\mathbf{a}\times\mathbf{b}=(-\mathbf{a})\times(-\mathbf{b})$	叉乘的操作数同时变负得到相同的结果
$k(\mathbf{a}\times\mathbf{b})=(k\mathbf{a})\times\mathbf{b}=\mathbf{a}\times(k\mathbf{b})$	标量乘法对叉乘的结合律
$\mathbf{a}\times(\mathbf{b}+\mathbf{c})=\mathbf{a}\times\mathbf{b}+\mathbf{a}\times\mathbf{c}$	叉乘对向量加法的分配律
$\mathbf{a}\cdot(\mathbf{a}\times\mathbf{b})=0$	向量与另一向量的叉乘再点乘该向量本身等于零

5.13 练　　习

(1) 计算如下向量表达式：

a. $-\begin{bmatrix}3 & 7\end{bmatrix}$

b. $\left\lVert\begin{bmatrix}-12 & 5\end{bmatrix}\right\rVert$

c. $\|[8\quad -3\quad 1/2]\|$

d. $3\,[4\quad -7\quad 0]$

e. $[4\quad 5]/2$

(2) 标准化下列向量：

a. $[-12\quad 5]$

b. $[8\quad -3\quad 1/2]$

(3) 计算下列向量表达式：

a. $\begin{bmatrix}3\\10\\7\end{bmatrix}-\begin{bmatrix}8\\-7\\4\end{bmatrix}$

b. $3\begin{bmatrix}a\\b\\c\end{bmatrix}-4\begin{bmatrix}2\\10\\-6\end{bmatrix}$

(4) 计算向量之间的距离：

a. $\begin{bmatrix}3\\10\\7\end{bmatrix},\ \begin{bmatrix}8\\-7\\4\end{bmatrix}$

b. $\begin{bmatrix}10\\6\end{bmatrix},\ \begin{bmatrix}-14\\30\end{bmatrix}$

(5) 计算下列向量表达式：

a. $\begin{bmatrix}2\\6\end{bmatrix}\cdot -38$

b. $3\begin{bmatrix}-2\\0\\4\end{bmatrix}\cdot\left(\begin{bmatrix}8\\-2\\3/2\end{bmatrix}+\begin{bmatrix}0\\9\\7\end{bmatrix}\right)$

(6) 计算向量 $[1,2]$ 和 $[-6,3]$ 的夹角。

(7) 给定两个向量：

$$\mathbf{v}=\begin{bmatrix}4\\3\\-1\end{bmatrix},\quad \mathbf{n}=\begin{bmatrix}\sqrt{2}/2\\\sqrt{2}/2\\0\end{bmatrix}$$

请将 **v** 分解为平行和垂直于 **n** 的分量。(**n** 为单位向量)

(8) 计算：

$$\begin{bmatrix}3\\10\\7\end{bmatrix}\times\begin{bmatrix}8\\-7\\4\end{bmatrix}\text{的值}$$

(9) 某人正在登机，航班规定乘客随身携带物品不能超过两尺长、两尺宽或两尺高。此人有一把名贵的剑，长三尺。他能将这把剑带上飞机。为什么？他能携带的物品最长为多长？

(10) 用数学方法验证图 5.7 的结论。

(11) 图 5.13 使用的坐标系是左手坐标系还是右手坐标系？

(12) 假设德克萨斯州是平坦的。纬度的一分大约长 1.15 英里；在两位作者住所位置的纬度上(见 3.2.1 节)，经度的一分约长 0.97 英里。纬度和经度的一度有 60 分。请问本书的两位作者之间相隔多远？

3D 向量类

本章通过实现一个简单的 C++类——Vector3 来实践前面的理论知识，共分 3 节：

- 6.1 节讨论 Vector3 类要实现的操作。
- 6.2 节列出了 Vector3 类的完整代码。
- 6.3 节讨论 Vector3 类和本书其他类中所具体表现的设计决策。

前面的章节集中于讲解 3D 数学的理论知识。本章通过引入表达 3D 向量的 C++类，第一次带领您进行 3D 数学的实践。

6.1 类 接 口

好的类设计首先要回答下列问题："这个类将提供什么操作？"、"在哪些数据上执行这些操作？"。我们已经知道这个类将存储 3D 向量的 x，y，z 分量，并且这个类应该提供的基本操作有：

- 存取向量的各分量(x，y 和 z)
- 向量间的赋值操作
- 比较两向量是否相同

从第 5 章中我们知道还需要执行以下向量操作：

- 将向量置为零向量
- 向量求负
- 求向量的模
- 向量与标量的乘除法
- 向量标准化
- 向量加减法

- 计算两点(点用向量表示)间距离
- 向量点乘
- 向量叉乘

6.2 Vector3 类

下面列出了 Vector3.h 的完整代码(程序清单 6.1)。它包含了类 Vector3 的定义。

程序清单 6.1 Vector3.h

```
/////////////////////////////////////////////////////////////////////////////
//
// Vector3 类——简单的 3D 向量类
//
/////////////////////////////////////////////////////////////////////////////
class Vector3 {
public:
    float x,y,z;
// 构造函数
    // 默认构造函数，不执行任何操作
    Vector3() {}
    // 复制构造函数
    Vector3(const Vector3 &a) : x(a.x), y(a.y), z(a.z) {}
    //带参数的构造函数，用三个值完成初始化
    Vector3(float nx, float ny, float nz) : x(nx), y(ny), z(nz) {}
//标准对象操作
    //坚持 C 语言的习惯，重载赋值运算符，并返回引用，以实现左值。
    Vector3 &operator =(const Vector3 &a) {
        x = a.x; y = a.y; z = a.z;
        return *this;
    }
    // 重载“==”操作符
    bool operator ==(const Vector3 &a) const {
        return x==a.x && y==a.y && z==a.z;
    }
    bool operator !=(const Vector3 &a) const {
        return x!=a.x || y!=a.y || z!=a.z;
    }
// 向量运算
    // 置为零向量
    void zero() { x = y = z = 0.0f; }
    //重载一元“-”运算符
    Vector3 operator - () const { return Vector3(-x,-y,-z); }
```

```
//重载二元“+”和“-”运算符
Vector3 operator +(const Vector3 &a) const {
    return Vector3(x + a.x, y + a.y, z + a.z);
}
Vector3 operator -(const Vector3 &a) const {
    return Vector3(x - a.x, y - a.y, z - a.z);
}
// 与标量的乘、除法
Vector3 operator *(float a) const {
    return Vector3(x*a, y*a, z*a);
}
Vector3 operator /(float a) const {
    float oneOverA = 1.0f / a; // 注意：这里不对“除零”进行检查
    return Vector3(x*oneOverA, y*oneOverA, z*oneOverA);
}
// 重载自反运算符
Vector3 &operator +=(const Vector3 &a) {
    x += a.x; y += a.y; z += a.z;
    return *this;
}
Vector3 &operator -=(const Vector3 &a) {
    x-=a.x; y-=a.y; z-=a.z;
    return *this;
}
Vector3 &operator *=(float a) {
    x *= a; y *= a; z *= a;
    return *this;
}
Vector3 &operator /=(float a) {
    float oneOverA = 1.0f / a;
    x *= oneOverA; y *= oneOverA; z *= oneOverA;
    return *this;
}
// 向量标准化
void normalize() {
    float magSq = x*x + y*y + z*z;
    if (magSq > 0.0f) { // 检查除零
        float oneOverMag = 1.0f / sqrt(magSq);
        x *= oneOverMag;
        y *= oneOverMag;
        z *= oneOverMag;
    }
}
// 向量点乘，重载标准的乘法运算符
float operator *(const Vector3 &a) const {
```

```
        return x*a.x + y*a.y + z*a.z;
    }
};
/////////////////////////////////////////////////////////////////////////////
//
// 非成员函数
//
/////////////////////////////////////////////////////////////////////////////
// 求向量模
inline float vectorMag(const Vector3 &a) {
    return sqrt(a.x*a.x + a.y*a.y + a.z*a.z);
}
// 计算两向量的叉乘
inline Vector3 crossProduct(const Vector3 &a, const Vector3 &b) {
    return Vector3(
        a.y*b.z - a.z*b.y,
        a.z*b.x - a.x*b.z,
        a.x*b.y - a.y*b.x
    );
}
// 实现标量左乘
inline Vector3 operator *(float k, const Vector3 &v) {
    return Vector3(k*v.x, k*v.y, k*v.z);
}
// 计算两点间的距离
inline float distance(const Vector3 &a, const Vector3 &b) {
    float dx = a.x - b.x;
    float dy = a.y - b.y;
    float dz = a.z - b.z;
    return sqrt(dx*dx + dy*dy + dz*dz);
}
/////////////////////////////////////////////////////////////////////////////
//
// 全局变量
//
/////////////////////////////////////////////////////////////////////////////
// 提供一个全局零向量
extern const Vector3 kZeroVector;
```

6.3 设 计 决 策

不同人会设计出迥然不同的代码。本节中，我们将以 Vector3 类做为示例，讨论本书代码的设计决策。我们还将讨论一些虽然 Vector3 中未提及，但在网上或我们自己编写的代码中曾出现过的错误设计。世界上并不存在绝对完美的设计，但我们将根据以往的设计经验尽可能地为读者提供建议。

6.3.1　float 与 double

首先要决定 Vector3 类中使用 float 数据类型还是 double 数据类型。我们选择了 float。当然在许多情况下，double 提供的额外精度是必要的。例如要在一个超过 200 英里的世界里精确到英寸，那么 32 位 float 中的 24 位尾数就不够了。但如果世界不超过一英里，那么 32 位的 float 就应该足够，因为 24 位尾数能提供 1/250 英寸的精度。如果您不需要 double 的精度，那么使用 float 可以为您节省可观的内存资源并且还可能获得更好的性能。

6.3.2　运算符重载

C++允许重载运算符。这意味着在您的类对象使用运算符(如“+”号)时，会自动调用您所定义的函数。除了语法不同，重载运算符和普通函数没有区别。重载运算符可以是成员函数，也可以是非成员函数，它们可以接收参数，而且还可以是内联函数。

向量是个数学概念，重载运算符能使您在代码中使用向量时更类似于在纸上使用它们。我们重载了以下运算符：

- 向量乘以和除以标量
- 向量求反
- 向量加法和减法
- 向量点乘

6.3.3　仅提供最重要的操作

人们总是希望在任何地方都可以使用自己定义的类，但在广泛地使用向量类之前，没有人知道哪些操作将被频繁用到。所以人们总是倾向于向自己的类中添加过多的内容，尤其是经举重载过多的运算符。但以我们的经验而论(笔者之一有着超过 10 年的专业游戏程序员经验)，程序清单 6.1 中所列出的操作几乎占实际代码中操作的 99%。

有一组操作经常被加进向量类，但其实应当避免，那就是处理标量的函数。例如，您可能认为一个接收标量 k 并使三个分量都等于 k 的构造函数会非常有用。但在创建这个很少会用到的函数时，引入了各种突然将标量转换到向量的可能性。它非常不直观，将会引起歧义并造成程序员犯错误，所以最好避免。

另一种常见的技术是将 x、y、z 定义为一个数组，通过重载数组运算符([])或转化成 float *来访问分量。但是对于一个应用在几何问题上的向量类，我们一般用名字(x，y，z)访问分量，而不是下标。可能用下标访问元素确实是某些人的偏好，在这种情况下，最好用一个明确的函数(如 getX())或重载数组运算符“[]”)，而不是提供 float *运算符。数组运算符能检查数组边界错误，并且不会引入意外转换的错误。

对于其他任何操作，如取得向量的最大或最小分量等，我们的建议是：除非代码中有 3 个以上不同的位置用到了该操作，否则不要把它加到类中。

6.3.4 不要重载过多的运算符

应特别注意，不要重载过多运算符。只在操作符意义特别明确时，才重载它。否则，就用函数代替。一般的编程规则是，首先要保证代码的清晰易懂，避免突发的错误比少敲几个键更重要。

特别地，不要重载以下经常被错误重载的操作：

- **叉乘**：我们通常为点乘而不是叉乘重载运算符“*”，因为点乘比叉乘使用得更频繁，并且运算符“*”看起来更像点号而不是叉号。但叉乘使用得也非常频繁(虽然不如点乘多)，所以有人可能会想到为叉乘重载其他的运算符。看起来重载“%”会比较合适，因为“%”有着和叉乘一样的优先级并且看起来有些像叉号，但这并不可取。实际上除了“*”，没有其他 C 运算符代表“乘”，C 语言中也不存在叉号运算符，所以重载运算符并不比直接调用叉乘函数(如：crossProduct ())更“优雅”，反而使代码对那些无法看出“%”和“×”相似性的程序员来说晦涩难懂。
- **分量方式(Component-wise)的乘除法**：如果确实需要这样的操作(其实以我们的经验来看，它很少要用到)，那就使用非成员函数，用重载运算符会引起程序混乱。
- **关系运算符**：重载相等和不相等运算符不存在任何问题，两个向量要么相等，要么不相等。但重载其他的关系运算符则没有意义。一个向量“小于”另一个向量是什么意思呢？建议不要定义那些“看起来有意义”但最终也只是在一两处使用了的操作。(有一个普遍被认为“有意义的”的操作是所谓的“lexographic”排序。它在一些计算几何算法的实现中很有用，但即使在那种情况下，最好也使用函数而不是重载运算符。)
- **向量大小**：再次声明，为向量重载求模的运算符并不明智，应该避免。

6.3.5 使用 const 成员函数

应尽可能地使用 const 成员函数。很多人对使用 const 成员函数的目的不了解，其实它只是一种方法，让函数对调用者承诺“不会修改对象”，而编译器确保这个承诺。这是一个保证代码没有副作用的好方法，不会在任何您不知道的情况下改变对象。

6.3.6 使用 const 引用参数

除了使用 const 成员函数外，所有以向量为参数的函数都接收向量的 const 引用(const&)。以传值方式传参会调用一次构造函数，传 const 引用在形式上是传值，而实际上是传址(传引用)，避免了调用构造函数，这有助于提高效率。另外，如果函数不是内联的，传值方式比传址方式需要更多的堆栈空间和更长的参数压栈时间。

当把 vector 的变量作为实参，传递给接收 const 引用的函数时，实参的地址被传递。当把 vector 的表达式作为实参，传递给接收 const 引用的函数时，编译器产生临时代码来计算表达式，并把结果保存到临时变量中，接着将临时变量的地址传递给函数。这样我们就分别得到了传址与传值的优点。形式上是传值，使我们能够传递向量表达式，让编译器去创建临时变量。实际上传递的是地址，提高了速度。

6.3.7 成员函数与非成员函数

我们的代码将某些操作设计为非成员函数，而不是成员函数。成员函数在类定义中声明，作为类的成员被调用，它包含一个隐式的 this 指针作为形参。(例如，zero()就是一个成员函数。)非成员函数是不包含隐式 this 指针的普通函数，(例如，vectorMag()函数)。那些只接收一个 vector 实参的操作，既可以被设计为成员函数，也可以被设计为非成员函数。对于这种操作，我们的建议是使用非成员函数。因为在 vector 表达式中使用这种操作时，非成员函数更易懂，见程序清单 6.2。

程序清单 6.2 成员函数与非成员函数

```
class Vector3 {
public:
    …
    //求向量模的成员函数
    float mag() const;
};
//求向量模的非成员函数
float vectorMag(const Vector3 &a);
…
void foo() {
    Vector3 a,b;
    float m;

    // 如果只是计算单个向量的长度，两种形式都可以用

    m = a.mag();
    m = vectorMag(a);

    // 如果是向量表达式，成员函数的形式看起来有些怪异

    m = (a + b).mag();

    // 非成员函数形式简单易懂

    m = vectorMag(a + b);
```

```
}
```

我们将以下操作设计为非成员函数:

- 求模
- 向量叉乘
- 求两点间距离

仅有的成员函数(不同于运算符重载，不会导致“怪异语法”问题)是 zero()和 normalize()(只有 zero()和 normalize()被设计为成员函数(不包括运算符重载))。因为我们不会在 vector 表达式中调用这些函数。

6.3.8 无缺省初始化

缺省构造函数不执行任何初始化操作。如果您声明了一个 Vector3 型变量，就需要手动初始化。这和 C 的内建类型(如 int 和 float)一样。向量类不分配资源并需要在严格要求速度的场合使用，所以我们倾向于不作任何缺省初始化。也许您更偏向于在缺省构造函数中作某种形式的初始化，那么最好的选择是零向量。

6.3.9 不要使用虚函数

我们的向量类中没有使用虚函数。有多条理由支持这种作法。第一，“自定义”向量操作没有太大意义。点乘就是点乘——它永远是同一件事。

第二，Vector3 是一个严格要求速度的类。如果使用了虚函数，优化器通常不能产生成员函数的内联代码。

第三，虚函数需要指向虚函数表的指针。向量定义时该指针必须被初始化，并使对象大小增加 25%。存储包含向量的大数组是一种普遍需求，这种情况下，虚函数表指针占用的空间大部分被浪费掉了。

总之，虚函数并不适合于向量类。

6.3.10 不要使用信息屏蔽

信息屏蔽是指将成员变量声明在 private 或 protected 域中，仅能通过**访问函数**存取这些成员。信息屏蔽思想将类的实现细节与最终用户分开，用户对类的使用仅限于一组定义好的接口，通过 public 成员函数公开。直接的成员变量访问显然与这个思想背道而弛。

例如，string 类的用户不必知道 string 类内部是如何运作的，也无法直接操作内部成员。string 操作，如赋值、连接、子串提取等，必须通过一组定义好的 public 成员函数进行。

使用访问函数还能使类维护“非变量”，或成员间的相互关系。(例如，用成员变量保存 string 的长度以供即时访问，当 string 变化时，必须更新长度成员。这里保存 string 长度的成员就是“非变量”)改变 private

成员变量仅允许发生在成员函数中。所以当某个错误改变了非变量时，仅有一组有限的函数需要查找错误。

大多数情况下，信息屏蔽是一个明智的决定。但对于向量类，信息屏蔽并不合适。3D 向量的表达是非常直观的，存储了三个数：x、y、z。如 getX()，setX()这样的函数只会使代码变得复杂。另外，没有“非变量”需要维护。任意三个数都能存储在向量中，那么访问函数要检查什么呢？信息屏蔽没有使我们获得任何东西，反而失去了简捷与效率。

6.3.11　全局常量：零

我们声明了一个全局常量：零向量，变量名为 kZeroVector。它用来向函数传递零向量，使我们不必每次都调用构造函数 Vector3(0，0，0)来创建零向量。

6.3.12　不存在“Point3”类

我们将使用向量类来保存 3D“点”，如三角网格的顶点，而不是像有些人那样使用特殊的 Point3 类。4.3 节证明了点和向量在数学上等价，所以没有对于点类的严格需求。建议将点类和向量类分开的观点认为点和向量形式上是不同的，这似乎很正确，因为“点”和“向量”之间的线段存在(见 4.3.2 节)。而我们的经验是单独的 Point3 类带来的好处大大小于它带来的问题。

例如，有一个函数能将点或向量绕 y 轴旋转一定角度(8.2.2 节将学习如何用矩阵实现这一目的。)这个操作在数学上对于点和向量是等同的。如果决定对点和向量使用不同的类，那么将面临两种选择：

- 提供两个版本的函数，一个接收 Vector3 参数，另一个接收 Point3 参数。
- 函数仅接收 Vector3 参数，当 Point3 类型传到函数时将它转换成 Vector3 类型(或者是相反的方法)。

这两种选择都是不好的。让我们仔细讨论第二个选择。Vector3 和 Point3 之间的转换可以是显式的也可以是隐式的。设想显式转换，这将使向量和点之间的转换满天飞(不信您尽可试试)，而如果转换是隐式的(可以定义一个构造函数或转换符)，将可以自由地转换点和向量。但这样将两个类分开的好处就大部分丧失了，不值得这么做。

结论是使用同一个类保存“点”和“向量”，至于您为类命名为“点”或“向量”就是您的事了。

6.3.13　关于优化

如果您曾在其他地方看到过向量类，那么这里的类相对来讲要简单的多。网络上或其他资源中的向量类非常复杂，那通常是因为“优化”的原因。有两条理由支持我们的“向量类越简单越好”的观点：

- 第一，本书的目的是教会您如何进行 3D 数学编程。其他所有不必要的复杂性都被移除了，以使您更容易理解。

- 第二，也是最重要的一点，没有证据表明所谓的“优化”真正显著地提高了性能。

让我们详细地讨论第二条。一个著名的编程原则就是“95%的时间消耗在5%的代码上”。从另一方面说，为了提高执行速度，必须找到瓶颈并优化它。而另一条关于优化的名言是：“过早的优化是一切罪恶的根源”。这句话的含义是优化那些非瓶颈的代码，使代码复杂化，却没有得到相应的回报。

在视屏游戏业中，性能是非常关键的，并且向量经常成为效率的瓶颈。这种情况下，优化是必要的并非常有效。通常，取得最大优化效果的方法是使用特定平台的特殊处理单元执行向量运算。不幸的是，向量处理单元的特性(如，队列限制，缺乏点乘运算)使得在所有情况下都能利用向量处理单元成为不可能。大规模的向量数学代码优化是完全重新排列代码以利用超标量体系结构，或者是用多处理器并行执行一组操作。没有几个向量类能完成这种高级优化。优化内循环中的向量运算，或手动调整向量运算的顺序都可能比最快的编译器结果代码执行效率高，这种情况下，无所谓向量类“优化”的有多好。

这些发现导致将向量数学代码(推广为所有代码)分为两类。第一类包含了大部分代码，实际它们花费的时间不多，因此，优化并不会带来性能显著提升。第二类是一小部分代码，这里的优化真实有效并且经常是必须的。重新排列数据结构或者手写汇编代码都能显著提高速度，大大快过编译器所产生的代码，不论向量类组织的有多好都是如此。(注意以上讨论仅集中在汇编指令级的优化，不包括高级优化，如使用更好的算法等。)

概括地说：如果真要对向量类进行优化，也仅能加速那些本应该用汇编写的代码，但还达不到真正汇编代码的速度。优化也许还将加速其他代码，但不幸的是，那些代码本身并不花费多少时间，所以获得的效果相对很小。所以我们认为，不值得为如此小的回报增加向量类的复杂性。

同时，过度“优化”向量类必然导致类的设计复杂程度大大提高。这种额外的复杂度是以编译时间、您的精力和代码的美观(这取决于优化代码的编写方式)为代价。

有两种特别的优化需要仔细讨论。一个是定点数，另一个是返回临时变量的引用。

回到“旧时代”(几年前)，浮点数运算比整数运算慢得多。特别明显的是，浮点乘法非常慢。因此程序员使用定点数，企图绕过这个问题。如果您对定点数不熟悉，那么简单地来说，这项技术的基本思想是用定点数保存小数位。例如，有8位小数位，意味着这个数应当乘以256再保存。所以3.25应该存为3.25×256＝832。在过去，除了一些特殊场合，定点数是一种优化技术。当今的处理器不仅能以处理整数相同的周期处理浮点数，还会试图以向量处理器来执行浮点向量运算。所以，放心地在向量类中使用浮点数吧。

在我们的向量类中，许多向量运算(如加、减、标量乘)都被写成返回实际的 Vector3 型变量。不同的编译器能以不同的方法实现这种返回操作。但返回类对象将导致至少一次构造函数调用(根据 C++标准)。我们试图在 return 语句中明确调用构造函数以避免编译器产生“额外”的构造函数调用。总之，不幸的是，返回类对象确实影响到了性能。

现在，让我们考虑一种常用的避免构造函数调用的优化“技巧”。其基本思想是维护一个临时对象池。函数返回值将被计算出来存放在临时对象池中，随后返回该临时对象的引用而不是返回一个实际的对象。

一般这样做：

```
// 维护一个临时对象池
int nextTemp;
Vector3 tempList[256];
// 得到下一个对象的指针
inline Vector3 *nextTempVector() {
// 前移指针以循环
nextTemp = (nextTemp + 1) & 255;
// 返回这个槽的指针
return &tempList[nextTemp];
}
// 现在可以不返回一个类对象，而代之以一个临时对象的引用。
// 例如，加法操作可以实现如下
const Vector3 &operator +(const Vector3 &a, const Vector3 &b) {
// 获取一个临时量
Vector3 *result = nextTempVector();
// 计算结果
result->x = a.x + b.x;
result->y = a.y + b.y;
result->z = a.z + b.z;
// 返回引用。无构造函数调用!
return *result;
}
// 现在可以像以前一样用自然语法加减向量。
// 向量加减运算表达式可以正常工作，
// 如果同一个式子产生的临时量不超过 256 个(很合理的限制)
Vector3 a, b;
Vector3 c = a + b;
```

乍看起来，这似乎是个好办法。维护索引变量的代价比复制构造函数和返回临时对象的代价要小。总的来说，性能得到了提升(轻微的)。

但有一个问题。这个简单系统使用的循环索引变量假设了临时对象的生命周期。从另一方面说，当我们创建了一个临时对象，在更多的 256 个临时对象创建之后，就不能再访问这个对象了。对于简单的向量表达式，这不会成为问题。问题出现在把这些引用传递给函数时。传递给函数的临时对象要直到函数结束后才能过期。例如：

```
// 三角网格的顶点集合
void bias(
const Vector3 inputList[],
int n,
```

```
const Vector3 &offset,
Vector3 outputList[]
) {
for (int i = 0 ; i < n ; ++i) {
outputList[i] = intputList[i] + offset;
}
}
// 代码中...
void foo() {
const int n = 512;
Vector3 *before = new Vector3[n];
Vector3 *after = new Vector3[n];
Vector3 min, max;
// … (计算包围盒的 min 和 max)

// 让模型回到中心位置。
// 呀！但这不正确，因为我们的临时量(min + max)/2.0f 被改变了！
bias(before, n, (min + max) / 2.0f, after);
// ...
}
```

当然，为了能在尽可能短的代码内说明问题，这个例子是故意设计的。但在实践中确实出现过此类问题。

不管对象池有多大，我们总处于可能发生错误的危险中，因为即使最简单的函数也可能产生成千上万的临时对象。最根本的问题是，估计临时对象的生命期只能在**编译时**(通过编译器)，而不是在运行时。

结论：保持类的简单性。仅在很少的情况下，构造函数或类似的调用会造成明显的问题。可以手动调整 C++代码或者用汇编。当然，也可以让函数接收一个指针参数，返回值存放在那里，而不是真正返回一个对象。不管怎么样，不要为 2%的优化付出 100%的代码复杂性。

矩阵

本章主要介绍矩阵的理论与应用。共分两节。

- 7.1 节：从数学角度讨论了矩阵的基本性质和运算(更多的矩阵运算请参见第 9 章)。
- 7.2 节：介绍了这些性质和运算的几何解释。

矩阵是 3D 数学的重要基础。它主要用来描述两个坐标系统间的关系，通过定义一种运算而将一个坐标系中的向量转换到另一个坐标系中。

7.1 矩阵——数学定义

在线性代数中，矩阵就是以**行**和**列**形式组织的矩形数字块。回忆前面曾将向量定义为一维数组，矩阵也能像那样定义为**二维数组**(“二维数组”中的“二”来自它们是行和列的事实，不要和 2D 向量或矩阵混淆)。向量是标量的数组，矩阵则是向量的数组。

7.1.1 矩阵的维度和记法

前面我们把向量的维度定义为它所包含的数的个数，与之类似，矩阵的维度被定义为它包含了多少行和多少列。一个 $r \times c$ 矩阵有 r 行、c 列。下面是一个 4×3 矩阵的例子：

$$\begin{bmatrix} 4 & 0 & 12 \\ -5 & \sqrt{4} & 3 \\ 12 & -4/3 & -1 \\ 1/2 & 18 & 0 \end{bmatrix}$$

这个 4×3 矩阵展示了矩阵的标准记法。将数字排列成一个方块，用方括号括起来。注意，有些书中可能用圆括号而不是方括号来包围这个方块。而且另外一些人则使用竖线，我们保留了竖线这种记法，但将它用在一个与矩阵相关却完全不同的概念上：矩阵的行列式(将在 9.1 节讨论)。

5.2 节提到，用黑体大写字母表示矩阵，如：**M**，**A**，**R**。需要引用矩阵的分量时，采用下标法，常使用对应的斜体小写字母。如下面的 3×3 矩阵所示：

$$\mathbf{M}=\begin{bmatrix} m_{11} & m_{12} & m_{13} \\ m_{21} & m_{22} & m_{23} \\ m_{31} & m_{32} & m_{33} \end{bmatrix}$$

m_{ij} 表示 M 的第 i 行第 j 列元素。矩阵的下标从 1 开始，所以第一行和第一列都用数字 1。例如，m_{12} (读作 m 一二，而不是 m 十二)是第 1 行，第 2 列的元素。注意，这和 C 语言中以 0 作为数组下标起点有所不同。矩阵没有 0 行 0 列。当实际用 C 语言数组表达矩阵时，这种不同将可能会导致表达混乱。(这也是我们的代码中不用数组表达矩阵的原因之一。)

7.1.2 方阵

行数和列数相同的矩阵称作**方阵**，这个概念非常重要。本书主要讨论 2×2、3×3、4×4 方阵。

方阵的**对角线元素**就是方阵中行号和列号相同的元素。例如，3×3 矩阵 **M** 的对角线元素为 m_{11}，m_{22} 和 m_{33}。其他元素均为**非对角线元素**。简单地说，方阵的对角线元素就是方阵对角线上的元素。

$$\begin{bmatrix} m_{11} & m_{12} & m_{13} \\ m_{21} & m_{22} & m_{23} \\ m_{31} & m_{32} & m_{33} \end{bmatrix}$$

如果所有非对角线元素都为 0，那么称这种矩阵为**对角矩阵**，例如：

$$\begin{bmatrix} 3 & 0 & 0 & 0 \\ 0 & 1 & 0 & 0 \\ 0 & 0 & -5 & 0 \\ 0 & 0 & 0 & 2 \end{bmatrix}$$

单位矩阵是一种特殊的对角矩阵。n 维单位矩阵记作 $\mathbf{I}_n$，是 $n\times n$ 矩阵，对角线元素为 1，其他元素为 0。例如，3×3 单位矩阵：

$$\mathbf{I}_3=\begin{bmatrix} 1 & 0 & 0 \\ 0 & 1 & 0 \\ 0 & 0 & 1 \end{bmatrix}$$

公式 7.1　3D 单位矩阵

通常，上下文会说明特定情况下单位矩阵的维数，此时可省略下标直接记单位矩阵为 **I**。

单位矩阵非常特殊，因为它是矩阵的**乘法单位元**(7.1.6 节将讨论矩阵乘法)。其基本性质是用任意一个矩阵乘以单位矩阵，都将得到原矩阵。所以，在某种意义上，单位矩阵对矩阵的作用就犹如 1 对于标量的作用。

7.1.3　向量作为矩阵使用

矩阵的行数和列数可以是任意正整数，当然也包括 1。我们已经见过一行或一列的矩阵了——向量。一个 n 维向量能被当作 $1\times n$ 矩阵或 $n\times 1$ 矩阵。$1\times n$ 矩阵称作**行向量**，$n\times 1$ 矩阵称作**列向量**。行向量平着写，列向量则竖着写，例如：

$$\begin{bmatrix}1 & 2 & 3\end{bmatrix} \qquad \begin{bmatrix}4\\5\\6\end{bmatrix}$$

直到现在，这两种记法都是混合使用的。其实，在几何意义上它们是一样的，绝大多数情况下它们的区别也不重要。但是，因为即将介绍的一些原因，混合使用向量和矩阵时，必须特别注意向量到底是行向量还是列向量。

7.1.4　转置

考虑一个 $r\times c$ 矩阵 $\mathbf{M}$。$\mathbf{M}$ 的转置记作 $\mathbf{M}^T$，是一个 $c\times r$ 矩阵，它的列由 $\mathbf{M}$ 的行组成。可以从另一方面理解，$\mathbf{M}^T_{ij}=\mathbf{M}_{ji}$，即沿着矩阵的对角线翻折。公式 7.2 给出了两个矩阵转置的例子。

$$\begin{bmatrix}1 & 2 & 3\\4 & 5 & 6\\7 & 8 & 9\\10 & 11 & 12\end{bmatrix}^T=\begin{bmatrix}1 & 4 & 7 & 10\\2 & 5 & 8 & 11\\3 & 6 & 9 & 12\end{bmatrix} \qquad \begin{bmatrix}a & b & c\\d & e & f\\g & h & i\end{bmatrix}^T=\begin{bmatrix}a & d & g\\b & e & h\\c & f & i\end{bmatrix}$$

公式 7.2　　转置矩阵

对于向量来说，转置将使行向量变成列向量，使列向量成为行向量，见公式 7.3：

$$\begin{bmatrix}x & y & z\end{bmatrix}^T=\begin{bmatrix}x\\y\\z\end{bmatrix} \qquad \begin{bmatrix}x\\y\\z\end{bmatrix}^T=\begin{bmatrix}x & y & z\end{bmatrix}$$

公式 7.3　　行向量和列向量之间转置

转置记法经常用于在书面表达中书写列向量，如 $[1,2,3]^T$。

有两条非常简单但很重要的关于矩阵转置的引理：

- 对于任意矩阵 **M**，$(\mathbf{M}^T)^T = \mathbf{M}$。从另一方面来说，将一个矩阵转置后，再转置一次，便会得到原矩阵。这条法则对向量也适用。
- 对于任意对角矩阵 **D**，都有 $\mathbf{D}^T = \mathbf{D}$，包括单位矩阵 **I** 也如此。

7.1.5 标量和矩阵的乘法

矩阵 **M** 能和标量 k 相乘，结果是一个和 **M** 维数相同的矩阵。矩阵和标量相乘的记法如公式 7.4 所示，标量经常写在左边，不需要写乘号。这种乘法法则很直观，即用 k 乘以 **M** 中的每个元素。

$$k\mathbf{M} = k\begin{bmatrix} m_{11} & m_{12} & m_{13} \\ m_{21} & m_{22} & m_{23} \\ m_{31} & m_{32} & m_{33} \end{bmatrix} = \begin{bmatrix} km_{11} & km_{12} & km_{13} \\ km_{21} & km_{22} & km_{23} \\ km_{31} & km_{32} & km_{33} \end{bmatrix}$$

公式 7.4　　标量乘以 3×3 矩阵

7.1.6 矩阵乘法

某些情况下，两个矩阵能够相乘。决定矩阵能否相乘以及怎样计算结果的法则初看起来有些奇怪。一个 $r \times n$ 矩阵 **A** 能够乘以一个 $n \times c$ 矩阵 **B**，结果是一个 $r \times c$ 矩阵，记作 **AB**。

例如，设 **A** 为 4×2 矩阵，**B** 为 2×5 矩阵，那么结果 **AB** 为 4×5 矩阵：

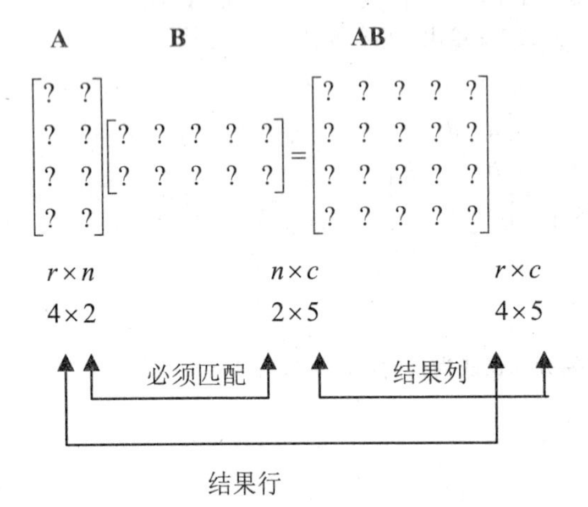

如果矩阵 **A** 的列数和 **B** 的行数不匹配，则乘法 **AB** 无意义。

矩阵乘法计算如下：记 $r \times n$ 矩阵 **A** 与 $n \times c$ 矩阵 **B** 的积 $r \times c$ 矩阵 **AB** 为 **C**。**C** 的任意元素 $\mathbf{C}_{ij}$ 等于 **A** 的第 i 行向量与 **B** 的第 j 列向量的点乘结果。正式定义为：

$$c_{ij}=\sum_{k=1}^{n}a_{ik}b_{kj}$$

这看起来很复杂，其实这是一个简单的法则。对结果中的任意元素 $\mathbf{C}_{ij}$，取 **A** 的第 i 行和 **B** 的第 j 列，将行和列中的对应元素相乘，然后将结果相加(等于 **A** 的 i 行和 **B** 的 j 列的点积)。$\mathbf{C}_{ij}$ 就等于这个和。

看一些例子，下面展示了怎样计算 $\mathbf{C}_{24}$：

$$\begin{bmatrix}c_{11}&c_{12}&c_{13}&c_{14}&c_{15}\\c_{21}&c_{22}&c_{23}&c_{24}&c_{25}\\c_{31}&c_{32}&c_{33}&c_{34}&c_{35}\\c_{41}&c_{42}&c_{43}&c_{44}&c_{45}\end{bmatrix}=\begin{bmatrix}a_{11}&a_{12}\\a_{21}&a_{22}\\a_{31}&a_{32}\\a_{41}&a_{42}\end{bmatrix}\begin{bmatrix}b_{11}&b_{12}&b_{13}&b_{14}&b_{15}\\b_{21}&b_{22}&b_{23}&b_{24}&b_{25}\end{bmatrix}$$

$$c_{24}=a_{21}b_{14}+a_{22}b_{24}$$

C 的第 2 行第 4 列的元素等于 **A** 的第 2 行和 **B** 的第 4 列的点积。

另一种帮助记忆这个法则的方法是将 **B** 写在 **C** 上面，如下所示。这种写法的目的是使 **A** 的行和 **B** 的列与 **C** 中的对应元素对齐。

$$\begin{bmatrix}b_{11}&b_{12}&b_{13}&b_{14}&b_{15}\\b_{21}&b_{22}&b_{23}&b_{24}&b_{25}\end{bmatrix}$$

$$\begin{bmatrix}a_{11}&a_{12}\\a_{21}&a_{22}\\a_{31}&a_{32}\\a_{41}&a_{42}\end{bmatrix}\begin{bmatrix}c_{11}&c_{12}&c_{13}&c_{14}&c_{15}\\c_{21}&c_{22}&c_{23}&c_{24}&c_{25}\\c_{31}&c_{32}&c_{33}&c_{34}&c_{35}\\c_{41}&c_{42}&c_{43}&c_{44}&c_{45}\end{bmatrix}$$

$$c_{43}=a_{41}b_{13}+a_{42}b_{23}$$

对于在几何中的应用，我们特别关注方阵相乘——特别是 2×2 矩阵和 3×3 矩阵的情况。公式 7.5 给出了 2×2 矩阵相乘的完整公式。

$$\begin{aligned}\mathbf{AB}&=\begin{bmatrix}a_{11}&a_{12}\\a_{21}&a_{22}\end{bmatrix}\begin{bmatrix}b_{11}&b_{12}\\b_{21}&b_{22}\end{bmatrix}\\&=\begin{bmatrix}a_{11}b_{11}+a_{12}b_{21}&a_{11}b_{12}+a_{12}b_{22}\\a_{21}b_{11}+a_{22}b_{21}&a_{21}b_{12}+a_{22}b_{22}\end{bmatrix}\end{aligned}$$

公式 7.5　　2×2 矩阵乘法

实数 2×2 矩阵的示例：

$$\mathbf{A}=\begin{bmatrix}-3&0\\5&1/2\end{bmatrix},\mathbf{B}=\begin{bmatrix}-7&2\\4&6\end{bmatrix}$$

$$\mathbf{AB}=\begin{bmatrix}-3 & 0\\ 5 & 1/2\end{bmatrix}\begin{bmatrix}-7 & 2\\ 4 & 6\end{bmatrix}$$

$$=\begin{bmatrix}(-3)(-7)+(0)(4) & (-3)(2)+(0)(6)\\ (5)(-7)+(1/2)(4) & (5)(2)+(1/2)(6)\end{bmatrix}$$

$$=\begin{bmatrix}21 & -6\\ -33 & 13\end{bmatrix}$$

公式 7.6 给出了 3×3 矩阵的情况：

$$\mathbf{AB}=\begin{bmatrix}a_{11} & a_{12} & a_{13}\\ a_{21} & a_{22} & a_{23}\\ a_{31} & a_{32} & a_{33}\end{bmatrix}\begin{bmatrix}b_{11} & b_{12} & b_{13}\\ b_{21} & b_{22} & b_{23}\\ b_{31} & b_{32} & b_{33}\end{bmatrix}$$

$$=\begin{bmatrix}a_{11}b_{11}+a_{12}b_{21}+a_{13}b_{31} & a_{11}b_{12}+a_{12}b_{22}+a_{13}b_{32} & a_{11}b_{13}+a_{12}b_{23}+a_{13}b_{33}\\ a_{21}b_{11}+a_{22}b_{21}+a_{23}b_{31} & a_{21}b_{12}+a_{22}b_{22}+a_{23}b_{32} & a_{21}b_{11}+a_{22}b_{23}+a_{23}b_{33}\\ a_{31}b_{11}+a_{32}b_{21}+a_{33}b_{31} & a_{31}b_{12}+a_{32}b_{22}+a_{33}b_{32} & a_{31}b_{13}+a_{32}b_{23}+a_{33}b_{33}\end{bmatrix}$$

公式 7.6　　3×3 矩阵乘法

实数 3×3 矩阵的示例：

$$\mathbf{A}=\begin{bmatrix}1 & -5 & 3\\ 0 & -2 & 6\\ 7 & 2 & -4\end{bmatrix},\mathbf{B}=\begin{bmatrix}-8 & 6 & 1\\ 7 & 0 & -3\\ 2 & 4 & 5\end{bmatrix}$$

$$\mathbf{AB}=\begin{bmatrix}1 & -5 & 3\\ 0 & -2 & 6\\ 7 & 2 & -4\end{bmatrix}\begin{bmatrix}-8 & 6 & 1\\ 7 & 0 & -3\\ 2 & 4 & 5\end{bmatrix}$$

$$=\begin{bmatrix}(1)(-8)+(-5)(7)+(3)(2) & (1)(6)+(-5)(0)+(3)(4) & (1)(1)+(-5)(-3)+(3)(5)\\ (0)(-8)+(-2)(7)+(6)(2) & (0)(6)+(-2)(0)+(6)(4) & (0)(1)+(-2)(-3)+(6)(5)\\ (7)(-8)+(2)(7)+(-4)(2) & (7)(6)+(2)(0)+(-4)(4) & (7)(1)+(2)(-3)+(-4)(5)\end{bmatrix}$$

$$=\begin{bmatrix}-37 & 18 & 31\\ -2 & 24 & 36\\ -50 & 26 & -19\end{bmatrix}$$

从 9.4 节开始，我们还将使用 4×4 矩阵。

关于矩阵乘法的注意事项：

- 任意矩阵 **M** 乘以方阵 **S**，不管从哪边乘，都将得到与原矩阵大小相同的矩阵。当然，前提是假定乘法有意义。如果 **S** 是单位矩阵，结果将是原矩阵 **M**，即：**MI**＝**IM**＝**M**(这就是 **I** 被称为单位矩阵的缘故)。

- 矩阵乘法不满足交换律，即：$\mathbf{AB} \neq \mathbf{BA}$。
- 矩阵乘法满足结合律，即：(**AB**)**C**＝**A**(**BC**)。(假设 **A**，**B**，**C** 的维数使其乘法有意义，要注意如果(**AB**)**C** 有意义，那么 **A**(**BC**)一定也有意义。)矩阵乘法结合律可以扩展到多个矩阵的情况下，如：

  ABCDEF=((((AB)C)D)E)F=A((((BC)D)E)F)=(AB)(CD)(EF)

注意所有括法都能计算出正确结果，但有些组中标量乘法更少。寻找使标量乘法最少的括法的问题称作：**矩阵链**问题。

- 矩阵乘法也满足与标量或向量的结合律，即：

  $(k\mathbf{A})\mathbf{B}=k(\mathbf{AB})=\mathbf{A}(k\mathbf{B}) \qquad (\mathbf{vA})\mathbf{B}=\mathbf{v}(\mathbf{AB})$
- 矩阵积的转置相当于先转置矩阵然后以相反的顺序乘：

  $(\mathbf{AB})^T = \mathbf{B}^T\mathbf{A}^T$

这一结论可以扩展到多个矩阵的情形：

$$(\mathbf{M}_1\mathbf{M}_2\cdots\mathbf{M}_{n-1}\mathbf{M}_n)^T = \mathbf{M}_n{}^T\mathbf{M}_{n-1}{}^T\cdots\mathbf{M}_2{}^T\mathbf{M}_1{}^T$$

7.1.7　向量与矩阵的乘法

因为向量能被当作是一行或一列的矩阵，所以能够用前一节所讨论的规则与矩阵相乘。在这里，行向量和列向量的区别非常重要。公式 7.7 展示了 3D 行、列向量如何左乘、右乘 3×3 矩阵：

$$\begin{bmatrix} x & y & z \end{bmatrix}\begin{bmatrix} m_{11} & m_{12} & m_{13} \\ m_{21} & m_{22} & m_{23} \\ m_{31} & m_{32} & m_{33} \end{bmatrix}=\begin{bmatrix} xm_{11}+ym_{21}+zm_{31} & xm_{12}+ym_{22}+zm_{32} & xm_{13}+ym_{23}+zm_{33} \end{bmatrix}$$

$$\begin{bmatrix} m_{11} & m_{12} & m_{13} \\ m_{21} & m_{22} & m_{23} \\ m_{31} & m_{32} & m_{33} \end{bmatrix}\begin{bmatrix} x \\ y \\ z \end{bmatrix}=\begin{bmatrix} xm_{11}+ym_{12}+zm_{13} \\ xm_{21}+ym_{22}+zm_{23} \\ xm_{31}+ym_{32}+zm_{33} \end{bmatrix}$$

$$\begin{bmatrix} m_{11} & m_{12} & m_{13} \\ m_{21} & m_{22} & m_{23} \\ m_{31} & m_{32} & m_{33} \end{bmatrix}\begin{bmatrix} x & y & z \end{bmatrix}=(\text{无定义})$$

$$\begin{bmatrix} x \\ y \\ z \end{bmatrix}\begin{bmatrix} m_{11} & m_{12} & m_{13} \\ m_{21} & m_{22} & m_{23} \\ m_{31} & m_{32} & m_{33} \end{bmatrix}=(\text{无定义})$$

公式 7.7　3D 行列向量和 3×3 矩阵相乘

如您所见，行向量左乘矩阵时，结果是行向量；列向量右乘矩阵时，结果是列向量。另外两种组合是不允许的，不能用行向量右乘矩阵，列向量左乘矩阵。

关于矩阵和向量相乘的注意事项：

- 结果向量中的每个元素都是原向量与矩阵中单独行或列的点积。
- 矩阵中的个元素决定了输入向量中特定元素在输出向量中占的比重。如，m_{11} 决定了输入 x 对输出 x 值的贡献。
- 矩阵—向量乘法满足对向量加法的分配律。对于向量 **v**、**w** 和矩阵 **M**，有：
  $(\mathbf{v}+\mathbf{w})\mathbf{M}=\mathbf{vM}+\mathbf{wM}$

7.1.8 行向量与列向量

本节将说明为什么行向量和列向量的区别非常重要，并给出了人们通常偏向于使用行向量的理由。在公式 7.7 中，用行向量左乘矩阵时，得到行向量：

$$\begin{bmatrix} xm_{11}+ym_{21}+zm_{31} & xm_{12}+ym_{22}+zm_{32} & xm_{13}+ym_{23}+zm_{33} \end{bmatrix}$$

和列向量右乘矩阵得到的结果比较：

$$\begin{bmatrix} xm_{11}+ym_{12}+zm_{13} \\ xm_{21}+ym_{22}+zm_{23} \\ xm_{31}+ym_{32}+zm_{33} \end{bmatrix}$$

先不说一个是行向量、一个是列向量的差异，其各分量的值是完全不同的！这就是行向量和列向量区别如此重要的原因。

本书中，仅在行向量与列向量的区别不那么重要的情况下使用列向量。如果关系到区别(如向量用来和矩阵连接)，将使用行向量。

有多条理由支持我们使用使用行向量而不是列向量：

- 在文字中使用行向量的形式更好一些。例如，行向量[1，2，3]更适合在书本中书写。请注意列向量的写法：

  $$\begin{bmatrix} 4 \\ 5 \\ 6 \end{bmatrix}$$

  将导致书写的麻烦。在源代码中也有同样的问题。一些作者使用行向量转置的形式书写列向量，如$\begin{bmatrix} 4 & 5 & 6 \end{bmatrix}^T$。但若从一开始就使用行向量，就可以避免这个麻烦。
- 更重要的是，当讨论怎样用矩阵乘法实现坐标系转换时，向量左乘矩阵的形式更加方便。采用这种方法，转换读起来就像句子一样易于理解，当转换多于一次时这尤为重要。例如，用矩阵 **A**，**B** 和 **C** 转换向量 **v**，用行向量记法记作 **vABC**。注意，矩阵按转换顺序从左往右列出。如果使用列向量，矩阵放在左边，转换从右往左发生，这种情况下应记作 **CBAv**。8.7 节将详细讨论多以转换矩阵连接的问题。

- DirectX 使用的是行向量。

那些偏向于使用列向量的人的依据是：

- 等式中使用列向量形式更好。
- 线性代数书中多使用列向量。
- 多本计算机图形学“圣经”使用列向量。(如，[8]，[17])
- OpenGL 使用列向量。

不同的作者使用不同的约定。当使用别人的公式或源代码时，切记要检查使用的是行向量还是列向量。如果某书使用列向量，那么用它的公式和本书的公式对比时要首先进行转换。另外，使用列向量时，应该用向量右乘矩阵，和本书中使用的向量左乘矩阵相反。向量和矩阵混合相乘时，这两种形式的乘法次序相反。例如，乘法 **vABC** 仅当 **v** 是行向量时才合法，使用列向量则对应的乘法为 **CBAv**。

3D 数学编程中，形式转换经常是错误的根源。幸运的是，利用本书第 11 章中设计的 C++矩阵类，就可以使我们很少需要直接访问矩阵的元素。这样，出形式转换错误的几率就减小了。

7.2　矩阵——几何解释

一般来说，方阵能描述任意**线性变换**。8.8.1 节将给出线性变换的完整定义。但现在，知道线性变换保留了直线和平行线，而原点没有移动就足够了。线性变换保留直线的同时，其他的几何性质如长度、角度、面积和体积可能就被变换改变了。从非技术意义上说，线性变换可能“拉伸”坐标系，但不会“弯曲”或“卷折”坐标系。下面是一组非常有用的变换：

- 旋转
- 缩放
- 投影
- 镜象
- 仿射

第 8 章将介绍上述各变换的细节。现在，我们主要解释矩阵和它所代表的变换之间的关系。

7.2.1　矩阵是怎样变换向量的

4.2.4 节讨论了向量在几何上能被解释成一系列与轴平行的位移。如，向量[1，−3，−4]能被解释成位移[1，0，0]，随后位移[0，−3，0]，最后位移[0，0，4]。5.2.8 节讨论了依据三角形法则怎样将这个位移序列解释成向量的加法：

$$\begin{bmatrix}1\\-3\\4\end{bmatrix}=\begin{bmatrix}1\\0\\0\end{bmatrix}+\begin{bmatrix}0\\-3\\0\end{bmatrix}+\begin{bmatrix}0\\0\\4\end{bmatrix}$$

一般来说，任意向量 **v** 都能写为“扩展”形式：

$$\mathbf{v}=\begin{bmatrix}x\\y\\z\end{bmatrix}=\begin{bmatrix}x\\0\\0\end{bmatrix}+\begin{bmatrix}0\\y\\0\end{bmatrix}+\begin{bmatrix}0\\0\\z\end{bmatrix}$$

另一种略有差别的形式为：

$$\mathbf{v}=\begin{bmatrix}x\\y\\z\end{bmatrix}=x\begin{bmatrix}1\\0\\0\end{bmatrix}+y\begin{bmatrix}0\\1\\0\end{bmatrix}+z\begin{bmatrix}0\\0\\1\end{bmatrix}$$

注意右边的单位向量就是 x，y，z 轴。这里只是将 4.2.3 节中的概念数学化：向量的每个坐标都表明了平行于相应坐标轴的有向位移。

让我们将上面的向量和重新写一遍，这次，分别将 **p**，**g** 和 **r** 定义为指向＋x，＋y 和＋z 方向的单位向量，见公式 7.8。

$$\mathbf{v}=x\mathbf{p}+y\mathbf{q}+z\mathbf{r}$$

公式 7.8　将向量表示为基向量的线性组和

现在，向量 **v** 就被表示成向量 **p**，**q**，**r** 的线性变换了。向量 **p**，**q**，**r** 称作**基向量**。这里基向量是笛卡尔坐标轴，但事实上，一个坐标系能用任意 3 个基向量定义，当然这三个向量要线性无关(也就是不在同一平面上)。以 **p**，**q**，**r** 为行构建一个 3×3 矩阵 **M**，可得到公式 7.9 所示形式。

$$\mathbf{M}=\begin{bmatrix}\mathbf{p}\\\mathbf{q}\\\mathbf{r}\end{bmatrix}=\begin{bmatrix}\mathbf{p}_x & \mathbf{p}_y & \mathbf{p}_z\\\mathbf{q}_x & \mathbf{q}_y & \mathbf{q}_z\\\mathbf{r}_x & \mathbf{r}_y & \mathbf{r}_z\end{bmatrix}$$

公式 7.9　将矩阵解释为基向量集合

用一个向量乘以该矩阵，得到：

$$\begin{bmatrix}x & y & z\end{bmatrix}\begin{bmatrix}\mathbf{p}_x & \mathbf{p}_y & \mathbf{p}_z\\\mathbf{q}_x & \mathbf{q}_y & \mathbf{q}_z\\\mathbf{r}_x & \mathbf{r}_y & \mathbf{r}_z\end{bmatrix}=\begin{bmatrix}x\mathbf{p}_x+y\mathbf{q}_x+z\mathbf{r}_x & x\mathbf{p}_y+y\mathbf{q}_x+z\mathbf{r}_y & x\mathbf{p}_z+y\mathbf{q}_z+z\mathbf{r}_z\end{bmatrix}$$

$$=x\mathbf{p}+y\mathbf{q}+z\mathbf{r}$$

这和前面计算转换后的 **v** 的等式相同。我们发现关键点是：

如果把矩阵的行解释为坐标系的基向量，那么乘以该矩阵就相当于执行了一次坐标转换。若有 **aM** = **b**，我们就可以说，**M** 将 **a** 转换到 **b**。

从这一点看，术语“**转换**”和“**乘法**”是等价的。

坦率地说，矩阵并不神秘，它只是用一种紧凑的方式来表达坐标转换所需的数学运算。进一步，用线性代数操作矩阵，是一种进行简单转换或导出更复杂转换的简便方法。8.7 节将实现这个想法。

7.2.2　矩阵的形式

“不幸的是，没有人能告诉您矩阵像什么——您必须自己去感受。”这是热门电影“黑客帝国”中的对白，而且它对于线性代数中的矩阵也同样成立。除非您具备想象一个矩阵的能力，否则它只是一个方盒子中的九个数而已。我们曾宣称矩阵表达坐标转换，所以当我们观察矩阵的时候，我们是在观察转换，观察新的坐标系。但这个转换看起来像什么？特定的 3D 转换(如旋转、仿射等)和 3×3 矩阵的 9 个数字之间有什么关系？怎样构建一个矩阵来做这个转换(而不是盲目照搬书上的公式)？

为了回答这些问题，先看一下基向量[1，0，0]，[0，1，0]，[0，0，1]乘以任意矩阵 **M** 时的情况：

$$\begin{bmatrix}1 & 0 & 0\end{bmatrix}\begin{bmatrix}\boldsymbol{m}_{11} & \boldsymbol{m}_{12} & \boldsymbol{m}_{13}\\ \boldsymbol{m}_{21} & \boldsymbol{m}_{22} & \boldsymbol{m}_{23}\\ \boldsymbol{m}_{31} & \boldsymbol{m}_{32} & \boldsymbol{m}_{33}\end{bmatrix}=\begin{bmatrix}\boldsymbol{m}_{11} & \boldsymbol{m}_{12} & \boldsymbol{m}_{13}\end{bmatrix}$$

$$\begin{bmatrix}0 & 1 & 0\end{bmatrix}\begin{bmatrix}\boldsymbol{m}_{11} & \boldsymbol{m}_{12} & \boldsymbol{m}_{13}\\ \boldsymbol{m}_{21} & \boldsymbol{m}_{22} & \boldsymbol{m}_{23}\\ \boldsymbol{m}_{31} & \boldsymbol{m}_{32} & \boldsymbol{m}_{33}\end{bmatrix}=\begin{bmatrix}\boldsymbol{m}_{21} & \boldsymbol{m}_{22} & \boldsymbol{m}_{23}\end{bmatrix}$$

$$\begin{bmatrix}0 & 0 & 1\end{bmatrix}\begin{bmatrix}\boldsymbol{m}_{11} & \boldsymbol{m}_{12} & \boldsymbol{m}_{13}\\ \boldsymbol{m}_{21} & \boldsymbol{m}_{22} & \boldsymbol{m}_{23}\\ \boldsymbol{m}_{31} & \boldsymbol{m}_{32} & \boldsymbol{m}_{33}\end{bmatrix}=\begin{bmatrix}\boldsymbol{m}_{31} & \boldsymbol{m}_{32} & \boldsymbol{m}_{33}\end{bmatrix}$$

正如您所见，用基向量[1，0，0]乘以 **M** 时，结果是 **M** 的第 1 行。其他两行也有同样的结果。这是一个关键的发现：

矩阵的每一行都能解释为转换后的基向量。

这和前一节中的发现基本思想是一样的，只不过是从不同的角度来看。这个强有力的概念有两条重要性质：

- 有了一种简单的方法来形象化解释矩阵所代表的变换。本节的后面将给出一些二维和三维的实例。
- 有了反向建立矩阵的可能——给出一个期望的变换(如旋转、缩放等)，能够构造一个矩阵代表此变换。我们所要做的一切就是计算基向量的变换，然后将变换后的基向量填入矩阵。这个技巧在第 8 章中得到了广泛应用，那里讨论了基本变换和怎样构造执行这些变换的矩阵。

让我们看一些实例。首先看 2D 情况，做一下热身以进入下一个全 3D 的例子。

看下列 2×2 矩阵：

$$\mathbf{M}=\begin{bmatrix}2 & 1\\ -1 & 2\end{bmatrix}$$

这个矩阵代表的变换是什么？首先，从矩阵中抽出基向量 **p** 和 **q**：

$$\mathbf{p}=\begin{bmatrix}2 & 1\end{bmatrix}$$
$$\mathbf{q}=\begin{bmatrix}-1 & 2\end{bmatrix}$$

图 7.1 以“原”基向量(x 轴，y 轴)做参考，在笛卡尔平面中展示了这些向量。

如图 7.1 所示，x 基向量变换至上面的 **p** 向量，y 基向量变换至 **q** 向量。所以 2D 中想象矩阵的方法就是想象由行向量构成的“L”形状。这个例子中，能够很清楚的看到，**M** 代表的部分变换是逆时针旋转 26°。

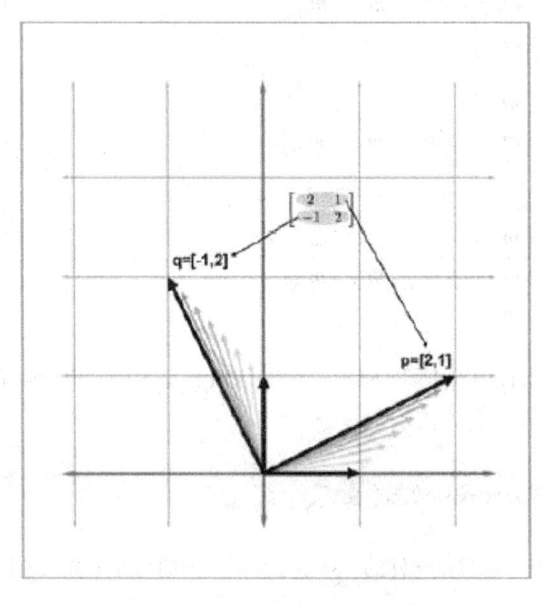

图 7.1　2D 转换矩阵的行向量

当然，所有向量都被线性变换所影响，不只是基向量。从“L”形状能够得到变换最直观的印象，把基向量构成的整个 2D 平行四边形画完整有助于进一步看到变换对其他向量的影响，如图 7.2 所示。

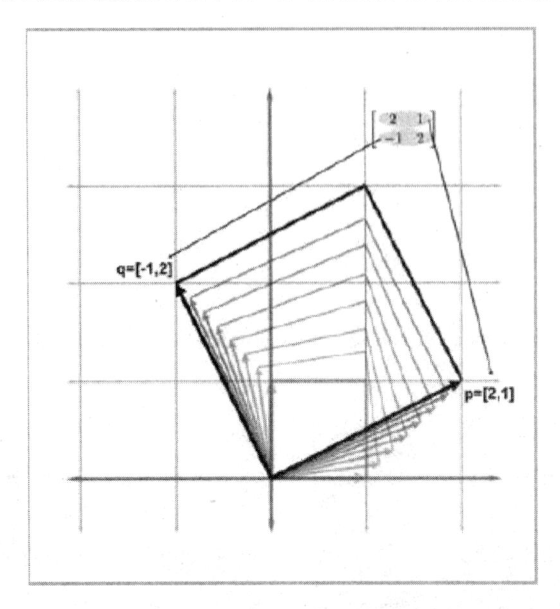

图 7.2　矩阵行向量构成的 2D 平行四边形

平行四边形称作“偏转盒”，在盒子中画一个物体有助于理解，如图 7.3 所示。

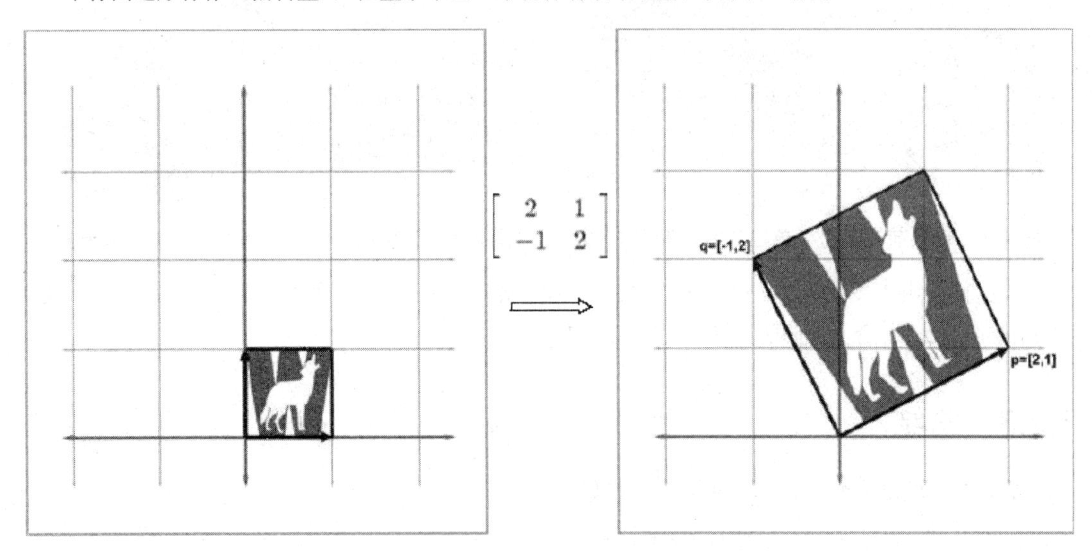

图 7.3　在盒子中画一个物体

很明显，矩阵 **M** 不仅旋转坐标系，还会拉伸它。

这种技术也能应用到 3D 转换中。2D 中有两个基向量，构成“L”型；3D 中有三个基向量，它们形成一个“三角架”。首先，让我们展示一个转换前的物品。图 7.4 展示了一个茶壶，一个立方体。基向量在“单位”向量处。

(为了不使图形混乱，没有标出 z 轴基向量[0，0，1]，它被茶壶和立方体挡住了。)

现在，考虑以下 3D 变换矩阵：

$$\begin{bmatrix} 0.707 & -0.707 & 0 \\ 1.250 & 1.250 & 0 \\ 0 & 0 & 1 \end{bmatrix}$$

从矩阵的行中抽出基向量，能想象出该矩阵所代表的变换。变换后的基向量、立方体、茶壶如图 7.5 所示。

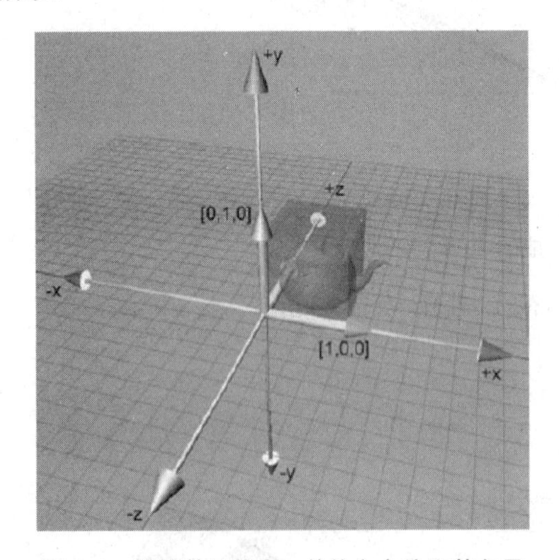

图 7.4 转换前的茶壶、单位立方体和基向量

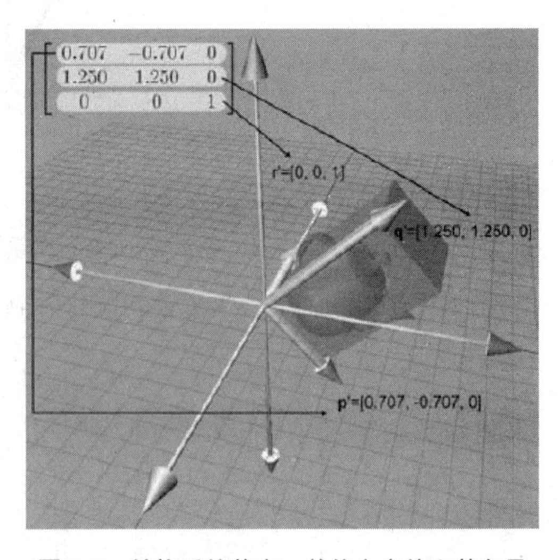

图 7.5 转换后的茶壶、单位立方体和基向量

如您所见，这个变换包含 z 轴顺时针旋转 45° 和不规则的缩放，使得茶壶比以前“高”。注意，变换并没有影响到 z 轴，因为矩阵的第三行是[0，0，1]。

7.2.3 总结

在继续学习之前，让我们回忆本节的主要概念：

- 方阵的行能被解释为坐标系的基向量。
- 为了将向量从原坐标系变换到新坐标系，用它乘以一个矩阵。
- 从原坐标系到这些基向量定义的新坐标系的变换是一种线性变换。线性变换保持直线和平行线，但角度、长度、面积或体积可能会被改变。

- 零向量乘以任何矩阵仍然得到零向量。因此，方阵所代表的线性变换的原点和原坐标系的原点一致。变换不包含原点。
- 可以通过想象变换后的坐标系的基向量来想象矩阵。这些基向量在 2D 中构成“L”型，在 3D 中构成“三角架”型。用一个盒子及辅助物更有助于理解。

7.3 练　　习

(1) 已知下列矩阵：

$$\mathbf{A}=\begin{bmatrix}13 & 4 & -8\\12 & 0 & 6\\-3 & -1 & 5\\10 & -2 & 5\end{bmatrix}\qquad \mathbf{B}=\begin{bmatrix}k_x & 0\\0 & k_y\end{bmatrix}\qquad \mathbf{C}=\begin{bmatrix}15 & 8\\-7 & 3\end{bmatrix}$$

$$\mathbf{D}=\begin{bmatrix}0 & 1 & 2\end{bmatrix}\qquad \mathbf{E}=\begin{bmatrix}a & g\\b & h\\c & i\\d & j\\f & k\end{bmatrix}\qquad \mathbf{F}=\begin{bmatrix}x\\y\\z\\w\end{bmatrix}$$

a. 对 **A** 到 **F** 每个矩阵，指出它们的维数，并指出哪些是方阵，哪些是对角矩阵。

b. 下列矩阵乘法哪些是合法的，如果合法指出结果矩阵的维数:

DA

AD

BC

AF

$\mathbf{E}^T\mathbf{B}$

DFA

c. 计算下列转置：

$\mathbf{A}^T$

$\mathbf{E}^T$

$\mathbf{B}^T$

(2) 请计算下列矩阵的乘积：

a. $\begin{bmatrix} 1 & -2 \\ 5 & 0 \end{bmatrix}\begin{bmatrix} -3 & 7 \\ 4 & 1/3 \end{bmatrix}$

b. $\begin{bmatrix} 3 & -1 & 4 \end{bmatrix}\begin{bmatrix} -2 & 0 & 3 \\ 0 & 7 & -6 \\ 3 & -4 & 2 \end{bmatrix}$

(3) 请化简矩阵乘法以去除括号。

$\left((\mathbf{AB})^T(\mathbf{CDE})^T\right)^T$

(4) 请描述以下矩阵代表的 2D 变换。

$\begin{bmatrix} 0 & -1 \\ 1 & 0 \end{bmatrix}$

矩阵和线性变换

本章主要讨论怎样用矩阵实现线性变换，共分为8节。

- 8.1节讨论变换物体本身和变换物体坐标系之间的关系。
- 8.2~8.6节讨论基本的线性变换，如旋转、缩放、投影、镜像、切变等。每种变换都给出了2D和3D的例子及公式。
- 8.7节讨论怎样用矩阵乘法将基本变换按顺序组合成一个复杂的变换矩阵。
- 8.8节讨论了一些重要的变换分类，包括线性、仿射、可逆、等角、正交和刚体变换等。

通过第7章我们学习了矩阵的基本数学性质，还讨论了矩阵的几何意义以及其与坐标系变换之间的基本关系。本章将更加深入地讨论矩阵和线性变换之间的关系。

具体一些来说，本章是关于用3×3矩阵表达3D线性变换的。线性变换在7.2节已经介绍过了，那里提到线性变换的一个重要性质就是不包括平移，包含平移的变换称作仿射变换。3D中的仿射变换不能用3×3矩阵表达。8.8.2节有仿射变换的正式定义，9.4.3节将讨论怎样用4×4矩阵表达仿射变换。

8.1 变换物体与变换坐标系

在讨论变换之前，必须搞清楚到底要变换什么。3.5节曾简要描述了变换物体和变换坐标系之间的关系，现在让我们对它作进一步的认识。

考虑2D中的例子“将一物体顺时针旋转20º”。变换物体(本例中为旋转)，意味着旋转物体上所有的点。这些点将被移动到一个新的位置，我们使用同一坐标系来描述变换前和变换后点的位置。如图8.1所示。

现在，和**变换坐标系**的概念进行比较。旋转坐标系时，物体上的点实际没有移动，我们只是在另外一个坐标系中描述它的位置而已。如图8.2所示。

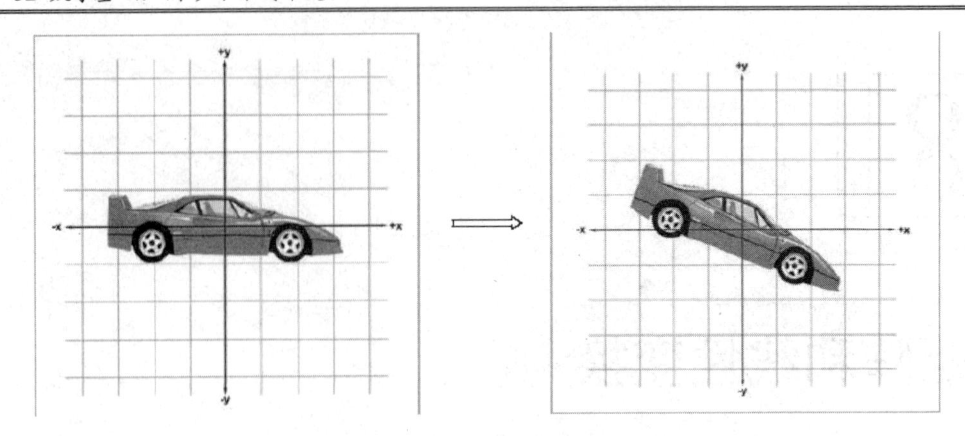

图 8.1 顺时针将物体旋转 20°

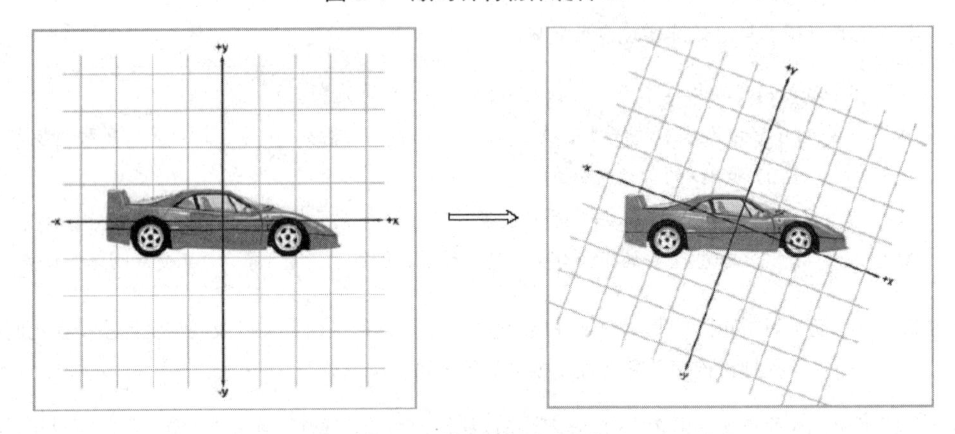

图 8.2 顺时针旋转坐标系 20°

我们将证明这两种变换在某种意义上是等价的，但现在，先看看它们各自的优点。

变换物体的用处非常明显。例如，为了渲染一辆车，必须将点从车的物体坐标系变换到世界坐标系，接着到摄像机坐标系。

那么为什么还要变换坐标系呢？看图 8.2，乍看起来，把坐标系旋转到这个奇怪的位置似乎并没有什么价值。然而，仔细观察图 8.3 就可以发现，其实旋转坐标系能起到很好的作用。

图 8.3 展示了一把步枪，正在向汽车发射子弹。如左边的图所示，我们一开始就知道世界坐标系中枪的位置和子弹的弹道。现在，想象一下世界坐标系被旋转到和车的物体坐标系重合的位置，而与此同时保持车、枪、子弹弹道不动。这样，我们得到了枪和子弹弹道在车的物体坐标系中的坐标，接着就可以作碰撞检测以检查子弹是否会击中汽车了。

当然，也可以将车旋转到世界坐标系，在世界坐标系中作碰撞检测，但这要花费更多的时间，因为车的模型可能有大量的顶点和三角形，计算量太大。现在，不必担心实际变换的细节问题，这正是本章的剩余部分要对付的。只需记住可以变换物体，也可以变换坐标系，某些情况下一种方法比另一种更合适。

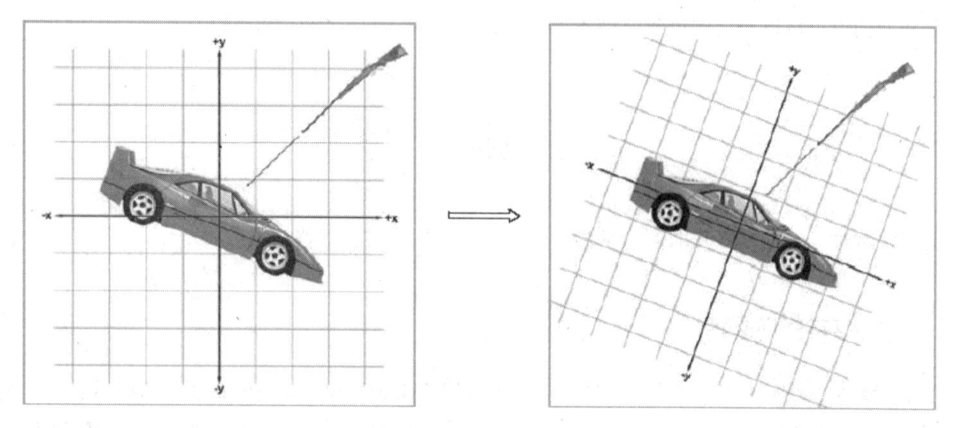

图 8.3　旋转坐标系的例子

对这两种变换保持一种概念上的区别还是有必要的，有些情况下需要进行物体变换，另外一些情况下则需要进行坐标系变换。然而，这两种变换实际上是等价的，将物体变换一个量等价于将坐标系变换一个**相反**的量。

例如，图 8.4 中右边的那幅图显示出坐标系沿顺时针方向旋转了 20°。现在，旋转整个图(坐标系和车)，使坐标系指向回到“标准”位置。因为旋转的是整个图，所以仅仅相当于换了一个角度来看这张图，没有改变车和坐标系的相对位置。

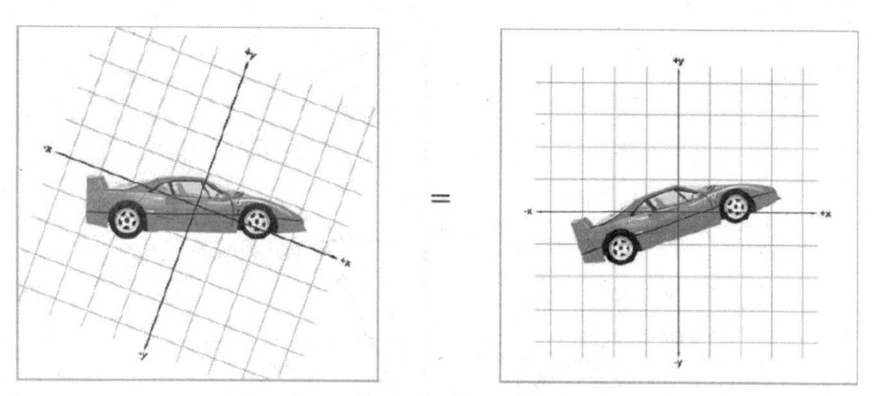

图 8.4　旋转坐标系相当于以相反的量旋转物体

我们注意到，这和从原图开始将车逆时针旋转 20°的效果是一样的。所以顺时针旋转坐标系 20°相当于逆时针旋转车 20°。一般来说，变换物体相当于以相反的量变换描述这个物体的坐标系。

当有多个变换时，则需要以相反的顺序变换相反的量。例如，将物体顺时针旋转 20°，扩大 200%，等价于将坐标系缩小 200%，再逆时针旋转 20°。8.7 节将讨论如何组合多个变换。

后面各节给出了一系列用来构造各种变换矩阵的公式。这些讨论都假设变换物体，坐标系静止不动。记住，其实我们也可以以相反的量变换物体来变换坐标系。

8.2　旋　　转

前面已经看过一些旋转矩阵的例子了，下面我们将给出旋转的严格定义。

8.2.1　2D 中的旋转

在 2D 环境中，物体只能绕某个点旋转，因为现在暂不考虑平移，这里我们进一步限制物体，使其只绕原点旋转。2D 中绕原点的旋转只有一个参数：角度θ，它描述了旋转量。逆时针旋转经常(不是必须)被认为是正方向，顺时针方向是负方向。图 8.5 展示了基向量 **p**，**q** 绕原点旋转，得到新的基向量 **p′**，**q′**。

现在我们知道了旋转后基向量的值，就可以以公式 8.1 的形式构造矩阵如下。

$$\mathbf{R}(\theta)=\begin{bmatrix}\mathbf{p}'\\\mathbf{q}'\end{bmatrix}=\begin{bmatrix}\cos\theta & \sin\theta\\-\sin\theta & \cos\theta\end{bmatrix}$$

公式 8.1　　2D 旋转矩阵

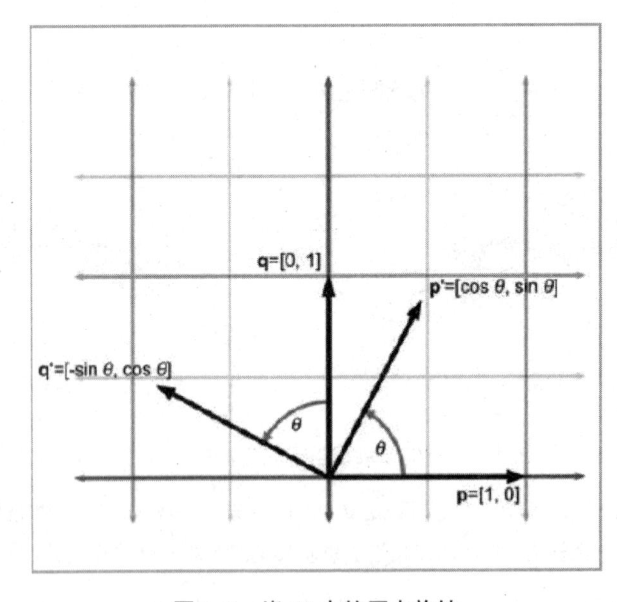

图 8.5　绕 2D 中的原点旋转

8.2.2　3D 中绕坐标轴的旋转

在 3D 场景中，绕轴旋转而不是点(此时，轴指的是旋转所绕的直线，不一定是笛卡尔坐标轴 x，y 或 z)。再次声明，这里暂不考虑平移，所以只讨论旋转轴穿过原点的情况。

绕轴旋转 $\theta°$ 时，必须知道哪个方向被认为“正”，哪个方向被认为“负”，左手坐标系中定义此方向的规则为**左手法则**。首先，要明确旋转轴指向哪个方向。当然，旋转轴在理论上是无限延伸的，但我们还是要认为它有正端点和负端点。与笛卡尔坐标轴定义坐标系相同，左手法则是这样的：伸出左手，大拇指向上，其余四指弯曲。大拇指指向旋转轴的正方向，此时，四指弯曲的方向就是旋转的正方向。如图 8.6 所示。

如果用的是右手坐标系，也有类似的法则，不过是用右手代替左手。如图 8.7 所示。

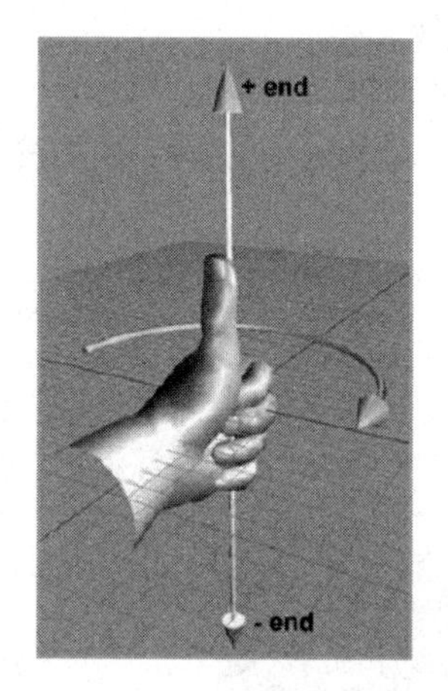

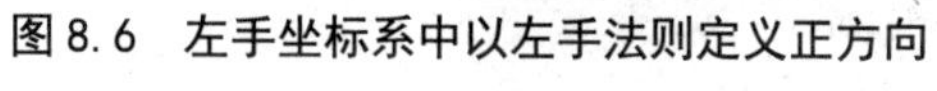
图 8.6　左手坐标系中以左手法则定义正方向

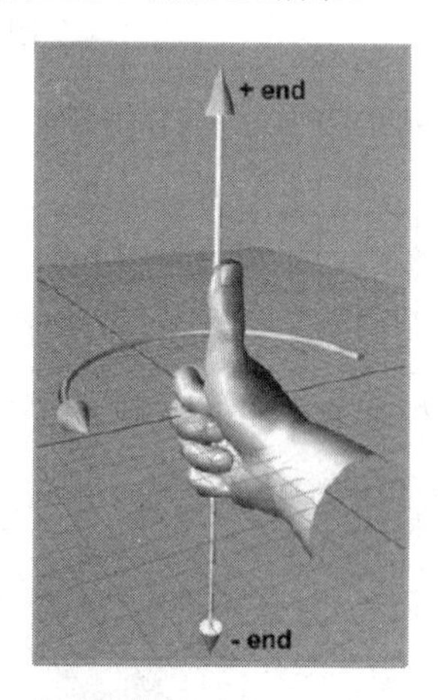

图 8.7　右手坐标系中以右手法则定义正方向

图 8.8 显示了另一种正方向的定义。

	左手坐标系		右手坐标系	
从哪里看	正方向	负方向	正方向	负方向
从轴的负端点向正端点看	逆时针	顺时针	顺时针	逆时针
从轴的正端点向负端点看	顺时针	逆时针	逆时针	顺时针

图 8.8　绕轴的正旋转和负旋转

最为常见的旋转是绕某坐标轴的简单旋转。让我们从绕 x 轴旋转开始。如图 8.9 所示。

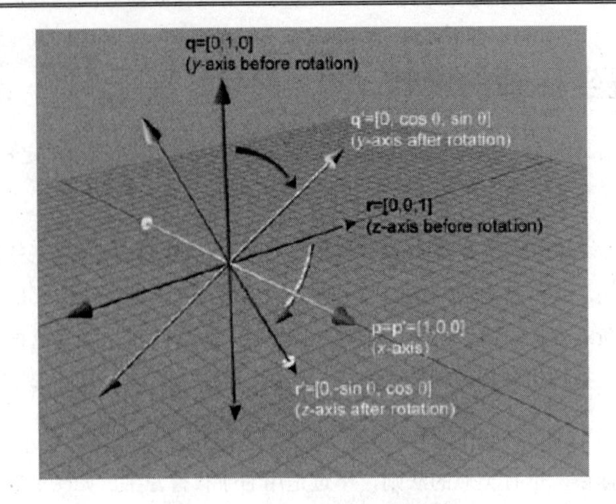

图 8.9 绕 3D 中的 x 轴旋转

求出旋转后的基向量，可以得到矩阵，见公式 8.2。

$$\mathbf{R}_x(\theta)=\begin{bmatrix}\mathbf{p}'\\\mathbf{q}'\\\mathbf{r}'\end{bmatrix}=\begin{bmatrix}1 & 0 & 0\\0 & \cos\theta & \sin\theta\\0 & -\sin\theta & \cos\theta\end{bmatrix}$$

公式 8.2 绕 x 轴的 3D 旋转矩阵

绕 y 轴旋转与之类似，如图 8.10 所示。

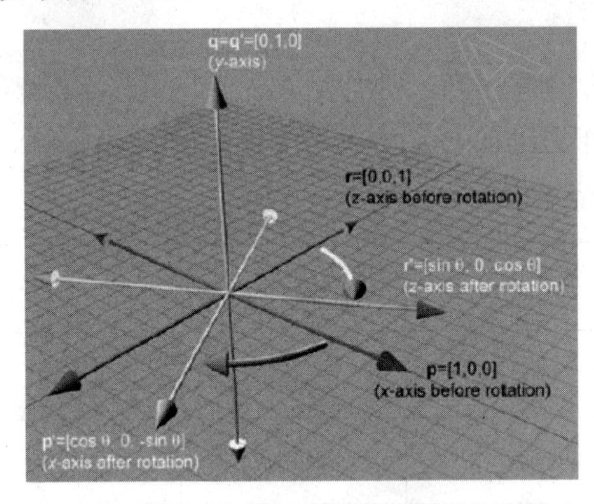

图 8.10 绕 3D 中的 y 轴旋转

可得绕 y 轴旋转的矩阵，见公式 8.3。

$$\mathbf{R}_y(\theta)=\begin{bmatrix}\mathbf{p}'\\\mathbf{q}'\\\mathbf{r}'\end{bmatrix}=\begin{bmatrix}\cos\theta & 0 & -\sin\theta\\0 & 1 & 0\\\sin\theta & 0 & \cos\theta\end{bmatrix}$$

公式 8.3　　绕 y 轴的 3D 旋转矩阵

最后是绕 z 轴的旋转，如图 8.11 所示。

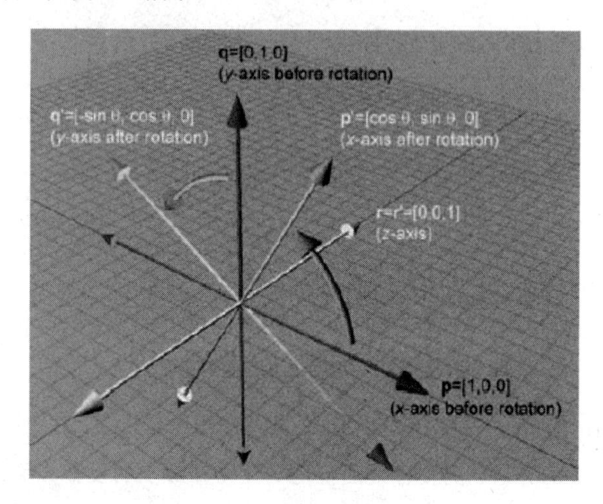

图 8.11　绕 3D 的 z 轴旋转

得到的矩阵如公式 8.4 所示。

$$\mathbf{R}_z(\theta)=\begin{bmatrix}\mathbf{p}'\\\mathbf{q}'\\\mathbf{r}'\end{bmatrix}=\begin{bmatrix}\cos\theta & \sin\theta & 0\\-\sin\theta & \cos\theta & 0\\0 & 0 & 1\end{bmatrix}$$

公式 8.4　　绕 z 轴的 3D 旋转矩阵

8.2.3　3D 中绕任意轴的旋转

当然也能绕 3D 中的任意轴旋转。因为这里不考虑平移，可以假设旋转轴通过原点。这种旋转比绕坐标轴的旋转更复杂也更少见。用单位向量 **n** 描述旋转轴，和前面一样用 θ 描述旋转量。

让我们导出绕轴 **n** 旋转角度 θ 的矩阵。也就是说，我们想得到满足下面条件的矩阵 $\mathrm{R}(\mathrm{n},\theta)$：

$\mathrm{vR}(\mathrm{n},\theta)=\mathrm{v}'$ 。

v'是向量 **v** 绕轴 **n** 旋转后的向量。让我们看看能否用 **v**，**n** 和 θ 表示 **v**'。我们的想法是在垂直于 **n** 的平面中解决这个问题，那么这就转换为了一个简单的 2D 问题。为了做到这一点，将 **v** 分解为两个分量：$\mathbf{v}_{\parallel}$ 和 $\mathbf{v}_{\perp}$，分别平行于 **n** 和垂直于 **n**，并有 $\mathbf{v}=\mathbf{v}_{\parallel}+\mathbf{v}_{\perp}$ (5.10.3 节已介绍过)。因为 $\mathbf{v}_{\parallel}$ 平行于 **n**，所以绕 **n**

旋转不会影响它。故只要计算出 $\mathbf{v}_\perp$ 绕 $\mathbf{n}$ 旋转后的 $\mathbf{v}_\perp'$，就能得到 $\mathbf{v}'=\mathbf{v}_\parallel+\mathbf{v}_\perp'$。为了计算 $\mathbf{v}_\perp'$，我们构造向量 $\mathbf{v}_\parallel$，$\mathbf{v}_\perp$ 和临时向量 $\mathbf{w}$，如图 8.12 所示。

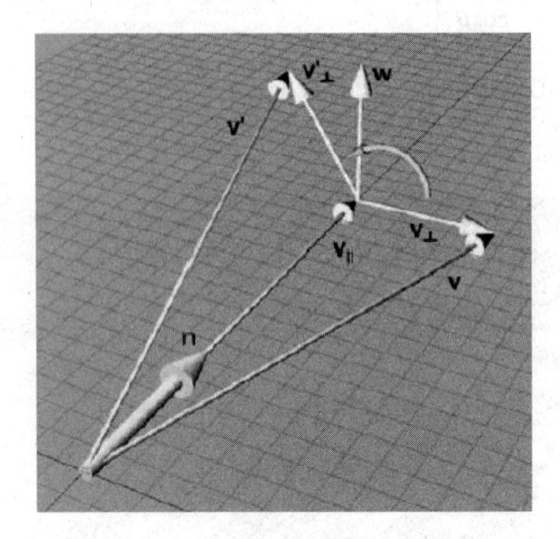

图 8.12 绕任意轴旋转向量

上图展示了以下向量：

- $\mathbf{v}_\parallel$ 是 $\mathbf{v}$ 平行于 $\mathbf{n}$ 的分量。另一种说法就是 $\mathbf{v}_\parallel$ 是 $\mathbf{v}$ 在 $\mathbf{n}$ 上的投影，用 $(\mathbf{v}\cdot\mathbf{n})\mathbf{n}$ 计算。
- $\mathbf{v}_\perp$ 是 $\mathbf{v}$ 垂直于 $\mathbf{n}$ 的分量。因为 $\mathbf{v}=\mathbf{v}_\parallel+\mathbf{v}_\perp$，所以 $\mathbf{v}_\perp=\mathbf{v}-\mathbf{v}_\parallel$。$\mathbf{v}_\perp$ 是 $\mathbf{v}$ 投影到垂直于 $\mathbf{n}$ 的平面上的结果。
- $\mathbf{w}$ 是同时垂直于 $\mathbf{v}_\parallel$ 和 $\mathbf{v}_\perp$ 的向量。它的长度和 $\mathbf{v}_\perp$ 的相同。$\mathbf{w}$ 和 $\mathbf{v}_\perp$ 同在垂直于 $\mathbf{n}$ 的平面中。$\mathbf{w}$ 是 $\mathbf{v}_\perp$ 绕 $\mathbf{n}$ 旋转 90 度的结果，由 $\mathbf{n}\times\mathbf{v}_\perp$ 可以得到。

现在，$\mathbf{v}'$ 垂直于 $\mathbf{n}$ 的分量可以表示为：

$$\mathbf{v}_\perp'=\mathbf{v}_\perp\cos\theta+\mathbf{w}\sin\theta$$

代换 $\mathbf{v}_\perp$ 和 $\mathbf{w}$：

$$\mathbf{v}_\parallel=(\mathbf{v}\cdot\mathbf{n})\mathbf{n}$$

$$\begin{aligned}\mathbf{v}_\perp&=\mathbf{v}-\mathbf{v}_\parallel\\&=\mathbf{v}-(\mathbf{v}\cdot\mathbf{n})\mathbf{n}\end{aligned}$$

$$\begin{aligned}\mathbf{w}&=\mathbf{n}\times\mathbf{v}_\perp\\&=\mathbf{n}\times(\mathbf{v}-\mathbf{v}_\parallel)\\&=\mathbf{n}\times\mathbf{v}-\mathbf{n}\times\mathbf{v}_\parallel\\&=\mathbf{n}\times\mathbf{v}-\mathbf{0}\\&=\mathbf{n}\times\mathbf{v}\end{aligned}$$

$$
\begin{aligned}
\mathbf{v}_\perp' &= \mathbf{v}_\perp \cos\theta + \mathbf{w}\sin\theta \\
&= (\mathbf{v} - (\mathbf{v}\cdot\mathbf{n})\mathbf{n})\cos\theta + (\mathbf{n}\times\mathbf{v})\sin\theta
\end{aligned}
$$

代入 $\mathbf{v}'$ 的表达式，有：

$$
\begin{aligned}
\mathbf{v}' &= \mathbf{v}_\perp' + \mathbf{v}_\parallel \\
&= (\mathbf{v} - (\mathbf{v}\cdot\mathbf{n})\mathbf{n})\cos\theta + (\mathbf{n}\times\mathbf{v})\sin\theta + (\mathbf{v}\cdot\mathbf{n})\mathbf{n}
\end{aligned}
$$

现在，已经得到 $\mathbf{v}'$ 与 $\mathbf{v}$，$\mathbf{n}$，θ 的关系公式了，可以用它来计算变换后的基向量并构造矩阵。第一个基向量为：

$$
\mathbf{p} = \begin{bmatrix} 1 & 0 & 0 \end{bmatrix}
$$

$$
\mathbf{p}' = (\mathbf{p} - (\mathbf{p}\cdot\mathbf{n})\mathbf{n})\cos\theta + (\mathbf{n}\times\mathbf{p})\sin\theta + (\mathbf{p}\cdot\mathbf{n})\mathbf{n}
$$

$$
= \left(\begin{bmatrix}1\\0\\0\end{bmatrix} - \left(\begin{bmatrix}1\\0\\0\end{bmatrix}\cdot\begin{bmatrix}\mathbf{n}_x\\\mathbf{n}_y\\\mathbf{n}_z\end{bmatrix}\right)\begin{bmatrix}\mathbf{n}_x\\\mathbf{n}_y\\\mathbf{n}_z\end{bmatrix}\right)\cos\theta + \left(\begin{bmatrix}\mathbf{n}_x\\\mathbf{n}_y\\\mathbf{n}_z\end{bmatrix}\times\begin{bmatrix}1\\0\\0\end{bmatrix}\right)\sin\theta + \left(\begin{bmatrix}1\\0\\0\end{bmatrix}\cdot\begin{bmatrix}\mathbf{n}_x\\\mathbf{n}_y\\\mathbf{n}_z\end{bmatrix}\right)\begin{bmatrix}\mathbf{n}_x\\\mathbf{n}_y\\\mathbf{n}_z\end{bmatrix}
$$

$$
= \left(\begin{bmatrix}1\\0\\0\end{bmatrix} - \mathbf{n}_x\begin{bmatrix}\mathbf{n}_x\\\mathbf{n}_y\\\mathbf{n}_z\end{bmatrix}\right)\cos\theta + \begin{bmatrix}0\\\mathbf{n}_z\\-\mathbf{n}_y\end{bmatrix}\sin\theta + \mathbf{n}_x\begin{bmatrix}\mathbf{n}_x\\\mathbf{n}_y\\\mathbf{n}_z\end{bmatrix}
$$

$$
= \begin{bmatrix}1-\mathbf{n}_x^2\\-\mathbf{n}_x\mathbf{n}_y\\-\mathbf{n}_x\mathbf{n}_z\end{bmatrix}\cos\theta + \begin{bmatrix}0\\\mathbf{n}_z\\-\mathbf{n}_y\end{bmatrix}\sin\theta + \begin{bmatrix}\mathbf{n}_x^2\\\mathbf{n}_x\mathbf{n}_y\\\mathbf{n}_x\mathbf{n}_z\end{bmatrix}
$$

$$
= \begin{bmatrix}\cos\theta - \mathbf{n}_x^2\cos\theta\\-\mathbf{n}_x\mathbf{n}_y\cos\theta\\-\mathbf{n}_x\mathbf{n}_z\cos\theta\end{bmatrix} + \begin{bmatrix}0\\\mathbf{n}_z\sin\theta\\-\mathbf{n}_y\sin\theta\end{bmatrix} + \begin{bmatrix}\mathbf{n}_x^2\\\mathbf{n}_x\mathbf{n}_y\\\mathbf{n}_x\mathbf{n}_z\end{bmatrix}
$$

$$
= \begin{bmatrix}\cos\theta - \mathbf{n}_x^2\cos\theta + \mathbf{n}_x^2\\-\mathbf{n}_x\mathbf{n}_y\cos\theta + \mathbf{n}_z\sin\theta + \mathbf{n}_x\mathbf{n}_y\\-\mathbf{n}_x\mathbf{n}_z\cos\theta - \mathbf{n}_y\sin\theta + \mathbf{n}_x\mathbf{n}_z\end{bmatrix}
$$

$$
= \begin{bmatrix}\mathbf{n}_x^2(1-\cos\theta) + \cos\theta\\\mathbf{n}_x\mathbf{n}_y(1-\cos\theta) + \mathbf{n}_z\sin\theta\\\mathbf{n}_x\mathbf{n}_z(1-\cos\theta) - \mathbf{n}_y\sin\theta\end{bmatrix}
$$

另外两个基向量的推导与之类似，有：

$$\mathbf{q} = \begin{bmatrix} 0 & 1 & 0 \end{bmatrix}$$

$$\mathbf{q}' = \begin{bmatrix} \mathbf{n}_x\mathbf{n}_y(1-\cos\theta) - \mathbf{n}_z\sin\theta \\ \mathbf{n}_y^2(1-\cos\theta) + \cos\theta \\ \mathbf{n}_y\mathbf{n}_z(1-\cos\theta) + \mathbf{n}_x\sin\theta \end{bmatrix}$$

$$\mathbf{r} = \begin{bmatrix} 0 & 0 & 1 \end{bmatrix}$$

$$\mathbf{r}' = \begin{bmatrix} \mathbf{n}_x\mathbf{n}_z(1-\cos\theta) + \mathbf{n}_y\sin\theta \\ \mathbf{n}_y\mathbf{n}_z(1-\cos\theta) - \mathbf{n}_x\sin\theta \\ \mathbf{n}_z^2(1-\cos\theta) + \cos\theta \end{bmatrix}$$

注意：上面我们只使用了列向量，这样做的目的是使等式整洁清晰、易于理解。

用这些基向量构造矩阵，可得公式 8.5 所示的 $\mathbf{R}(\mathbf{n},\theta)$ 为。

$$\mathbf{R}(\mathbf{n},\theta) = \begin{bmatrix} \mathbf{p}' \\ \mathbf{q}' \\ \mathbf{r}' \end{bmatrix} = \begin{bmatrix} \mathbf{n}_x^2(1-\cos\theta)+\cos\theta & \mathbf{n}_x\mathbf{n}_y(1-\cos\theta)+\mathbf{n}_z\sin\theta & \mathbf{n}_x\mathbf{n}_z(1-\cos\theta)-\mathbf{n}_y\sin\theta \\ \mathbf{n}_x\mathbf{n}_y(1-\cos\theta)-\mathbf{n}_z\sin\theta & \mathbf{n}_y^2(1-\cos\theta)+\cos\theta & \mathbf{n}_y\mathbf{n}_z(1-\cos\theta)+\mathbf{n}_x\sin\theta \\ \mathbf{n}_x\mathbf{n}_z(1-\cos\theta)+\mathbf{n}_y\sin\theta & \mathbf{n}_y\mathbf{n}_z(1-\cos\theta)-\mathbf{n}_x\sin\theta & \mathbf{n}_z^2(1-\cos\theta)+\cos\theta \end{bmatrix}$$

公式 8.5　　绕任意轴的 3D 旋转矩阵

8.3　缩　　放

我们可以通过让比例因子 k 按比例变大或缩小来缩放物体。如果在各方向应用同比例的缩放，并且沿原点“膨胀”物体，那么就是**均匀缩放**。均匀缩放可以保持物体的角度和比例不变。如果长度增加或减小因子 k，则面积增加或减小因子 k^2，在 3D 中，体积的因子是 k^3。

如果需要“挤压”或“拉伸”物体，在不同的方向应用不同的因子即可，这称作**非均匀缩放**。非均匀缩放时，物体角度将发生变化。视各方向缩放因子的不同，长度、面积、体积的变化因子也各不相同。

如果 $|k|<1$，物体将“变短”；如果 $|k|>1$，物体“变长”。如果 $k=0$，就是**正交投影**，8.4 节将讨论正交投影。如果 $k<0$ 就是镜像，8.5 节将讨论镜像。本节的剩余部分将讨论 $k>0$ 的情况。

应用非均匀缩放的效果类似于切变(见 8.6 节)。事实上，非均匀缩放和切变是很难区分的。

8.3.1　沿坐标轴的缩放

最简单的缩放方法是沿着每个坐标轴应用单独的缩放因子。缩放是沿着垂直的轴(2D 中)或平面(3D 中)进行的。如果每个轴的缩放因子相同，就是均匀缩放，否则是非均匀缩放。

2D 中有两个缩放因子，k_x 和 k_y。图 8.13 展示了物体应用不同缩放因子后的情况。

凭直觉就可知道，基向量 **p**，**q** 由相应的缩放因子单独影响：

$$\mathbf{p}' = k_x\mathbf{p} = k_x\begin{bmatrix}1 & 0\end{bmatrix} = \begin{bmatrix}k_x & 0\end{bmatrix}$$

$$\mathbf{q}' = k_y\mathbf{q} = k_y\begin{bmatrix}0 & 1\end{bmatrix} = \begin{bmatrix}0 & k_y\end{bmatrix}$$

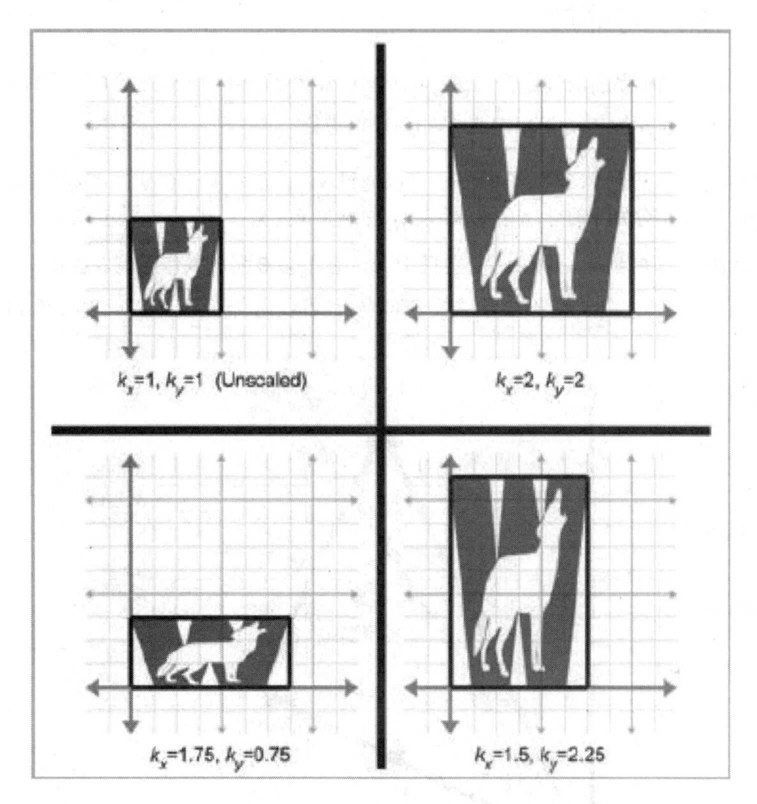

图 8.13　以不同的因子 k_x 和 k_y 缩放 2D 物体

用基向量构造矩阵，结果如公式 8.6 所示。

$$\mathbf{S}(k_x,k_y) = \begin{bmatrix}\mathbf{p}' \\ \mathbf{q}'\end{bmatrix} = \begin{bmatrix}k_x & 0 \\ 0 & k_y\end{bmatrix}$$

公式 8.6　沿坐标轴的 2D 缩放矩阵

对于 3D，需要增加第三个缩放因子 k_z，3D 缩放矩阵如公式 8.7 所示。

$$\mathbf{S}(k_x,k_y,k_z)=\begin{bmatrix}k_x & 0 & 0\\ 0 & k_y & 0\\ 0 & 0 & k_z\end{bmatrix}$$

公式 8.7　　沿坐标轴的 3D 缩放矩阵

8.3.2　沿任意方向缩放

我们可以不依赖于坐标系而沿任意方向进行缩放。设 $\mathbf{n}$ 为平行于缩放方向的单位向量，k 为缩放因子，缩放沿穿过原点并平行于 $\mathbf{n}$ 的直线(2D 中)或平面(3D 中)进行。

我们需要推导出一个表达式，给定向量 $\mathbf{v}$，可以通过 $\mathbf{v}$，$\mathbf{n}$ 和 k 来计算 $\mathbf{v}'$。为了做到这一点，将 $\mathbf{v}$ 分解为两个分量，$\mathbf{v}_{\parallel}$ 和 $\mathbf{v}_{\perp}$，分别平行于 $\mathbf{n}$ 和垂直于 $\mathbf{n}$，并满足 $\mathbf{v}=\mathbf{v}_{\parallel}+\mathbf{v}_{\perp}$。$\mathbf{v}_{\parallel}$ 是 $\mathbf{v}$ 在 $\mathbf{n}$ 上的投影，由 5.10.3 节可知，由 $(\mathbf{v}\cdot\mathbf{n})\mathbf{n}$ 可以得到 $\mathbf{v}_{\parallel}$。因为 $\mathbf{v}_{\perp}$ 垂直于 $\mathbf{n}$，它不会被缩放操作影响。因此，$\mathbf{v}'=\mathbf{v}_{\parallel}'+\mathbf{v}_{\perp}$，剩下的问题就是怎样得到 $\mathbf{v}_{\parallel}'$。由于 $\mathbf{v}_{\parallel}$ 平行于缩放方向，$\mathbf{v}_{\parallel}'$ 可以由公式 $k\mathbf{v}_{\parallel}$ 得出，如图 8.14 所示。

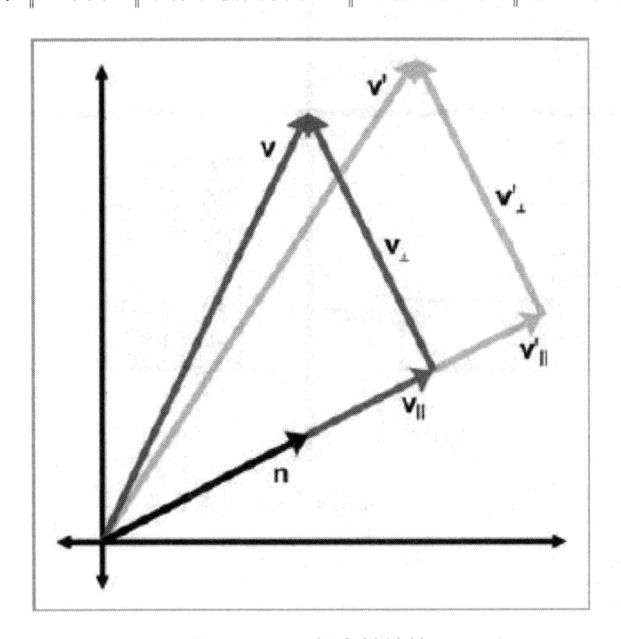

图 8.14　沿任意轴缩放

总结已知向量并进行代换，得到：

$$\mathbf{v}=\mathbf{v}_{\parallel}+\mathbf{v}_{\perp}$$
$$\mathbf{v}_{\parallel}=(\mathbf{v}\cdot\mathbf{n})\mathbf{n}$$
$$\mathbf{v}_{\perp}'=\mathbf{v}_{\perp}$$

$$
\begin{aligned}
&= \mathbf{v} - \mathbf{v}_{\parallel} \\
&= \mathbf{v} - (\mathbf{v} \cdot \mathbf{n})\mathbf{n}
\end{aligned}
$$

$$
\begin{aligned}
\mathbf{v}_{\parallel}' &= k\mathbf{v}_{\parallel} \\
&= k(\mathbf{v} \cdot \mathbf{n})\mathbf{n}
\end{aligned}
$$

$$
\begin{aligned}
\mathbf{v}' &= \mathbf{v}_{\perp}' + \mathbf{v}_{\parallel}' \\
&= \mathbf{v} - (\mathbf{v} \cdot \mathbf{n})\mathbf{n} + k(\mathbf{v} \cdot \mathbf{n})\mathbf{n} \\
&= \mathbf{v} + (k-1)(\mathbf{v} \cdot \mathbf{n})\mathbf{n}
\end{aligned}
$$

既然我们已经知道了怎样对任意向量进行缩放，当然也就可以据些计算缩放后的基向量。这里只详细列出 2D 中的一个基向量的求法，其余的基向量依此类推，我们只给出其结果。(注意下面采取列向量形式只是为了使等式的形式好看一些。)

$$
\begin{aligned}
\mathbf{p} &= \begin{bmatrix} 1 & 0 \end{bmatrix} \\
\mathbf{p}' &= \mathbf{p} + (k-1)(\mathbf{p} \cdot \mathbf{n})\mathbf{n} \\
&= \begin{bmatrix} 1 \\ 0 \end{bmatrix} + (k-1)\left(\begin{bmatrix} 1 \\ 0 \end{bmatrix} \cdot \begin{bmatrix} \mathbf{n}_x \\ \mathbf{n}_y \end{bmatrix}\right)\begin{bmatrix} \mathbf{n}_x \\ \mathbf{n}_y \end{bmatrix} \\
&= \begin{bmatrix} 1 \\ 0 \end{bmatrix} + (k-1)\mathbf{n}_x \begin{bmatrix} \mathbf{n}_x \\ \mathbf{n}_y \end{bmatrix} \\
&= \begin{bmatrix} 1 \\ 0 \end{bmatrix} + \begin{bmatrix} (k-1)\mathbf{n}_x^2 \\ (k-1)\mathbf{n}_x\mathbf{n}_y \end{bmatrix} \\
&= \begin{bmatrix} 1 + (k-1)\mathbf{n}_x^2 \\ (k-1)\mathbf{n}_x\mathbf{n}_y \end{bmatrix}
\end{aligned}
$$

$$
\begin{aligned}
\mathbf{q} &= \begin{bmatrix} 0 & 1 \end{bmatrix} \\
\mathbf{q}' &= \begin{bmatrix} (k-1)\mathbf{n}_x\mathbf{n}_y \\ 1 + (k-1)\mathbf{n}_y^2 \end{bmatrix}
\end{aligned}
$$

通过基向量构造矩阵，得到以单位向量 $\mathbf{n}$ 为缩放方向，k 为因子的缩放矩阵，如公式 8.8 所示。

$$
\mathbf{S}(\mathbf{n}, k) = \begin{bmatrix} \mathbf{p}' \\ \mathbf{q}' \end{bmatrix} = \begin{bmatrix} 1 + (k-1)\mathbf{n}_x^2 & (k-1)\mathbf{n}_x\mathbf{n}_y \\ (k-1)\mathbf{n}_x\mathbf{n}_y & 1 + (k-1)\mathbf{n}_y^2 \end{bmatrix}
$$

公式 8.8　　沿任意轴的 2D 缩放矩阵

3D 中，基向量为：

$$\mathbf{p}=\begin{bmatrix}1 & 0 & 0\end{bmatrix}$$

$$\begin{aligned}\mathbf{p}' &= \mathbf{p}+(k-1)(\mathbf{p}\cdot\mathbf{n})\mathbf{n} \\ &= \begin{bmatrix}1\\0\\0\end{bmatrix}+(k-1)\left(\begin{bmatrix}1\\0\\0\end{bmatrix}\cdot\begin{bmatrix}\mathbf{n}_x\\\mathbf{n}_y\\\mathbf{n}_z\end{bmatrix}\right)\begin{bmatrix}\mathbf{n}_x\\\mathbf{n}_y\\\mathbf{n}_z\end{bmatrix} \\ &= \begin{bmatrix}1\\0\\0\end{bmatrix}+(k-1)\mathbf{n}_x\begin{bmatrix}\mathbf{n}_x\\\mathbf{n}_y\\\mathbf{n}_z\end{bmatrix} \\ &= \begin{bmatrix}1\\0\\0\end{bmatrix}+\begin{bmatrix}(k-1)\mathbf{n}_x^2\\(k-1)\mathbf{n}_x\mathbf{n}_y\\(k-1)\mathbf{n}_x\mathbf{n}_z\end{bmatrix} \\ &= \begin{bmatrix}1+(k-1)\mathbf{n}_x^2\\(k-1)\mathbf{n}_x\mathbf{n}_y\\(k-1)\mathbf{n}_x\mathbf{n}_z\end{bmatrix}\end{aligned}$$

$$\mathbf{q}=\begin{bmatrix}0 & 1 & 0\end{bmatrix}$$

$$\mathbf{q}'=\begin{bmatrix}(k-1)\mathbf{n}_x\mathbf{n}_y\\1+(k-1)\mathbf{n}_y^2\\(k-1)\mathbf{n}_y\mathbf{n}_z\end{bmatrix}$$

$$\mathbf{r}=\begin{bmatrix}0 & 0 & 1\end{bmatrix}$$

$$\mathbf{r}'=\begin{bmatrix}(k-1)\mathbf{n}_x\mathbf{n}_z\\(k-1)\mathbf{n}_z\mathbf{n}_y\\1+(k-1)\mathbf{n}_z^2\end{bmatrix}$$

以单位向量 **n** 为缩放方向，k 为因子的 3D 缩放矩阵如公式 8.9 所示。

$$\mathbf{S}(\mathbf{n},k)=\begin{bmatrix}\mathbf{p}'\\\mathbf{q}'\\\mathbf{r}'\end{bmatrix}=\begin{bmatrix}1+(k-1)\mathbf{n}_x^2 & (k-1)\mathbf{n}_x\mathbf{n}_y & (k-1)\mathbf{n}_x\mathbf{n}_z\\(k-1)\mathbf{n}_x\mathbf{n}_y & 1+(k-1)\mathbf{n}_y^2 & (k-1)\mathbf{n}_y\mathbf{n}_z\\(k-1)\mathbf{n}_x\mathbf{n}_z & (k-1)\mathbf{n}_z\mathbf{n}_y & 1+(k-1)\mathbf{n}_z^2\end{bmatrix}$$

公式 8.9 沿任意轴的 3D 缩放矩阵

8.4　正 交 投 影

一般来说，**投影**意味着降维操作。8.3 节中曾提到，有一种投影方法是在某个方向上用零作为缩放因子。这种情况下，所有点都被拉平至垂直的轴(2D)或平面(3D)上。这种类型的投影称作**正交**投影，或者**平行**投影，因为从原来的点到投影点的直线相互平行。我们将在 9.4.4 节中学习另外一种投影：**透视投影**。

8.4.1　向坐标轴或平面上投影

最简单的投影方式是向坐标轴(2D)或平面(3D)投影。如图 8.15 所示。

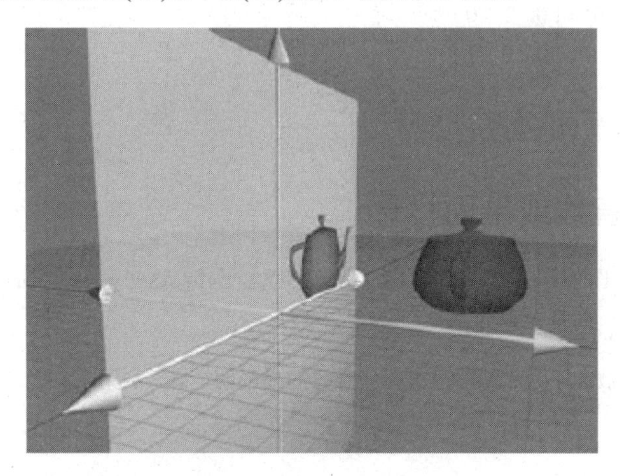

图 8.15　将一个 3D 物体投影到坐标平面上

向坐标轴或平面投影在实际变换中不常发生，大多数情况是向低维的变量赋值，且要抛弃维数时。例如，将 3D 点赋值给 2D 点，抛弃 z 分量，只复制 x 和 y。

通过使垂直方向上的缩放因子为零，就能向坐标轴或平面投影。考虑到完整性，下面列出这些变换的矩阵，见公式 8.10～8.14。

$$\mathbf{P}_x = \mathbf{S}(\begin{bmatrix} 0 & 1 \end{bmatrix}, 0) = \begin{bmatrix} 1 & 0 \\ 0 & 0 \end{bmatrix}$$

公式 8.10　　向 x 轴投影的 2D 矩阵

$$\mathbf{P}_y = \mathbf{S}(\begin{bmatrix} 1 & 0 \end{bmatrix}, 0) = \begin{bmatrix} 0 & 0 \\ 0 & 1 \end{bmatrix}$$

公式 8.11　　向 y 轴投影的 2D 矩阵

$$\mathbf{P}_{xy}=\mathbf{S}(\begin{bmatrix}0 & 0 & 1\end{bmatrix},0)=\begin{bmatrix}1 & 0 & 0\\0 & 1 & 0\\0 & 0 & 0\end{bmatrix}$$

公式 8.12　向 xy 平面投影的 3D 矩阵

$$\mathbf{P}_{xy}=\mathbf{S}(\begin{bmatrix}0 & 1 & 0\end{bmatrix},0)=\begin{bmatrix}1 & 0 & 0\\0 & 0 & 0\\0 & 0 & 1\end{bmatrix}$$

公式 8.13　向 xz 平面投影的 3D 矩阵

$$\mathbf{P}_{xy}=\mathbf{S}(\begin{bmatrix}1 & 0 & 0\end{bmatrix},0)=\begin{bmatrix}0 & 0 & 0\\0 & 1 & 0\\0 & 0 & 1\end{bmatrix}$$

公式 8.14　向 yz 平面投影的 3D 矩阵

8.4.2 向任意直线或平面投影

也能向任意直线或平面投影。像往常一样，由于不考虑平移，这些直线或平面必须通过原点。投影由垂直于直线或平面的单位向量 $\mathbf{n}$ 定义。

通过使该方向的缩放因子为零能够导出向任意方向投影的矩阵。利用 8.3.2 节的结果，2D 中的情况如公式 8.15 所示。

$$\begin{aligned}\mathbf{P}(\mathbf{n})&=\mathbf{S}(\mathbf{n},0)\\&=\begin{bmatrix}1+(0-1)\mathbf{n}_x^2 & (0-1)\mathbf{n}_x\mathbf{n}_y\\(0-1)\mathbf{n}_x\mathbf{n}_y & 1+(0-1)\mathbf{n}_y^2\end{bmatrix}\\&=\begin{bmatrix}1-\mathbf{n}_x^2 & -\mathbf{n}_x\mathbf{n}_y\\-\mathbf{n}_x\mathbf{n}_y & 1-\mathbf{n}_y^2\end{bmatrix}\end{aligned}$$

公式 8.15　向任意直线投影的 2D 矩阵

记住这里 $\mathbf{n}$ 垂直于投影直线，而不是平行。3D 中，向垂直于 $\mathbf{n}$ 的平面投影的矩阵如公式 8.16 所示。

$$\begin{aligned}\mathbf{P}(\mathbf{n})&=\mathbf{S}(\mathbf{n},0)\\&=\begin{bmatrix}1+(0-1)\mathbf{n}_x^2 & (0-1)\mathbf{n}_x\mathbf{n}_y & (0-1)\mathbf{n}_x\mathbf{n}_z\\(0-1)\mathbf{n}_x\mathbf{n}_y & 1+(0-1)\mathbf{n}_y^2 & (0-1)\mathbf{n}_y\mathbf{n}_z\\(0-1)\mathbf{n}_x\mathbf{n}_z & (0-1)\mathbf{n}_z\mathbf{n}_y & 1+(0-1)\mathbf{n}_z^2\end{bmatrix}\end{aligned}$$

$$=\begin{bmatrix} 1-\mathbf{n}_x^2 & -\mathbf{n}_x\mathbf{n}_y & -\mathbf{n}_x\mathbf{n}_z \\ -\mathbf{n}_x\mathbf{n}_y & 1-\mathbf{n}_y^2 & -\mathbf{n}_y\mathbf{n}_z \\ -\mathbf{n}_x\mathbf{n}_z & -\mathbf{n}_z\mathbf{n}_y & 1-\mathbf{n}_z^2 \end{bmatrix}$$

公式 8.16　　向任意平面投影的 3D 矩阵

8.5　镜　　像

镜像(也叫作反射) 是一种变换，其作用是将物体沿直线(2D 中)或平面(3D 中) “翻折”。图 8.16 展示了镜像的效果。

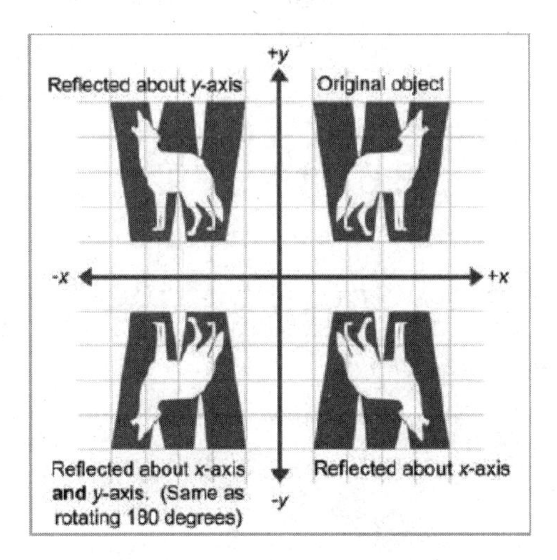

图 8.16　沿 2D 中的轴镜像物体

使缩放因子为-1 能够很容易地实现镜像变换。设 **n** 为 2D 单位向量，公式 8.17 所示的矩阵将沿通过原点且垂直于 **n** 的反射轴来进行镜像变换。

$$\mathbf{P}(\mathbf{n}) = \mathbf{S}(\mathbf{n},-1)$$

$$=\begin{bmatrix} 1+(-1-1)\mathbf{n}_x^2 & (-1-1)\mathbf{n}_x\mathbf{n}_y \\ (-1-1)\mathbf{n}_x\mathbf{n}_y & 1+(-1-1)\mathbf{n}_y^2 \end{bmatrix}$$

$$=\begin{bmatrix} 1-2\mathbf{n}_x^2 & -2\mathbf{n}_x\mathbf{n}_y \\ -2\mathbf{n}_x\mathbf{n}_y & 1-2\mathbf{n}_y^2 \end{bmatrix}$$

公式 8.17　　沿任意轴镜像的 2D 矩阵

3D 中，用反射平面代替直线。公式 8.18 中的矩阵将沿通过原点且垂直于 **n** 的平面来进行镜像变换：

$$
\begin{aligned}
\mathbf{P}(\mathbf{n}) &= \mathbf{S}(\mathbf{n},-1) \\
&= \begin{bmatrix} 1+(-1-1)\mathbf{n}_x^2 & (-1-1)\mathbf{n}_x\mathbf{n}_y & (-1-1)\mathbf{n}_x\mathbf{n}_z \\ (-1-1)\mathbf{n}_x\mathbf{n}_y & 1+(-1-1)\mathbf{n}_y^2 & (-1-1)\mathbf{n}_y\mathbf{n}_z \\ (-1-1)\mathbf{n}_x\mathbf{n}_z & (-1-1)\mathbf{n}_z\mathbf{n}_y & 1+(-1-1)\mathbf{n}_z^2 \end{bmatrix} \\
&= \begin{bmatrix} 1-2\mathbf{n}_x^2 & -2\mathbf{n}_x\mathbf{n}_y & -2\mathbf{n}_x\mathbf{n}_z \\ -2\mathbf{n}_x\mathbf{n}_y & 1-2\mathbf{n}_y^2 & -2\mathbf{n}_y\mathbf{n}_z \\ -2\mathbf{n}_x\mathbf{n}_z & -2\mathbf{n}_z\mathbf{n}_y & 1-2\mathbf{n}_z^2 \end{bmatrix}
\end{aligned}
$$

公式 8.18 沿任意轴镜像的 3D 矩阵

注意一个物体只能“镜像”一次，如果再次镜像(当沿不同的轴或平面的时候)，物体将翻回“正面”(用一张纸来想象)，这和在原位置旋转物体的效果一样。

8.6 切 变

切变是一种坐标系“扭曲”变换，非均匀地拉伸它。切变的时候角度会发生变化，但令人惊奇的是面积和体积却保持不变。基本思想是将某一坐标的乘积加到另一个上。例如，2D 中，将 y 乘以某个因子然后加到 x 上，得到 $x' = x + sy$。如图 8.17 所示。

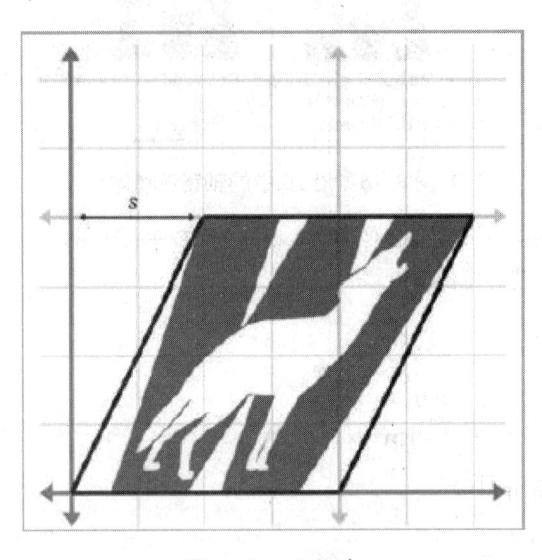

图 8.17 2D 切变

实现这个切变变换的矩阵为

$$\mathbf{H}_x(s)=\begin{bmatrix}1 & 0\\ s & 1\end{bmatrix}$$

记法 $\mathbf{H}_x$ 的意义是 x 坐标根据坐标 y 被切变，参数 s 控制着切变的方向和量。另一种 2D 切变矩阵 $\mathbf{H}_y$ 如下所示。

$$\mathbf{H}_y(s)=\begin{bmatrix}1 & s\\ 0 & 1\end{bmatrix}$$

3D 中的切变方法是取出一个坐标，乘以不同因子再加到其他两个坐标上。记法 H_{xy} 的意义是 x，y 坐标被坐标 z 改变。这些矩阵如公式 8.19 所示。

$$\mathbf{H}_{xy}(s,t)=\begin{bmatrix}1 & 0 & 0\\ 0 & 1 & 0\\ s & t & 1\end{bmatrix}$$
$$\mathbf{H}_{xz}(s,t)=\begin{bmatrix}1 & 0 & 0\\ s & 1 & t\\ 0 & 0 & 1\end{bmatrix}$$
$$\mathbf{H}_{yz}(s,t)=\begin{bmatrix}1 & s & t\\ 0 & 1 & 0\\ 0 & 0 & 1\end{bmatrix}$$

公式 8.19　3D 切变矩阵

切变是一种很少用到的变换，它也被称作**扭曲**变换。包含切变与缩放(均匀或非均匀)的变换通常很容易与包含旋转与非均匀缩放(只能是非均匀)的变换发生混淆。

8.7　变换的组合

本节将介绍怎样将多个变换矩阵按照次序组合(或说“连接”)成一个矩阵。这个新矩阵代表依次执行原变换的累加效果。

这种组合在渲染中非常普遍。设想世界中有一个任意方向、任意位置的物体，我们要把它渲染到任意方向、任意位置的摄像机中。为了做到这一点，必须将物体的所有顶点从物体坐标系变换到世界坐标系，接着再从世界坐标系变换到摄像机坐标系。其中的数学变换总结如下：

$$\mathbf{P}_{世界}=\mathbf{P}_{物体}\mathbf{M}_{物体\to世界}$$
$$\mathbf{P}_{◆像机}=\mathbf{P}_{世界}\mathbf{M}_{世界\to◆像机}$$
$$=(\mathbf{P}_{物体}\mathbf{M}_{物体\to世界})\mathbf{M}_{世界\to◆像机}$$

从 7.1.6 节可知，矩阵乘法满足结合律，所以我们能用一个矩阵直接从物体坐标系变换到摄像机坐标系：

$$\begin{aligned}\mathbf{P}_{\text{◆像机}} &= (\mathbf{P}_{\text{物体}}\mathbf{M}_{\text{物体}\to\text{世界}})\mathbf{M}_{\text{世界}\to\text{◆像机}} \\ &= \mathbf{P}_{\text{物体}}(\mathbf{M}_{\text{物体}\to\text{世界}}\mathbf{M}_{\text{世界}\to\text{◆像机}})\end{aligned}$$

这样就能在渲染的循环外先将所有矩阵组合起来，使循环内作矩阵乘法的时候只需要和一个矩阵相乘即可(物体有很多顶点，省一次矩阵乘法就会提高不少效率)，如下：

$$\mathbf{M}_{\text{物体}\to\text{◆像机}} = \mathbf{M}_{\text{物体}\to\text{世界}}\mathbf{M}_{\text{世界}\to\text{◆像机}}$$
$$\mathbf{P}_{\text{◆像机}} = \mathbf{P}_{\text{物体}}\mathbf{M}_{\text{物体}\to\text{◆像机}}$$

所以矩阵组合从代数角度看是利用了矩阵乘法的结合律。让我们看一看能否得到进一步的几何解释。回忆一下 7.2.2 节的那个重大发现：矩阵的行向量就是变换后的基向量。这在多个变换的情况下也是成立的。考虑矩阵乘法 **AB**，结果中的每一行都是 **A** 中相应行与矩阵 **B** 相乘的结果。换言之，设 $\mathbf{a}_1$1，$\mathbf{a}_2$，$\mathbf{a}_3$ 为 **A** 的行，矩阵乘法能够写为：

$$\mathbf{A} = \begin{bmatrix}\mathbf{a}_1 \\ \mathbf{a}_2 \\ \mathbf{a}_3\end{bmatrix}$$

$$\mathbf{AB} = \begin{bmatrix}\mathbf{a}_1 \\ \mathbf{a}_2 \\ \mathbf{a}_3\end{bmatrix}\mathbf{B}$$

$$= \begin{bmatrix}\mathbf{a}_1\mathbf{B} \\ \mathbf{a}_2\mathbf{B} \\ \mathbf{a}_3\mathbf{B}\end{bmatrix}$$

这使得结论更加清晰，**AB** 结果中的行向量确实是对 **A** 的基向量进行 **B** 变换的结果。

8.8　变 换 分 类

对变换进行分类有很多种标准，本节将讨论所介绍怎样对变换进行分类。对于每一类，我们都将描述该类的性质并指出从 8.2 节到 8.6 节的哪些基本变换属于这一类。

变换的类别并不是互斥的，也不存在一定的“次序”或“层次”使得某一类比另一类多或少一些限制。

当讨论一般意义上的变换时，我们将使用类似的术语：**映射**或**函数**。在最一般的意义上，**映射**就是一种简单的规则，接收输入，产生输出。我们把从 **a** 到 **b** 的 **F** 映射记作 $\mathbf{F}(\mathbf{a}) = \mathbf{b}$ 。当然，我们的兴趣在于能用矩阵表达的映射，但讨论其他映射也是可能的。

8.8.1 线性变换

7.2 节我们曾遇到过线性函数的非正式形式。在数学上，如果满足下式，那么映射 $\mathbf{F}(\mathbf{a})$ 就是线性的：

$$\mathbf{F}(\mathbf{a}+\mathbf{b})=\mathbf{F}(\mathbf{a})+\mathbf{F}(\mathbf{b})$$

以及：

$$\mathbf{F}(k\mathbf{a})=k\mathbf{F}(\mathbf{a})$$

如果映射 **F** 保持了基本运算：加法和数量乘，那么就可以称该映射为线性的。在这种情况下，将两个向量相加然后再进行变换得到的结果和先分别进行变换再将变换后的向量相加得到的结果相同。同样，将一个向量数量乘再进行变换和先进行变换再数量乘的结果也是一样的。

这个线性变换的定义有两条重要的引理：

- 映射 $\mathbf{F}(\mathbf{a})=\mathbf{aM}$，当 **M** 为任意方阵时，说映射是一个线性变换。这是因为：

  $$\begin{aligned}\mathbf{F}(\mathbf{a}+\mathbf{b})&=(\mathbf{a}+\mathbf{b})\mathbf{M}\\&=\mathbf{aM}+\mathbf{bM}\\&=\mathbf{F}(\mathbf{a})+\mathbf{F}(\mathbf{b})\end{aligned}$$

  和：

  $$\begin{aligned}\mathbf{F}(k\mathbf{a})&=(k\mathbf{a})\mathbf{M}\\&=k(\mathbf{aM})\\&=k\mathbf{F}(\mathbf{a})\end{aligned}$$

- 零向量的任意线性变换的结果仍然是零向量。(如果 $\mathbf{F}(\mathbf{0})=\mathbf{a}$，$\mathbf{a}\neq 0$。那么 **F** 不可能是线性变换。因为 $\mathbf{F}(k\mathbf{0})=\mathbf{a}$，但 $\mathbf{F}(k\mathbf{0})\neq k\mathbf{F}(\mathbf{0})$)因此，线性变换不会导致平移(原点位置上不会变化)。

因为从 8.2 节到 8.6 节讨论的所有变换都能用矩阵乘法表示，所以它们都是线性变换。

在某些文献中，线性变换的定义是平行线变换后仍然是平行线。大多数情况下它是对的，但有一个小小的例外：投影(当一条直线投影后变成一个点，能认为这个点平行于什么？)除了这点理论上的例外，这种定义是正确的。线性变换可能造成“拉伸”，但直线不会“弯折”，所以平行线仍然保持平行。

8.8.2 仿射变换

仿射变换是指线性变换后接着平移。因此，仿射变换的集合是线性变换的超集，任何线性变换都是仿射变换，但不是所有仿射变换都是线性变换。

本章中讨论的所有变换都是线性变换，所以它们都是仿射变换。

以后我们将要讨论的大多数变换都是仿射变换，任何具有形式 $v'=v\mathbf{M}+\mathbf{b}$ 的变换都是仿射变换。

8.8.3 可逆变换

如果存在一个逆变换可以“撤消”原变换，那么该变换是**可逆**的。换句话说，如果存在逆变换$\mathbf{F}^{-1}$，使得$\mathbf{F}^{-1}(\mathbf{F}(\mathbf{a}))=\mathbf{a}$，对于任意$\mathbf{a}$，映射$\mathbf{F}(\mathbf{a})$是可逆的。

存在非仿射变换的可逆变换，但暂不考虑它们。现在，我们集中精力于检测一个仿射变换是否可逆。一个仿射变换就是一个线性变换加上平移，显然，可以用相反的量“撤消”平移部分。所以问题变为一个线性变换是否可逆。

显然，除了投影以外，其他变换都能“撤消”。当物体被投影时，某一维有用的信息被抛弃了，而这些信息是不可能恢复的。因此，所有基本变换除了投影都是可逆的。

因为任意线性变换都能表达为矩阵，所以求逆变换等价于求矩阵的逆，我们将在 9.2 节讨论。如果矩阵是**奇异**的，则变换**不可逆**；可逆矩阵的行列式不为零。

8.8.4 等角变换

如果变换前后两向量夹角的大小和方向都不改变，该变换是**等角**的。只有平移，旋转和均匀缩放是等角变换。等角变换将会保持比例不变。镜像并不是等角变换，因为尽管两向量夹角的大小不变，但夹角的方向改变了。所有等角变换都是仿射和可逆的。

8.8.5 正交变换

术语“**正交**”用来描述具有某种性质的矩阵，9.3 节将给出关于正交矩阵的完整讨论。正交变换的基本思想是轴保持互相垂直，而且不进行缩放变换。正交变换很有意思，因为很容易求出它的逆。

平移、旋转和镜像是仅有的正交变换。长度、角度、面积和体积都保持不变。(尽管如此，但因为镜像变换被认为是正交变换，所以一定要密切注意角度、面积和体积的准确定义)。

第 9 章将介绍，正交矩阵的行列式为± 1。

所有正交矩阵都是仿射和可逆的。

8.8.6 刚体变换

刚体变换只改变物体的位置和方向，不包括形状。所有长度、角度、面积和体积都不变。平移和旋转是仅有的刚体变换，镜像并不被认为是刚体变换。

刚体变换也被称作**正规**变换。所有刚体变换都是正交、等角、可逆和仿射的。

某些刚体变换旋转矩阵的行列式为 1。

8.8.7 变换类型小结

下表列出了变换类别之间的关系。表中，“Y”代表该行具有其所在列的性质，这里没有“Y”的列并非表示“从不”，而是表示“不经常”。

变换	线形	仿射	可逆	等角	正交	刚体	等长	等面积	行列式
线性	Y	Y							
仿射		Y							
可逆			Y						≠0
等角		Y	Y	Y					
正交		Y	Y		Y				±1
刚体		Y	Y	Y	Y	Y	Y	Y	
平移		Y	Y	Y	Y	Y	Y	Y	
旋转[1]	Y	Y	Y	Y	Y	Y	Y	Y	1
均匀缩放[2]	Y	Y	Y	Y					K^n[3]
非均匀缩放	Y	Y	Y						
正交投影[4]	Y	Y							0
镜像[5]	Y	Y	Y		Y		Y	Y[6]	−1
切变	Y	Y	Y					Y[7]	1

注释：

1. 绕 2D 中的原点或 3D 中过原点的直线。
2. 基于原点，使用正缩放因子。
3. 2D 中是缩放因子的平方，3D 中是缩放因子的立方。
4. 向过原点的直线(2D)或平面(3D)。
5. 基于过原点的直线(2D)或平面(3D)。
6. 不考虑“负”面积或体积。
7. 令人惊讶！

8.9 练　　习

(1) 构造绕 x 轴旋转−22° 的矩阵。

(2) 构造绕 y 轴旋转 30° 的矩阵。

(3) 构造从惯性坐标系变换到物体坐标系的矩阵。从“标准方向”，物体绕 y 轴旋转 30° 接着绕 x 轴旋转-22°。

(4) 在惯性坐标系中描述物体坐标系的 z 轴。

(5) 构造绕 z 轴旋转 164° 的矩阵。

(6) 构造绕轴[99，−99，99]旋转−5° 的矩阵。

(7) 构造矩阵，使物体的长、宽、高增加两倍。

(8) 构造矩阵，沿着过原点且垂直于向量[99，−99，99]的平面以缩放因子 5 进行缩放。

(9) 构造正交投影矩阵，投影平面过原点且垂直于向量[99，−99，99]。

(10) 构造镜像矩阵，镜像平面过原点且垂直于向量[99，−99，99]。构造镜像矩阵，过原点且垂直于向量[−99，99，−99]。

(11) 下面的矩阵是线性变换？还是仿射变换？

$$\begin{bmatrix} 34 & 1.7 & \pi \\ \sqrt{2} & 0 & 18 \\ 4 & -9 & -1.3 \end{bmatrix}$$

矩阵的更多知识

本章将扩展第 7、第 8 章中关于矩阵的讨论，共分 4 节：

- 9.1 节讨论矩阵的行列式。
- 9.2 节讨论矩阵的逆。
- 9.3 节讨论正交矩阵。
- 9.4 节引入 4×4 阶齐次矩阵，并利用它在 3D 中做仿射变换。

第 7 章介绍了矩阵中最重要的性质和运算，并讨论了矩阵和几何变换间的关系。第 8 章已详细介绍了这些关系。本章将继续介绍矩阵其他一些有用的运算。

9.1 矩阵的行列式

在任意方阵中都存在一个标量，称作该方阵的*行列式*。在线性代数中，行列式有很多有用的性质，它的几何解释也是非常有趣的。

9.1.1 线性运算法则

方阵 **M** 的行列式记作 $|\mathbf{M}|$ 或“det **M**”。非方阵矩阵的行列式是未定义的。n×n 阶矩阵的行列式定义非常复杂，让我们先从 2×2、3×3 矩阵开始。

公式 9.1 给出了 2×2 阶矩阵行列式的定义。

$$|\mathbf{M}|=\begin{vmatrix}m_{11} & m_{12}\\ m_{21} & m_{22}\end{vmatrix}=m_{11}m_{22}-m_{12}m_{21}$$

公式 9.1 2×2 矩阵的行列式

注意，在书写行列式时，两边用竖线将数字块围起来，省略方括号。

下面的示意图能帮助记忆公式 9.1。将主对角线和反对角线上的元素各自相乘，然后用主对角线元素的积减去反对角线元素的积。

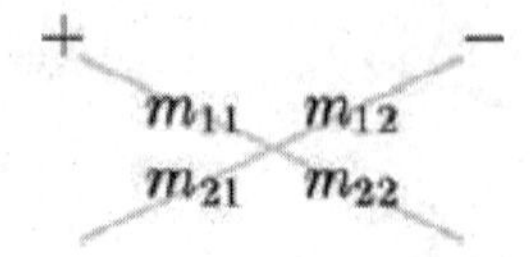

举例如下：

$$\begin{vmatrix} 2 & 1 \\ -1 & 2 \end{vmatrix} = (2)(2)-(1)(-1)=4+1=5$$

$$\begin{vmatrix} -3 & 4 \\ 2 & 5 \end{vmatrix} = (-3)(5)-(4)(2)=-15-8=-23$$

$$\begin{vmatrix} a & b \\ c & d \end{vmatrix} = ad-bc$$

3×3 阶矩阵的行列式定义如公式 9.2 所示。

$$\begin{vmatrix} m_{11} & m_{12} & m_{13} \\ m_{21} & m_{22} & m_{23} \\ m_{31} & m_{32} & m_{33} \end{vmatrix} = \begin{matrix} m_{11}m_{22}m_{33}+m_{12}m_{23}m_{31}+m_{13}m_{21}m_{32} \\ -m_{13}m_{22}m_{31}-m_{12}m_{21}m_{33}-m_{11}m_{23}m_{32} \end{matrix}$$

$$\begin{aligned} &= m_{11}(m_{22}m_{33}-m_{23}m_{32})+m_{12}(m_{23}m_{31}-m_{21}m_{33}) \\ &\quad +m_{13}(m_{21}m_{32}-m_{22}m_{31}) \end{aligned}$$

公式 9.2　　3×3 阶矩阵的行列式

可以用类似的示意图来帮助记忆。把矩阵 **M** 连写两遍，将主对角线上的元素和反对角线上的元素各自相乘，然后用各主对角线上元素积的和减去各反对角线上元素积的和。

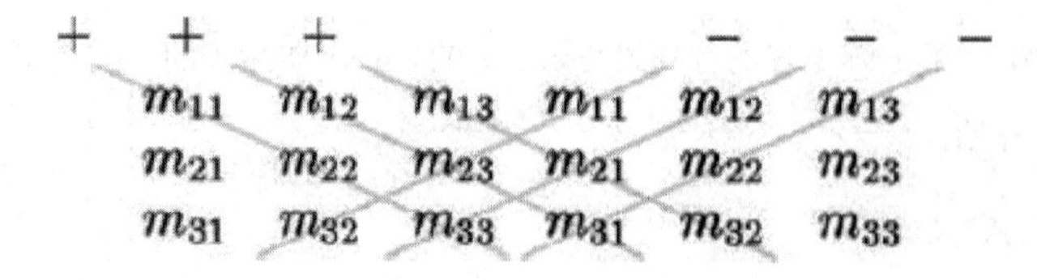

示例如下：

$$\begin{vmatrix} 3 & -2 & 0 \\ 1 & 4 & -3 \\ -1 & 0 & 2 \end{vmatrix} = (3)((4)(2)-(-3)(0)) + (-2)((-3)(-1)-(1)(2)) + (0)((1)(0)-(4)(-1))$$

$$= 24 + (-2) + 0$$

$$= 22$$

如果将 3×3 阶矩阵的行解释为 3 个向量，那么矩阵的行列式等于这些向量的所谓“三元组积”。

$$\begin{vmatrix} a_x & a_y & a_z \\ b_x & b_y & b_z \\ c_x & c_y & c_z \end{vmatrix} = a_x b_y c_z + a_y b_z c_x + a_z b_x c_y - a_z b_y c_x - a_y b_x c_z - a_x b_z c_y$$

$$= (a_y b_z - a_z b_y)c_x + (a_z b_x - a_x b_z)c_y + (a_x b_y - a_y b_x)c_z$$

$$= (a \times b) \cdot c$$

假设矩阵 **M** 有 r 行，c 列。记法 $\mathbf{M}^{\{ij\}}$ 表示从 **M** 中除去第 i 行和第 j 列后剩下的矩阵。显然，该矩阵有 r–1 行，c–1 列。矩阵 $\mathbf{M}^{\{ij\}}$ 称作 **M** 的**余子式**。考虑 3×3 阶矩阵 **M**:

$$\mathbf{M} = \begin{bmatrix} -4 & -3 & 3 \\ 0 & 2 & -2 \\ 1 & 4 & -1 \end{bmatrix}$$

余子式 $\mathbf{M}^{\{12\}}$ 是一个 2×2 阶矩阵，是从 **M** 中除去第 1 行和第 2 列的结果：

$$\begin{bmatrix} -4 & -3 & 3 \\ 0 & 2 & -2 \\ 1 & 4 & -1 \end{bmatrix} \Rightarrow \mathbf{M}^{\{12\}} = \begin{bmatrix} 0 & -2 \\ 1 & -1 \end{bmatrix}$$

对方阵 M，给定行、列元素的代数余子式等于相应余子式的有符号行列式，见公式 9.3。

$$c_{ij} = (-1)^{i+j} \,|\, \mathbf{M}^{\{ij\}} \,|$$

公式 9.3　　矩阵的代数余子式

如上，用记法 c_{ij} 表示 M 的第 i 行，第 j 列元素的代数余子式。注意余子式是一个矩阵，而代数余子式是一个标量。代数余子式计算式中的项 $(-1)^{(i+j)}$ 有以棋盘形式使矩阵的代数余子式每隔一个为负的效果：

$$\begin{bmatrix} + & - & + \\ - & + & - \\ + & - & + \end{bmatrix}$$

下面我们将用余子式和代数余子式来计算任意 n 维方阵的行列式，并在 9.2.1 节中用来计算矩阵的逆。

n 维方阵的行列式存在着多个相等的定义。我们可以用代数余子式来定义矩阵的行列式(这种定义是递归的，因为代数余子式本身的定义就用到了矩阵的行列式)。

首先，从矩阵中任意选择一行或一列，对该行或列中的每个元素，都乘以对应的代数余子式。这些乘积的和就是矩阵的行列式。例如，任意选择一行，如行 i，行列式的计算过程如公式 9.4 所示。

$$|\mathbf{M}| = \sum_{j=1}^{n} m_{ij}c_{ij} = \sum_{j=1}^{n} m_{ij}(-1)^{i+j}|\mathbf{M}^{\{ij\}}|$$

公式 9.4　　用代数余子式计算 $n \times n$ 阶矩阵的行列式

下面举一个例子，重写 3×3 矩阵的行列式：

$$\begin{vmatrix} m_{11} & m_{12} & m_{13} & m_{14} \\ m_{21} & m_{22} & m_{23} & m_{24} \\ m_{31} & m_{32} & m_{33} & m_{34} \\ m_{41} & m_{42} & m_{43} & m_{44} \end{vmatrix} = m_{11}\begin{vmatrix} m_{22} & m_{23} & m_{24} \\ m_{32} & m_{33} & m_{34} \\ m_{42} & m_{43} & m_{44} \end{vmatrix} - m_{12}\begin{vmatrix} m_{21} & m_{23} & m_{24} \\ m_{31} & m_{33} & m_{34} \\ m_{41} & m_{43} & m_{44} \end{vmatrix}$$

$$+ m_{13}\begin{vmatrix} m_{21} & m_{22} & m_{24} \\ m_{31} & m_{32} & m_{34} \\ m_{41} & m_{42} & m_{44} \end{vmatrix} - m_{14}\begin{vmatrix} m_{21} & m_{22} & m_{23} \\ m_{31} & m_{32} & m_{33} \\ m_{41} & m_{42} & m_{43} \end{vmatrix}$$

综上，可导出 4×4 矩阵的行列式：

$$\begin{aligned} & m_{11}(m_{22}(m_{33}m_{44} - m_{34}m_{43}) + m_{23}(m_{34}m_{42} - m_{32}m_{44}) + m_{24}(m_{32}m_{43} - m_{33}m_{42})) \\ & -m_{12}(m_{21}(m_{33}m_{44} - m_{34}m_{43}) + m_{23}(m_{34}m_{41} - m_{31}m_{44}) + m_{24}(m_{31}m_{43} - m_{33}m_{41})) \\ & +m_{13}(m_{21}(m_{32}m_{44} - m_{34}m_{42}) + m_{22}(m_{34}m_{41} - m_{31}m_{44}) + m_{24}(m_{31}m_{42} - m_{32}m_{41})) \\ & -m_{14}(m_{21}(m_{32}m_{43} - m_{33}m_{42}) + m_{22}(m_{33}m_{41} - m_{31}m_{43}) + m_{23}(m_{31}m_{42} - m_{32}m_{41})) \end{aligned}$$

展开得到公式 9.5。

$$\begin{aligned} & m_{11}(m_{22}(m_{33}m_{33} - m_{34}m_{43}) - m_{23}(m_{34}m_{42} + m_{32}m_{44}) + m_{24}(m_{32}m_{43} - m_{33}m_{42})) \\ & -m_{21}(m_{12}(m_{33}m_{44} - m_{34}m_{43}) - m_{23}(m_{34}m_{41} + m_{31}m_{44}) + m_{24}(m_{31}m_{43} - m_{33}m_{41})) \\ & +m_{31}(m_{21}(m_{32}m_{44} - m_{34}m_{42}) - m_{22}(m_{34}m_{41} + m_{31}m_{44}) + m_{42}(m_{13}m_{24} - m_{14}m_{23})) \\ & -m_{41}(m_{12}(m_{23}m_{34} - m_{24}m_{33}) - m_{22}(m_{13}m_{34} + m_{14}m_{33}) + m_{32}(m_{13}m_{24} - m_{14}m_{23})) \end{aligned}$$

公式 9.5　　4×4 矩阵的行列式

高阶行列式计算的复杂性是呈指数递增的。幸运的是，有一种称作“主元选择”的计算方法，它不影响行列式的值，但它能使特定行或列中除了一个元素(主元)外其他元素全为零。这样仅一个代数余子式需要计算。关于主元选择的全面讨论已经超出了本书的范围。

行列式的一些重要性质：

- 矩阵积的行列式等于矩阵行列式的积：$|\mathbf{AB}| = |\mathbf{A}||\mathbf{B}|$。

- 这可以扩展到多个矩阵的情况：
  $|\mathbf{M}_1\mathbf{M}_2\cdots\mathbf{M}_{n-1}\mathbf{M}_n|=|\mathbf{M}_1||\mathbf{M}_2|\cdots|\mathbf{M}_{n-1}||\mathbf{M}_n|$
- 矩阵转置的行列式等于原矩阵的行列式：$|\mathbf{M}^T|=|\mathbf{M}|$。
- 如果矩阵的任意行或列全为零，那么它的行列式等于零。
- 交换矩阵的任意两行或两列，行列式变负。
- 任意行或列的非零积加到另一行或列上不会改变行列式的值。

9.1.2 几何解释

矩阵的行列式有着非常有趣的几何解释。2D 中，行列式等于以基向量为两边的平行四边形的有符号面积(如图 9.1 所示)。在 7.2.2 节中，我们曾介绍过如何利用平行四边形形象化显示坐标空间的变换。有符号面积是指如果平行四边形相对于原来的方位“翻转”，那么面积变负。

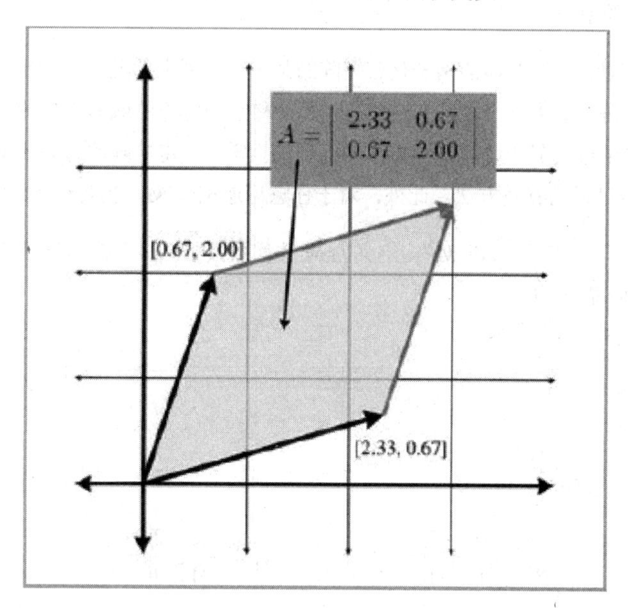

图 9.1　2D 中行列式等于以基向量为两边的平行四边形的有符号面积

3D 中，行列式等于以变换后的基向量为三边的平行六面体的有符号体积。3D 中，如果变换使得平行六面体“由里向外”翻转，则行列式变负。

行列式和矩阵变换导致的尺寸改变相关。其中行列式的绝对值和面积(2D)、体积(3D)的改变相关。行列式的符号说明了变换矩阵是否包含镜象或投影。

矩阵的行列式还能对矩阵所代表的变换进行分类。如果矩阵行列式为零，那么该矩阵包含投影。如果矩阵行列式为负，那么该矩阵包含镜象。在 8.8 节中介绍了多种不同类型的变换。

9.2　矩阵的逆

另外一种重要的矩阵运算是矩阵的求逆，这个运算只能用于方阵。

9.2.1　运算法则

方阵 **M** 的逆，记作 $\mathbf{M}^{-1}$，也是一个矩阵，当 **M** 与 $\mathbf{M}^{-1}$ 相乘时，结果是单位矩阵。用公式表示为公式 9.6 的形式。

$$\mathbf{M}(\mathbf{M}^{-1}) = \mathbf{M}^{-1}\mathbf{M} = \mathbf{I}$$

公式 9.6　　矩阵的逆

并非所有矩阵都有逆。一个明显的例子是若矩阵的某一行或列上的元素都为零，用任何矩阵乘以该矩阵，结果都是一个零矩阵。如果一个矩阵有逆矩阵，那么称它为可逆的或非奇异的。如果一个矩阵没有逆矩阵，则称它为不可逆的或奇异矩阵。奇异矩阵的行列式为零，非奇矩阵的行列式不为零，所以检测行列式的值是判断矩阵是否可逆的有效方法。此外，对于任意可逆矩阵 **M**，当且仅当 **v=0** 时，**vM=0**。

M 的“标准伴随矩阵”记作“adj **M**”，定义为 M 的代数余子式矩阵的转置矩阵。下面是一个例子，考虑前面给出的 3×3 阶矩阵 M：

$$\mathbf{M} = \begin{bmatrix} -4 & -3 & 3 \\ 0 & 2 & -2 \\ 1 & 4 & -1 \end{bmatrix}$$

计算 **M** 的代数余子式矩阵：

$$c_{11} = +\begin{vmatrix} 2 & -2 \\ 4 & -1 \end{vmatrix} = 6 \qquad c_{12} = -\begin{vmatrix} 0 & -2 \\ 1 & -1 \end{vmatrix} = -2 \qquad c_{13} = +\begin{vmatrix} 0 & 2 \\ 1 & 4 \end{vmatrix} = -2$$

$$c_{21} = -\begin{vmatrix} -3 & 3 \\ 4 & -1 \end{vmatrix} = 9 \qquad c_{22} = +\begin{vmatrix} -4 & 3 \\ 1 & -1 \end{vmatrix} = 1 \qquad c_{23} = -\begin{vmatrix} -4 & -3 \\ 1 & 4 \end{vmatrix} = 13$$

$$c_{31} = +\begin{vmatrix} -3 & 3 \\ 2 & -2 \end{vmatrix} = 0 \qquad c_{23} = -\begin{vmatrix} -4 & 3 \\ 0 & -2 \end{vmatrix} = -8 \qquad c_{33} = +\begin{vmatrix} -4 & -3 \\ 0 & 2 \end{vmatrix} = -8$$

M 的标准伴随矩阵是代数余子式矩阵的转置：

$$adj\mathbf{M}=\begin{bmatrix}c_{11} & c_{12} & c_{13}\\ c_{21} & c_{22} & c_{23}\\ c_{31} & c_{32} & c_{33}\end{bmatrix}^T=\begin{bmatrix}6 & -2 & -2\\ 9 & 1 & 13\\ 0 & -8 & -8\end{bmatrix}^T=\begin{bmatrix}6 & 9 & 0\\ -2 & 1 & -8\\ -2 & 13 & -8\end{bmatrix}$$

一旦有了标准伴随矩阵，通过除以 M 的行列式，就能计算矩阵的逆。

其表示如公式 9.7 所示。

$$\mathbf{M}^{-1}=\frac{adj\mathbf{M}}{|\mathbf{M}|}。$$

公式 9.7　矩阵的逆能够用标准伴随矩阵除以行列式来求得

例如，为了求得上面矩阵的逆，有：

$$\begin{aligned}\mathbf{M}^{-1}&=\frac{adj\mathbf{M}}{|\mathbf{M}|}\\ &=\frac{\begin{bmatrix}6 & 9 & 0\\ -2 & 1 & -8\\ -2 & 13 & -8\end{bmatrix}}{-24}\\ &=\begin{bmatrix}-1/4 & -3/8 & 0\\ 1/12 & -1/24 & 1/3\\ 1/12 & -13/24 & 1/3\end{bmatrix}\end{aligned}$$

当然还有其他方法可以用来计算矩阵的逆，比如高斯消元法。很多线性代数书都断定该方法更适合在计算机上实现，因为它所使用的代数运算较少，这种说法其实是不正确的。对于大矩阵或某些特殊矩阵来说，这也许是对的。然而，对于低阶矩阵，比如几何应用中常见的那些低阶矩阵，标准伴随矩阵可能更快一些。因为可以为标准伴随矩阵提供无分支(branchless)实现，这种实现方法在当今的超标量体系结构和专用向量处理器上会更快一些。

矩阵的逆的重要性质：

- 如果 M 是非奇异矩阵，则该矩阵的逆的逆等于原矩阵：$(\mathbf{M}^{-1})^{-1}=\mathbf{M}$。
- 单位矩阵的逆是它本身：$\mathbf{I}^{-1}=\mathbf{I}$。
- 矩阵转置的逆等于它的逆的转置：$(\mathbf{M}^T)^{-1}=(\mathbf{M}^{-1})^T$。
- 矩阵乘积的逆等于矩阵的逆的相反顺序的乘积：$(\mathbf{AB})^{-1}=\mathbf{B}^{-1}\mathbf{A}^{-1}$。这可扩展到多个矩阵的情况：$(\mathbf{M}_1\mathbf{M}_2\cdots\mathbf{M}_{n-1}\mathbf{M}_n)^{-1}=\mathbf{M}_n{}^{-1}\mathbf{M}_{n-1}{}^{-1}\cdots\mathbf{M}_2{}^{-1}\mathbf{M}_1{}^{-1}$

9.2.2 几何解释

矩阵的逆在几何上非常有用，因为它使得我们可以计算变换的“反向”或“相反”变换——能“撤消”

原变换的变换。所以，如果向量 **v** 用矩阵 **M** 来进行变换，接着用 **M** 的逆 $\mathbf{M}^{-1}$ 进行变换，将会得到原向量。这很容易通过代数方法验证：

$$
\begin{aligned}
(\mathbf{vM})\mathbf{M}^{-1} &= \mathbf{v}(\mathbf{MM}^{-1}) \\
&= \mathbf{vI} \\
&= \mathbf{v}
\end{aligned}
$$

9.3 正交矩阵

本节将引入一种特殊的方阵：正交矩阵。

9.3.1 运算法则

若方阵 **M** 是正交的，则当且仅当 **M** 与它转置 $\mathbf{M}^T$ 的乘积等于单位矩阵，见公式 9.8。

$$\mathbf{M}\text{ 正交} \Leftrightarrow \mathbf{MM}^T = \mathbf{I}$$

公式 9.8 检测矩阵的正交性

回忆 9.2 节中的定义，矩阵乘以它的逆等于单位矩阵：$\mathbf{MM}^{-1} = \mathbf{I}$ 。

所以，如果一个矩阵是正交的，那么它的转置等于它的逆即：

$$\mathbf{M}\text{ 正交} \Leftrightarrow \mathbf{M}^T = \mathbf{M}^{-1}$$

这是一条非常有用的性质，因为在实际应用中经常需要计算矩阵的逆，而 3D 图形计算中正交矩阵出现得又是如此频繁。例如，8.8.5 节中提到旋转和镜象矩阵是正交的。如果知道矩阵是正交的，就可以完全避免计算逆矩阵了，这也将大大减少计算量。

9.3.2 几何解释

正交矩阵对我们非常有用，因为很容易计算它的逆矩阵。但怎样知道一个矩阵是否正交，以利用它的性质呢？

很多情况下，我们可以提前知道矩阵是如何建立的，甚至了解矩阵是仅包含旋转、镜象呢，还是二者皆有(记住：旋转和镜象矩阵是正交的)。这种情况非常普遍，在 11.4 节的 C++类 RotationMatrix 中可以看到。

如果无法提前清楚矩阵的某些情况呢？换句话说，对于任意矩阵 **M**，怎样检测它是否正交？为了做到这一点，让我们从正交矩阵的定义开始，以 3×3 阶矩阵为例。设 **M** 是 3×3 矩阵，根据定义，当且仅

当 $\mathbf{M}\mathbf{M}^T=\mathbf{I}$ 时 $\mathbf{M}$ 是正交的。它的确切含义如下：

$$\mathbf{M}\mathbf{M}^T=\mathbf{I}$$

$$\begin{bmatrix} m_{11} & m_{12} & m_{13} \\ m_{21} & m_{22} & m_{23} \\ m_{31} & m_{32} & m_{33} \end{bmatrix}\begin{bmatrix} m_{11} & m_{21} & m_{31} \\ m_{12} & m_{22} & m_{32} \\ m_{13} & m_{23} & m_{33} \end{bmatrix}=\begin{bmatrix} 1 & 0 & 0 \\ 0 & 1 & 0 \\ 0 & 0 & 1 \end{bmatrix}$$

这给出了 9 个等式，如果 $\mathbf{M}$ 是正交的，它们必须全部成立：

$$m_{11}m_{11}+m_{12}m_{12}+m_{13}m_{13}=1$$
$$m_{11}m_{21}+m_{12}m_{22}+m_{13}m_{23}=0$$
$$m_{11}m_{31}+m_{12}m_{32}+m_{13}m_{33}=0$$
$$m_{21}m_{11}+m_{22}m_{12}+m_{23}m_{13}=0$$
$$m_{21}m_{21}+m_{22}m_{22}+m_{23}m_{23}=1$$
$$m_{21}m_{31}+m_{22}m_{32}+m_{23}m_{33}=0$$
$$m_{31}m_{11}+m_{32}m_{12}+m_{33}m_{13}=0$$
$$m_{31}m_{21}+m_{32}m_{22}+m_{33}m_{23}=0$$
$$m_{31}m_{31}+m_{32}m_{32}+m_{33}m_{33}=1$$

设 $\mathbf{r}_1$， $\mathbf{r}_2$， $\mathbf{r}_3$ 为 $\mathbf{M}$ 的行：

$$\mathbf{r}_1=\begin{bmatrix} m_{11} & m_{12} & m_{13} \end{bmatrix}$$
$$\mathbf{r}_2=\begin{bmatrix} m_{21} & m_{22} & m_{23} \end{bmatrix}$$
$$\mathbf{r}_3=\begin{bmatrix} m_{31} & m_{32} & m_{33} \end{bmatrix}$$
$$\mathbf{M}=\begin{bmatrix} \mathbf{r}_1 \\ \mathbf{r}_2 \\ \mathbf{r}_3 \end{bmatrix}$$

将这 9 个等式写得更加紧凑，有：

$$\mathbf{r}_1\cdot\mathbf{r}_1=1 \qquad \mathbf{r}_1\cdot\mathbf{r}_2=0 \qquad \mathbf{r}_1\cdot\mathbf{r}_3=0$$
$$\mathbf{r}_2\cdot\mathbf{r}_1=0 \qquad \mathbf{r}_2\cdot\mathbf{r}_2=1 \qquad \mathbf{r}_2\cdot\mathbf{r}_3=0$$
$$\mathbf{r}_3\cdot\mathbf{r}_1=0 \qquad \mathbf{r}_3\cdot\mathbf{r}_2=0 \qquad \mathbf{r}_3\cdot\mathbf{r}_3=1$$

现在做一些解释：

第一，当且仅当一个向量是单位向量时，它与它自身的点积结果是 1。因此，仅当 $\mathbf{r}_1$， $\mathbf{r}_2$， $\mathbf{r}_3$ 是单位向量时，第 1、4、9 式才能成立。

第二，回忆 5.10.2 节，当且仅当两个向量互相垂直时，它们的点积为零。因此，仅当 $\mathbf{r}_1$， $\mathbf{r}_2$， $\mathbf{r}_3$ 互相垂直时其他等式才成立。

所以，若一个矩阵是正交的，它必须满足下列条件：

矩阵的每一行都是单位向量。

矩阵的所有行互相垂直。

对矩阵的列也能得到类似的条件。这使得以下结论非常清楚：如果 $\mathbf{M}$ 是正交的，则 $\mathbf{M}^T$ 也是正交的。

计算逆矩阵时，仅在预先知道矩阵是正交的情况下才能利用正交性的优点。如果预先不知道，那么检查正交性经常是浪费时间。即使在最好的情况下，先检查正交性以确定矩阵是否正交再进行转置，和一开始就进行求逆运算也将耗费同样多的时间。而如果矩阵不是正交的，那么这种检查完全是浪费时间。

注意，有一个术语上的差别可能会导致轻微的混淆。线性代数中，如果一组向量互相垂直，这组向量就被认为是正交基(*orthogonal basis*)。它只要求所有向量互相垂直，并不要求所有向量都是单位向量。如果它们都是单位向量，则称它们为标准正交基(*orthonormal basis*)。本书所讲的正交矩阵的行或列向量都是指标准正交基向量(*orthonormal basis* vectors)。所以，本书中由一组正交基向量构造的矩阵并不一定是正交矩阵(除非基向量是标准正交的)。

9.3.3 矩阵正交化

有时可能会遇到略微违反了正交性的矩阵。例如，可能从外部得到了坏数据，或者是浮点数运算的累积错误(称作“矩阵爬行”)。这些情况下，需要做矩阵正交化，得到一个正交矩阵，这个矩阵要尽可能地和原矩阵相同(至少希望是这样)。

构造一组正交基向量(矩阵的行)的标准算法是施密特正交化。它的基本思想是，对每一行，从中减去它平行于已处理过的行的部分，最后得到垂直向量。

以 3×3 矩阵为例，和以前一样，用 $\mathbf{r}_1$，$\mathbf{r}_2$，$\mathbf{r}_3$ 代表 3×3 阶矩阵 $\mathbf{M}$ 的行。正交向量组 $\mathbf{r}_1'$，$\mathbf{r}_2'$，$\mathbf{r}_3'$ 的计算如公式 9.9 所示。

$$\begin{aligned}
&\mathbf{r}_1' \Leftarrow \mathbf{r}_1 \\
&\mathbf{r}_2' \Leftarrow \mathbf{r}_2 - \frac{\mathbf{r}_2 \cdot \mathbf{r}_1'}{\mathbf{r}_1' \cdot \mathbf{r}_1'}\mathbf{r}_1' \\
&\mathbf{r}_3' \Leftarrow \mathbf{r}_3 - \frac{\mathbf{r}_3 \cdot \mathbf{r}_1'}{\mathbf{r}_1' \cdot \mathbf{r}_1'}\mathbf{r}_1' - \frac{\mathbf{r}_3 \cdot \mathbf{r}_2'}{\mathbf{r}_2' \cdot \mathbf{r}_2'}\mathbf{r}_2'
\end{aligned}$$

公式 9.9 3D 基向量的施密特正交化

现在 $\mathbf{r}_1'$，$\mathbf{r}_2'$，$\mathbf{r}_3'$ 互相垂直了，它们是一组正交基。当然，它们不一定是单位向量。构造正交矩阵需要使用标准正交基，所以必须标准化这些向量(再次提醒，所用的英文术语可能导致混淆，请参考 9.3.2 节最后的提示)。注意，如果一开始就进行标准化，而不是在第 2 步中做，就能避免所有除法了。

施密特正交化是有偏差的，这取决于基向量列出的顺序。一个明显的例子是，r_1 总不用改变。该算法的一个改进是不在一次正交化过程中将整个矩阵完全正交化。而是选择一个小的因子 k，每次只减去投影的 k 倍，而不是一次将投影全部减去。改进还体现在，在最初的轴上也减去投影。这种方法避免了因为运算顺序不同带来的误差。算法总结如下：

$$\mathbf{r}_1' \Leftarrow \mathbf{r}_1 - k\frac{\mathbf{r}_1 \cdot \mathbf{r}_2}{\mathbf{r}_2 \cdot \mathbf{r}_2}\mathbf{r}_2 - k\frac{\mathbf{r}_1 \cdot \mathbf{r}_3}{\mathbf{r}_3 \cdot \mathbf{r}_3}\mathbf{r}_3$$

$$\mathbf{r}_2' \Leftarrow \mathbf{r}_2 - k\frac{\mathbf{r}_2 \cdot \mathbf{r}_1}{\mathbf{r}_1 \cdot \mathbf{r}_1}\mathbf{r}_1 - k\frac{\mathbf{r}_2 \cdot \mathbf{r}_3}{\mathbf{r}_3 \cdot \mathbf{r}_3}\mathbf{r}_3$$

$$\mathbf{r}_3' \Leftarrow \mathbf{r}_3 - k\frac{\mathbf{r}_3 \cdot \mathbf{r}_1}{\mathbf{r}_1 \cdot \mathbf{r}_1}\mathbf{r}_1 - k\frac{\mathbf{r}_3 \cdot \mathbf{r}_2}{\mathbf{r}_2 \cdot \mathbf{r}_2}\mathbf{r}_2$$

该算法的每次迭代都会使这些基向量比原来的基向量集更为正交化，但可能不是完全正交的，多次重复这个过程，最终将得到一组正交基。要得到完美的结果，就得选择一个适当的因子 k 并迭代足够多次(如，10 次)。接着，进行标准化，最后就会得到一组标准正交基。

9.4　4×4 齐次矩阵

到目前为止，我们只用到了 2D、3D 向量。本节将引入 4D 向量和所谓的“齐次”坐标。4D 向量或矩阵没有什么神秘的(注意，这里第 4 维坐标不是“时间(time)”)。后面将会看到，4D 向量和 4×4 矩阵不过是对 3D 运算的一种方便的记法而已。

9.4.1　4D 齐次空间

4.1.3 节曾提到，4D 向量有 4 个分量，前 3 个是标准的 x，y 和 z 分量，第四个是 w，有时称作**齐次坐标**。

为了理解标准 3D 坐标是怎样扩展到 4D 坐标的，让我们先看一下 2D 中的齐次坐标，它的形式为(x，y，w)。想象在 3D 中 w=1 处的标准 2D 平面，实际的 2D 点(x，y)用齐次坐标表示为(x，y，1)，对于那些不在 w=1 平面上的点，则将它们投影到 w=1 平面上。所以齐次坐标(x，y，w)映射的实际 2D 点为(x/w，y/w)。如图 9.2 所示。

因此，给定一个 2D 点(x，y)，齐次空间中有无数多个点与之对应。所有点的形式都为(kx，ky，k)，$k \neq 0$。这些点构成一条穿过齐次原点的直线。

当 w=0 时，除法未定义，因此不存在实际的 2D 点。然而，可以将 2D 齐次点(x，y，0)解释为“位于无穷远的点”，它描述了一个方向而不是一个位置。在下节中会有关于该点的更多讨论。

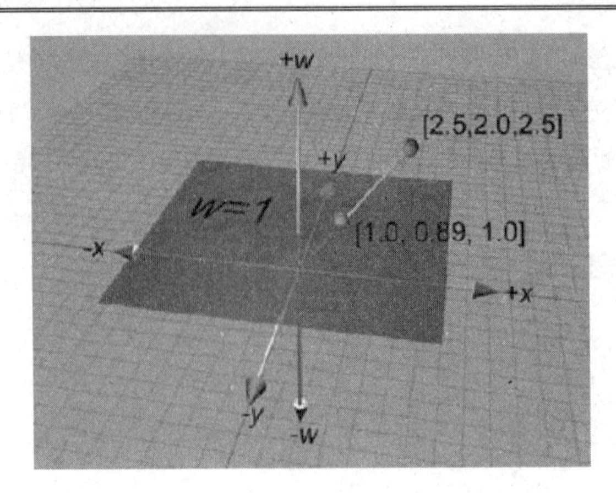

图 9.2 齐次坐标投影到 2D 中 w =1 的平面上

4D 坐标的基本思想相同。实际的 3D 点能被认为是在 4D 中 w=1“平面”上。4D 点的形式为(x，y，z，w)，将 4D 点投影到这个“平面”上得到相应的实际 3D 点(x/w，y/w，z/w)。w=0 时 4D 点表示“无限远点”，它描述了一个方向而不是一个位置。

齐次坐标和通过除以 w 来投影是很有趣的，那我们为什么要使用 4D 坐标呢？有两个基本原因使得我们要使用 4D 向量和 4×4 矩阵。第一个原因实际上就是因为它是一种方便的记法，这也是下一节将要讨论的。

9.4.2 4×4 平移矩阵

回忆 8.8.1 节，3×3 变换矩阵表示的是线性变换，不包含平移。因为矩阵乘法的性质，零向量总是变换成零向量，因此，任何能用矩阵乘法表达的变换都不包含平移。这很不幸，因为矩阵乘法和它的逆是一种非常方便的工具，不仅可以用来将复杂的变换组合成简单的单一变换，还可以操纵嵌入式坐标系间的关系。如果能找到一种方法将 3×3 变换矩阵进行扩展，使它能处理平移，这将是一件多么美妙的事情啊。4×4 矩阵恰好提供了一种数学上的“技巧”，使我们能够做到这一点。

暂时假设 w 总是等于 1。那么，标准 3D 向量[x，y，z]对应的 4D 向量为[x，y，z，1]。任意 3×3 变换矩阵在 4D 中表示为：

$$\begin{bmatrix} m_{11} & m_{12} & m_{13} \\ m_{21} & m_{22} & m_{23} \\ m_{31} & m_{32} & m_{33} \end{bmatrix} \Rightarrow \begin{bmatrix} m_{11} & m_{12} & m_{13} & 0 \\ m_{21} & m_{22} & m_{23} & 0 \\ m_{31} & m_{32} & m_{33} & 0 \\ 0 & 0 & 0 & 1 \end{bmatrix}$$

任意一个形如[x，y，z，1]的向量乘以上面形式的矩阵，其结果和标准的 3×3 情况相同，只是结果是用 w=1 的 4D 向量表示的：

$$\begin{bmatrix} x & y & z \end{bmatrix} \begin{bmatrix} m_{11} & m_{12} & m_{13} \\ m_{21} & m_{22} & m_{23} \\ m_{31} & m_{32} & m_{33} \end{bmatrix}$$

$$= \begin{bmatrix} xm_{11} + ym_{21} + zm_{31} & xm_{12} + ym_{22} + zm_{32} & xm_{13} + ym_{23} + zm_{33} \end{bmatrix}$$

$$\begin{bmatrix} x & y & z & 1 \end{bmatrix} \begin{bmatrix} m_{11} & m_{12} & m_{13} & 0 \\ m_{21} & m_{22} & m_{23} & 0 \\ m_{31} & m_{32} & m_{33} & 0 \\ 0 & 0 & 0 & 1 \end{bmatrix}$$

$$= \begin{bmatrix} xm_{11} + ym_{21} + zm_{31} & xm_{12} + ym_{22} + zm_{32} & xm_{13} + ym_{23} + zm_{33} & 1 \end{bmatrix}$$

现在，到了最有趣的部分。在 4D 中，仍然可以用矩阵乘法来表达平移，如公式 9.10 所示，而在 3D 中是不可能的：

$$\begin{bmatrix} x & y & z & 1 \end{bmatrix} \begin{bmatrix} 1 & 0 & 0 & 0 \\ 0 & 1 & 0 & 0 \\ 0 & 0 & 1 & 0 \\ \Delta x & \Delta y & \Delta z & 1 \end{bmatrix} = \begin{bmatrix} x+\Delta x & y+\Delta y & z+\Delta z & 1 \end{bmatrix}$$

公式 9.10　用 4×4 矩阵实现 3D 平移

记住，即使是在 4D 中，矩阵乘法仍然是线性变换。矩阵乘法不能表达 4D 中的“平移”，4D 零向量也将总是被变换成零向量。这个技巧之所以能在 3D 中平移点是因为我们实际上是在切变 4D 空间(比较 8.6 节中的切变矩阵和公式 9.10)。与实际 3D 空间相对应的 4D 中的“平面”并没有穿过 4D 中的原点。因此，我们能通过切变 4D 空间来实现 3D 中的平移。

设想没有平移的变换后接一个有平移的变换会发生什么情况呢？设 **R** 为旋转矩阵(实际上，**R** 还能包含其他的 3D 线性变换，但现在假设 **R** 只包含旋转)，**T** 为形如公式 9.10 的变换矩阵：

$$\mathbf{R} = \begin{bmatrix} r_{11} & r_{12} & r_{13} & 0 \\ r_{21} & r_{22} & r_{23} & 0 \\ r_{31} & r_{32} & r_{33} & 0 \\ 0 & 0 & 0 & 1 \end{bmatrix}, \quad \mathbf{T} = \begin{bmatrix} 1 & 0 & 0 & 0 \\ 0 & 1 & 0 & 0 \\ 0 & 0 & 1 & 0 \\ \Delta x & \Delta y & \Delta z & 1 \end{bmatrix}$$

将向量 $\mathbf{v}$ 先旋转再平移，新的向量 $\mathbf{v}'$ 计算如下：

$$\mathbf{v}' = \mathbf{vRT}$$

注意，变换的顺序是非常重要的。因为我们使用的是行向量，变换的顺序必须和矩阵乘法的顺序相吻合(从左往右)，先旋转再平移。

和 3×3 矩阵一样，能将两个矩阵连接成单个矩阵，记作矩阵 **M**，如下：

$$\begin{aligned}\mathbf{M} &= \mathbf{RT}\\ \mathbf{v}' &= \mathbf{vRT}\\ &= \mathbf{v}(\mathbf{RT})\\ &= \mathbf{vM}\end{aligned}$$

观察 **M** 的内容：

$$\mathbf{M} = \mathbf{RT} = \begin{bmatrix} r_{11} & r_{12} & r_{13} & 0 \\ r_{21} & r_{22} & r_{23} & 0 \\ r_{31} & r_{32} & r_{33} & 0 \\ 0 & 0 & 0 & 1 \end{bmatrix}\begin{bmatrix} 1 & 0 & 0 & 0 \\ 0 & 1 & 0 & 0 \\ 0 & 0 & 1 & 0 \\ \Delta x & \Delta y & \Delta z & 1 \end{bmatrix} = \begin{bmatrix} r_{11} & r_{12} & r_{13} & 0 \\ r_{21} & r_{22} & r_{23} & 0 \\ r_{31} & r_{32} & r_{33} & 0 \\ \Delta x & \Delta y & \Delta z & 1 \end{bmatrix}$$

注意到，**M** 的上边 3×3 部分是旋转部分，最下一行是平移部分。最右一列为 $\left[0,0,0,1\right]^T$ 。逆向利用这些信息，能将任意 4×4 矩阵分解为线性变换部分和平移部分。将平移向量 $\left[\Delta x,\Delta y,\Delta z\right]$ 记作 **t**，则 **M** 可简写为：

$$\mathbf{M} = \begin{bmatrix} \mathbf{R} & \mathbf{0} \\ \mathbf{t} & 1 \end{bmatrix}$$

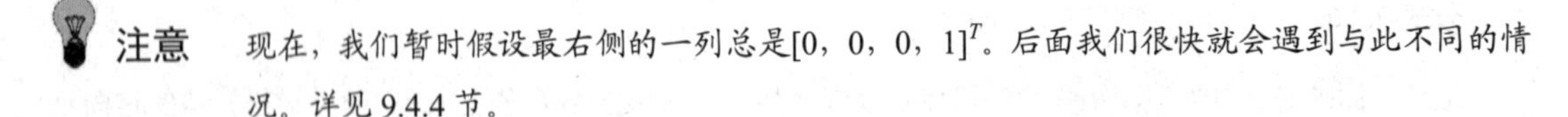

注意　现在，我们暂时假设最右侧的一列总是[0，0，0，1]^T。后面我们很快就会遇到与此不同的情况。详见 9.4.4 节。

接下来看 w=0 所表示的“无穷远点”。它乘以一个由“标准” 3×3 变换矩阵扩展成的 4×4 矩阵(不包含平移)，得到：

$$\begin{bmatrix} x & y & z & 0 \end{bmatrix}\begin{bmatrix} r_{11} & r_{12} & r_{13} & 0 \\ r_{21} & r_{22} & r_{23} & 0 \\ r_{31} & r_{32} & r_{33} & 0 \\ 0 & 0 & 0 & 1 \end{bmatrix}$$

$$= \begin{bmatrix} xr_{11}+yr_{21}+zr_{31} & xr_{12}+yr_{22}+zr_{32} & xr_{13}+yr_{23}+zr_{33} & 0 \end{bmatrix}$$

换句话说，当一个形如[x，y，z，0]的无穷远点乘以一个包含旋转、缩放等的变换矩阵，将会发生预期的变换。结果仍是一个无穷远点，形式为 $[x',y',z',0]$ 。

一个无穷远点经过包含平移的变换可得到：

$$\begin{bmatrix} x & y & z & 0 \end{bmatrix} \begin{bmatrix} r_{11} & r_{12} & r_{13} & 0 \\ r_{21} & r_{22} & r_{23} & 0 \\ r_{31} & r_{32} & r_{33} & 0 \\ \Delta x & \Delta y & \Delta z & 1 \end{bmatrix}$$

$$= \begin{bmatrix} xr_{11} + yr_{21} + zr_{31} & xr_{12} + yr_{22} + zr_{32} & xr_{13} + yr_{23} + zr_{33} & 0 \end{bmatrix}$$

注意到结果是一样的(和没有平移的情况相比)。换句话说，4D 向量中的 w 分量能够“开关”4×4 矩阵的平移部分。这个现象是非常有用的，因为有些向量代表“位置”，应当平移，而有些向量代表“方向”，如表面的法向量，不应该平移。从几何意义上说，能将第一类数据当作“点”，第二类数据当作“向量”。

使用 4×4 矩阵的一个原因就是 4×4 变换矩阵能包含平移。当我们仅为这个目的使用 4×4 矩阵时，矩阵的最右一列总是 $[0,0,0,1]^T$。既然是这样，为什么不去掉最右一列而改用 4×3 矩阵呢？根据线性代数法则，由于多种原因，4×3 矩阵不符合我们的需求，如下：

- 不能用一个 4×3 矩阵乘以另一个 4×3 矩阵。
- 4×3 矩阵没有逆矩阵，因为它不是一个方阵。
- 一个 4D 向量乘以 4×3 矩阵时，结果是一个 3D 向量。

为了严格遵守线性代数法则，我们加上了第 4 列。当然，在代码中，可以不受线性代数法则的约束。11.5 节中，我们就会用一个 4×3 矩阵类来表达有平移的变换。这个矩阵类不存储第 4 列。

9.4.3　一般仿射变换

第 8 章中，用 3×3 矩阵表达了很多基本变换。因为 3×3 矩阵仅能表达 3D 中的线性变换，所以当时没有考虑平移。经过 4×4 矩阵的武装后，现在我们可以构造包含平移在内的一般仿射变换矩阵了。例如：

- 绕不通过原点的轴旋转。
- 沿不穿过原点的平面缩放。
- 沿不穿过原点的平面镜象。
- 向不穿过原点的平面正交投影。

它们的基本思想是将变换的“中心点”平移到原点，用第 8 章的技术进行线性变换，然后再将“中心点”平移回原来的位置。开始使用平移矩阵 **T** 将点 **P** 移到原点，接着用线性变换矩阵 **R** 进行线性变换，最终的仿射变换矩阵 **M** 等于矩阵的积，即：$\mathbf{TRT}^{-1}$。$\mathbf{T}^{-1}$ 是平移矩阵，执行和 **T** 相反的变换。

观察这种矩阵的一般形式，它非常有趣。让我们先用“分块”形式写出前面用到的 **T**，**R**，$\mathbf{T}^{-1}$：

$$\mathbf{T}=\begin{bmatrix}1 & 0 & 0 & 0\\ 0 & 1 & 0 & 0\\ 0 & 0 & 1 & 0\\ -\mathbf{p}_x & -\mathbf{p}_x & -\mathbf{p}_x & 1\end{bmatrix}$$

$$=\begin{bmatrix}\mathbf{I} & 0\\ -\mathbf{p} & 1\end{bmatrix}$$

$$\mathbf{R}_{4\times 4}=\begin{bmatrix}r_{11} & r_{12} & r_{13} & 0\\ r_{21} & r_{22} & r_{23} & 0\\ r_{31} & r_{32} & r_{33} & 0\\ 0 & 0 & 0 & 1\end{bmatrix}$$

$$=\begin{bmatrix}\mathbf{R}_{3\times 3} & 0\\ \mathbf{0} & 1\end{bmatrix}$$

$$\mathbf{T}^{-1}=\begin{bmatrix}1 & 0 & 0 & 0\\ 0 & 1 & 0 & 0\\ 0 & 0 & 1 & 0\\ \mathbf{p}_x & \mathbf{p}_x & \mathbf{p}_x & 1\end{bmatrix}$$

$$=\begin{bmatrix}\mathbf{I} & 0\\ \mathbf{p} & 1\end{bmatrix}$$

现在进行矩阵乘法有：

$$\mathbf{T}\mathbf{R}_{4\times 4}\mathbf{T}^{-1}=\begin{bmatrix}\mathbf{I} & 0\\ -\mathbf{p} & 1\end{bmatrix}\begin{bmatrix}\mathbf{R}_{3\times 3} & 0\\ \mathbf{0} & 1\end{bmatrix}\begin{bmatrix}\mathbf{I} & 0\\ \mathbf{p} & 1\end{bmatrix}=\begin{bmatrix}\mathbf{R}_{3\times 3} & 0\\ -\mathbf{p}\mathbf{R}_{3\times 3}+\mathbf{p} & 1\end{bmatrix}$$

可以看出，仿射变换中增加的平移部分仅仅改变了 4×4 矩阵的最后一行，并没有影响到上面所包含的线性变换的 3×3 部分。

9.4.4 透视投影

上一节中对“齐次”坐标的使用不过是一种数学上的技巧，目的是使我们能在变换中包含平移。我们在“齐次”两边使用了引号，因为 w 总是为 1(或 0，当点在无穷远处时)。本节将去掉引号，讨论使用其他 w 值的有意义的 4D 坐标。

在 9.4.1 节中，将 4D 齐次向量变换到 3D 中时，要先把 4D 向量除以 w。这给出了一种前一节没有加以利用的数学方法，因为在上一节中，w 要么等于 1，要么等于 0。这个除法使我们可以非常简洁地包含一些重要的几何运算。更加明确一些，我们能进行透视投影。

学习透视投影最好的方法是将它和我们已经学过一种投影——平行投影相比较。8.4 节中学习了怎样将 3D 空间投影到 2D 平面上，该平面称作**投影平面**，使用的是正交投影。正交投影也被称作**平行投影**，因为投影线都是平行的(投影线是指从原空间中的点到投影点的连线)。正交投影中的平行线如图 9.3 所示。

3D 中的透视投影仍然是投影到 2D 平面上。但是，投影线不再平行。实际上，它们相交于一点，该点称作**投影中心**。如图 9.4 所示。

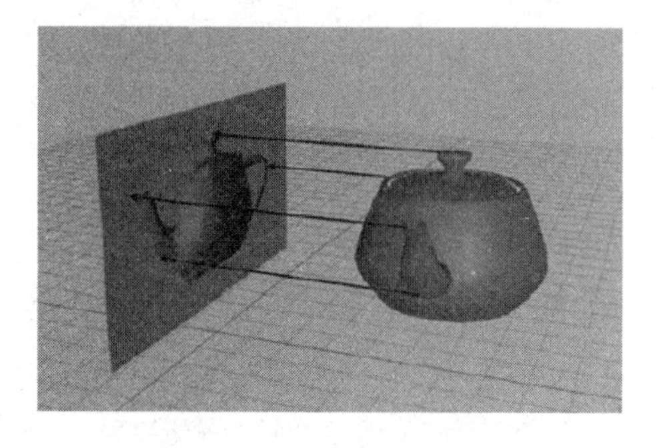

图 9.3　正交投影

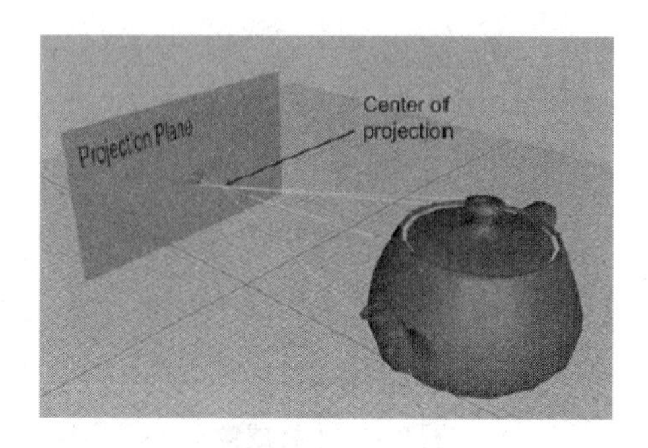

图 9.4　透视投影和投影线相交于投影中心

因为投影中心在投影平面前面，投影线到达平面之前已经相交，所以投影平面上的图像是翻转的。当物体远离投影中心时，正交投影仍保持不变，但透视投影变小了。如图 9.5 所示。

图 9.5 中，右边的茶壶离投影平面更远，所以它的投影比离投影平面较近的那个茶壶小。这是一种非常重要的视觉现象，称作：透视缩略。

图 9.5　近大远小

9.4.5　小孔成像

透视投影在图形学中非常重要，因为它是人类视觉系统的模型。实际上，人类视觉系统远比这复杂，因为我们有两只眼睛，而且对于每只眼睛，投影表面(视网膜)不是一个平面。所以，让我们来看一个简单些的例子——小孔成像。小孔成像系统就是一个盒子，一侧上有小孔，光线穿过小孔照射到另一侧的背面，那里就是投影平面。如图 9.6 所示。

图 9.6 中，盒子的左面和右面是透明的，以使您能看见盒子内部。注意，盒子内部的投影是倒着的，这是因为光线(投影线)已经在小孔处(投影中心)相交了。

让我们探索小孔成像背后的几何原理。设想一个 3D 坐标系，它的原点在投影中心，z 轴垂直于投影平面，x 和 y 轴平行于投影平面。如图 9.7 所示。

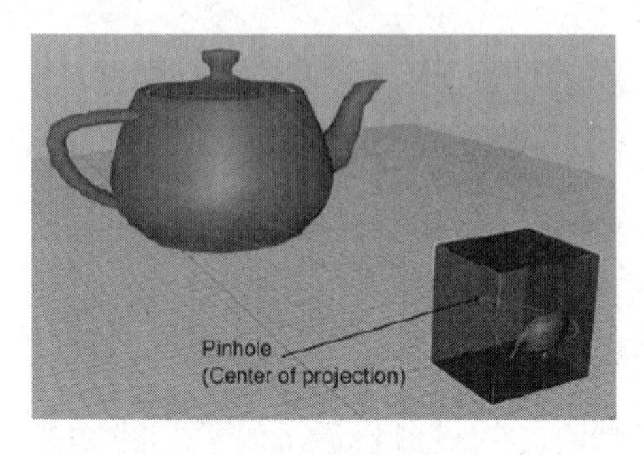

图 9.6　小孔成像

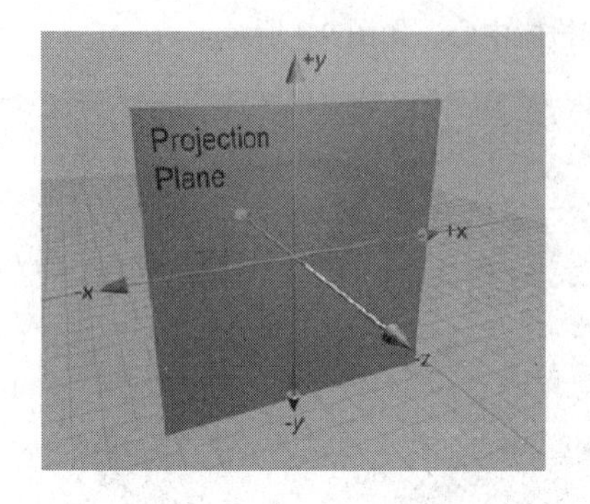

图 9.7　和 xy 平面平行的投影平面

让我们看看能否计算出任意点 p 通过小孔投影到投影平面上的坐标 p'。首先，需要知道小孔到投影平面的距离，设为 d。因此，投影平面为 $z=-d$。现在，从另一个角度来看问题，求出新的 y。如图 9.8 所示。

由相似三角形得到：

$$\frac{-\mathbf{p}_y'}{d}=\frac{\mathbf{p}_y}{z}\Rightarrow\mathbf{p}_y'=\frac{-d\mathbf{p}_y}{z}$$

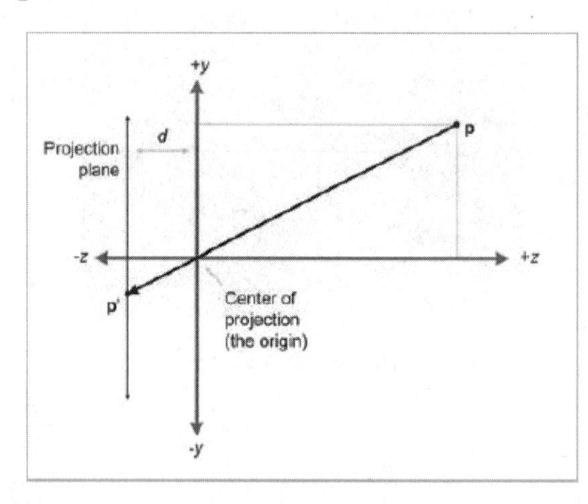

图 9.8　从侧面看投影平面

注意小孔成像颠倒了图像，$\mathbf{p}_y$ 和 $\mathbf{p}_y'$ 的符号相反。$\mathbf{p}_x'$ 的值可通过类似的方法求得：

$$\mathbf{p}_x'=\frac{-d\ \mathbf{p}_x}{z}$$

所有投影点的 z 值都是相同的：$-d$。因此，点 $\mathbf{p}$ 通过原点向平面 $z=-d$ 投影的结果如公式 9.11 所示。

$$\mathbf{p}=\begin{bmatrix}x\\y\\z\end{bmatrix}\Rightarrow\mathbf{p}'=\begin{bmatrix}x'\\y'\\z'\end{bmatrix}=\begin{bmatrix}-dx/z\\-dy/z\\-d\end{bmatrix}$$

公式 9.11　　向 $z=-d$ 平面投影

在实际应用中，负号会带来不必要的复杂性。所以将投影平面移到投影的前面(也就是说，平面 $z=d$)。如图 9.9 所示。

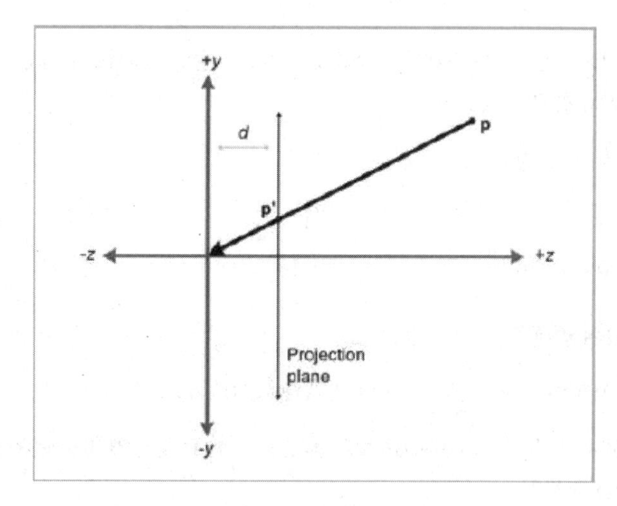

图 9.9　投影平面在投影中心前

当然，这对于实际的小孔成像是不可能的。因为设置小孔的目的就是使光线只能通过小孔，但在计算机数学世界中，可以不理会这些规定。如您所愿，将投影平面移到投影中心前面，烦人的负号消失了，如公式 9.12 所示。

$$\mathbf{p}'=\begin{bmatrix}x'\\y'\\z'\end{bmatrix}=\begin{bmatrix}dx/z\\dy/z\\d\end{bmatrix}$$

公式 9.12　　向 $z=d$ 平面投影

9.4.6　使用 4×4 矩阵进行透视投影

从 4D 到 3D 的变换就意味着除法运算，因此我们可以利用 4×4 阶矩阵来编写代码，以实现透视投影。基本思想是提出一个关于 $\mathbf{p}'$ 的公式，其中的 x，y，z 有公分母，然后构造一个 4×4 矩阵，使 w 与这个公分母相等。这里我们假设初始点处有 $w=1$。

先对 3D 形式表达的$\mathbf{p}'$公式变形，可以得到：

$$\begin{aligned}\mathbf{p}' &= \begin{bmatrix} dx/z & dy/z & d \end{bmatrix} \\ &= \begin{bmatrix} dx/z & dy/z & dz/z \end{bmatrix} \\ &= \frac{\begin{bmatrix} x & y & z \end{bmatrix}}{z/d}\end{aligned}$$

在 9.4.1 节中可知，将 4D 齐次向量变换到 3D 中时，要用 4D 向量除以 w，反推可知$\mathbf{p}'$的 4D 形式为：

$$\begin{bmatrix} x & y & z & z/d \end{bmatrix}$$

因此我们需要一个 4×4 矩阵，它可接收一个奇异的齐次向量。该向量的形式为[x，y，z，1]，然后将其变换为上述形式。这样的矩阵如公式 9.13 所示。

$$\begin{bmatrix} x & y & z & 1 \end{bmatrix}\begin{bmatrix} 1 & 0 & 0 & 0 \\ 0 & 1 & 0 & 0 \\ 0 & 0 & 1 & 1/d \\ 0 & 0 & 0 & 0 \end{bmatrix} = \begin{bmatrix} x & y & z & z/d \end{bmatrix}$$

公式 9.13　　用 4×4 矩阵向 $z=d$ 平面投影

这样，就得到了一个 4×4 投影矩阵。有几个需要注意的地方：

- 乘以这个矩阵并没有进行实际的透视投影变换，它只是计算出合适的分母。投影实际发生在从 4D 向 3D 变换时。
- 存在多种变化。例如，将投影平面放在 z=0 处而投影中心在[0，0，$-d$]。这将导致一个不同的公式。
- 这里看起来比较复杂，似乎只需要简单地除以 z，不必劳烦矩阵。那么为什么要使用齐次矩阵呢？第一，4×4 矩阵提供了一种方法将投影表达为变换，这样就能和其他变换相连接；第二，使得投影到不平行于坐标轴的平面变得可行。实际上，我们不需要齐次坐标做任何运算，但 4×4 矩阵提供了一种简洁的方法表达和操纵投影变换。
- 实际的图形几何管道中的投影矩阵不是像这里导出的那样。还有许多重要的细节需要考虑。如，用以上矩阵对向量进行变换后，z 值实际上被舍弃了，而很多图形系统的 z 缓冲用到了该值。第 15 章给出了对图形管道的一般描述。

9.5　练　　习

(1)　计算如下矩阵的行列式：

$$\begin{bmatrix} 3 & -2 \\ 1 & 4 \end{bmatrix}$$

(2)　计算如下矩阵的行列式、伴随矩阵和逆矩阵：

$$\begin{bmatrix} 3 & -2 & 0 \\ 1 & 4 & 0 \\ 0 & 0 & 2 \end{bmatrix}$$

(3)　如下矩阵是正交矩阵吗？

$$\begin{bmatrix} -0.1495 & -0.1986 & 0.9685 \\ -0.8256 & 0.5640 & 0.0117 \\ -0.5439 & -0.8015 & 0.2482 \end{bmatrix}$$

(4)　求第 3 题中矩阵的逆矩阵。

(5)　对 4×4 矩阵求逆：

$$\begin{bmatrix} -0.1495 & -0.1968 & 0.9685 & 0 \\ -0.8256 & 0.5640 & 0.0117 & 0 \\ -0.5439 & -0.8015 & 0.2482 & 0 \\ 1.7928 & -5.3116 & 8.0151 & 1 \end{bmatrix}$$

(6)　构造平移量为[4,2,3]的 4×4 矩阵。

(7)　构造绕 x 轴旋转 20°，再平移[4,2,3] 的 4×4 矩阵。

(8)　构造平移[4,2,3]，再绕 x 轴旋转 20°的 4×4 矩阵。

(9)　构造 4×4 矩阵，能对 x=5 的平面进行透视投影(假设原点就是投影中心)。

(10)　用第 9 题构建的投影矩阵来计算点(107,−243,89)在 x=5 平面上的投影点的 3D 坐标。

3D 中的方位与角位移

本章主要讨论 3D 中的方位，共分 6 节：

- 10.1 节讨论术语“方向”、“方位”、“角位移”的细微差别。
- 10.2 节介绍用矩阵表达方位的方法。
- 10.3 节介绍用欧拉角表达角位移的方法。
- 10.4 节介绍用四元数表达角位移的方法。
- 10.5 节比较上述三种方法。
- 10.6 节介绍怎样在各种形式间进行转换。

本章将解决怎样在 3D 中描述物体方位的难题，还将讨论一个相近的概念——角位移。3D 中有多种方法可以描述方位和角位移。我们讨论其中 3 种最常用的方法——矩阵、欧拉角和四元数。对于每一种方法，都将给出精确定义、工作原理，及其特性、优点和缺点。

在不同的情况下需要不同的技术，每种技术都有其优点和缺点。重要的是不仅要知道每种方法的原理，还要了解在特定的情况下使用哪种方法最合适，以及不同表示方法之间的相互转换。

本章将广泛使用 3.2 节中讨论过的**物体坐标系**和**惯性坐标系**这两个概念。

10.1　什么是方位？

讨论在 3D 中描述方位的方法之前，首先来精确地定义所要描述的事物。本节讨论**方位**和一些类似术语间的关系，它们是：

- 方向
- 角位移
- 旋转

直观地说，我们知道，物体的“方位”主要描述的是物体的朝向。然而，“方向”和“方位”并不完全一样。向量有“方向”但没有“方位”，区别在于，当一个向量指向特定方向时，可以让向量自转(如图 10.1 所示)，但向量(或者说它的方向)却不会有任何变化，因为向量的属性只有“大小”，而没有“厚度”和“宽度”。

图 10.1　向量自转不会改变向量的属性

然而，当一个物体朝向特定的方向时，让它和上面的向量一样自转，您就会发现物体的方位改变了，如图 10.2 所示。

图 10.2　物体自转，物体的方位会发生变化

从技术角度来讲，这就说明在 3D 中，只要用两个数字(例如，极坐标)，就能用参数表示一个方向(direction)。但是，要确定一个方位(orientation)，却至少需要三个数字。

我们知道不能用绝对坐标来描述物体的位置，要描述物体的位置，必须把物体放置于特定的参考系中(4.3.1 节)。描述位置实际上就是描述相对于给定参考点(通常是坐标系的原点)的**位移**。

同样，描述物体方位时，也不能使用绝对量。与位置只是相对已知点的位移一样，方位是通过于相对已知方位(通常称为“单位”方位或“源”方位)的**旋转**来描述的。旋转的量称作**角位移**。换句话说，在数学上描述方位就等价于描述角位移。

之所以说“数学上”等价，是因为在本书中，我们会对“方位”、“角位移”、“旋转”作精确的区分。最好把角位移想象成在方向上的变换(例如，从旧方位到新方位的角位移，或者从惯性坐标系到物体坐标系的角位移)，这实际上是一个“源/目的”的关系。而“方位”将用于描述“父/子”关系而不是“源/目的”。“方位”和“角位移”的区别就像“点”和“向量”的区别——两个术语都只是在数学上等价而在概念上是不同的。上述两个例子中，第一个术语主要用来描述一个单一的“状态”，而第二个术语主要是描述“两个状态间的差别”。

当然，这些约定纯粹只是最初个人偏好的结果，但它们却很有用。具体来说，我们用矩阵和四元数来表示“角位移”，用欧拉角来表示“方位”。

10.2 矩 阵 形 式

3D 中，描述坐标系中方位的一种方法就是列出这个坐标系的基向量，这些基向量是用其他的坐标系来描述的。用这些基向量构成一个 3×3 矩阵，然后就能用矩阵形式来描述方位。换句话说，能用一个旋转矩阵来描述这两个坐标系之间的相对方位，这个旋转矩阵用于把一个坐标系中的向量转换到另外一个坐标系中，如图 10.3 所示。

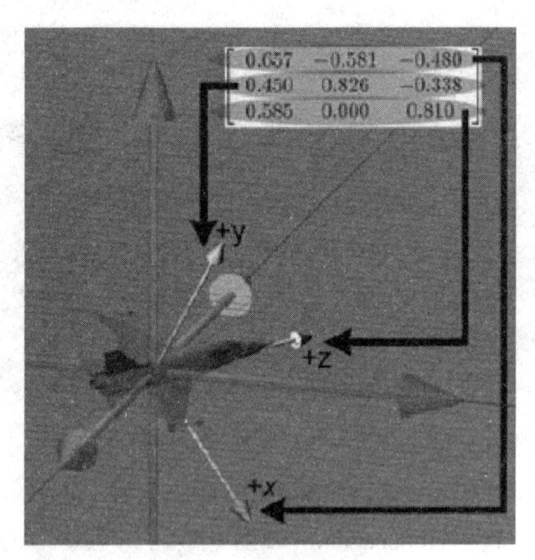

图 10.3　用矩阵定义方位

10.2.1　用哪个矩阵

我们已经知道怎样用矩阵将点从一个坐标系变换到另一个坐标系。究竟是用哪个变换矩阵来描述角位移呢？是用把向量从惯性坐标系转换到物体坐标系的变换矩阵，还是相反方向转换的矩阵呢？

对于本章内容来说，这个区别并不重要。只要知道方位是用矩阵来描述的，而矩阵表示的是转换后的基向量就足够了。我们通过描述一个坐标系到另一个坐标系的**旋转**(无论采用哪种变换)来确定一个方位。矩阵变换的具体方向是一个实现细节。因为旋转矩阵是正交的(见 9.3 节)，如果必要的话，只需简单的转置，就可求得逆变换。

10.2.2　矩阵形式的优点

矩阵是一种非常直接的描述方位的形式。这种直接性带来了如下优点：

- **可以立即进行向量的旋转。**矩阵形式最重要的性质就是利用矩阵能在物体和惯性坐标系间旋转向量，这是其他描述方法所做不到的。为了旋转向量，必须将方位转换成矩阵形式。(关于四元数优势的一个普遍观点是它能通过四元数乘法来实现旋转，10.4.8 节里有相关阐述。但如果仔细研究数学，您会发现四元数乘法的效果和对应矩阵乘法的效果是一样的。)
- **矩阵的形式被图形 API 所使用。**受到了前一节所述原因的影响，图形 API 使用矩阵来描述方位。(API 就是应用程序接口，基本上，它们就是实现您和显卡交流的代码。)当您和图形 API 交流时，最终必须将用矩阵来描述所需的转换。程序中怎样保存方位由您决定，但如果选择了其他形式，则必须在渲染管道的某处将其转换成矩阵。
- **多个角位移连接。**矩阵形式的第二个优点就是可以“打破”嵌套坐标系间的关系。例如，如果知道 A 关于 B 的方位，又知道 B 关于 C 的方位，使用矩阵可以求得 A 关于 C 的方位。在第 3 章学习嵌入式坐标系时，我们已经接触过这种概念了。在 8.6 节中学习了连接矩阵的方法。
- **矩阵的逆。**用矩阵形式表达角位移时，逆矩阵就是“反”角位移。因为旋转矩阵是正交的，所以这个计算只是简单的矩阵转置运算。

10.2.3　矩阵形式的缺点

矩阵的直接性带来了一些优点，前一节已经讨论过了。但是，矩阵用 9 个数来保存方位，而实际上方位只需要 3 个数就能够确定了。这些“多余”的数会导致一些问题。

- **矩阵占用了更多的内存。**如果需要保存大量方位，如动画序列中的关键帧，9 个数会导致数目可观的额外空间损失。举一个或许不太合适的例子。假设现在做的是一个人的模型动画，该模型被分解为 15 个块。动画的完成实际是严格地控制子块和父块之间的相对方位。假设每一帧为每一块保存一个方位，动画频率是 15 Hz，这意味着每秒需要保存 225 个方位。使用矩阵和 32 位浮点数，每一帧有 8100 字节，而使用欧拉角，同样的数据只需 2700 字节。对于 30 s 的动画数据，矩阵就比欧拉角多占用 162 K 字节。
- **难于使用。**矩阵对人类来说并不直观。有太多的数，并且它们都在-1 到 1 之间。人类考虑方位的直观方法是角度，而矩阵使用的是向量。通过实践，我们能从一个给定的矩阵中得到它所表示的方位(7.2.2 节中的技术有助于此)。但这仍比欧拉角困难得多，其他方面也不尽如人意。用手算来构造描述任意方位的矩阵几乎是不可能的。总之，矩阵不是人类思考方位如的直观方法。

- **矩阵可能是病态的。**矩阵使用 9 个数，其实只有 3 个数是必需的。也就是说，矩阵带有六阶冗余。描述方位的矩阵必须满足 6 个限制条件。行必须是单位向量，而且它们必须互相垂直(9.3.2 节)。

让我们详细讨论最后一条。如果随机取 9 个数并组成一个 3×3 阶矩阵，这个矩阵条件不大可能都全部满足那 6 个限制条件。因此，这 9 个数不能组成一个有效的旋转矩阵。从另一方面讲，至少对于表达旋转这个目的而言，这个矩阵的结构很不合理，这样的矩阵会出问题，因为它可能导致数值异常或其他非预期行为。

病态矩阵是怎样出现的呢？有多种原因：

- 矩阵还可能包含缩放、切变或镜像的操作，这些操作会对物体的“方位”产生什么影响呢？确实，对此没有一个清晰的定义。任何非正交的矩阵都不是一个定义良好的旋转矩阵(参看 9.3.2 节对正交矩阵的全面讨论)。虽然镜像矩阵也是正交的，但它不是有效的旋转矩阵。
- 可能从外部数据源获得“坏”数据。例如，使用物理数据获取设备(如动作捕捉器)时，捕获过程中可能产生错误。许多建模包就是因为会产生病态矩阵而变得声名狼藉。
- 可能因为浮点数的舍入错误产生“坏”数据。例如，对一个方位作大量的加运算，这在允许人们手动控制物体方位的游戏中是很常见的。由于浮点精度的限制，大量的矩阵乘法最终可能导致病态矩阵。这种现象称作“矩阵蠕变”。矩阵正交化能解决矩阵蠕变的问题，这在 9.3.3 节中已讨论过。

10.2.4 小结

以下是对 10.2 节中所介绍的用矩阵描述角位移的小结：

- 矩阵是一种表达方位的“强力”方法，我们可以在当前坐标系中明确列出另一个坐标系的基向量。
- 用矩阵形式表达方位非常有用，这主要是因为它允许在不同坐标系间旋转向量。
- 当前图形 API 使用矩阵描述方位。
- 能使用矩阵乘法把嵌套矩阵连接起来，从而得到单一的矩阵。
- 矩阵的逆提供了一种得到“相反”角位移的机制。
- 矩阵比我们后面将要介绍的其他方法多占用了 2 倍到 3 倍的内存。当有大量方位需要存储时(如动画数据)这样的资源浪费将是个大问题。
- 并非所有矩阵都能描述方位。一些矩阵还包含镜像或切变等情况。从外部数据源得到坏数据或矩阵蠕变都可能导致病态矩阵。

- 矩阵中的数对人类来说并不直观。

10.3 欧 拉 角

另一种描述方位的常用方法是欧拉角。这项技术以著名的数学家 Leonhard Euler(1707～1783)的名字命名，他证明了角位移序列等价于单个角位移。

10.3.1 什么是欧拉角

欧拉角的基本思想是将角位移分解为绕三个互相垂直轴的三个旋转组成的序列。这听起来很复杂，其实它是非常直观的(事实上，易于使用正是它的主要优点之一)。之所以有“角位移”的说法正是因为欧拉角能用来描述任意旋转，不过，本书中主要使用这种方法来描述物体相对于父坐标空间的方位。

欧拉角将方位分解为绕三个互相垂直轴的旋转，那么是哪三个轴？按什么顺序？其实，任意三个轴和任意顺序都可以，但最有意义的是使用笛卡尔坐标系并按一定顺序所组成的旋转序列。最常用的约定，也是本书使用的，是所谓的“heading-pitch-bank”约定。在这个系统中，一个方位被定义为一个 heading 角，一个 pitch 角，和一个 bank 角。它的基本思想是让物体开始于“标准” 方位——就是物体坐标轴和惯性坐标轴对齐。在标准方位上，让物体作 heading、pitch、bank 旋转，最后物体到达我们想要描述的方位。

在精确定义术语“heading”、“pitch”、“bank”前，先让我们简要回顾本书中使用的坐标空间约定。我们使用左手坐标系，$+x$ 向右，$+y$ 向上，$+z$ 向前(见图 2.16 的展示)。如果忘了依据左手法则定义的旋转正方向，可以参看本书的图 8.5。

如图 10.4 所示，此时物体坐标系和惯性坐标系重合，heading 为绕 y 轴的旋转量，向右旋转为正(如果从上面看，旋转正方向就是顺时针方向)。

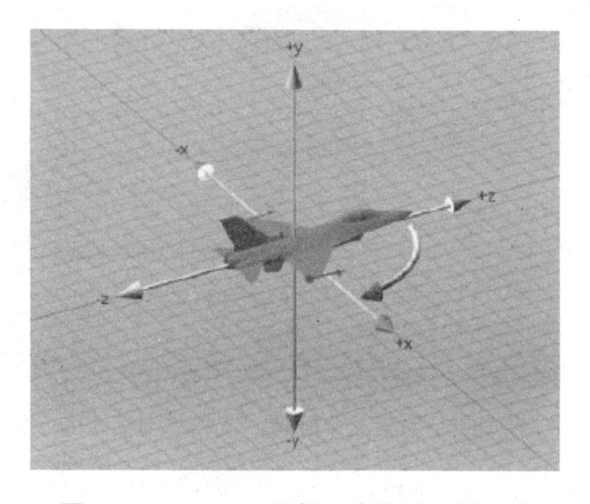

图 10.4 heading 是第一个旋转，绕 y 轴

经过 heading 旋转后，pitch 为绕 x 轴的旋转量，注意是物体坐标系的 x 轴，不是原惯性坐标系的 x 轴。依然遵守左手法则，向下旋转为正。如图 10.5 所示：

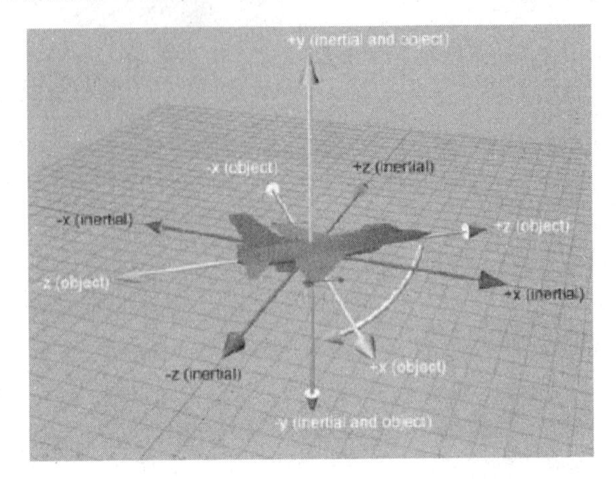

图 10.5　pitch 是第二个旋转，绕物体坐标系的 x 轴

最后，经过了 heading 和 pitch，bank 为绕 z 轴的旋转量。再次提醒，是物体坐标系的 z 轴，不是原惯性坐标系的 z 轴。依据左手法则，从原点向+z 看，逆时针方向为正。如图 10.6 所示：

bank 的正方向为逆时针，这似乎有些矛盾，因为 heading 的正方向是顺时针。注意，从轴的正端点望向原点时，heading 的正方向为顺时针，而决定 bank 的正方向时是从相反的方向看的。如果从原点向 y 轴的正方向看，heading 的正方向也是逆时针。或者，从 z 轴的正端点向原点看，bank 的正方向为顺时针(从物体的正前方看)。各种情况都符合左手法则。

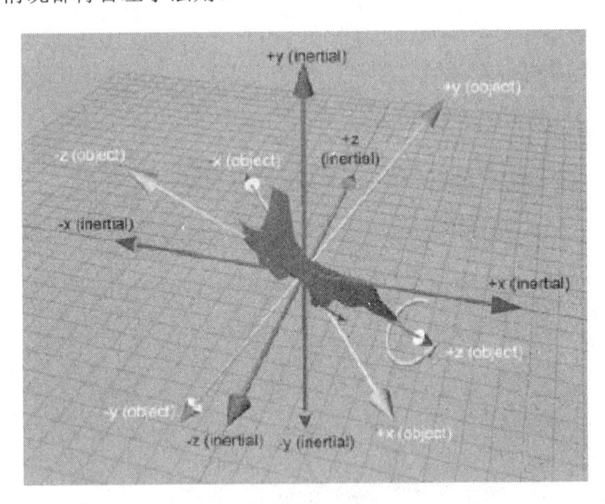

图 10.6　bank 是第三个旋转，绕物体坐标系的 z 轴

记住，当我们说旋转的顺序是 heading-pitch-bank 时，是指从惯性坐标系到物体坐标系。如果从物体

坐标系变换到惯性坐标系，旋转的顺序就是相反的。

"heading-pitch-bank" 也叫作 "roll-pitch-yaw"，roll 类似于 bank，yaw 类似于 heading(事实上，yaw 并不严格等于 heading，参见 10.3.2 节)。注意，在 roll-pitch-yaw 系统中，角度的命名顺序是与从物体坐标系到惯性坐标系的旋转顺序一致的。

10.3.2　关于欧拉角的其他约定

前面曾提到过，heading-pitch-bank 系统不是惟一的欧拉角系统。绕任意三个互相垂直轴的任意旋转序列都能定义一个方位。所以，多种选择导致了欧拉角约定的多样性：

- heading-pitch-bank 系统有多个名称。当然，不同的名字并不代表不同的约定，这其实并不重要。一组常用的术语是 roll-pitch-yaw，其中的 roll 等价于 bank，yaw 基本上等价于 heading。注意，它的顺序和 heading-pitch-bank 的顺序相反。这只是语义上的。它定义了向量从物体坐标系变换到惯性坐标系的旋转顺序。(事实上，yaw 和 heading 还是有技术上的差别，yaw 是绕物体坐标系 y 轴的旋转，heading 是绕惯性坐标系 y 轴的旋转。因为这里的旋转是在物体坐标系 y 轴和惯性坐标系 y 轴重合时进行的，所以这个区别并不重要。)
- 任意三个轴都能作为旋转轴，不一定必须是笛卡尔轴，但使用笛卡尔轴最有意义。
- 决定每个旋转的正方向时不一定必须遵守左手或右手法则。例如，完全可以定义 pitch 的正方向是向上的，并且这种定义方法非常常见。
- 也是最重要的，旋转可以以不同的顺序进行。顺序并不重要。任何系统都能用来定义一个方位，但 heading-pitch-bank 顺序最为实用。heading 度量绕竖直轴的旋转，它之所以有意义主要是因为我们所在的环境经常有某种形式的"地面"。一般来讲绕惯性坐标系的 x 或 z 轴的旋转没有什么意义。heading-pitch-bank 顺序下的另外两个角的意义是：pitch 度量水平方向的倾角，bank 度量的是绕 z 轴的旋转量。

如果您不得不面对与您所喜欢的约定不符的欧拉角，我们给出两个建议：

- 确信您完全理解这个欧拉角系统的工作原理。一些细节的不同，如正方向定义、旋转顺序，都能导致很大的差异。
- 要将此欧拉角转换到您所喜欢的欧拉角格式，最简单的方法是先将它转换到矩阵形式，再转换到您所喜欢的格式。10.6 节将学习这种转换，直接在角度之间转换不像想象的那么容易。

10.3.3　欧拉角的优点

欧拉角仅使用三个数来表达方位，并且这三个数都是角度。这两个特点使欧拉角具有其他形式所没有的优点：

- **欧拉角对我们来说很容易使用。**它比矩阵和四元数简单得多，这可能是因为欧拉角中的数都是**角度**，符合人们思考方位的方式。如果我们选择了与所要处理的情况最符合的约定，那么就能直接描述出最重要的角度，例如，用 heading-pitch-bank 系统就能直接地描述出偏差角度。便于使用是其最大的优点。当需要显示方位或用键盘输入方位时，欧拉角是惟一的选择。
- **最简洁的表达方式。**欧拉角用三个数来表达方位。在 3D 中，表达方位不能少于三个数。如果要考虑内存的因素，欧拉角是最合适的描述方位的方法。
- **任意三个数都是合法的。**取任意三个数，它们都能构成合法的欧拉角，而且可以把它看成一个对方位的描述。从另一方面说，没有“不合法”的欧拉角。当然，数值可能不对，但至少它们是合法的。可矩阵和四元数就不一定是这样了。

10.3.4 欧拉角的缺点

用欧拉角表达方位时的缺点主要有：

- 给定方位的表达方式不惟一。
- 两个角度间求插值非常困难。

让我们仔细讨论这些问题。第一个问题是对于一个给定方位，存在多个欧拉角可以描述它。这称作别名问题，有时候会引起麻烦。因为这个原因，连一些基本的问题(如“两组欧拉角代表的角位移相同吗？”)都很难回答。

第一种，在将一个角度加上 360° 的倍数时，我们就会遇到形式最简单的别名问题。显然，加上 360° 并不会改变方位，尽管它的数值改变了。

第二种，更加麻烦的别名问题是由三个角度不互相独立而导致的。例如，pitch 135 度等价于 heading 180°，pitch 45°，然后 bank 180°。为了保证任意方位都只有独一无二的表示，必须限制角度的范围。一种常用的技术是将 heading 和 bank 限制在+180°到-180°之间，pitch 限制在+90°到-90°之间。这就建立了欧拉角的一个“限制范围”。对于任意方位，仅存在一个限制欧拉角能代表这个方位(事实上，还有一个违反惟一性的现象需要处理，马上就要讲到)。

在我们的代码中，几乎所有以欧拉角为参数的函数都运作在任意欧拉角范围内。但当我们编写代码计算或返回欧拉角时，必须使用限制欧拉角。限制欧拉角简化了许多基本测试，如“我现在是朝向东吗？”。

欧拉角最著名的别名问题是这样的：先 heading 45° 再 pitch 90°，这与先 pitch 90° 再 bank 45° 是等价的。事实上，一旦选择±90°为 pitch 角，就被限制在只能绕竖直轴旋转。这种现象，角度为±90°的第二次旋转使得第一次和第三次旋转的旋转轴相同，称作**万向锁**。为了消除限制欧拉角的这种别名现象，规定万向锁情况下由 heading 完成绕竖直轴的全部旋转。换句话说，在限制欧拉角中，如果 pitch 为±90°，则 bank 为零。

如果是为了描述方位，特别是在使用了限制欧拉角的情况下，别名是不会造成太大问题的。现在来看两个方位 A 和 B 间求插值的问题，也就是说，给定参数 t，$0\leqslant t\leqslant 1$，计算临时方位 C，当 t 从 0 变化到 1 时，C 也平滑地从 A 变化到 B。这是一项极有用的技术，例如，应用于角色动画或摄像机自动控制等方面。

这个问题的简单解法是分别对三个角度作标准线性插值。公式如下：

$$\Delta\theta = \theta_1 - \theta_0$$
$$\theta_t = \theta_0 + t\Delta\theta$$

但这里面有很多问题。

第一，如果没有使用限制欧拉角，将得到很大的角度差。例如，方位 A 的 heading 为 720º，方位 B 的 heading 为 45º，720=360×2，也就是 0º 。所以 heading 值只相差 45º，但简单的插值会在错误的方向上绕将近两周。如图 10.7 所示：

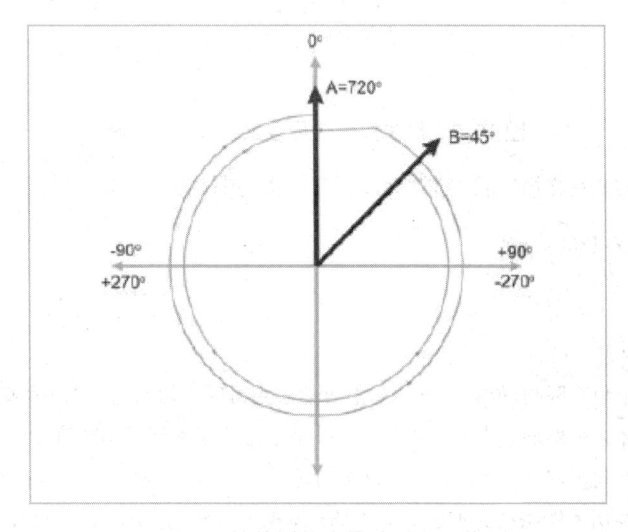

图 10.7　简单插值会导致过多的旋转

当然，解决问题的方法是使用限制欧拉角。所以，本书中假设总是在两个限制欧拉角间作插值，或者在插值函数外将它们转换成限制欧拉角(将角度限制在-180º 到+180 之间确实很简单，但要把 pitch 值限制在-90º 到＋90º 之间就需要一些技巧)。

然而，即使是限制欧拉角也不能完全解决问题。插值的第二个问题是由旋转角度的周期性引起的。设 A 的 heading 为-170º，B 的 heading 为 170º 。这些值都在 heading 的限制范围内，都在-180º 到+80º 之间。这两个值只相差 20º，但插值操作又一次发生了错误，旋转是沿“长弧”绕了 340º 而不是更短的 20º 。如图 10.8 所示。

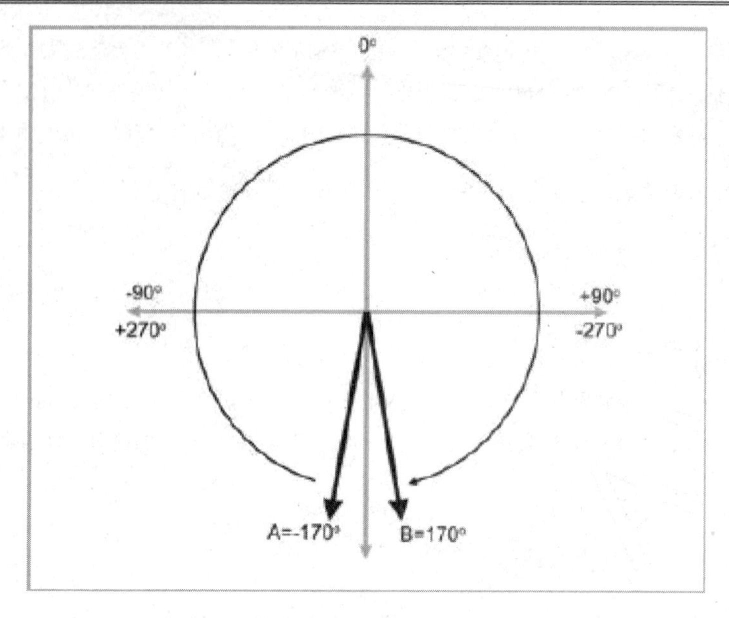

图 10.8　简单插值会导致沿“长弧”旋转

解决这类问题的方法是将插值的“差”角度折到-180° 到+180° 之间，以找到最短弧。

$$\mathrm{wrap}(x) = x - 360^\circ \lfloor (x+180^\circ)/360^\circ \rfloor$$

$$\Delta\theta = \mathrm{wrap}(\theta_1 - \theta_0)$$

$$\theta_t = \theta_0 + t\Delta\theta$$

即使使用了这两个角度限制，欧拉角插值仍然可能碰到万向锁的问题，它在大多数情况下会导致抖动、路径错误等现象，物体会突然飘起来像是“挂”在某个地方。根本问题是插值过程中角速度不是恒定的。如果您从没有遇到过万向锁问题，您可能会对这类问题感到疑惑。而且不幸的是，很难在书本中讲清楚这个问题，您需要亲身经历才能明白。不过幸运的是，本书的合作网站(www.cngda.com)上有关于万向锁的极其精彩的例子。

欧拉角插值的前两个问题虽然烦人，但并不是不可克服的。限制欧拉角和将角度差限制在一定范围内提供了简单的解决方法。而对于万向锁，非常不幸，它非常令人讨厌，是一个底层的问题。您可能会考虑重新规划旋转，发明一种不会遭遇这些问题的系统。不幸的是，这不可能。这是一个用三个数表达 3D 方位的方法与生俱来的问题。我们可以改变问题，但不能消灭它们。任何使用三个数来表达 3D 方位的系统，若能保证空间的惟一性，就都会遇到这些问题，如万向锁。10.4 节将学习怎样用四元数解决这些问题。

10.3.5　总结

让我们总结一下在 10.3 节中学到的关于欧拉角的内容：

- 欧拉角使用三个角度来保存方位。这三个角度是绕三个互相垂直轴的有顺序旋转的旋转量。
- 最常用的欧拉角系统是 heading-pitch-bank。
- 在多数情况下，欧拉角比其他方法更适于使用。
- 当内存空间很宝贵时，欧拉角会使用最少的空间来存储 3D 方位。
- 没有“不合法”的欧拉角。任意三个数组成的欧拉角都是有意义的。
- 欧拉角存在别名问题，这是由角度天生的周期性和旋转之间的不独立性导致的。
- 使用限制欧拉角能简化很多基本问题。让一个欧拉角处于限制集里的意思是指 heading 和 bank 在-180°到$+180^\circ$之间，pitch 在-90°到$+90^\circ$之间。如果 pitch 为$\pm 90^\circ$，则 bank 为零。
- 当 pitch 等于$\pm 90^\circ$时，就会产生万向锁问题。在这种情况下，自由度会减少一个，因为 heading 和 bank 的旋转轴都是竖直轴。
- 在两个欧拉角表示的方位间插值存在着一些问题。简单的别名问题虽然讨厌，但是可以解决。而万向锁是一个底层问题，至今没有简单的解决方案。

10.4　四　元　数

术语**四元数**在 3D 数学中稍微有些神秘，或许大多数人不了解它。四元数的神秘性很大程度上是由很多书本中讲解四元数的方式而引致的。希望本书能帮助您更好地了解四元数。

为什么用三个数来表达 3D 方位一定会导致如万向锁这样的问题？这是有数学原因的，它涉及到一些非常高级的数学概念，如“簇”。四元数通过使用四个数来表达方位(因此命名为**四元数**)，从而避免了这些问题。

10.4.1　四元数记法

一个四元数包含一个标量分量和一个 3D 向量分量。经常记标量分量为 w，记向量分量为单一的 $\mathbf{v}$ 或分开的 x，y，z。两种记法分别如下：

$$[w,\mathbf{v}]$$

$$[w,(x,y,z)]$$

在某些情况下，用 $\mathbf{v}$ 这样的短记法更方便，但另一些情况下，“扩展”的记法会更清楚。在本章中，只要可能，所有四元数都会用两种记法表示。在适当的时候，我们会描述这四个数各自代表的意义。

也可以将四元数竖着写，有时这会使等式的格式一目了然。“行”或“列”四元数没有明显的区别。

10.4.2　四元数与复数

让我们先简要讨论一下复杂的数学。如果只是为了理解怎样使用四元数，那么这些说明部分并不是完全必要的，因为我们完全能从几何角度解释四元数。然而，四元数的数学渊源及其产生背景是非常有趣也非常有用的。

复数对(a，b)定义了数 $a+bi$，i 是所谓的虚数，满足 $i^2=-1$：a 称作实部：b 称作虚部。任意实数 k 都能表示为复数(k，0)=k＋0i。

复数能够相加、相减、相乘。如公式 10.1 所示：

$$
\begin{aligned}
(a+bi)+(c+di)&=(a+c)+(b+d)i \\
(a+bi)-(c+di)&=(a-c)+(b-d)i \\
(a+bi)(c+di)&=ac+adi+bci+bdi^2 \\
&=ac+(ad+bc)i+bd(-1) \\
&=(ac-bd)+(ad+bc)i
\end{aligned}
$$

公式 10.1　　复数的加法、减法和乘法

通过使虚部变负，还能够计算复数的**共轭**。记法如公式 10.2：

$$
\begin{aligned}
p&=(a+bi) \\
p^*&=(a-bi)
\end{aligned}
$$

公式 10.2　　共轭复数

还能够计算复数的**模**。这个运算的记法和解释与实数的绝对值类似。实际上，如果将实数表示成复数，它们将产生相同的结果。公式 10.3 是计算复数大小的公式：

$$\|p\|=\sqrt{pp^*}$$

$$
\begin{aligned}
\|a+bi\|&=\sqrt{(a+bi)(a+bi)^*} \\
\|a+bi\|&=\sqrt{(a+bi)(a-bi)} \\
&=\sqrt{a^2+b^2}
\end{aligned}
$$

公式 10.3　　求复数的模

复数集存在于一个 2D 平面上，可以认为这个平面有两个轴：实轴和虚轴。这样，就能将复数(x，y)解释为 2D 向量。用这种方法解释复数时，它们能用来表达平面中的旋转(虽然这走了一个弯路)。看看复数 p 绕原点旋转角度 θ 的情况，如图 10.9 所示。

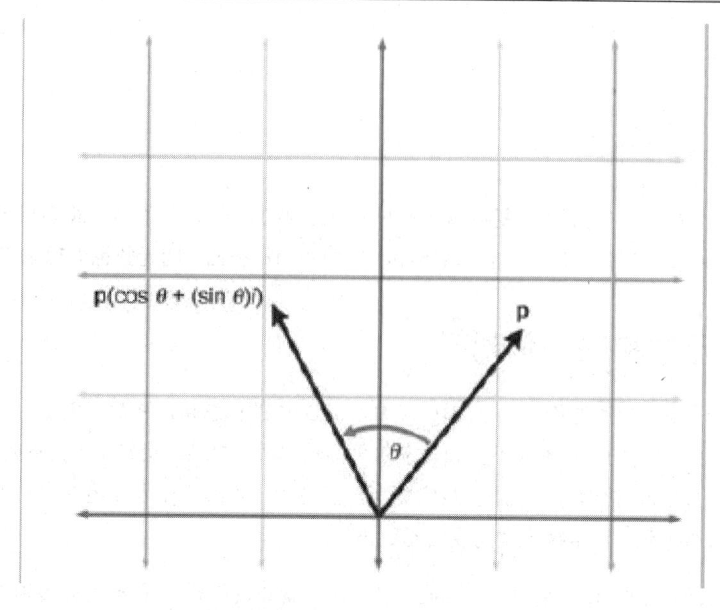

图 10.9　在平面中旋转复数

为进行这个旋转，引入第二个复数 q=($\cos\theta$ ， $\sin\theta$)。现在，旋转后的复数 p' 能用复数乘法计算出来：

$$
\begin{aligned}
p &= x + yi \\
q &= \cos\theta + i\sin\theta \\
p' &= pq \\
&= (x + yi)(\cos\theta + i\sin\theta) \\
&= (x\cos\theta - y\sin\theta) + (x\sin\theta + y\cos\theta)i
\end{aligned}
$$

当然，从 8.2.1 节来看，引入复数 q 和用 2×2 旋转矩阵达到的效果是一样的，但复数提供了另一种有趣的记法。后面，我们将以同样的方法在 3D 中使用四元数。

爱尔兰数学家 William Hamilton 多年来一直致力于寻找一种方法将复数从 2D 扩展到 3D。他认为，这种新的复数应该有一个实部和两个虚部。然而，Hamilton 一直没有办法创造出一种有两个虚部的有意义的复数。但故事并没有结束，1843 年，在赴皇家爱尔兰学院演讲的路上，他突然意识到应该有三个虚部而不是两个。他把定义这种新复数类型性质的等式刻在 Broome 桥上(这些等式如下所示)。这样，四元数就诞生了。

四元数扩展了复数系统，它使用三个虚部 i，j，k。它们的关系如下：

$$
\begin{aligned}
&i^2 = j^2 = k^2 = -1 \\
&ij = k, ji = -k \\
&jk = i, kj = -i \\
&ki = j, ik = -j
\end{aligned}
$$

一个四元数[w，(x，y，z)]定义了复数 $w+xi+yj+zk$。我们马上将会看到，很多标准复数的性质都能应用到四元数上。更重要的是，和复数能用来旋转 2D 中的向量类似，四元数也能用来旋转 3D 中的向量。

10.4.3 四元数和轴—角对

欧拉证明了一个旋转序列等价于单个旋转。因此，3D 中的任意角位移都能表示为绕单一轴的单一旋转(这里的轴是一般意义上的旋转轴，不要和笛卡尔坐标轴混淆。显然，旋转轴的方向是任意的)。当一个方位用这种形式来描述时称作轴—角描述法(实际上，能将轴—角形式作为描述方位的第四种表达方式。但是，轴—角对很少用到，经常被欧拉角或四元数替代)。

8.2.3 节中，我们导出了使向量绕任意轴旋转的矩阵。像以前那样，设 **n** 为旋转轴。对于旋转轴来说长度并不重要，将 **n** 定义为单位长度会比较方便。根据左手或右手法则，**n** 的方向定义了哪边将被认为是旋转“正”方向(如果您忘记了这些法则，参见 8.5 节)。设 θ 为绕轴旋转的量。因此，轴—角对($\mathbf{n}$,θ)定义了一个角位移：绕 **n** 指定的轴旋转 θ 角。

四元数能被解释为角位移的轴—角对方式。然而，**n** 和 θ 不是直接存储在四元数的四个数中——那样太简单了！它们的确在四元数里，但不是那么直接。公式 10.4 列出了四元数中的数和 **n**，θ 的关系，两种四元数记法都被使用了。

$$
\begin{aligned}
\mathbf{q} &= \begin{bmatrix} \cos(\theta/2) & \sin(\theta/2)\mathbf{n} \end{bmatrix} \\
&= \begin{bmatrix} \cos(\theta/2) & (\sin(\theta/2)\mathbf{n}_x & \sin(\theta/2)\mathbf{n}_y & \sin(\theta/2)\mathbf{n}_z) \end{bmatrix}
\end{aligned}
$$

公式 10.4 四元数的四个值

记住，**q** 的 w 分量和 θ 有关系，但它们不是同一回事。同样，**v** 和 **n** 也有关系但不完全相同。

10.4.4 负四元数

四元数能求负。做法很直接：将每个分量都变负，见公式 10.5。

$$
\begin{aligned}
-\mathbf{q} &= -\begin{bmatrix} w & (x & y & z) \end{bmatrix} = \begin{bmatrix} -w & (-x & -y & -z) \end{bmatrix} \\
&= -\begin{bmatrix} w & \mathbf{v} \end{bmatrix} = \begin{bmatrix} -w & -\mathbf{v} \end{bmatrix}
\end{aligned}
$$

公式 10.5 四元数求负

q 和-**q** 代表的实际角位移是相同的，很奇怪吧！如果我们将 θ 加上 360° 的倍数，不会改变 **q** 代表的角位移，但它使 **q** 的四个分量都变负了。因此，3D 中的任意角位移都有两种不同的四元数表示方法，它们互相为负。

10.4.5 单位四元数

几何上，存在两个“单位”四元数，它们代表没有角位移：[1，**0**]和[-1，**0**](注意粗体 **0**，它们代表零向量)。当 θ 是 360° 的偶数倍时，有第一种形式，cos(θ/2)=1；θ 是 360° 的奇数倍时，有第二种形式，cos(θ/2)=-1。在两种情况下，都有 sin(θ/2)=0，所以 **n** 的值无关紧要。它的意义在于：

当旋转角 θ 是 360° 的整数倍时，方位并没有改变，并且旋转轴也是无关紧要的。

数学上，实际只有一个单位四元数：[1，**0**]。用任意四元数 **q** 乘以单位四元数[1,0]，结果仍是 **q**。任意四元数 **q** 乘以另一个“几何单位”四元数[-1,**0**]时得到-**q**。几何上，因为 **q** 和-**q** 代表的角位移相同，可认为结果是相同的。但在数学上，**q** 和-**q** 不相等，所以[-1，**0**]并不是“真正”的单位四元数。

10.4.6 四元数的模

和复数一样，四元数也有模。记法和公式都与向量的类似，如公式 10.6 所示。

$$\begin{aligned}\|\mathbf{q}\| &= \|\begin{bmatrix} w & (x \quad y \quad z)\end{bmatrix}\| = \sqrt{w^2+x^2+y^2+z^2} \\ &= \|\begin{bmatrix} w & \mathbf{v}\end{bmatrix}\| = \sqrt{w^2+\|\mathbf{v}\|^2}\end{aligned}$$

公式 10.6　　四元数的模

让我们看看它的几何意义。代入 θ 和 **n**，可得到：

$$\begin{aligned}\|\mathbf{q}\| &= \|\begin{bmatrix} \mathbf{w} & \mathbf{v}\end{bmatrix}\| \\ &= \sqrt{\mathbf{w}+\|\mathbf{v}\|^2} \\ &= \sqrt{\cos^2(\theta/2)+(\sin(\theta/2)\|\mathbf{n}\|)^2} \\ &= \sqrt{\cos^2(\theta/2)+\sin(\theta/2)\|\mathbf{n}\|}\end{aligned}$$

n 为单位向量，所以：

$$\begin{aligned}\|\mathbf{q}\| &= \sqrt{\cos^2(\theta/2)+\sin^2(\theta/2)\|\mathbf{n}\|^2} \\ &= \sqrt{\cos^2(\theta/2)+\sin^2(\theta/2)(1)} \\ &= \sqrt{\cos^2(\theta/2)+\sin^2(\theta/2)}\end{aligned}$$

应用三角公式 $\sin^2 x+\cos^2 x=1$，得到：

$$\|\mathbf{q}\|=\sqrt{\cos^2(\theta/2)+\sin^2(\theta/2)}=\sqrt{1}=1$$

如果为了用四元数来表示方位，我们仅使用符合这个规则的**单位四元数**。关于非标准的四元数，请自行参考其他相关资料。

10.4.7 四元数共轭和逆

四元数的共轭记作 $\mathbf{q}^*$，可通过让四元数的向量部分变负来获得，见公式 10.7。

$$\begin{aligned}\mathbf{q}^* &= \begin{bmatrix} w & \mathbf{v} \end{bmatrix}^* = \begin{bmatrix} w & -\mathbf{v} \end{bmatrix} \\ &= \begin{bmatrix} w & (x \quad y \quad z) \end{bmatrix}^* = \begin{bmatrix} w & (-x \quad -y \quad -z) \end{bmatrix}\end{aligned}$$

公式 10.7 四元数的共轭

四元数的逆记作 $\mathbf{q}^{-1}$，定义为四元数的共轭除以它的模，见公式 10.8。

$$\mathbf{q}^{-1}=\frac{\mathbf{q}^*}{\|\mathbf{q}\|}$$

公式 10.8 四元数的逆

四元数的逆和实数的倒数有着有趣的对应关系。对于实数 a，它的逆 a^{-1} 为 $1/a$，从另一方面说，$a(a^{-1})=a^{-1}a=1$。四元数的逆也有同样的性质。一个四元数 $\mathbf{q}$ 乘以它的逆 $\mathbf{q}^{-1}$，即可得到单位四元数[1，**0**](10.4.8 节将介绍四元数的形法)。

公式 10.8 是四元数逆的正式定义，但我们只使用单位四元数，所以四元数的逆和共轭是相等的。

共轭非常有趣，因为 $\mathbf{q}$ 和 $\mathbf{q}^*$ 代表相反的角位移。很容易验证这种说法，使 $\mathbf{v}$ 变负，也就是使旋转轴反向，它颠倒了我们所认为的旋转正方向。因此，$\mathbf{q}$ 绕轴旋转 θ 角，而 $\mathbf{q}^*$ 沿相反的方向旋转相同的角度。

针对我们的目的而言，四元数的共轭可以有另一种定义：w 变负，$\mathbf{v}$ 不变。这使旋转角变负，而不是通过翻转旋转轴来颠倒正方向。这和公式 10.8 给出的定义等价(至少对于我们的目的是这样的)，并提供了一种稍微快一点的实现和更为直观的几何解释。但对于复数，术语“**共轭**”有其特殊含义，因此我们保持原定义不变。

10.4.8 四元数乘法(叉乘)

四元数能根据 10.4.2 节中的复数解释来相乘，如下：

$$\begin{aligned}&(w_1+x_1i+y_1j+z_1k)(w_2+x_2i+y_2j+z_2k)\\&=w_1w_2+w_1x_2i+w_1y_2j+w_1z_2k\end{aligned}$$

$$
\begin{aligned}
&+x_1w_2i + x_1x_2i^2 + x_1y_2ij + x_1z_2ik \\
&+y_1w_2j + y_1x_2ji + y_1y_2j^2 + y_1z_2jk \\
&+z_1w_2k + z_1x_2ki + z_1y_2kj + z_1z_2k^2
\end{aligned}
$$

$$
\begin{aligned}
= &w_1w_2 + w_1x_2i + w_1y_2j + w_1z_2k \\
&+x_1w_2i + x_1x_2(-1) + x_1y_2ij + x_1z_2ik \\
&+y_1w_2j + y_1x_2ji + y_1y_2(-1) + y_1z_2jk \\
&+z_1w_2k + z_1x_2ki + z_1y_2kj + z_1z_2(-1)
\end{aligned}
$$

$$
\begin{aligned}
= &w_1w_2 - x_1x_2 - y_1y_2 - z_1z_2 \\
&+(w_1x_2 + x_1w_2 + y_1z_2 - z_1y_2)i \\
&+(w_1y_2 + y_1w_2 + z_1x_2 - x_1z_2)j \\
&+(w_1z_2 + z_1w_2 + x_1y_2 - y_1x_2)k
\end{aligned}
$$

这导出了四元数乘法的标准定义，下面以两种四元数记法给出，见公式 10.9。

$$
\begin{bmatrix} w_1 & (x_1 & y_1 & z_1) \end{bmatrix}\begin{bmatrix} w_2 & (x_2 & y_2 & z_2) \end{bmatrix}
$$

$$
= \begin{bmatrix} w_1w_2 - x_1x_2 - y_1y_2 - z_1z_2 \\ \begin{pmatrix} w_1x_2 + x_1w_2 + z_1y_2 - y_1z_2 \\ w_1y_2 + y_1w_2 + x_1z_2 - z_1x_2 \\ w_1z_2 + z_1w_2 + y_1x_2 - x_1y_2 \end{pmatrix} \end{bmatrix}
$$

$$
\begin{bmatrix} w_1 & \mathbf{v}_1 \end{bmatrix} \begin{bmatrix} w_2 & \mathbf{v}_2 \end{bmatrix}
$$

$$
= \begin{bmatrix} w_1w_2 - \mathbf{v}_1 \cdot \mathbf{v}_2 & w_1\mathbf{v}_2 + w_2\mathbf{v}_1 + \mathbf{v}_2 \times \mathbf{v}_1 \end{bmatrix}
$$

公式 10.9　　四元数乘法的标准定义

注意　这不是本书实际所用的四元数乘法定义。我们将使用一种稍微不同的形式。这种不同的定义和它的意义，稍后给出。

不用为四元数叉乘使用乘号，“行”或“列”四元数也没有什么区别。

四元数叉乘满足结合律，但不满足交换律，如公式 10.10 所示。

$$
(\mathbf{ab})\mathbf{c} = \mathbf{a}(\mathbf{bc})
$$

$$
\mathbf{ab} \neq \mathbf{ba}
$$

公式 10.10　　四元数乘法满足结合律但不满足交换律

现在看看两个四元数叉乘的模：

$$\|\mathbf{q}_1\mathbf{q}_2\| = \| [w_1 \quad (x_1 \quad y_1 \quad z_1)] \, [w_2 \quad (x_2 \quad y_2 \quad z_2)] \|$$

$$= \left\| \begin{bmatrix} w_1w_2 - x_1x_2 - y_1y_2 - z_1z_2 \\ \begin{pmatrix} w_1x_2 + x_1w_2 + z_1y_2 - y_1z_2 \\ w_1y_2 + y_1w_2 + x_1z_2 - z_1x_2 \\ w_1z_2 + z_1w_2 + y_1x_2 - x_1y_2 \end{pmatrix} \end{bmatrix} \right\|$$

$$= \sqrt{\begin{array}{l} (w_1w_2 - x_1x_2 - y_1y_2 - z_1z_2)^2 \\ +(w_1x_2 + x_1w_2 + z_1y_2 - y_1z_2)^2 \\ +(w_1y_2 + y_1w_2 + x_1z_2 - z_1x_2)^2 \\ +(w_1z_2 + z_1w_2 + y_1x_2 - x_1y_2)^2 \end{array}}$$

展开并合同类项(因为这个步骤很冗长所以我们就把它省略了)得到公式 10.11：

$$\|\mathbf{q}_1\mathbf{q}_2\| = \sqrt{\begin{array}{l} w_1^2w_2^2 + x_1^2x_2^2 + y_1^2y_2^2 + z_1^2z_2^2 \\ +w_1^2x_2^2 + x_1^2w_2^2 + z_1^2y_2^2 + y_1^2z_2^2 \\ +w_1^2y_2^2 + y_1^2w_2^2 + x_1^2z_2^2 + z_1^2x_2^2 \\ +w_1^2z_2^2 + z_1^2w_2^2 + y_1^2x_2^2 + x_1^2y_2^2 \end{array}}$$

$$= \sqrt{\begin{array}{l} w_1^2(w_2^2 + x_2^2 + y_2^2 + z_2^2) \\ +x_1^2(w_2^2 + x_2^2 + y_2^2 + z_2^2) \\ +y_1^2(w_2^2 + x_2^2 + y_2^2 + z_2^2) \\ +z_1^2(w_2^2 + x_2^2 + y_2^2 + z_2^2) \end{array}}$$

$$= \sqrt{(w_1^2 + x_1^2 + y_1^2 + z_1^2)(w_2^2 + x_2^2 + y_2^2 + z_2^2)}$$

最后，应用四元数模的定义得到公式 10.11：

$$\|\mathbf{q}_1\mathbf{q}_2\| = \sqrt{(w_1^2 + x_1^2 + y_1^2 + z_1^2)(w_2^2 + x_2^2 + y_2^2 + z_2^2)}$$

$$= \sqrt{\|\mathbf{q}_1\|^2\|\mathbf{q}_2\|^2}$$

$$= \|\mathbf{q}_1\| \; \|\mathbf{q}_2\|$$

公式 10.11 四元数乘积的模等于模的乘积

因此，四元数乘积的模等于模的乘积。这个结论非常重要，因为它保证了两个单位四元数相乘的结果还是单位四元数。

四元数乘积的逆等于各个四元数的逆以相反的顺序相乘，如公式 10.12 所示。

$$(\mathbf{ab})^{-1} = \mathbf{b}^{-1}\mathbf{a}^{-1}$$

$$(\mathbf{q}_1\mathbf{q}_2\cdots\mathbf{q}_{n-1}\mathbf{q}_n)^{-1} = \mathbf{q}_n{}^{-1}\mathbf{q}_{n-1}{}^{-1}\cdots\mathbf{q}_2{}^{-1}\mathbf{q}_1{}^{-1}$$

公式 10.12　　四元数乘积的逆等于各个四元数的逆以相反的顺序相乘

现在到了四元数非常有用的性质。让我们“扩展”一个标准 3D 点(x，y，z)到四元数空间，通过定义四元数 $\mathbf{p}=[0, (x, y, z)]$即可(当然，在一般情况下，**p** 不会是单位四元数)。设 **q** 为我们讨论的旋转四元数形式$[\cos(\theta/2), \mathbf{n}\sin(\theta/2)]$，**n** 为旋转轴，单位向量；$\theta$ 为旋转角。您会惊奇地发现，执行下面的乘法可以使 3D 点 **p** 绕 **n** 旋转：

$$\mathbf{p}' = \mathbf{q}\mathbf{p}\mathbf{q}^{-1}$$

我们可以证明这个等式，通过展开乘法，代入 **n** 和 θ，然后和公式 8.5 比较。事实上，很多书正是从这里开始推导四元数向矩阵形式转换的公式。在 10.6.3 节中，我们选择了完全从旋转的几何角度来推导四元数向矩阵的转换。已经证明，四元数乘法和 3D 向量旋转的对应关系，更多的是理论上的意义，不是实践上的。实际上，它几乎和把四元数转换到矩阵形式然后再用矩阵乘以向量所用的时间一样。

抛开这个数学上的细节，四元数乘法的优势体现在哪里？让我们看多次旋转的情况。将点 **p** 用一个四元数 **a** 旋转然后再用另一个四元数 **b** 旋转：

$$\begin{aligned}\mathbf{p}' &= \mathbf{b}(\mathbf{a}\mathbf{p}\mathbf{a}^{-1})\mathbf{b}^{-1} \\ &= (\mathbf{b}\mathbf{a})\mathbf{p}(\mathbf{a}^{-1}\mathbf{b}^{-1}) \\ &= (\mathbf{b}\mathbf{a})\mathbf{p}(\mathbf{b}\mathbf{a})^{-1}\end{aligned}$$

注意，先进行 **a** 旋转再进行 **b** 旋转等价于执行乘积 **ba** 代表的单一旋转。因此，四元数乘法能用来连接多次旋转，这和矩阵乘法的效果一样。根据四元数乘法的标准定义，这个旋转是以从右向左的顺序发生的。这非常不幸，因为它迫使我们以“由里向外”的顺序连接多次旋转，这和以矩阵形式作同样的运算是不同的(至少在使用行向量时是不同的)。

针对公式 10.9 所导致的“顺序颠倒”问题，在本书文本和代码中，我们将违背标准定义，以相反的运算顺序来定义四元数乘法。注意，仅仅向量叉乘部分受到了影响，见公式 10.13。

$$\begin{bmatrix} w_1 & (x_1 & y_1 & z_1) \end{bmatrix} \begin{bmatrix} w_2 & (x_2 & y_2 & z_2) \end{bmatrix}$$

$$= \begin{bmatrix} w_1w_2 - x_1x_2 - y_1y_2 - z_1z_2 \\ \begin{pmatrix} w_1x_2 + x_1w_2 + y_1z_2 - z_1y_2 \\ w_1y_2 + y_1w_2 + z_1x_2 - x_1z_2 \\ w_1z_2 + z_1w_2 + x_1y_2 - y_1x_2 \end{pmatrix} \end{bmatrix}$$

$$\begin{bmatrix} w_1 & \mathbf{v}_1 \end{bmatrix} \begin{bmatrix} w_2 & \mathbf{v}_2 \end{bmatrix}$$

$$= \begin{bmatrix} w_1w_2 - \mathbf{v}_1 \cdot \mathbf{v}_2 & w_1\mathbf{v}_2 + w_2\mathbf{v}_1 + \mathbf{v}_1 \cdot \mathbf{v}_2 \end{bmatrix}$$

公式 10.13　　本书所用的四元数乘法的定义

这并没有改变四元数的基本性质和用 **v**、θ 的几何解释，仍然能用四元数乘法来直接旋转向量，惟一不同的是，根据我们的定义，将四元数放在向量右边，而把它的逆放在向量的左边：

$$\mathbf{p}' = \mathbf{q}^{-1}\mathbf{p}\mathbf{q}$$

能看到下面这个表达了多个旋转连接的等式，它是自左向右的，与旋转发生的顺序一致：

$$\begin{aligned}\mathbf{p}' &= \mathbf{b}^{-1}(\mathbf{a}^{-1}\mathbf{p}\mathbf{a})\mathbf{b} \\ &= (\mathbf{b}^{-1}\mathbf{a}^{-1})\mathbf{p}(\mathbf{a}\mathbf{b}) \\ &= (\mathbf{a}\mathbf{b})^{-1}\mathbf{p}(\mathbf{a}\mathbf{b})\end{aligned}$$

本书的剩余部分和所有代码中，都将使用由公式 10.13 给出的四元数乘法定义。为了尽量减少混淆，所有因这种对标准的改变，而可能引起我们的公式或代码与其他书不同的地方，我们都将说明。

我们绝非随意地改变标准，之所以这样做是有充分的理由的。11.3 节将给出四元数类，它的设计使得完全没有必要对四元数中的成员进行直接操作。对于我们来说，让四元数代表角位移的“高级”能力，使其易于使用，这比坚持正式标准更加重要。我们的目的在于理解四元数的本质和它提供给我们的操作，设计一个类将直接引出这些操作，在需要的地方使用这个类，永远不需要再去摆弄里面的数。

10.4.9 四元数“差”

利用四元数的乘法和逆，就能够计算两个四元数的“差”。“差”被定义为一个方位到另一个方位的角位移。换句话说，给定方位 **a** 和 **b**，能够计算从 **a** 旋转到 **b** 的角位移 **d**。用四元数等式更加紧凑地表示为：**ad=b**。

(这里使用我们的更加直观的四元数乘法定义，旋转的顺序对应于从左向右乘法的顺序。)现在来求 **d**。如果等式中的变量为标量，那么就可以简单的除以 **a**。但是，不能除以四元数，只能乘它们。也许乘以它的逆能达到想要的效果！两边同时左乘 $\mathbf{a}^{-1}$(必须注意，四元数乘法不满足交换律)：

$$\mathbf{a}^{-1}(\mathbf{a}\mathbf{d}) = \mathbf{a}^{-1}\mathbf{b}$$

应用四元数乘法的结合律，化简得到：

$$\begin{aligned}\mathbf{a}^{-1}(\mathbf{a}\mathbf{d}) &= \mathbf{a}^{-1}\mathbf{b} \\ \begin{bmatrix}1 & \mathbf{0}\end{bmatrix}\mathbf{d} &= \mathbf{a}^{-1}\mathbf{b} \\ \mathbf{d} &= \mathbf{a}^{-1}\mathbf{b}\end{aligned}$$

现在，我们就有了求得代表一个方位到另一个方位角位移的四元数的方法。10.4.13 节将用到这种方法。

数学上，两个四元数之间的角度“差”更类似于“除”，而不是真正的“差”(减法)。

10.4.10　四元数点乘

四元数也有点乘运算。它的记法、定义和向量点乘非常类似，如公式 10.14 所示。

$$\mathbf{q}_1\cdot\mathbf{q}_2=\begin{bmatrix}w_1 & \mathbf{v}_1\end{bmatrix}\cdot\begin{bmatrix}w_2 & \mathbf{v}_2\end{bmatrix}=w_1w_2+\mathbf{v}_1\cdot\mathbf{v}_2$$

$$=\begin{bmatrix}w_1 & (x_1 & y_1 & z_1)\end{bmatrix}\cdot\begin{bmatrix}w_2 & (x_2 & y_2 & z_2)\end{bmatrix}=w_1w_2+x_1x_2+y_1y_2+z_1z_2$$

公式 10.14　　四元数点乘

注意，和向量点乘一样，其结果是标量。对于单位四元数 **a** 和 **b**，有 $-1\leqslant\mathbf{a}\cdot\mathbf{b}\leqslant1$。通常我们只关心 $\mathbf{a}\cdot\mathbf{b}$ 的绝对值，因为 $\mathbf{a}\cdot\mathbf{b}=-(\mathbf{a}\cdot-\mathbf{b})$，所以 **b** 和 $-\mathbf{b}$ 代表相同的角位移。

四元数点乘的几何解释类似于向量点乘的几何解释。四元数点乘 $\mathbf{a}\cdot\mathbf{b}$ 的绝对值越大，**a** 和 **b** 代表的角位移越“相似”。

10.4.11　四元数的对数、指数和标量乘运算

本节讨论四元数的三种运算，尽管很少直接使用它们，但它们是某些重要四元数运算的基础。这些运算是四元数对数、指数、标量乘。

首先，让我们重写四元数的定义，引入一个新的变量 α，等于半角 $\theta/2$：

$$\alpha=\theta/2$$

$$\|\mathbf{n}\|=1$$

$$\mathbf{q}=\begin{bmatrix}\cos\alpha & \mathbf{n}\sin\alpha\end{bmatrix}$$

$$=\begin{bmatrix}\cos\alpha & x\sin\alpha & y\sin\alpha & z\sin\alpha\end{bmatrix}$$

q 的对数定义为公式 10.15：

$$\log\mathbf{q}=\log(\begin{bmatrix}\cos\alpha & \mathbf{n}\sin\alpha\end{bmatrix})$$

$$\equiv\begin{bmatrix}0 & \alpha\mathbf{n}\end{bmatrix}$$

公式 10.15　　四元数的对数

≡表示“恒等于”。注意 $\log\mathbf{q}$ 的结果，它一般不是单位四元数。

指数则以严格相反的方式定义。首先，设四元数 **p** 的形式为$[0,\ \alpha\mathbf{n}]$，**n** 为单位向量：

$$\mathbf{p}=\begin{bmatrix}0 & \alpha\mathbf{n}\end{bmatrix}$$

$$=\begin{bmatrix}0 & (\alpha x \quad \alpha y \quad \alpha z)\end{bmatrix}$$

$$\|\mathbf{n}\|=1$$

接着，指数定义为公式 10.16：

$$\begin{aligned}\exp\mathbf{p}&=\exp(\begin{bmatrix}0 & \alpha\mathbf{n}\end{bmatrix})\\&\equiv\begin{bmatrix}\cos\alpha & \mathbf{n}\sin\alpha\end{bmatrix}\end{aligned}$$

公式 10.16　　四元数的指数

根据定义，$\exp\mathbf{p}$ 总是返回单位四元数。

四元数的对数和指数类似于它们的标量形式。回忆一下，对于标量 a，有下列关系成立：

$$e^{\ln a}=a$$

同样，四元数指数运算为四元数对数运算的逆运算：

$$\exp(\log\mathbf{q})=\mathbf{q}$$

最后，四元数能与一个标量相乘。其计算方法非常直接：每个分量都乘以这个标量。给定标量 k 和四元数 $\mathbf{q}$，有公式 10.17：

$$\begin{aligned}k\mathbf{q}&=k\begin{bmatrix}w & \mathbf{v}\end{bmatrix}=\begin{bmatrix}kw & k\mathbf{v}\end{bmatrix}\\&=k\begin{bmatrix}w & (x \quad y \quad z)\end{bmatrix}=\begin{bmatrix}kw & (kx \quad ky \quad kz)\end{bmatrix}\end{aligned}$$

公式 10.17　　四元数和标量相乘

一般不会得到单位四元数，这也是为什么在表达角位移的场合中标量乘不是那么有用的原因。

10.4.12　四元数求幂

四元数能作为底数，记作 $\mathbf{q}^t$ (不要和指数运算混淆，指数运算只接受一个四元数作为参数，而四元数求幂有两个参数——四元数和指数)。四元数求幂的意义类似于实数求幂。回忆一下，$a^0=1$，$a^1=a$，a 为非零标量。当 t 从 0 变到 1 时，a^t 从 1 到 a。四元数求幂有类似的结论：当 t 从 0 变到 1，$\mathbf{q}^t$ 从[1，$\mathbf{0}$]到 $\mathbf{q}$。

这对四元数求幂非常有用，因为它可以从角位移中抽取“一部分”。例如，四元数 $\mathbf{q}$ 代表一个角位移，现在想要得到代表1/3 这个角位移的四元数，可以这样计算：$\mathbf{q}^{1/3}$。

指数超出[0，1]范围外的几何行为和预期的一样(但有一个重要的注意事项)。例如，$\mathbf{q}^2$ 代表的角位移是 $\mathbf{q}$ 的两倍。假设 $\mathbf{q}$ 代表绕 x 轴顺时针旋转 30°，那么 $\mathbf{q}^2$ 代表绕 x 轴顺时针旋转 60°，$\mathbf{q}^{-1/3}$ 代表绕 x 轴逆时针旋转 10°。

上面提到的注意事项是，四元数表达角位移时使用最短圆弧，不能“绕圈”。继续上面的例子，$\mathbf{q}^4$ 不是预期的绕 x 轴顺时针旋转 240°，而是逆时针 80°。显然，向一个方向旋转 240° 等价于向相反的方向旋转 80°，都能得到正确的“最终结果”。但是，在此基础上的进一步运算，产生的就可能不是预期的结果了。例如，$(\mathbf{q}^4)^{1/2}$ 不是 $\mathbf{q}^2$，尽管我们感觉应该是这样。一般来说，凡是涉及到指数运算的代数公式，如 $(a^s)^t = a^{st}$，对四元数都不适用。

现在，我们已经理解四元数求幂可以为我们做什么了。让我们看看它的数学定义。四元数求幂定义在前一节讨论的“有用”运算上，定义如公式 10.18：

$$\mathbf{q}^t = \exp(t \log \mathbf{q})$$

公式 10.18　　四元数求幂

注意，对于标量求幂，也有类似结论：

$$a^t = e^{(t \ln a)}$$

不难理解为什么当 t 从 0 变到 1 时 $\mathbf{q}^t$ 从单位四元数变到 $\mathbf{q}$。注意到对数运算只是提取了轴 $\mathbf{n}$ 和角度 θ；接着，和指数 t 进行标量乘时，结果是 θ 乘以 t；最后，指数运算“撤消”了对数运算，从 $t\theta$ 和 $\mathbf{n}$ 重新计算 w 和 $\mathbf{v}$。上面给出的定义就是标准数学定义，在理论上非常完美，但直接转换到代码却是很复杂的。程序清单 10.1 所示的代码展示了怎样计算 $\mathbf{q}^t$ 的值。

程序清单 10.1　四元数求幂

```
// 四元数(输入、输出)
float w,x,y,z;
// 指数
float exponent;
// 检查单位四元数的情况，避免除零
if (fabs(w) < .9999f) {
    // 提取半角 alpha (alpha = theta/2)
    float alpha = acos(w);
    // 计算新的 alpha 值
    float newAlpha = alpha * exponent;
    // 计算新 w 值
    w = cos(newAlpha);
    // 计算新的 xyz 值
    float mult = sin(newAlpha) / sin(alpha);
    x *= mult;
    y *= mult;
    z *= mult;
}
```

关于这些代码，需要注意的地方有：

- 首先，有必要做单位四元数的检查。因为 $w = \pm 1$ 会导致 mult 的计算中出现除零现象。单位四元数的任意次方还是单位四元数。因此，如果检测到输入是单位四元数，直接忽略指数直接返回原四元数即可。
- 第二，计算 alpha 时，使用了 acos 函数，它的返回值是正的角度。这并不会违背一般性，任何四元数都能解释成有正方向的旋转角度。因为绕某轴的负旋转等价于绕指向相反方向的轴的正旋转。

10.4.13 四元数插值——"slerp"

当今 3D 数学中四元数存在的理由是由于一种称作 slerp 的运算，它是球面线性插值的缩写(Spherical Linear Interpolation)。slerp 运算非常有用，因为它可以在两个四元数间平滑插值。slerp 运算避免了欧拉角插值的所有问题(见 10.3.4 节)。

slerp 是一种三元运算，这意味着它有三个操作数。前两个操作数是两个四元数，将在它们中间插值。设这两个"开始"和"结束"四元数分别为 $\mathbf{q}_0$ 和 $\mathbf{q}_1$。插值参数设为变量 t，t 在 0 到 1 之间变化。slerp 函数：$\text{slerp}(\mathbf{q}_0,\mathbf{q}_1,t)$

将返回 $\mathbf{q}_0$ 到 $\mathbf{q}_1$ 之间的插值方位。

能否利用现有的数学工具推导出 slerp 公式呢？如果是在两个标量 a_0 和 a_1 间插值，我们会使用下面的标准线性插值公式：

$$\Delta a = a_1 - a_0$$

$$lerp(a_0,a_1,t) = a_0 + t\Delta a$$

标准线性插值公式从 a_0 开始，并加上 a_0 和 a_1 差的 t^{th} 倍。有三个基本步骤：

- 计算两个值的差。
- 取得差的一部分。
- 在初始值上加上差的一部分。

可以使用同样的步骤在四元数间插值：

- **计算两个值的差。** 10.4.9 节已经学过，$\mathbf{q}_0$ 到 $\mathbf{q}_1$ 的角位移由 $\Delta\mathbf{q} = \mathbf{q}_0^{-1}\mathbf{q}_1$ 给出。
- **计算差的一部分。** 四元数求幂可以做到，10.4.12 节讨论过。差的一部分由 $\Delta\mathbf{q}^t$ 给出。
- **在开始值上加上差的一部分。** 方法是用四元数乘法来组合角位移：

$\mathbf{q}_0\Delta\mathbf{q}^t$ (再次使用本书对四元数乘法的较为直观的定义，可以从左到右阅读它)。

这样，得到 slerp 的公式如公式 10.19 所示：

$$\mathrm{slerp}(\mathbf{q}_0,\mathbf{q}_1,t)=\mathbf{q}_0(\mathbf{q}_0^{-1}\mathbf{q}_1)^t$$

公式 10.19　理论上的四元数 slerp 运算

这是理论上的 slerp 计算过程。实践中，将使用一种更加有效的方法。

我们在 4D 空间中解释四元数。因为所有我们感兴趣的四元数都是单位四元数，所以它们都“存在”于一个 4D“球面”上。

slerp 的基本思想是沿着 4D 球面上连接两个四元数的弧插值(这就是球面线性插值这个名称的由来)。

可以把这种思想表现在平面上。设两个 2D 向量 $\mathbf{v}_0$ 和 $\mathbf{v}_1$，都是单位向量。我们要计算 $\mathbf{v}_t$，它是沿 $\mathbf{v}_0$ 到 $\mathbf{v}_1$ 弧的平滑插值。设 ω 是 $\mathbf{v}_0$ 到 $\mathbf{v}_1$ 弧所截的角，那么 $\mathbf{v}_t$ 就是绕 $\mathbf{v}_1$ 沿弧旋转 $t\omega$ 的结果。如图 10.10 所示。

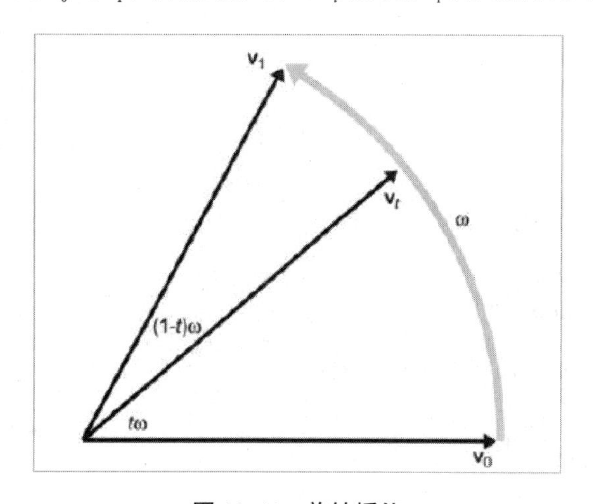

图 10.10　旋转插值

将 $\mathbf{v}_t$ 表达成 $\mathbf{v}_0$ 和 $\mathbf{v}_1$ 的线性组合，从另一方面说，存在两个非零常数 k_0 和 k_1，使得：

$\mathbf{v}_t=k_0\mathbf{v}_0+k_1\mathbf{v}_1$。

可以用基本几何学求出 k_0 和 k_1。图 10.11 展示了计算的方法。

对以 $k_1\mathbf{v}_1$ 为斜边的直角三角形应用三角公式得：

$$\sin\omega=\frac{\sin t\omega}{k_1}$$

$$k_1=\frac{\sin t\omega}{\sin\omega}$$

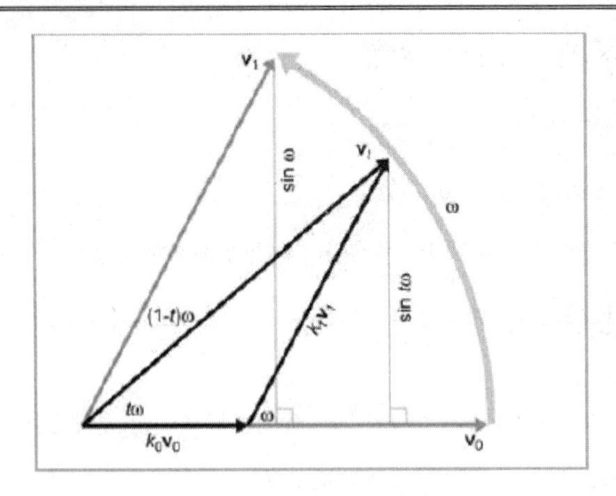

图 10.11 沿弧插值向量

用同样的方法求得 k_0：

$$k_0 = \frac{\sin(1-t)\omega}{\sin\omega}$$

$\mathbf{v}_t$ 可以表示为：

$$\mathbf{v}_t = k_0\mathbf{v}_0 + k_1\mathbf{v}_1$$

$$\mathbf{v}_t = \frac{\sin(1-t)\omega}{\sin\omega}\mathbf{v}_0 + \frac{\sin t\omega}{\sin\omega}\mathbf{v}_1$$

将同样的思想扩展到四元数，重写 slerp 可得：

$$slerp(\mathbf{q}_0, \mathbf{q}_1, t) = \frac{\sin(1-t)\omega}{\sin\omega}\mathbf{q}_0 + \frac{\sin t\omega}{\sin\omega}\mathbf{q}_1$$

可以用点乘来计算两个四元数间的“角度”。

这里有两点需要考虑。第一，四元数 $\mathbf{q}$ 和 $-\mathbf{q}$ 代表相同的方位，但它们作为 slerp 的参数时可能导致不一样的结果，这是因为 4D 球面不是欧氏空间的直接扩展。而这种现象在 2D 和 3D 中不会发生。解决方法是选择 $\mathbf{q}_0$ 和 $\mathbf{q}_1$ 的符号使得点乘 $\mathbf{q}_0 \cdot \mathbf{q}_1$ 的结果是非负。第二个要考虑的是如果 $\mathbf{q}_0$ 和 $\mathbf{q}_1$ 非常接近，$\sin\theta$ 会非常小，这时除法可能会出现问题。为了避免这样的问题，当 $\sin\theta$ 非常小时使用简单的线性插值。程序清单 10.2 把所有建议都应用到了计算四元数的 slerp 中：

程序清单 10.2 slerp 的实现

```
// 两个输入四元数
float w0,x0,y0,z0;
float w1,x1,y1,z1;
// 插值变量
float t;
```

```
// 输出四元数
float w,x,y,z;
// 用点乘计算两四元数夹角的 cos 值
float cosOmega = w0*w1 + x0*x1 + y0*y1 + z0*z1;
// 如果点乘为负，则反转一个四元数以取得短的 4D “弧”
if (cosOmega < 0.0f) {
   w1 = -w1;
   x1 = -x1;
   y1 = -y1;
   z1 = -z1;
   cosOmega = -cosOmega;
}
// 检查它们是否过于接近以避免除零
float k0, k1;
if (cosOmega > 0.9999f) {
   // 非常接近——即线性插值
   k0 = 1.0f-t;
   k1 = t;
} else {
   // 用三角公式 sin^2(omega) + cos^2(omega) = 1 计算 sin 值
   float sinOmega = sqrt(1.0f - cosOmega*cosOmega);
   // 通过 sin 和 cos 计算角度
   float omega = atan2(sinOmega, cosOmega);
   // 计算分母的倒数，这样就只需要一次除法
   float oneOverSinOmega = 1.0f / sinOmega;
   // 计算插值变量
   k0 = sin((1.0f - t) * omega) * oneOverSinOmega;
   k1 = sin(t * omega) * oneOverSinOmega;
}
// 插值
w = w0*k0 + w1*k1;
x = x0*k0 + x1*k1;
y = y0*k0 + y1*k1;
z = z0*k0 + z1*k1;
```

10.4.14　四元数样条——“squad”

slerp 提供了两个方位间的插值。当有多于两个的方位序列(它描述了我们想要经过的插值“路径”)时怎么办？我们可以在“控制点”之间使用 slerp。类似于基本几何学中的线性插值，控制点之间是以直线连接的。显然，控制点上会有不连续性——这是我们想要避免的。

虽然全面讨论超出了本书的范围，但我们还是给出 squad(**S**pherical and **Quad**rangle)的公式，用来描绘控制点间的路径。我们向那些对于这个技术的细节分析(包括它的一些缺点的叙述，如角速度不是常量等)有兴趣的读者推荐附录 B 中引出的第 3 本书。幸运的是，如果只是为了使用 squad，可以不必完全理解其

中的数学原理。

设“控制点”由四元数序列所定义：

$$\mathbf{q}_1,\mathbf{q}_2,\mathbf{q}_3,\cdots,\mathbf{q}_{n-2},\mathbf{q}_{n-2},\mathbf{q}_1$$

另外，引进一个“辅助”四元数 $\mathbf{s}_i$，将它作为临时控制点：

$$\mathbf{s}_i=\exp\left(-\frac{\log(\mathbf{q}_{i+1}\mathbf{q}_i^{-1})+\log(\mathbf{q}_{i-1}\mathbf{q}_i^{-1})}{4}\right)\mathbf{q}_i$$

注意，$\mathbf{q}_{i-1}$ 至 $\mathbf{q}_{i+1}$ 计算出 $\mathbf{s}_i$，所以，$\mathbf{s}_1$ 和 $\mathbf{s}_n$ 是未定义的。换句话说，曲线从 $\mathbf{q}_2$ 延伸到 $\mathbf{q}_{n-1}$，第一个和最后一个控制点仅用于控制中间的曲线。如果曲线一定要经过这两点，必须在头部和尾部增加虚控制点，一个显而易见的方法就是复制这两个控制点。

给定四个相邻的控制点，squad 用于计算中间两点间的插值，这一点非常像三次样条。

设四个控制点为：

$$\mathbf{q}_{i-1},\mathbf{q}_i,\mathbf{q}_{i+1},\mathbf{q}_{i+2}$$

还要引入一个插值变量 h，h 从 0 变化到 1 时，squad 描绘 $\mathbf{q}_i$ 到 $\mathbf{q}_{i+1}$ 之间的曲线。

整条插值曲线能够分段应用 squad 方法来获得，如公式 10.12 所示。

$$\text{squad}(\mathbf{q}_i,\mathbf{q}_{i+1},\mathbf{s}_i,\mathbf{s}_{i+1},h)=\text{slerp}(\text{slerp}(\mathbf{q}_i,\mathbf{q}_{i+1},h),\text{slerp}(\mathbf{s}_i,\mathbf{s}_{i+1},h),2h(1-h))$$

公式 10.20　　squad 运算

10.4.15　四元数的优点和缺点

四元数有一些其他角位移表示方法所没有的优点：

- **平滑插值**。slerp 和 squad 提供了方位间的平滑插值，没有其他方法能提供平滑插值。
- **快速连接和角位移求逆**。四元数叉乘能将角位移序列转换为单个角位移，用矩阵作同样的操作明显会慢一些。四元数共轭提供了一种有效计算反角位移的方法，通过转置旋转矩阵也能达到同样的目的，但不如四元数来得容易。
- **能和矩阵形式快速转换**。10.6 节会看到，四元数和矩阵间的转换比欧拉角与矩阵之间的转换稍微快一点。
- **仅用四个数**。四元数仅包含 4 个数，而矩阵用了 9 个数，它比矩阵“经济”得多(当然仍然比欧拉角多 33%)。

要获得这些优点是要付出代价的。四元数也有和矩阵相似的问题，只不过问题程度较轻：

- **比欧拉角稍微大一些**。这个额外的数似乎没有太大关系，但在需要保存大量角位移时，如存储动画数据，这额外的 33%也是数量可观的。
- **四元数可能不合法**。坏的输入数据或浮点数舍入误差积累都可能使四元数不合法(能通过四元数标准化解决这个问题，确保四元数为单位大小)。
- **难于使用**。在所有三种形式中，四元数是最难于直接使用的。

10.5　各方法比较

让我们汇总前几节中的内容。表 10.1 列出了三种表示方法的不同之处。

表 10.1　矩阵、欧拉角和四元数的比较

任务/性质	矩阵	欧拉角	四元数
在坐标系间(物体和惯性)旋转点	能	不能(必须转换到矩阵)	不能(必须转换到矩阵)
连接或增量旋转	能，但经常比四元数慢，小心矩阵蠕变的情况	不能	能，比矩阵快
插值	基本上不能	能，但可能遭遇万向锁或其他问题	Slerp 提供了平滑插值
易用程度	难	易	难
在内存或文件中存储	9 个数	3 个数	4 个数
对给定方位的表达方式是否惟一	是	不是，对同一方位有无数多种方法	不是，有两种方法，它们互相为负
可能导致非法	矩阵蠕变	任意三个数都能构成合法的欧拉角	可能会出现误差积累，从而产生非法的四元数

不同的方位表示方法适用于不同的情况。下面是我们对合理选择格式的一些建议：

- 欧拉角最容易使用。当需要为世界中的物体指定方位时，欧拉角能大大地简化人机交互，包括直接的键盘输入方位、在代码中指定方位(如为渲染设定摄像机)、在调试中测试。这个优点不应被忽视，不要以“优化”为名义而牺牲易用性，除非您确定这种优化的确有效果。
- 如果需要在坐标系之间转换向量，那么就选择矩阵形式。当然，这并不意味着您就不能用其他格式来保存方位，并在需要的时候转换到矩阵格式。另一种方法是用欧拉角作为方位的“主拷贝”，但同时维护一个旋转矩阵，当欧拉角发生改变时矩阵也要同时进行更新。
- 当需要大量保存方位数据(如动画)时，就使用欧拉角或四元数。欧拉角将少占用 25%的内存，但它在转换到矩阵时要稍微慢一些。如果动画数据需要嵌套坐标系之间的连接，四元数可能是最好的选择。

- 平滑的插值只能用四元数完成。如果您用其他形式，也可以先转换到四元数然后再插值，插值完毕后再转换回原来的形式。

10.6 表达形式之间的转换

在本章前面的内容中，我们已经建立了这样的观点：在不同情况下使用不同的方位表达形式，还给出了选择合适方法的一些建议。本节将讨论怎样将角位移从一种形式转换到另一种形式。

10.6.1 从欧拉角转换到矩阵

欧拉角描述了一个旋转序列。分别计算出每个旋转的矩阵再将它们连接成一个矩阵，这个矩阵就代表了整个角位移。当然，它和我们是想要物体到惯性坐标的变换矩阵还是惯性到物体坐标的变换矩阵是相关的。本节讨论这两种矩阵的计算。

我们对欧拉角的定义是一个旋转序列，该旋转序列将物体(和它的坐标空间)从惯性坐标空间转换到物体坐标空间。因此，可以用欧拉角定义的直接转换来直接产生惯性——物体旋转矩阵的一般形式：

$$\mathbf{M}_{\text{惯性}\rightarrow\text{物体}} = \mathbf{HPB}$$

H、**P**、**B** 分别为 heading、pitch、bank 的旋转矩阵，它们分别绕 y、x、z 轴旋转。8.2.2 节已经学过如何计算这些独立矩阵。但有一点需要考虑，8.1 节曾介绍过，仅仅旋转“坐标空间”就是旋转“点”的严格相反操作。可以想象这些旋转发生时点是固定在空间中不变的，例如，pitch 使坐标空间向下，点实际上关于坐标空间向上。欧拉角公式明确指明是物体和它的坐标空间旋转，但我们需要的是变换“点”的矩阵，所以计算矩阵 **H**、**P**、**B** 时，用相反的旋转量来旋转。设 heading、pitch、bank 的旋转角分别为变量 h、p、b：

$$\mathbf{H} = \mathbf{R}_y(-h) = \begin{bmatrix} \cos(-h) & 0 & -\sin(-h) \\ 0 & 1 & 0 \\ \sin(-h) & 0 & \cos(-h) \end{bmatrix} = \begin{bmatrix} \cos h & 0 & \sin h \\ 0 & 1 & 0 \\ -\sin h & 0 & \cos h \end{bmatrix}$$

$$\mathbf{P} = \mathbf{R}_x(-p) = \begin{bmatrix} 1 & 0 & 0 \\ 0 & \cos(-p) & \sin(-p) \\ 0 & -\sin(-p) & \cos(-p) \end{bmatrix} = \begin{bmatrix} 1 & 0 & 0 \\ 0 & \cos p & -\sin p \\ 0 & \sin p & \cos p \end{bmatrix}$$

$$\mathbf{B} = \mathbf{R}_z(-b) = \begin{bmatrix} \cos(-b) & \sin(-b) & 0 \\ -\sin(-b) & \cos(-b) & 0 \\ 0 & 0 & 1 \end{bmatrix} = \begin{bmatrix} \cos b & -\sin b & 0 \\ \sin b & \cos b & 0 \\ 0 & 0 & 1 \end{bmatrix}$$

以适当的顺序连接这些矩阵得到公式 10.21：

$$
\begin{aligned}
\mathbf{M}_{惯性\to物体} &= \mathbf{HPB} \\
&= \begin{bmatrix} \cos h & 0 & \sin h \\ 0 & 1 & 0 \\ -\sin h & 0 & \cos h \end{bmatrix} \begin{bmatrix} 1 & 0 & 0 \\ 0 & \cos p & -\sin p \\ 0 & \sin p & \cos p \end{bmatrix} \begin{bmatrix} \cos b & -\sin b & 0 \\ \sin b & \cos b & 0 \\ 0 & 0 & 1 \end{bmatrix} \\
&= \begin{bmatrix} \cos h\cos b + \sin h\sin p\sin b & -\cos h\sin b + \sin h\sin p\cos b & \sin h\cos p \\ \sin b\cos p & \cos b\cos p & -\sin p \\ -\sin h\cos b + \cos h\sin p\sin b & \sin b\sin h + \cos h\sin p\cos b & \cos h\cos p \end{bmatrix}
\end{aligned}
$$

公式 10.21　从欧拉角计算惯性到物体坐标空间的旋转矩阵

如果要从物体坐标空间变换到惯性坐标空间，应该使用惯性——物体旋转矩阵的逆。因为旋转矩阵是正交的，所以求它的逆就是求它的转置。下面验证这一点。

为了从物体坐标空间变换到惯性坐标空间，顺序应该为“un-bank”、“un-pitch”、“un-heading”。公式表示为：

$$
\begin{aligned}
\mathbf{M}_{物体\to惯性} &= (\mathbf{M}_{惯性\to物体})^{-1} \\
&= (\mathbf{HPB})^{-1} \\
&= \mathbf{B}^{-1}\mathbf{P}^{-1}\mathbf{H}^{-1}
\end{aligned}
$$

注意，可以认为旋转矩阵 $\mathbf{B}^{-1}$、$\mathbf{P}^{-1}$、$\mathbf{H}^{-1}$ 为它们对应矩阵的逆，或者是使用相反旋转角 b、p、h 的一般旋转矩阵。(惯性——物体矩阵中，使用负的旋转角，因此这里的角不用变负。)

$$
\mathbf{B}^{-1} = \mathbf{R}_z(b) = \begin{bmatrix} \cos b & \sin b & 0 \\ -\sin b & \cos b & 0 \\ 0 & 0 & 1 \end{bmatrix}
$$

$$
\mathbf{P}^{-1} = \mathbf{R}_x(p) = \begin{bmatrix} 1 & 0 & 0 \\ 0 & \cos p & \sin p \\ 0 & -\sin p & \cos p \end{bmatrix}
$$

$$
\mathbf{H}^{-1} = \mathbf{R}_y(h) = \begin{bmatrix} \cos h & 0 & -\sin h \\ 0 & 1 & 0 \\ \sin h & 0 & \cos h \end{bmatrix}
$$

如前所示，以正确的顺序连接它们，得到公式 10.22：

$$
\mathbf{M}_{物体\to惯性} = \mathbf{B}^{-1}\mathbf{P}^{-1}\mathbf{H}^{-1}
$$

$$
=\begin{bmatrix}\cos b & \sin b & 0\\ -\sin b & \cos b & 0\\ 0 & 0 & 1\end{bmatrix}\begin{bmatrix}1 & 0 & 0\\ 0 & \cos p & \sin p\\ 0 & -\sin p & \cos p\end{bmatrix}\begin{bmatrix}\cos h & 0 & -\sin h\\ 0 & 1 & 0\\ \sin h & 0 & \cos h\end{bmatrix}
$$

$$
=\begin{bmatrix}\cos h\cos b+\sin h\sin p\sin b & \sin b\cos p & -\sin h\cos b+\cos h\sin p\sin b\\ -\cos h\sin b+\sin h\sin p\cos b & \cos b\cos p & \sin b\sin h+\cos h\sin p\cos b\\ \sin h\cos p & -\sin p & \cos h\cos p\end{bmatrix}
$$

公式 10.22　　从欧拉角计算物体到惯性的旋转矩阵

比较公式 10.21 和公式 10.22，可以看到物体——惯性矩阵确实是惯性——物体矩阵的转置。

10.6.2　从矩阵转换到欧拉角

将角位移从矩阵形式转换到欧拉角需要考虑以下几点：

- 必须清楚矩阵代表什么旋转：物体——惯性还是惯性——物体。本节讨论使用惯性——物体矩阵的技术，物体——惯性矩阵转换成欧拉角的过程与之类似。
- 对任意给定角位移，存在无穷多个欧拉角可以用来表示它。因为“别名”问题，这里讨论的技术总是返回“限制欧拉角”，heading 和 bank 的范围为±180º 度，pitch 的范围为±90º 。
- 矩阵可能是病态的，我们必须忍受浮点数精度的误差。有些矩阵还包括除旋转外的变换，如缩放、镜象等。这里，只讨论工作在旋转矩阵上的转换。

考虑这些因素后，我们尝试从公式 10.21 直接解得欧拉角：

$$
\mathbf{M}_{\text{惯性}\to\text{物体}}=\begin{bmatrix}\cos h\cos b+\sin h\sin p\sin b & -\cos h\sin b+\sin h\sin p\cos b & \sin h\cos p\\ \sin b\cos p & \cos b\cos p & -\sin p\\ -\sin h\cos b+\cos h\sin p\sin b & \sin b\sin h+\cos h\sin p\cos b & \cos h\cos p\end{bmatrix}
$$

从 m_{23} 可以立即解得 p：

$$m_{23}=-\sin p$$

$$-m_{23}=\sin p$$

$$\mathrm{a}\sin(-m_{23})=p$$

C 语言的标准库函数 asin 的返回值是 $-\pi/2$ 到 $\pi/2$ 间的弧度，也就是从-90º 到 90º，正是我们想要的 pitch 值。

知道了 p，也就知道了 $\cos p$。m_{13} 和 m_{33} 除以 $\cos p$ 可以求得 $\sin h$ 和 $\cos h$，如下：

$$m_{13}=\sin h\cos p$$

$$m_{13} / \cos p = \sin h$$

$$m_{33} = \cos h \cos p$$

$$m_{33} / \cos p = \cos h$$

一旦知道了角度的 cos 和 sin 值，就可以用 C 语言的标准库函数 atan2 计算角度值。这个函数的返回值是 $-\pi$ 到 π 间的弧度，正是我们想要的范围。变换上式可以得到：

$$\begin{aligned} h &= \operatorname{a}\tan 2(\sin h, \cos h) \\ &= \operatorname{a}\tan 2(m_{13} / \cos p, m_{33} / \cos p) \end{aligned}$$

实际上，还可以化简。因为 atan2(y，x)的工作原理是取商 y/x 的 arct 值，用两个参数的符号决定返回值所在的象限。因为 cos$p$>0，除法不影响商的符号，因此是不必要的。所以，heading 的计算更简单：

$$\begin{aligned} h &= \operatorname{a}\tan 2(m_{13} / \cos p, m_{33} / \cos p) \\ &= \operatorname{a}\tan 2(m_{13}, m_{33}) \end{aligned}$$

可以用同样的方式用 m_{21} 和 m_{22} 解得 bank：

$$m_{21} = \sin b \cos p$$

$$m_{21} / \cos p = \sin b$$

$$m_{22} = \cos b \cos p$$

$$m_{22} / \cos p = \cos b$$

$$\begin{aligned} b &= \operatorname{a}\tan 2(\sin b, \cos b) \\ &= \operatorname{a}\tan 2(m_{21} / \cos p, m_{22} / \cos p) \\ &= \operatorname{a}\tan 2(m_{21}, m_{22}) \end{aligned}$$

如果 $\cos p$ 等于 0，就不能利用上面的技巧，因为所涉及的矩阵元素全部为 0。注意到如果 $\cos p$ 等于 0，则 p 为$\pm 90^{\circ}$，意味着向正上方看或正下方看，这是万向锁的情况，heading 和 bank 绕同样的轴(竖直轴)旋转。此时，将所有绕竖直轴的旋转都赋给 heading，bank 为 0。现在，知道了 pitch 和 bank 的值，剩下的就是求解 heading。使用下列简化假设：

$$\cos p = 0$$

$$b = 0$$

$$\sin b = 0$$

$$\cos b = 1$$

将它们代入公式 10.21：

$$\mathbf{M}_{惯性\to物体}=\begin{bmatrix}\cos h\cos b+\sin h\sin p\sin b & -\cos h\sin b+\sin h\sin p\cos b & \sin h\cos p\\ \sin b\cos p & \cos b\cos p & -\sin p\\ -\sin h\cos b+\cos h\sin p\sin b & \sin b\sin h+\cos h\sin p\cos b & \cos h\cos p\end{bmatrix}$$

$$=\begin{bmatrix}\cos h\cos b+\sin h\sin p(0) & -\cos h(0)+\sin h\sin p(1) & \sin h(0)\\ (0)(0) & (1)(0) & -\sin p\\ -\sin h(1)+\cos h\sin p(0) & (0)\sin h+\cos h\sin p(1) & \cos h(0)\end{bmatrix}$$

$$=\begin{bmatrix}\cos h & \sin h\sin p & 0\\ 0 & 0 & -\sin p\\ -\sin h & \cos h\sin p & 0\end{bmatrix}$$

现在，能够通过 $-m_{31}$ 和 m_{11} 计算 h，它们分别包含了 h 的 sin 和 cos 值。

让我们看看使用上面的技术从惯性——物体旋转矩阵中抽取欧拉角的代码。为了使示例简单，假设输入输出为全局变量。

程序清单 10.3　从惯性——物体旋转矩阵提取欧拉角

```
// 设矩阵保存在下面这些变量中
float m11,m12,m13;
float m21,m22,m23;
float m31,m32,m33;

// 以弧度形式计算欧拉角并存在以下变量中
float h,p,b;

// 从m23计算pitch，小心asin()的域错误，因浮点计算我们允许一定的误差
float sp = -m23;
if (sp <= -1.0f) {
   p = -1.570796f; // -pi/2
} else if (sp >= 1.0) {
   p = 1.570796; // pi/2
} else {
   p = asin(sp);
}

// 检查万象锁的情况，允许一些误差
if (sp > 0.9999f) {
   // 向正上或正下看
   // 将bank置零，赋值给heading
   b = 0.0f;
   h = atan2(-m31, m11);
} else {
   // 通过m13和m33计算heading
```

```
    h = atan2(m13, m33);

    // 通过 m21 和 m22 计算 bank
    b = atan2(m21, m22);
}
```

10.6.3　从四元数转换到矩阵

为了将角位移从四元数形式转换到矩阵形式，可以利用 8.2.3 节的矩阵，它能计算绕任意轴的旋转：

$$\mathbf{R}(\mathbf{n},\theta)=\begin{bmatrix}\mathbf{p}'\\\mathbf{q}'\\\mathbf{r}'\end{bmatrix}=\begin{bmatrix}\mathbf{n}_x^2(1-\cos\theta)+\cos\theta & \mathbf{n}_x\mathbf{n}_y(1-\cos\theta)+\mathbf{n}_z\sin\theta & \mathbf{n}_x\mathbf{n}_z(1-\cos\theta)-\mathbf{n}_y\sin\theta\\ \mathbf{n}_x\mathbf{n}_y(1-\cos\theta)-\mathbf{n}_z\sin\theta & \mathbf{n}_y^2(1-\cos\theta)+\cos\theta & \mathbf{n}_y\mathbf{n}_z(1-\cos\theta)+\mathbf{n}_x\sin\theta\\ \mathbf{n}_x\mathbf{n}_z(1-\cos\theta)+\mathbf{n}_y\sin\theta & \mathbf{n}_y\mathbf{n}_z(1-\cos\theta)-\mathbf{n}_x\sin\theta & \mathbf{n}_z^2(1-\cos\theta)+\cos\theta\end{bmatrix}$$

这个矩阵是用 $\mathbf{n}$ 和 θ 表示的，但四元数的分量是：

$$\begin{aligned}w&=\cos(\theta/2)\\x&=\mathbf{n}_x\sin(\theta/2)\\y&=\mathbf{n}_y\sin(\theta/2)\\z&=\mathbf{n}_z\sin(\theta/2)\end{aligned}$$

让我们看看能否将矩阵变形以代入 w，x，y，z，矩阵的 9 个元素都必须这样做。幸运的是，这个矩阵的结构非常好，一旦解出对角线上的一个元素，其他元素就能用同样的方法求出。同样，非对角线元素之间也是彼此类似的。

注意　这是一个技巧性很强的推导，如果只是为了使用矩阵，那么就不必要理解矩阵是如何推导的。如果您对它们不感兴趣可以直接跳到公式 10.23。

考虑矩阵对角线上的元素。我们将完整地解出 m_{11}，m_{22} 和 m_{33} 解法与之类似：

$$m_{11}=n_x^2(1-\cos\theta)+\cos\theta$$

我们将从上式的变形开始，变形方法看起来像是在绕圈子，但您马上就能理解这样做的目的：

$$\begin{aligned}m_{11}&=\mathbf{n}_x^2(1-\cos\theta)+\cos\theta\\&=\mathbf{n}_x^2-\mathbf{n}_x^2\cos\theta+\cos\theta\\&=1-1+\mathbf{n}_x^2-\mathbf{n}_x^2\cos\theta+\cos\theta\\&=1-(1-\mathbf{n}_x^2+\mathbf{n}_x^2\cos\theta-\cos\theta)\\&=1-(1-\cos\theta-\mathbf{n}_x^2+\mathbf{n}_x^2\cos\theta)\\&=1-(1-\mathbf{n}_x^2)(1-\cos\theta)\end{aligned}$$

现在需要消去 $\cos\theta$ 项，而代之以包含 $\cos\theta/2$ 或 $\sin\theta/2$ 的项，因为四元数的元素都是用它们表示的。像以前那样，设 $\alpha=\theta/2$，先用 α 写出 cos 的倍角公式，再代入 θ：

$$\cos 2\alpha = 1 - 2\sin^2\alpha$$
$$\cos\theta = 1 - 2\sin^2(\theta/2)$$

将 $\cos\theta$ 代入：

$$\begin{aligned} m_{11} &= 1 - (1 - \mathbf{n}_x^2)(1 - \cos\theta) \\ &= 1 - (1 - \mathbf{n}_x^2)(1 - (1 - 2\sin^2(\theta/2))) \\ &= 1 - (1 - \mathbf{n}_x^2)(2\sin^2(\theta/2)) \end{aligned}$$

展开乘法运算并化简(注意这里使用了三角公式 $\sin^2 x = 1 - \cos^2 x$)：

$$\begin{aligned} m_{11} &= 1 - (1 - \mathbf{n}_x^2)(2\sin^2(\theta/2)) \\ &= 1 - (2\sin^2(\theta/2) - 2\mathbf{n}_x^2\sin^2(\theta/2)) \\ &= 1 - 2\sin^2(\theta/2) + 2\mathbf{n}_x^2\sin^2(\theta/2) \\ &= 1 - 2(1 - \cos^2(\theta/2)) + 2\mathbf{n}_x^2\sin^2(\theta/2) \\ &= 1 - 2 + 2\cos^2(\theta/2) + 2\mathbf{n}_x^2\sin^2(\theta/2) \\ &= -1 + 2\cos^2(\theta/2) + 2(\mathbf{n}_x\sin(\theta/2))^2 \end{aligned}$$

最后，代入 w 和 x：

$$\begin{aligned} m_{11} &= -1 + 2\cos^2(\theta/2) + 2(\mathbf{n}_x\sin(\theta/2))^2 \\ &= -1 + 2w^2 + 2x^2 \end{aligned}$$

上式是正确的，但它和其他书中给出的标准形式不同，即：

$$m_{11} = 1 - 2y^2 - 2z^2$$

实际上，还有其他的形式存在。最著名的一个形式可以从四元数的权威著作——附录 B 的第 22 本书中找到，它给出 m_{11} 为 $w^2 + x^2 - y^2 - z^2$ 。因为 $w^2 + x^2 + y^2 + z^2 = 1$，所以这三种形式是等价的。现在回过头来看我们能不能直接导出其他书中给出的“标准”形式。第一步中，$\mathbf{n}$ 是单位向量，$\mathbf{n}_x^2 + \mathbf{n}_y^2 + \mathbf{n}_z^2 = 1$，则 $1 - \mathbf{n}_x^2 + \mathbf{n}_y^2 + \mathbf{n}_z^2$ ：

$$\begin{aligned} m_{11} &= 1 - (1 - \mathbf{n}_x^2)(2\sin^2(\theta/2)) \\ &= 1 - (\mathbf{n}_y^2 + \mathbf{n}_z^2)(2\sin^2(\theta/2)) \\ &= 1 - 2\mathbf{n}_y^2\sin^2(\theta/2) - 2\mathbf{n}_z^2\sin^2(\theta/2) \\ &= 1 - 2y^2 - 2z^2 \end{aligned}$$

元素 m_{22} 和 m_{33} 可以用同样的方法求得。结果在后面的公式 10.23 中，它给出了完整的矩阵。

让我们来看看非对角线元素，它们比对角线元素简单一些，以 m_{12} 为例子：

$$m_{12} = \mathbf{n}_x\mathbf{n}_y(1-\cos\theta) + \mathbf{n}_z\sin\theta$$

需要使用 sin 的倍角公式：

$$\sin 2\alpha = 2\sin\alpha\cos\alpha$$
$$\sin\theta = 2\sin(\theta/2)\cos(\theta/2)$$

代入并化简：

$$\begin{aligned}
m_{12} &= \mathbf{n}_x\mathbf{n}_y(1-\cos\theta) + \mathbf{n}_z\sin\theta \\
&= \mathbf{n}_x\mathbf{n}_y(1-(1-2\sin^2(\theta/2))) + \mathbf{n}_z(2\sin(\theta/2)\cos(\theta/2)) \\
&= \mathbf{n}_x\mathbf{n}_y(2\sin^2(\theta/2)) + 2\mathbf{n}_z\sin(\theta/2)\cos(\theta/2) \\
&= 2(\mathbf{n}_x\sin(\theta/2)\mathbf{n}_y\sin(\theta/2)) + 2\cos(\theta/2)(\mathbf{n}_z\sin(\theta/2)) \\
&= 2xy + 2wz
\end{aligned}$$

其他非对角线元素可用同样的方法导出。

最后，给出从四元数构造的完整旋转矩阵，如公式 10.23 所示。

$$\begin{bmatrix} 1-2y^2-2z^2 & 2xy+2wz & 2xz-2wy \\ 2xy-2wz & 1-2x^2-2z^2 & 2yz+2wx \\ 2xz+2wy & 2yz-2wx & 1-2x^2-2y^2 \end{bmatrix}$$

公式 10.23 四元数转换到矩阵

10.6.4 从矩阵转换到四元数

为了从旋转矩阵中抽出相应的四元数，可以直接利用公式 10.23。检查对角线元素的和(也称作矩阵的轨迹)得到：

$$\begin{aligned}
tr(\mathbf{M}) &= m_{11} + m_{22} + m_{33} \\
&= (1-2y^2-2z^2) + (1-2x^2-2z^2) + (1-2x^2-2y^2) \\
&= 3-4(x^2+y^2+z^2) \\
&= 3-4(1-w^2) \\
&= 4w^2-1
\end{aligned}$$

因此，w 为：

$$w = \frac{\sqrt{m_{11}+m_{22}+m_{33}+1}}{2}$$

通过使轨迹中三个元素中的两个为负，可以用类似的方法求得其他三个元素：

$$m_{11}-m_{22}-m_{33}=(1-2y^2-2z^2)-(1-2x^2-2z^2)-(1-2x^2-2y^2)$$

$$=4x^2-1$$

$$-m_{11}+m_{22}-m_{33}=-(1-2y^2-2z^2)+(1-2x^2-2z^2)-(1-2x^2-2y^2)$$

$$=4y^2-1$$

$$-m_{11}-m_{22}+m_{33}=-(1-2y^2-2z^2)-(1-2x^2-2z^2)+(1-2x^2-2y^2)$$

$$=4z^2-1$$

不幸的是，这种方法并不总是能正确工作，因为平方根的结果总是正值。(更加准确地说，没有选择正根还是负根的依据。)但是，**q** 和−**q** 代表相同的方位，我们能任意选择用非负根作为 4 个分量中的一个并仍能得到正确的四元数，只是不能对四元数的所有 4 个数都用这种方法。

另一个技巧是检查相对于对角线的对称位置上元素的和与差：

$$m_{12}+m_{21}=(2xy+2wz)+(2xy-2wz)=4xy$$
$$m_{12}-m_{21}=(2xy+2wz)-(2xy-2wz)=4wz$$
$$m_{31}+m_{13}=(2xz+2wy)+(2xz-2wy)=4xz$$
$$m_{31}-m_{13}=(2xz+2wy)-(2xz-2wy)=4wy$$
$$m_{23}+m_{32}=(2yz+2wx)+(2yz-2wx)=4yz$$
$$m_{23}-m_{32}=(2yz+2wx)-(2yz-2wx)=4wx$$

因此，一旦用对角线元素和/差的平方根解得了 4 个值中的一个，就能用以下方法计算其他三个：

$$w=\frac{\sqrt{m_{11}+m_{22}+m_{33}+1}}{2}\Rightarrow x=\frac{m_{23}-m_{32}}{4w}\qquad y=\frac{m_{31}-m_{13}}{4w}\qquad z=\frac{m_{12}-m_{21}}{4w}$$

$$x=\frac{\sqrt{m_{11}-m_{22}-m_{33}+1}}{2}\Rightarrow w=\frac{m_{23}-m_{32}}{4x}\qquad y=\frac{m_{12}+m_{21}}{4x}\qquad z=\frac{m_{31}+m_{13}}{4x}$$

$$y=\frac{\sqrt{-m_{11}+m_{22}-m_{33}+1}}{2}\Rightarrow w=\frac{m_{31}-m_{13}}{4y}\qquad x=\frac{m_{12}+m_{21}}{4y}\qquad z=\frac{m_{23}+m_{32}}{4y}$$

$$z=\frac{\sqrt{-m_{11}-m_{22}+m_{33}+1}}{2}\Rightarrow w=\frac{m_{12}-m_{21}}{4z}\qquad x=\frac{m_{31}+m_{13}}{4z}\qquad y=\frac{m_{23}+m_{32}}{4z}$$

那么应选用四种方法中的哪个呢？似乎最简单的策略是总是先计算同一个分量，如 w，然后再计算 x，y，z。这伴随着问题，如果 w=0，除法就没有定义；如果 w 非常小，将会出现数值不稳定。Shoemake(附录 B 中第 22 本书的作者)建议先判断 w，x，y，z 中哪个最大(不用做平方根运算)，根据上面的表，用矩阵对角线计算该元素，再用它计算其他三个。

下面的代码用一种非常直接的方式实现了这个方法。

程序清单 10.4　从矩阵转换到四元数

```
// 输入矩阵
float m11,m12,m13;
float m21,m22,m23;
float m31,m32,m33;

// 输出四元数
float w,x,y,z;

// 探测 w, x, y, z 中的最大绝对值
float fourWSquaredMinus1 = m11 + m22 + m33;
float fourXSquaredMinus1 = m11 - m22 - m33;
float fourYSquaredMinus1 = m22 - m11 - m33;
float fourZSquaredMinus1 = m33 - m11 - m22;
int biggestIndex = 0;
float fourBiggestSquaredMinus1 = fourWSquaredMinus1;
if (fourXSquaredMinus1 > fourBiggestSquaredMinus1) {
   fourBiggestSquaredMinus1 = fourXSquaredMinus1;
   biggestIndex = 1;
}
if (fourYSquaredMinus1 > fourBiggestSquaredMinus1) {
   fourBiggestSquaredMinus1 = fourYSquaredMinus1;
   biggestIndex = 2;
}
if (fourZSquaredMinus1 > fourBiggestSquaredMinus1) {
   fourBiggestSquaredMinus1 = fourZSquaredMinus1;
   biggestIndex = 3;
}

// 计算平方根和除法
float biggestVal = sqrt(fourBiggestSquaredMinus1 + 1.0f) * 0.5f;
float mult = 0.25f / biggestVal;

// 计算四元数的值
switch (biggestIndex) {
case 0:
   w = biggestVal;
   x = (m23 - m32) * mult;
   y = (m31 - m13) * mult;
   z = (m12 - m21) * mult;
   break;
case 1:
   x = biggestVal;
   w = (m23 - m32) * mult;
   y = (m12 + m21) * mult;
```

```
        z = (m31 + m13) * mult;
        break;
    case 2:
        y = biggestVal;
        w = (m31 - m13) * mult;
        x = (m12 + m21) * mult;
        z = (m23 + m32) * mult;
        break;
    case 3:
        z = biggestVal;
        w = (m12 - m21) * mult;
        x = (m31 + m13) * mult;
        y = (m23 + m32) * mult;
        break;
}
```

10.6.5 从欧拉角转换到四元数

为了将角位移从欧拉角形式转换到四元数，可以使用 10.6.1 节中介绍的从欧拉角构造矩阵类似的方法。先将这三个旋转分别转换为四元数，这是一个简单的运算。再将这三个四元数连接成一个四元数。和矩阵一样，有两种情况需要考虑：第一种是惯性——物体四元数，第二种是物体——惯性四元数。因为它们互为共轭关系，所以我们只推导惯性——物体四元数。

和 10.6.1 节一样，设欧拉角为变量 h，p，b，设 **h**，**p**，**b** 分别为绕轴 y，x，z 旋转的四元数。记住，使用负旋转量，因为它们指定坐标系中的旋转角度(参考 10.6.1 节对为什么使用负旋转角的解释)。

$$\mathbf{h}=\begin{bmatrix}\cos(-h/2)\\ \begin{pmatrix}0\\ \sin(-h/2)\\ 0\end{pmatrix}\end{bmatrix}=\begin{bmatrix}\cos(h/2)\\ \begin{pmatrix}0\\ -\sin(h/2)\\ 0\end{pmatrix}\end{bmatrix}$$

$$\mathbf{p}=\begin{bmatrix}\cos(-p/2)\\ \begin{pmatrix}\sin(-p/2)\\ 0\\ 0\end{pmatrix}\end{bmatrix}=\begin{bmatrix}\cos(p/2)\\ \begin{pmatrix}-\sin(p/2)\\ 0\\ 0\end{pmatrix}\end{bmatrix}$$

$$\mathbf{b}=\begin{bmatrix}\cos(-b/2)\\ \begin{pmatrix}0\\ 0\\ \sin(-b/2)\end{pmatrix}\end{bmatrix}=\begin{bmatrix}\cos(b/2)\\ \begin{pmatrix}0\\ 0\\ -\sin(b/2)\end{pmatrix}\end{bmatrix}$$

用正确的顺序连接它们得到公式 10.24：

$$
\begin{aligned}
&\mathbf{q}_{\text{惯性}\to\text{物体}}(h,p,b)\\
&=\mathbf{hpb}\\
&=\begin{bmatrix}\cos(h/2)\\ \begin{pmatrix}0\\ -\sin(h/2)\\ 0\end{pmatrix}\end{bmatrix}\begin{bmatrix}\cos(p/2)\\ \begin{pmatrix}-\sin(p/2)\\ 0\\ 0\end{pmatrix}\end{bmatrix}\begin{bmatrix}\cos(b/2)\\ \begin{pmatrix}0\\ 0\\ -\sin(b/2)\end{pmatrix}\end{bmatrix}\\
&=\begin{bmatrix}\cos(h/2)\cos(p/2)\\ \begin{pmatrix}-\cos(h/2)\sin(p/2)\\ \sin(h/2)\cos(p/2)\\ \sin(h/2)\sin(p/2)\end{pmatrix}\end{bmatrix}\begin{bmatrix}\cos(b/2)\\ \begin{pmatrix}0\\ 0\\ -\sin(b/2)\end{pmatrix}\end{bmatrix}\\
&=\begin{bmatrix}\cos(h/2)\cos(p/2)\cos(b/2)+\sin(h/2)\sin(p/2)\sin(b/2)\\ \begin{pmatrix}-\cos(h/2)\sin(p/2)\cos(b/2)-\sin(h/2)\cos(p/2)\sin(b/2)\\ \cos(h/2)\sin(p/2)\sin(b/2)-\sin(h/2)\cos(p/2)\cos(b/2)\\ \sin(h/2)\sin(p/2)\cos(b/2)-\cos(h/2)\cos(p/2)\sin(b/2)\end{pmatrix}\end{bmatrix}
\end{aligned}
$$

公式 10.24　　从欧拉角计算惯性到物体的四元数

(记住，本书中的四元数乘法定义是按旋转的顺序从左向右乘，见 10.4.8 节)。

物体——惯性四元数是惯性——物体四元数的共轭，见公式 10.25：

$$
\begin{aligned}
&\mathbf{q}_{\text{物体}\to\text{惯性}}(h,p,b)\\
&=\mathbf{q}_{\text{惯性}\to\text{物体}}(h,p,b)^*\\
&=\begin{bmatrix}\cos(h/2)\cos(p/2)\cos(b/2)+\sin(h/2)\sin(p/2)\sin(b/2)\\ \begin{pmatrix}\cos(h/2)\sin(p/2)\cos(b/2)+\sin(h/2)\cos(p/2)\sin(b/2)\\ \sin(h/2)\cos(p/2)\cos(b/2)-\cos(h/2)\sin(p/2)\sin(b/2)\\ \cos(h/2)\cos(p/2)\sin(b/2)-\sin(h/2)\sin(p/2)\cos(b/2)\end{pmatrix}\end{bmatrix}
\end{aligned}
$$

公式 10.25　　从欧拉角计算物体到惯性的四元数

10.6.6　从四元数转换到欧拉角

为了从四元数中抽取欧拉角，可以利用公式 10.24。尽管如此，我们还是要看看能否利用前几节的成果，从而不必费太大劲就可以得到结果，10.6.2 节已经给出从矩阵抽取欧拉角的方法，我们还知道如何从四元数转换到矩阵。先取出从矩阵转换到欧拉角的公式，看看能否将公式 10.23 代入。

总结 10.6.2 节的发现：

$$p = \operatorname{asin}(-m_{23})$$

$$h = \begin{cases} \operatorname{atan2}(m_{13}, m_{33}) & 若 \cos p \neq 0 \\ \operatorname{atan2}(-m_{31}, m_{11}) & 其他 \end{cases}$$

$$b = \begin{cases} \operatorname{atan2}(m_{13}, m_{33}) & 若 \cos p \neq 0 \\ 0 & 其他 \end{cases}$$

这里是公式 10.23 涉及的矩阵元素：

$$m_{23} = 2yz + 2wx$$
$$m_{13} = 2xz - 2wy$$
$$m_{33} = 1 - 2x^2 - 2y^2$$
$$m_{31} = 2xz + 2wy$$
$$m_{11} = 1 - 2y^2 - 2z^2$$
$$m_{21} = 2xy - 2wz$$
$$m_{22} = 1 - 2x^2 - 2z^2$$

代入并化简得到：

$$\begin{aligned} p &= \operatorname{asin}(-m_{23}) \\ &= \operatorname{asin}(-2(yz + wx)) \end{aligned}$$

$$h = \begin{cases} \operatorname{atan2}(m_{13}, m_{33}) & 若 \cos p \neq 0 \\ \quad = \operatorname{atan2}(2xz - 2wy, 1 - 2x^2 - 2y^2) & \\ \quad = \operatorname{atan2}(xz - wy, 1/2 - x^2 - y^2) & \\ \operatorname{atan2}(-m_{31}, m_{11}) & 其他 \\ \quad = \operatorname{atan2}(-2xz - 2wy, 1 - 2y^2 - 2z^2) & \\ \quad = \operatorname{atan2}(-xz - wy, 1/2 - y^2 - z^2) & \end{cases}$$

$$b = \begin{cases} \operatorname{atan2}(m_{21}, m_{22}) & 若 \cos p \neq 0 \\ \quad = \operatorname{atan2}(2xy - 2wz, 1 - 2x^2 - 2z^2) & \\ \quad = \operatorname{atan2}(xy - wz, 1/2 - x^2 - z^2) & \\ 0 & 其他 \end{cases}$$

现在可以将它直接转换到代码中。如程序清单 10.5 所示，它能把惯性—物体四元数转换成欧拉角。

程序清单 10.5　从惯性—物体四元数转换到欧拉角

```
// 用全局变量保存输入输出
float w,x,y,z;
float h,p,b;

// 计算 sin(pitch)
```

```
float sp = -2.0f * (y*z + w*x);

// 检查万向锁，允许有一定误差
if (fabs(sp) > 0.9999f) {
    // 向正上或正下看
    p = 1.570796f * sp;
    // 计算 heading，bank 置零
    h = atan2(-x*z - w*y, 0.5f - y*y - z*z);
    b = 0.0f;
} else {
    // 计算角度
    p = asin(sp);
    h = atan2(x*z - w*y, 0.5f - x*x - y*y);
    b = atan2(x*y - w*z, 0.5f - x*x - z*z);
}
```

将物体—惯性四元数转换到欧拉角，所用的代码和上面非常类似。只是将 x，y，z 值变负，因为物体—惯性四元数是惯性—物体四元数的共轭。

程序清单 10.6　从物体—惯性四元数转换到欧拉角

```
// 计算 sin(pitch)
float sp = -2.0f * (y*z - w*x);

// 检查万向锁，允许有一定误差
if (fabs(sp) > 0.9999f) {
    // 向正上或正下看
    p = 1.570796f * sp;
    //计算 heading，bank 置零
    h = atan2(-x*z + w*y, 0.5f - y*y - z*z);
    b = 0.0f;
} else {
    // 计算角度
    p = asin(sp);
    h = atan2(x*z + w*y, 0.5f - x*x - y*y);
    b = atan2(x*y + w*z, 0.5f - x*x - z*z);
}
```

10.7　练　　习

(1)　构造一个绕 x 轴旋转 30° 的四元数。求它的模、共轭。说明它的共轭代表哪种旋转。

(2)　以下四元数代表哪种类型的旋转？求代表 1/5 这种旋转的四元数。

$$\begin{bmatrix}0.965 & (0.149 & -0.149 & 0.149)\end{bmatrix}$$

(3) 有以下四元数：

$$\mathbf{a}=\begin{bmatrix}0.233 & (0.060 & -0.257 & 0.935)\end{bmatrix}$$

$$\mathbf{b}=\begin{bmatrix}-0.752 & (0.280 & 0.374 & 0.495)\end{bmatrix}$$

计算点积 $\mathbf{a}\cdot\mathbf{b}$ ，计算 **a** 到 **b** 的差，计算叉乘 **ab**。

(4) 将第 2 题中的四元数转换成矩阵形式。

(5) 写出将物体—惯性矩阵转换成欧拉角的 C++代码。

C++ 实 现

本章给出了表示方位和执行变换的 C++代码。共分五节:

- 11.1 节讨论类的基础知识。
- 11.2 节给出了 EulerAngles 类，以欧拉角形式保存方位。
- 11.3 节给出了 Quaternion 类，以四元数形式保存角位移。
- 11.4 节给出了 RotationMatrix 类，它是一个特殊的矩阵类，是为在物体和惯性坐标空间旋转向量而定制的类。
- 11.5 节给出了 Matrix4×3 类，它是一个更一般的矩阵类，可以执行从“源”坐标空间到“目标”坐标空间的任意转换。

本章将应用从第 7 章到第 10 章获得的知识，给出一些 C++类，用来表示 3D 方位，执行旋转和坐标空间变换。

对于每一个类，先列出它的头文件并讨论它导出的接口，接着给出整个.cpp 实现文件并讨论重要的实现细节。

我们将不再讨论操作的理论背景，因为它们已经在前几章中讨论过了。这里，我们集中精力于接口和实现。

11.1 概 述

在深入讨论具体的类之前，首先讨论一些后几节的代码中将要用到的重要知识，从第 6 章开始介绍的许多内容也应用到了本章的代码中。

处理变换是一件非常令人头疼的事，矩阵则更是棘手。如果您曾经编写过关于矩阵的代码并且没有用设计良好的矩阵类，您会发现经常要处理负号、转置矩阵或翻转连接顺序以使其能正常工作。

这几节中给出的几个类正是为了消除在编程中经常遇到的这类问题而设计的。例如，很少需要直接访问矩阵或四元数中的元素。因此特意限制了可用操作的数目以避免产生迷惑。再如，对 RotationMatrix 类，没有求逆和连接操作，因为如果按其本身的目的使用 RotationMatrix，这些操作是不应该出现的或没有意义的。

我们还使用了一系列简单、常用的数学常数和实用工具函数。它们由 MathUtil.h 和 MathUtil.cpp 提供。

MathUtil.h 如下：

程序清单 11.1　MathUtil.h

```
/////////////////////////////////////////////////////////////////////////////
//
// 3D Math Primer for Graphics and Game Development
//
// MathUtil.h - Declarations for miscellaneous math utilities
//
// Visit gamemath.com for the latest version of this file.
//
/////////////////////////////////////////////////////////////////////////////
#ifndef __MATHUTIL_H_INCLUDED__
#define __MATHUTIL_H_INCLUDED__

#include <math.h>

//定义和 pi 有关的常量

const float kPi = 3.14159265f;
const float k2Pi = kPi * 2.0f;
const float kPiOver2 = kPi / 2.0f;
const float k1OverPi = 1.0f / kPi;
const float k1Over2Pi = 1.0f / k2Pi;
// 通过加适当的 2pi 倍数将角度限制在-pi 到 pi 的区间内
extern float wrapPi(float theta);
// "安全"反三角函数
extern float safeAcos(float x);
// 计算角度的 sin 和 cos 值
//在某些平台上，如果需要这两个值，同时计算要比分开计算快
inline void sinCos(float *returnSin, float *returnCos, float theta) {
    // 为了简单，我们只使用标准三角函数
    // 注意在某些平台上可以做得更好一些
    *returnSin = sin(theta);
    *returnCos = cos(theta);
}
/////////////////////////////////////////////////////////////////////////////
```

```
#endif // #ifndef __MATHUTIL_H_INCLUDED__
```

一些复杂函数定义在 MathUtil.cpp 中，如下：

```
#include <math.h>

#include "MathUtil.h"
#include "Vector3.h"

const Vector3 kZeroVector(0.0f, 0.0f, 0.0f);

//-----------------------------------------------------------------------
// 通过加上适当的 2pi 倍数，将角度限制在-pi 到 pi 的区间内
float wrapPi(float theta) {
   theta += kPi;
   theta -= floor(theta * k1Over2Pi) * k2Pi;
   theta -= kPi;
   return theta;
}

//-----------------------------------------------------------------------
// safeAcos
//和 acos(x)相同，但如果 x 超出范围将返回最为接近的有效值
//返回值在 0 到 pi 之间，和 C 语言中的标准 acos()函数相同

float safeAcos(float x) {

   // 检查边界条件

   if (x <= -1.0f) {
      return kPi;
   }
   if (x >= 1.0f) {
      return 0.0f;
   }

   // 使用标准 C 函数

   return acos(x);
}
```

11.2 EulerAngles 类

EulerAngles 类用来以欧拉角形式保存方位，使用 heading-pitch-bank 约定。关于欧拉角的更多信息和 heading-pitch-bank 约定的具体内容，请参见 10.3 节。

这个类非常直观。为了简单起见，我们没有实现太多操作。特别是没有实现加、减、标量乘等运算，因为如果该类保存的不是方位而是角速度或变化率，那么这些运算才是非常有用的。

EulerAngles 类的接口文件是 EulerAngles.h，一些复杂的函数在 EulerAngles.cpp 中实现。下面列出 EulerAngles.h 文件的完整内容。

程序清单 11.2　EulerAngles.h

```
/////////////////////////////////////////////////////////////////////////////
//
// 3D Math Primer for Games and Graphics Development
//
// EulerAngles.h - Declarations for class EulerAngles
//
// For more details, see EulerAngles.cpp
//
/////////////////////////////////////////////////////////////////////////////

#ifndef __EULERANGLES_H_INCLUDED__
#define __EULERANGLES_H_INCLUDED__

// 预声明

class Quaternion;
class Matrix4x3;
class RotationMatrix;

//---------------------------------------------------------------------------
// class EulerAngles
//
// 该类用于表示 heading-pitch-bank 欧拉角系统

class EulerAngles {
public:

    // 公共数据
```

```
    // 直接的表示方式
    // 用弧度保存三个角度

    float   heading;
    float   pitch;
    float   bank;

    // 公共操作

    // 缺省构造函数

    EulerAngles() {}

    // 接受三个参数

    EulerAngles(float h, float p, float b) :
    heading(h), pitch(p), bank(b) {}

    // 置零

    void    identity() { pitch = bank = heading = 0.0f; }

    // 变换为“限制集”欧拉角

    void    canonize();

    // 从四元数转换到欧拉角。
    // 输入的四元数假设为物体—惯性或惯性—物体四元数，如其名所示。

    void    fromObjectToInertialQuaternion(const Quaternion &q);
    void    fromInertialToObjectQuaternion(const Quaternion &q);

    // 从矩阵转换到欧拉角
    //输入矩阵假设为物体—世界或世界—物体转换矩阵
    //平移部分被省略，并且假设矩阵是正交的

    void    fromObjectToWorldMatrix(const Matrix4x3 &m);
    void    fromWorldToObjectMatrix(const Matrix4x3 &m);

    // 从旋转矩阵转换到欧拉角

    void    fromRotationMatrix(const RotationMatrix &m);
};

// 全局的“单位”欧拉角
```

```
extern const EulerAngles kEulerAnglesIdentity;

/////////////////////////////////////////////////////////////////////////////
#endif // #ifndef __EULERANGLES_H_INCLUDED__
```

EulerAngles 类的用法也很直观。只有几个地方需要加以详细说明：

- canonize()函数的作用是确保欧拉角处于“限制集”中，见 10.3.4 节的描述。
- fromObjectToInertialQuaternion()和 fromInertialToObjectQuaternion()函数根据四元数计算欧拉角，第一个函数的参数是代表从物体坐标系到惯性坐标系旋转的四元数，第二个函数的参数是代表从惯性坐标系到物体坐标系旋转的四元数。参看 10.6.6 节，那里有更多关于此类旋转的信息，并解释了为什么会存在两个版本。
- 同样，fromObjectToWorldMatrix()和 fromWorldToObjectMatrix()函数把矩阵的旋转部分的方位转换为欧拉角，假设这个被转换的矩阵是正交的。

一些复杂函数在 EulerAngles.cpp 中实现，如下：

程序清单 11.3 EulerAngles.cpp

```
/////////////////////////////////////////////////////////////////////////////
//
// 3D Math Primer for Games and Graphics Development
//
// EulerAngles.cpp - Implementation of class EulerAngles
//
/////////////////////////////////////////////////////////////////////////////

#include <math.h>

#include "EulerAngles.h"
#include "Quaternion.h"
#include "MathUtil.h"
#include "Matrix4x3.h"
#include "RotationMatrix.h"

/////////////////////////////////////////////////////////////////////////////
//
// 注意：
//
// 更多的设计决策请参见第 11 章
//
// 欧拉角请参考 10.3 节
/////////////////////////////////////////////////////////////////////////////
```

```
/////////////////////////////////////////////////////////////////////////////
//
// 全局数据
//
/////////////////////////////////////////////////////////////////////////////

// 全局“单位”欧拉角常量
//现在我们还不知道构造它的确切时机，这要取决于其他对象，因此有可能在该对象被初始化之前就引用它。不过在大多数实现中，它将在程序开始时被初始化为 0，即发生在其他对象被构造之前。

const EulerAngles kEulerAnglesIdentity(0.0f, 0.0f, 0.0f);

/////////////////////////////////////////////////////////////////////////////
//
// class EulerAngles Implementation
//
/////////////////////////////////////////////////////////////////////////////

//---------------------------------------------------------------------------
// EulerAngles::canonize
//将欧拉角转换到限制集中
//就表示 3D 方位的目的而言，它不会改变欧拉角的值
//但对于其他表示对象如角速度等，则会产生影响
//
// 更多信息请见 10.3 节

void   EulerAngles::canonize() {

   // 首先，将 pitch 变换到-pi 到 pi 之间

   pitch = wrapPi(pitch);

   // 现在将 pitch 变换到-pi/2 到 pi/2 之间

   if (pitch < -kPiOver2) {
      pitch = -kPi - pitch;
      heading += kPi;
      bank += kPi;
   } else if (pitch > kPiOver2) {
      pitch = kPi - pitch;
      heading += kPi;
      bank += kPi;
   }

   // 现在检查万向锁的情况，允许存在一定的误差
```

```
    if (fabs(pitch) > kPiOver2 - 1e-4) {

        // 在万向锁中，将所有绕垂直轴的旋转赋给 heading

        heading += bank;
        bank = 0.0f;

    } else {

        // 非万向锁，将 bank 转换到限制集中

        bank = wrapPi(bank);
    }

    // 将 heading 转换到限制集中

    heading = wrapPi(heading);
}

//---------------------------------------------------------------------------
// EulerAngles::fromObjectToInertialQuaternion
//
// 从物体—惯性四元数到欧拉角
//
// 更多信息请见 10.6.6 节

void   EulerAngles::fromObjectToInertialQuaternion(const Quaternion &q) {

    // 计算 sin(pitch)

    float sp = -2.0f * (q.y*q.z - q.w*q.x);

    // 检查万向锁，允许存在一定误差

    if (fabs(sp) > 0.9999f) {

        // 向正上方或正下方看

        pitch = kPiOver2 * sp;

        // bank 置零，计算 heading

        heading = atan2(-q.x*q.z + q.w*q.y, 0.5f - q.y*q.y - q.z*q.z);
        bank = 0.0f;
```

```
    } else {

        // 计算角度，这里我们不必使用“安全的”asin 函数，因为之前在检查万向锁问题时已检查过范围错误了。

        pitch   = asin(sp);
        heading   = atan2(q.x*q.z + q.w*q.y, 0.5f - q.x*q.x - q.y*q.y);
        bank   = atan2(q.x*q.y + q.w*q.z, 0.5f - q.x*q.x - q.z*q.z);
    }
}

//---------------------------------------------------------------------------
// EulerAngles::fromInertialToObjectQuaternion
//从惯性—物体四元数到欧拉角
//
// 更多信息请见 10.6.6 节

void  EulerAngles::fromInertialToObjectQuaternion(const Quaternion &q) {

    // 计算 sin(pitch)

    float sp = -2.0f * (q.y*q.z + q.w*q.x);

    // 检查万向锁，允许一定误差

    if (fabs(sp) > 0.9999f) {

        //向正上方或正下方看

        pitch = kPiOver2 * sp;

        // bank 置零，计算 heading

        heading = atan2(-q.x*q.z - q.w*q.y, 0.5f - q.y*q.y - q.z*q.z);
        bank = 0.0f;

    } else {

        // 计算角度

        pitch   = asin(sp);
        heading   = atan2(q.x*q.z - q.w*q.y, 0.5f - q.x*q.x - q.y*q.y);
        bank   = atan2(q.x*q.y - q.w*q.z, 0.5f - q.x*q.x - q.z*q.z);
    }
```

```
}

//------------------------------------------------------------------
// EulerAngles::fromObjectToWorldMatrix
//从物体—世界坐标系变换矩阵到欧拉角
//假设矩阵是正交的，忽略平移部分
//
// 更多信息请见 10.6.2 节

void    EulerAngles::fromObjectToWorldMatrix(const Matrix4x3 &m) {

    //通过 m32 计算 sin(pitch).

    float    sp = -m.m32;

    // 检查万向锁

    if (fabs(sp) > 9.99999f) {

        //向正上方或正下方看

        pitch = kPiOver2 * sp;

        // bank 置零，计算 heading

        heading = atan2(-m.m23, m.m11);
        bank = 0.0f;

    } else {

        //计算角度

        heading = atan2(m.m31, m.m33);
        pitch = asin(sp);
        bank = atan2(m.m12, m.m22);
    }
}

//------------------------------------------------------------------
// EulerAngles::fromWorldToObjectMatrix
//从世界—物体坐标系变换矩阵到欧拉角
//
//假设矩阵是正交的，忽略平移部分
//
// 更多信息请见 10.6.2 节
```

```
void    EulerAngles::fromWorldToObjectMatrix(const Matrix4x3 &m) {

    //根据 m32 计算 sin(pitch)

    float    sp = -m.m23;

    //检查万向锁

    if (fabs(sp) > 9.99999f) {

        // 向正上方或正下方看

        pitch = kPiOver2 * sp;

        // bank 置零，计算 heading

        heading = atan2(-m.m31, m.m11);
        bank = 0.0f;

    } else {

        // 计算角度

        heading = atan2(m.m13, m.m33);
        pitch = asin(sp);
        bank = atan2(m.m21, m.m22);
    }
}

//---------------------------------------------------------------------
// EulerAngles::fromRotationMatrix
// 根据旋转矩阵构造欧拉角
//
// 更多信息请见 10.6.2 节

void    EulerAngles::fromRotationMatrix(const RotationMatrix &m) {

    // 根据 m32 计算 sin(pitch)

    float    sp = -m.m23;

    //检查万向锁

    if (fabs(sp) > 9.99999f) {
```

```
        //向正上方或正下方看

        pitch = kPiOver2 * sp;

        // bank 置零，计算 heading

        heading = atan2(-m.m31, m.m11);
        bank = 0.0f;

    } else {

        // 计算角度

        heading = atan2(m.m13, m.m33);
        pitch = asin(sp);
        bank = atan2(m.m21, m.m22);
    }
}
```

11.3 Quaternion 类

Quaternion 类用来以四元数形式保存方位或角位移。关于四元数的更多信息，请参见 10.4 节。在能应用到四元数上的完整数学运算集合中，只有那些对单位四元数有意义的运算才对保存角位移有用。本例中没有提供四元数的求负、加、减、标量乘、对数和指数这些操作。

下面是 Quaternion.h 文件：

程序清单 11.4 Quaternion.h

```
/////////////////////////////////////////////////////////////////////////////
//
// 3D Math Primer for Games and Graphics Development
//
// Quaternion.h - Declarations for class Quaternion
//
// For more details, see Quaternion.cpp
//
/////////////////////////////////////////////////////////////////////////////

#ifndef __QUATERNION_H_INCLUDED__
#define __QUATERNION_H_INCLUDED__
```

```
class Vector3;
class EulerAngles;

//---------------------------------------------------------------------------
// Quaternion类
//实现在3D中表示角位移的四元数

class Quaternion {
public:

    // 公共数据

    // 四元数的四个值，通常是不需要直接处理它们的
    // 然而仍然把它们设置为public，这是为了不给某些操作(如文件I/O)带来不必要的复杂性

    float   w, x, y, z;

    // 公共操作

    //置为单位四元数

    void   identity() { w = 1.0f; x = y = z = 0.0f; }

    // 构造执行旋转的四元数

    void   setToRotateAboutX(float theta);
    void   setToRotateAboutY(float theta);
    void   setToRotateAboutZ(float theta);
    void   setToRotateAboutAxis(const Vector3 &axis, float theta);

    // 构造执行物体—惯性旋转的四元数，方位参数用欧拉角形式给出

    void   setToRotateObjectToInertial(const EulerAngles &orientation);
    void   setToRotateInertialToObject(const EulerAngles &orientation);

    // 叉乘

    Quaternion operator *(const Quaternion &a) const;

    // 赋值乘法，这是符合C++习惯的写法

    Quaternion &operator *=(const Quaternion &a);

    // 将四元数正则化
```

```
    void   normalize();

    // 提取旋转角和旋转轴

    float    getRotationAngle() const;
    Vector3    getRotationAxis() const;
};

// 全局“单位”四元数

extern const Quaternion kQuaternionIdentity;

// 四元数点乘

extern float dotProduct(const Quaternion &a, const Quaternion &b);

// 球面线性插值

extern Quaternion slerp(const Quaternion &p, const Quaternion &q, float t);

// 四元数共轭

extern Quaternion conjugate(const Quaternion &q);

// 四元数幂

extern Quaternion pow(const Quaternion &q, float exponent);

//////////////////////////////////////////////////////////////////////
#endif // #ifndef __QUATERNION_H_INCLUDED__
```

如果您对四元数有基本的理解，那么从函数名和注释就能理解这个类的大部分功能。为了创建一个代表特定角位移的四元数，需要使用 setToXXX 函数中的一个。setToRotateObjectToInertial()和setToRotateInertialToObject()用来将欧拉角转换到四元数形式。第一个函数创建一个四元数，表达从物体空间到惯性空间的旋转；后一个函数返回从惯性空间到物体空间的旋转。可以参考 10.6.5 节以获得更多信息。

一般使用函数来操作角位移，这些函数所做的数学操作在前面的章节中已有精确的阐述。角位移的连接使用 operator*()(习惯上，连接顺序从左向右)。conjugate()函数返回一个四元数，该四元数代表的角位移与输入四元数代表的角位移相反。

使用 getRotationAngle()和 getRotationAxis()可以从四元数中抽取旋转角和轴。

normalize()用来处理浮点数误差扩大。如果要对同一四元数执行上百次连续运算，就可能需要调用这个方法。虽然欧拉角向四元数的转换只产生正则化的四元数，避免了误差扩大的可能。但是，矩阵和四元数间的转换却存在这一问题。

四元数的实现在 Quaternion.cpp 中，如下：

程序清单 11.5　Quaternion.cpp

```
/////////////////////////////////////////////////////////////////////////////
//
// 3D Math Primer for Games and Graphics Development
//
// Quaternion.cpp - Quaternion implementation
//
// For more details see section 11.3.
//
/////////////////////////////////////////////////////////////////////////////

#include <assert.h>
#include <math.h>

#include "Quaternion.h"
#include "MathUtil.h"
#include "vector3.h"
#include "EulerAngles.h"

/////////////////////////////////////////////////////////////////////////////
//
// 全局数据
//
/////////////////////////////////////////////////////////////////////////////
//全局单位四元数。注意 Quaternion 类没有构造函数，因为我们并不需要。

const Quaternion kQuaternionIdentity = {
   1.0f, 0.0f, 0.0f, 0.0f
};

/////////////////////////////////////////////////////////////////////////////
//
// Quaternion 类成员
//
/////////////////////////////////////////////////////////////////////////////

//---------------------------------------------------------------------------
// Quaternion::setToRotateAboutX
// Quaternion::setToRotateAboutY
// Quaternion::setToRotateAboutZ
// Quaternion::setToRotateAboutAxis
```

```
//构造绕指定轴旋转的四元数

void   Quaternion::setToRotateAboutX(float theta) {

    // 计算半角

    float   thetaOver2 = theta * .5f;

    // 赋值

    w = cos(thetaOver2);
    x = sin(thetaOver2);
    y = 0.0f;
    z = 0.0f;
}

void   Quaternion::setToRotateAboutY(float theta) {

    // 计算半角

    float   thetaOver2 = theta * .5f;

    // 赋值

    w = cos(thetaOver2);
    x = 0.0f;
    y = sin(thetaOver2);
    z = 0.0f;
}

void   Quaternion::setToRotateAboutZ(float theta) {

    // 计算半角

    float   thetaOver2 = theta * .5f;

    // 赋值

    w = cos(thetaOver2);
    x = 0.0f;
    y = 0.0f;
    z = sin(thetaOver2);
}

void   Quaternion::setToRotateAboutAxis(const Vector3 &axis, float theta) {
```

```
    // 旋转轴必须标准化

    assert(fabs(vectorMag(axis) - 1.0f) < .01f);

    // 计算半角和 sin 值

    float   thetaOver2 = theta * .5f;
    float   sinThetaOver2 = sin(thetaOver2);

    // 赋值

    w = cos(thetaOver2);
    x = axis.x * sinThetaOver2;
    y = axis.y * sinThetaOver2;
    z = axis.z * sinThetaOver2;
}

//-------------------------------------------------------------------
// EnlerAngles::setToRotateObjectToInertial
//构造执行物体—惯性旋转的四元数
//
//方位参数由欧拉角形式给出
//更多信息请见 10.6.5 节

void   Quaternion::setToRotateObjectToInertial(const EulerAngles &orientation) {

    // 计算半角的 sin 和 cos 值

    float   sp, sb, sh;
    float   cp, cb, ch;
    sinCos(&sp, &cp, orientation.pitch * 0.5f);
    sinCos(&sb, &cb, orientation.bank * 0.5f);
    sinCos(&sh, &ch, orientation.heading * 0.5f);

    // 计算结果

    w =  ch*cp*cb + sh*sp*sb;
    x =  ch*sp*cb + sh*cp*sb;
    y = -ch*sp*sb + sh*cp*cb;
    z = -sh*sp*cb + ch*cp*sb;
}

//-------------------------------------------------------------------
// EnlerAngles::setToRotateInertialToObject
```

```
//构造执行惯性—物体旋转的四元数
//
//方位参数由欧拉角形式给出
//更多信息请见 10.6.5 节

void    Quaternion::setToRotateInertialToObject(const EulerAngles &orientation) {

    // 计算半角的 sin 和 cos 值

    float   sp, sb, sh;
    float   cp, cb, ch;
    sinCos(&sp, &cp, orientation.pitch * 0.5f);
    sinCos(&sb, &cb, orientation.bank * 0.5f);
    sinCos(&sh, &ch, orientation.heading * 0.5f);

    // 计算结果

    w =  ch*cp*cb + sh*sp*sb;
    x = -ch*sp*cb - sh*cp*sb;
    y =  ch*sp*sb - sh*cb*cp;
    z =  sh*sp*cb - ch*cp*sb;
}

//---------------------------------------------------------------------------
// Quaternion::operator *
//四元数叉乘运算，用以连接多个角位移
//乘的顺序是从左向右
//这和四元数叉乘的“标准”定义相反，请见 10.4.8 节

Quaternion Quaternion::operator *(const Quaternion &a) const {
    Quaternion result;

    result.w = w*a.w - x*a.x - y*a.y - z*a.z;
    result.x = w*a.x + x*a.w + z*a.y - y*a.z;
    result.y = w*a.y + y*a.w + x*a.z - z*a.x;
    result.z = w*a.z + z*a.w + y*a.x - x*a.y;

    return result;
}

//---------------------------------------------------------------------------
// Quaternion::operator *=
// 叉乘并赋值，这是符合 C++习惯写法的

Quaternion &Quaternion::operator *=(const Quaternion &a) {
```

```
    // 乘并赋值

    *this = *this * a;

    // 返回左值

    return *this;
}

//---------------------------------------------------------------------------
// Quaternion::normalize
// 正则化四元数。
// 通常，四元数都是正则化的，请见 10.4.6 节
//
//提供这个函数主要是为了防止误差扩大，连续多个四元数操作可能导致误差扩大。
//

void    Quaternion::normalize() {

    // 计算四元数的模

    float   mag = (float)sqrt(w*w + x*x + y*y + z*z);

    // 检测长度，防止除零错误

    if (mag > 0.0f) {

        // 正则化

        float   oneOverMag = 1.0f / mag;
        w *= oneOverMag;
        x *= oneOverMag;
        y *= oneOverMag;
        z *= oneOverMag;

    } else {

        // 有麻烦了

        assert(false);

        // 在发布版中，返回单位四元数

        identity();
```

```
    }
}

//---------------------------------------------------------------------------
// Quaternion::getRotationAngle
// 返回旋转角

float  Quaternion::getRotationAngle() const {

    // 计算半角，w = cos(theta / 2)

    float thetaOver2 = safeAcos(w);

    // 返回旋转角

    return thetaOver2 * 2.0f;
}

//---------------------------------------------------------------------------
// Quaternion::getRotationAxis
//提取旋转轴

Vector3 Quaternion::getRotationAxis() const {

    // 计算 sin^2(theta/2)，记住 w = cos(theta/2)，sin^2(x) + cos^2(x) = 1

    float sinThetaOver2Sq = 1.0f - w*w;

    // 注意保证数值精度

    if (sinThetaOver2Sq <= 0.0f) {

        // 单位四元数或不甚精确的数值，只要返回有效的向量即可

        return Vector3(1.0f, 0.0f, 0.0f);
    }

    // 计算 1/sin(theta/2)

    float  oneOverSinThetaOver2 = 1.0f / sqrt(sinThetaOver2Sq);

    // 返回旋转轴

    return Vector3(
        x * oneOverSinThetaOver2,
```

```
        y * oneOverSinThetaOver2,
        z * oneOverSinThetaOver2
        );
}

////////////////////////////////////////////////////////////////////////////
//
// 非成员函数
//
////////////////////////////////////////////////////////////////////////////

//---------------------------------------------------------------------------
// dotProduct
// 四元数点乘
// 用非成员函数实现四元数点乘以避免在表达式中使用时出现“怪异语法”
// 请见 10.4.10 节

float dotProduct(const Quaternion &a, const Quaternion &b) {
    return a.w*b.w + a.x*b.x + a.y*b.y + a.z*b.z;
}

//---------------------------------------------------------------------------
// slerp
// 球面线性插值
//
// 请见 10.4.13 节

Quaternion slerp(const Quaternion &q0, const Quaternion &q1, float t) {

    // 检查出界的参数，如果检查到，返回边界点

    if (t <= 0.0f) return q0;
    if (t >= 1.0f) return q1;

    // 用点乘计算四元数夹角的 cos 值

    float cosOmega = dotProduct(q0, q1);

    // 如果点乘为负，使用-q1
    // 四元数 q 和-q 代表相同的旋转，但可能产生不同的 slerp 运算，我们要选择正确的一个以便用锐角进
行旋转

    float q1w = q1.w;
    float q1x = q1.x;
    float q1y = q1.y;
```

```
float q1z = q1.z;
if (cosOmega < 0.0f) {
    q1w = -q1w;
    q1x = -q1x;
    q1y = -q1y;
    q1z = -q1z;
    cosOmega = -cosOmega;
}

// 我们用的是两个单位四元数，所以点乘结果应该<= 1.0

assert(cosOmega < 1.1f);

// 计算插值片，注意检查非常接近的情况

float k0, k1;
if (cosOmega > 0.9999f) {

    // 非常接近，即线性插值，防止除零

    k0 = 1.0f-t;
    k1 = t;

} else {

    // 用三角公式 sin^2(omega) + cos^2(omega) = 1 计算 sin 值

    float sinOmega = sqrt(1.0f - cosOmega*cosOmega);

    // 根据 sin 和 cos 值计算角度

    float omega = atan2(sinOmega, cosOmega);

    // 计算分母的倒数，这样只需要除一次

    float oneOverSinOmega = 1.0f / sinOmega;

    // 计算插值变量

    k0 = sin((1.0f - t) * omega) * oneOverSinOmega;
    k1 = sin(t * omega) * oneOverSinOmega;
}

// 插值
```

```
    Quaternion result;
    result.x = k0*q0.x + k1*q1x;
    result.y = k0*q0.y + k1*q1y;
    result.z = k0*q0.z + k1*q1z;
    result.w = k0*q0.w + k1*q1w;

    // 返回

    return result;
}

//---------------------------------------------------------------------------
// conjugate
// 四元数共轭，即与原四元数旋转方向相反的四元数
// 请见 10.4.7 节

Quaternion conjugate(const Quaternion &q) {
    Quaternion result;

    // 旋转量相同

    result.w = q.w;

    // 旋转轴相反

    result.x = -q.x;
    result.y = -q.y;
    result.z = -q.z;

    // 返回

    return result;
}

//---------------------------------------------------------------------------
// pow
// 四元数幂
//
// 请见 10.4.12 节

Quaternion pow(const Quaternion &q, float exponent) {

    // 检查单位四元数，防止除零

    if (fabs(q.w) > .9999f) {
```

```
        return q;
    }

    // 提取半角 alpha(alpha = theta/2)

    float  alpha = acos(q.w);

    // 计算新 alpha 值

    float  newAlpha = alpha * exponent;

    // 计算新 w 值

    Quaternion result;
    result.w = cos(newAlpha);

    // 计算新 xyz 值

    float  mult = sin(newAlpha) / sin(alpha);
    result.x = q.x * mult;
    result.y = q.y * mult;
    result.z = q.z * mult;

    // 返回

    return result;
}
```

11.4 RotationMatrix 类

RotationMatrix 类是本章给出的两个矩阵类中的第一个。这个类的目的就是处理非常特殊的(也是极其常用的)物体和惯性坐标空间之间的旋转。如果您忘了这些内容，请参考 3.2 节。

这个矩阵类不是一般的变换类，我们假定这个类只包含旋转。因此，它是正交的。使用 10.1 节中的术语来讲：该矩阵表达的是方位，而不是角位移。当您创建这样的矩阵时，不必指定变换的方向(物体坐标空间到惯性坐标空间或是惯性坐标空间到物体坐标空间)。变换的方向在实际执行变换时指定，每个方向对应一个函数。所有这些都可以和 11.5 节给出的 Matrix4×3 类对比。

RotationMatrix 定义在 RotationMatrix.h 中，如下：

程序清单 11.6 RotationMatrix.h

```
/////////////////////////////////////////////////////////////////////////////
```

```
//
// 3D Math Primer for Games and Graphics Development
//
// RotationMatrix.h - Declarations for class RotationMatrix
//
// For more details, see RotationMatrix.cpp
//
/////////////////////////////////////////////////////////////////////////

#ifndef __ROTATIONMATRIX_H_INCLUDED__
#define __ROTATIONMATRIX_H_INCLUDED__

class Vector3;
class EulerAngles;
class Quaternion;

//------------------------------------------------------------------------
//RotationMatrix类
//实现了一个简单的 3×3 矩阵，仅用作旋转
//矩阵假设为正交的，在变换时指定方向

class RotationMatrix {
public:

    // Public data

    // 矩阵的 9 个值

    float   m11, m12, m13;
    float   m21, m22, m23;
    float   m31, m32, m33;

    // 公共操作

    // 置为单位矩阵

    void   identity();

    // 根据指定的方位构造矩阵

    void   setup(const EulerAngles &orientation);

    // 根据四元数构造矩阵，假设该四元数参数代表指定方向的变换

    void   fromInertialToObjectQuaternion(const Quaternion &q);
```

```
    void    fromObjectToInertialQuaternion(const Quaternion &q);

    // 执行旋转

    Vector3    inertialToObject(const Vector3 &v) const;
    Vector3    objectToInertial(const Vector3 &v) const;
};

/////////////////////////////////////////////////////////////////////////////
#endif // #ifndef __ROTATIONMATRIX_H_INCLUDED__
```

因为 RotationMatrix 类很简单，因此也非常容易使用。首先，用欧拉角或四元数设置矩阵。如果使用四元数，还必须指明该四元数代表哪种角位移。一旦创建了矩阵，就能用 inertialToObject()和 objectToInertial()函数执行旋转。

RotationMatrix 类的实现在 RotationMatrix.cpp 中，如下：

程序清单 11.7 RotationMatrix.cpp

```
/////////////////////////////////////////////////////////////////////////////
//
// 3D Math Primer for Games and Graphics Development
//
// RotationMatrix.cpp - Implementation of class RotationMatrix
//
// For more details see section 11.4.
//
/////////////////////////////////////////////////////////////////////////////

#include "vector3.h"
#include "RotationMatrix.h"
#include "MathUtil.h"
#include "Quaternion.h"
#include "EulerAngles.h"

/////////////////////////////////////////////////////////////////////////////
//
// RotationMatrix 类
//
//---------------------------------------------------------------------------
//
// MATRIX ORGANIZATION
// 这个类的使用者应该很少需要关心矩阵的组织方式
// 当然，对类的设计者来说应该使一切事情都显得非常直观
// 假设矩阵仅为旋转矩阵，因此它是正交的
// 该矩阵表达的是惯性到物体的变换，如果要执行物体到惯性的变换，应该乘以它的转置
```

```
// 也就是说：
//
// 惯性到物体的变换：
//
//                | m11 m12 m13 |
//     [ ix iy iz ] | m21 m22 m23 | = [ ox oy oz ]
//                | m31 m32 m33 |
//
// 物体到惯性的变换：
//
//                | m11 m21 m31 |
//     [ ox oy oz ] | m12 m22 m32 | = [ ix iy iz ]
//                | m13 m23 m33 |
//
// 也可以使用列向量的形式的变换：
//
// 惯性到物体的变换：
//
//    | m11 m21 m31 | | ix |    | ox |
//    | m12 m22 m32 | | iy | =  | oy |
//    | m13 m23 m33 | | iz |    | oz |
//
// 物体到惯性的变换：
//
//    | m11 m12 m13 | | ox |    | ix |
//    | m21 m22 m23 | | oy | =  | iy |
//    | m31 m32 m33 | | oz |    | iz |
//
/////////////////////////////////////////////////////////////////////

//-------------------------------------------------------------------
// RotationMatrix::identity
// 置为单位矩阵：

void   RotationMatrix::identity() {
   m11 = 1.0f; m12 = 0.0f; m13 = 0.0f;
   m21 = 0.0f; m22 = 1.0f; m23 = 0.0f;
   m31 = 0.0f; m32 = 0.0f; m33 = 1.0f;
}

//-------------------------------------------------------------------
// RotationMatrix::setup
// 用欧拉角参数构造矩阵
//
// 请见 10.6.1 节
```

```
void  RotationMatrix::setup(const EulerAngles &orientation) {

    // 计算角度的 sin 和 cos 值

    float  sh,ch, sp,cp, sb,cb;
    sinCos(&sh, &ch, orientation.heading);
    sinCos(&sp, &cp, orientation.pitch);
    sinCos(&sb, &cb, orientation.bank);

    // 填充矩阵

    m11 = ch * cb + sh * sp * sb;
    m12 = -ch * sb + sh * sp * cb;
    m13 = sh * cp;

    m21 = sb * cp;
    m22 = cb * cp;
    m23 = -sp;

    m31 = -sh * cb + ch * sp * sb;
    m32 = sb * sh + ch * sp * cb;
    m33 = ch * cp;
}

//---------------------------------------------------------------------------
// RotationMatrix::fromInertialToObjectQuaternion
// 根据惯性—物体旋转四元数构造矩阵
//
// 请见 10.6.3 节

void    RotationMatrix::fromInertialToObjectQuaternion(const Quaternion &q) {

    // 填充矩阵，还有优化的可能，因为许多子表达式是相同的，我们把优化任务留给编译器

    m11 = 1.0f - 2.0f * (q.y*q.y + q.z*q.z);
    m12 = 2.0f * (q.x*q.y + q.w*q.z);
    m13 = 2.0f * (q.x*q.z - q.w*q.y);

    m21 = 2.0f * (q.x*q.y - q.w*q.z);
    m22 = 1.0f - 2.0f * (q.x*q.x + q.z*q.z);
    m23 = 2.0f * (q.y*q.z + q.w*q.x);

    m31 = 2.0f * (q.x*q.z + q.w*q.y);
    m32 = 2.0f * (q.y*q.z - q.w*q.x);
```

```
    m33 = 1.0f - 2.0f * (q.x*q.x + q.y*q.y);

}

//---------------------------------------------------------------------------
// RotationMatrix::fromObjectToInertialQuaternion
// 根据物体—惯性旋转四元数构造矩阵
//
// 请见 10.6.3 节

void    RotationMatrix::fromObjectToInertialQuaternion(const Quaternion &q) {

    //填充矩阵，还有优化的可能，因为许多子表达式是相同的，我们把优化任务留给编译器

    m11 = 1.0f - 2.0f * (q.y*q.y + q.z*q.z);
    m12 = 2.0f * (q.x*q.y - q.w*q.z);
    m13 = 2.0f * (q.x*q.z + q.w*q.y);

    m21 = 2.0f * (q.x*q.y + q.w*q.z);
    m22 = 1.0f - 2.0f * (q.x*q.x + q.z*q.z);
    m23 = 2.0f * (q.y*q.z - q.w*q.x);

    m31 = 2.0f * (q.x*q.z - q.w*q.y);
    m32 = 2.0f * (q.y*q.z + q.w*q.x);
    m33 = 1.0f - 2.0f * (q.x*q.x + q.y*q.y);
}

//---------------------------------------------------------------------------
// RotationMatrix::inertialToObject
// 对向量做惯性—物体变换

Vector3    RotationMatrix::inertialToObject(const Vector3 &v) const {

    // 以“标准”方式执行矩阵乘法

    return Vector3(
        m11*v.x + m21*v.y + m31*v.z,
        m12*v.x + m22*v.y + m32*v.z,
        m13*v.x + m23*v.y + m33*v.z
        );
}

//---------------------------------------------------------------------------
// RotationMatrix::objectToInertial
//对向量做物体—惯性变换
```

```
Vector3   RotationMatrix::objectToInertial(const Vector3 &v) const {

    // 乘以转置

    return Vector3(
        m11*v.x + m12*v.y + m13*v.z,
        m21*v.x + m22*v.y + m23*v.z,
        m31*v.x + m32*v.y + m33*v.z
        );
}
```

11.5 Matrix4×3 类

RotationMatrix 就其特殊目的来说是很称职的，但也正因为如此，它的广泛应用受到了限制。Matrix4×3 类是一个更加一般化的矩阵，它被用来处理更加复杂的变换。这个矩阵类保存了一个一般仿射变换矩阵。旋转、缩放、镜象、投影和平移变换它都支持。该矩阵还能求逆和组合。

因此，Matrix4×3 类的语义和 RotationMatrix 类完全不同。RotationMatrix 仅应用于特殊的物体空间和惯性空间，而 Matrix4×3 有更一般的应用，所以我们使用更一般化的术语“源”和“目标”坐标空间。和 RotationMatrix 不一样，它的变换方向是在矩阵创建时指定的，之后点只能向那个方向(源到目标)变换。如果要向相反的方向变换，须先计算逆矩阵。

这里使用线性代数的乘法记法，operator*()被同时用来变换点和组合矩阵。因为我们的约定是行向量不是列向量，变换的顺序和读句子一样，从左向右。

Matrix4×3 定义在 Matrix4×3.h 中，如下：

程序清单 11.8 Matrix4×3.h

```
/////////////////////////////////////////////////////////////////////////////
//
// 3D Math Primer for Games and Graphics Development
//
// Matrix4×3.h - Declarations for class Matrix4×3
//
// For more details, see Matrix4×3.cpp
//
/////////////////////////////////////////////////////////////////////////////

#ifndef __MATRIX4×3_H_INCLUDED__
#define __MATRIX4×3_H_INCLUDED__
```

```
class Vector3;
class EulerAngles;
class Quaternion;
class RotationMatrix;

//---------------------------------------------------------------------------
// Matrix4×3 类
// 实现 4×3 转换矩阵，能够表达任何 3D 仿射变换

class Matrix4×3 {
public:

    // 公共数据

    // 矩阵的值
    // 上面 3×3 部分包含线性变换，最后一行包含平移

    float   m11, m12, m13;
    float   m21, m22, m23;
    float   m31, m32, m33;
    float   tx,  ty,  tz;

    // 公共操作

    // 置为单位矩阵

    void    identity();

    // 直接访问平移部分

    void    zeroTranslation();
    void    setTranslation(const Vector3 &d);
    void    setupTranslation(const Vector3 &d);

    // 构造执行父空间<—>局部空间变换的矩阵，假定局部空间在指定的位置和方位，该位可能是使用欧拉角
或旋转矩阵表示的

    void    setupLocalToParent(const Vector3 &pos, const EulerAngles &orient);
    void    setupLocalToParent(const Vector3 &pos, const RotationMatrix &orient);
    void    setupParentToLocal(const Vector3 &pos, const EulerAngles &orient);
    void    setupParentToLocal(const Vector3 &pos, const RotationMatrix &orient);

    // 构造绕坐标轴旋转的矩阵

    void    setupRotate(int axis, float theta);
```

```
    // 构造绕任意轴旋转的矩阵

    void    setupRotate(const Vector3 &axis, float theta);

    // 构造旋转矩阵，角位移由四元数形式给出

    void    fromQuaternion(const Quaternion &q);

    // 构造沿坐标轴缩放的矩阵

    void    setupScale(const Vector3 &s);

    // 构造沿任意轴缩放的矩阵

    void    setupScaleAlongAxis(const Vector3 &axis, float k);

    // 构造切变矩阵

    void    setupShear(int axis, float s, float t);

    // 构造投影矩阵，投影平面过原点

    void    setupProject(const Vector3 &n);

    // 构造反射矩阵

    void    setupReflect(int axis, float k = 0.0f);

    // 构造沿任意平面反射的矩阵

    void    setupReflect(const Vector3 &n);
};

// 运算符* 用来变换点或连接矩阵，乘法的顺序从左向右沿变换的顺序进行

Vector3       operator*(const Vector3 &p, const Matrix4×3 &m);
Matrix4×3    operator*(const Matrix4×3 &a, const Matrix4×3 &b);

// 运算符*=，保持和 C++标准语法的一致性

Vector3       &operator*=(Vector3 &p, const Matrix4×3 &m);
Matrix4×3    &operator*=(const Matrix4×3 &a, const Matrix4×3 &m);

// 计算 3×3 部分的行列式值
```

```
float    determinant(const Matrix4×3 &m);

// 计算矩阵的逆

Matrix 4×3 inverse(const Matrix4×3 &m);

// 提取矩阵的平移部分

Vector3    getTranslation(const Matrix4×3 &m);

// 从局部矩阵→父矩阵或父矩阵→局部矩阵取位置/方位

Vector3    getPositionFromParentToLocalMatrix(const Matrix4×3 &m);
Vector3    getPositionFromLocalToParentMatrix(const Matrix4×3 &m);

/////////////////////////////////////////////////////////////////////////
#endif // #ifndef __ROTATIONMATRIX_H_INCLUDED__
```

让我们看看这个类提供的功能。我们希望函数名字和注释就能使得它的功能不言自明。但为了读者得到清晰的理解，我们简单介绍一下。

Matrix4×3 类的所有成员函数都被设计成用某种基本变换来完成矩阵的设置：

- identity()将矩阵设为单位矩阵。
- zeroTranslation()通过将最后一行设为[0，0，0]来取消矩阵的平移部分，线性变换部分(3×3 部分)不受影响。
- setTranslation()将矩阵的平移部分设为指定值，不改变 3×3 部分。setupTranslation()设置矩阵来执行平移。上面的 3×3 部分设为单位阵，平移部分设为指定向量。
- setupLocalToParent()创建一个矩阵能将点从局部坐标空间变换到父坐标空间，需要给出局部坐标空间在父坐标空间中的位置和方向。最常用到该方法的可能是将点从物体坐标空间变换到世界坐标空间的时候(当时没有用这些术语)。局部坐标空间的方位可以用欧拉角或旋转矩阵定义。用旋转矩阵更快一些，因为它没有实数运算，只有矩阵元素的复制。setupParentToLocal()设置用来执行相反变换的矩阵。
- setupRotate()的两个重载方法都创建一个绕轴旋转的矩阵。如果轴是坐标轴，将使用一个数字来代表坐标轴。如.cpp 中的说明，1 代表 x 轴，2 代表 y 轴，3 代表 z 轴。绕任意轴旋转时，用第二个版本的 setupRotate()，它用一个单位向量代表旋转轴。
- fromQuaternion()将一个四元数转换到矩阵形式，矩阵的平移部分为 0。
- setupScale()创建一个矩阵执行沿坐标轴的均匀或非均匀缩放。输入向量包含沿 x，y，z 轴的缩放因子。对均匀缩放，使用一个每个轴的值都相同的向量。
- setupScaleAlongAxis()创建一个矩阵执行沿任意方向缩放。这个缩放发生在一个穿过原点的平面上——该平面垂直于向量参数，向量是正则化的。

- setupShear()创建一个切变矩阵。可以看这个函数实现部分的注释，以了解参数的细节。
- setupProject()创建一个投影矩阵。该矩阵将向穿过原点且垂直于给定向量的平面投影。
- setupReflect()创建一个沿平面镜象的矩阵。第一个版本中，坐标轴用一个数字指定，平面不必穿过原点。第二个版本中指定任意的法向量，且平面必须穿过原点。(对于沿任意不穿过原点的平面镜象，必须将该矩阵和适当的变换矩阵连接。)

前面曾提到，根据线性代数记法，实际的变换用 operator*()执行。矩阵连接也用这种语法。

determinant()函数计算矩阵的行列式。实际只使用了 3×3 部分，如果假设最右一列总为$[0,0,0,1]^T$，那么最后一行(平移部分)会被最右一列的 0 消去。

inverse()计算并返回矩阵的逆。就如源代码中注明的，理论上不可能对 4×3 矩阵求逆，只有方阵才能求逆。所以再声明一次，假设的最右一列$[0,0,0,1]^T$保证了合法性。

getTranslation()是一个辅助函数，帮助以向量形式提取矩阵的平移部分。

getPositionFromLocalToParentMatrix()和 getPositionFromParentToLocalMatrix()是从父坐标空间中提取局部坐标空间位置的函数(名字很长☺)，需要传入变换矩阵。在某种程度上，这两个方法是 setupLocalToParent()和 setupParentToLocal()关于位置部分的逆向操作。当然，您可以对任意矩阵使用这两个方法(假设它是一个刚体变换)，而不仅仅限于 setupLocalToParent()和 setupParentToLocal()产生的矩阵。以欧拉角形式从变换矩阵中提取方位，需要使用 EulerAngles 类的一个方法。

Matrix4×3 类在 Matrix4×3.cpp 中实现，如下：

程序清单 11.9　Matrix4×3.cpp

```
/////////////////////////////////////////////////////////////////////
//
// 3D Math Primer for Games and Graphics Development
//
// Matrix4×3.cpp - Implementation of class Matrix4×3
//
// For more details see section 11.5.
//
/////////////////////////////////////////////////////////////////////

#include <assert.h>
#include <math.h>

#include "Vector3.h"
#include "EulerAngles.h"
#include "Quaternion.h"
#include "RotationMatrix.h"
```

```
#include "Matrix4×3.h"
#include "MathUtil.h"

/////////////////////////////////////////////////////////////////////////////
//
// 注意:
//
// 更多类设计信息见 11 章
//
//---------------------------------------------------------------------------
//
// MATRIX ORGANIZATION
// 本类的设计目的是为了便于使用，用户不用反复改变正负号或转置直到结果“看起来正确”当然，内部实现的细节是很重要的
// 不仅是为了类的实现的正确性，也为了偶然可能发生的对矩阵元素的直接访问，或者为了优化
// 因此，在这里描述一下矩阵类所用的约定
// 我们使用行向量，所以矩阵乘法形式如下:
//
//              | m11 m12 m13 |
//    [ x y z ] | m21 m22 m23 | = [ x' y' z' ]
//              | m31 m32 m33 |
//              | tx  ty   tz  |
//根据严格的线性代数法则，这种乘法是不成立的。
//我们可以假设，输入和输出向量有第四个分量，都为 1
//另外，由于 4×3 矩阵是不能求逆的，因此假设矩阵有第 4 列，为[ 0 0 0 1 ]
//如下所示:
//
//                  | m11 m12 m13 0 |
//     [ x y z 1 ] | m21 m22 m23 0 | = [ x' y' z' 1 ]
//                  | m31 m32 m33 0 |
//                  | tx  ty  tz  1  |
//如果您忘了矩阵乘法的线性代数法则(见 7.1.6 节和 7.1.7 节)，请参考运算符*的定义
//
/////////////////////////////////////////////////////////////////////////////

/////////////////////////////////////////////////////////////////////////////
//
// Matrix4×3 类成员
//
/////////////////////////////////////////////////////////////////////////////

//---------------------------------------------------------------------------
// Matrix4×3::identity
//置为单位矩阵
```

```
void   Matrix4×3::identity() {
   m11 = 1.0f; m12 = 0.0f; m13 = 0.0f;
   m21 = 0.0f; m22 = 1.0f; m23 = 0.0f;
   m31 = 0.0f; m32 = 0.0f; m33 = 1.0f;
   tx  = 0.0f; ty  = 0.0f; tz  = 1.0f;
}

//---------------------------------------------------------------------------
// Matrix4×3::zeroTranslation
// 将包含平移部分的第四行置为零

void   Matrix4×3::zeroTranslation() {
   tx = ty = tz = 0.0f;
}

//---------------------------------------------------------------------------
// Matrix4×3::setTranslation
// 平移部分赋值，参数为向量形式

void   Matrix4×3::setTranslation(const Vector3 &d) {
   tx = d.x; ty = d.y; tz = d.z;
}

//---------------------------------------------------------------------------
// Matrix4×3::setTranslation
// 平移部分赋值，参数为向量形式

void   Matrix4×3::setupTranslation(const Vector3 &d) {
   // 线性变换部分置为单位矩阵

   m11 = 1.0f; m12 = 0.0f; m13 = 0.0f;
   m21 = 0.0f; m22 = 1.0f; m23 = 0.0f;
   m31 = 0.0f; m32 = 0.0f; m33 = 1.0f;

   // 平移部分赋值

   tx = d.x; ty = d.y; tz = d.z;
}

//---------------------------------------------------------------------------
// Matrix4×3::setupLocalToParent
//构造执行局部→父空间变换的矩阵，局部空间的位置和方位在父空间中描述
//该方法最常见的用途是构造物体→世界的变换矩阵，这个变换是非常直接的。
//首先从物体空间变换到惯性空间，接着变换到世界空间
//方位可以由欧拉角或旋转矩阵指定
```

```
void    Matrix4×3::setupLocalToParent(const Vector3 &pos, const EulerAngles &orient)
{

    // 创建一个旋转矩阵

    RotationMatrix orientMatrix;
    orientMatrix.setup(orient);

    // 构造 4×3 矩阵
    // 注意：如果速度至关重要，我们可以直接计算矩阵，不用 RotationMatrix 临时对象
    // 这将节省一次函数调用和一些复制操作

    setupLocalToParent(pos, orientMatrix);
}

void    Matrix4×3::setupLocalToParent(const Vector3 &pos, const RotationMatrix &orient)
{

    // 复制矩阵的旋转部分
    // 根据 RotationMatrix.cpp 中的注释，旋转矩阵“一般”是惯性→物体矩阵
    // 是父→局部关系
    // 我们求的是局部→父关系的矩阵，因此要做转置

    m11 = orient.m11; m12 = orient.m21; m13 = orient.m31;
    m21 = orient.m12; m22 = orient.m22; m23 = orient.m32;
    m31 = orient.m13; m32 = orient.m23; m33 = orient.m33;

    // 现在设置平移部分。平移在 3×3 部分“之后”，因此我们只需简单的复制其位置即可

    tx = pos.x; ty = pos.y; tz = pos.z;
}

//---------------------------------------------------------------------------
// Matrix4×3::setupParentToLocal
// 构造执行父→局部空间变换的矩阵，局部空间的位置和方位在父空间中描述
// 该方法最常见的用途是构造世界→物体的变换矩阵
// 通常这个变换首先从世界空间转换到惯性空间，接着转换到物体空间
// 4×3 矩阵可以完成后一个转换
// 所以我们想构造两个矩阵 T 和 R，再连接 M=TR
// 方位可以由欧拉角或旋转矩阵指定

void    Matrix4×3::setupParentToLocal(const Vector3 &pos, const EulerAngles &orient)
{
```

```
    //创建一个旋转矩阵

    RotationMatrix orientMatrix;
    orientMatrix.setup(orient);

    // 构造 4×3 矩阵

    setupParentToLocal(pos, orientMatrix);
}

void    Matrix4×3::setupParentToLocal(const Vector3 &pos, const RotationMatrix &orient)
{

    // 复制矩阵的旋转部分
    // 可以直接复制元素(不用转置)，根据 RotationMatrix.cpp 中注释的排列方式即可

    m11 = orient.m11; m12 = orient.m12; m13 = orient.m13;
    m21 = orient.m21; m22 = orient.m22; m23 = orient.m23;
    m31 = orient.m31; m32 = orient.m32; m33 = orient.m33;

    // 设置平移部分
    // 一般来说，从世界空间到惯性空间只需平移坐负的量
    // 但必须记得旋转是“先”发生的，所以应该旋转平移部分
    // 这和先创建平移-pos 的矩阵 T，再创建旋转矩阵 R，
    // 再把它们连接成 TR 是一样的

    tx = -(pos.x*m11 + pos.y*m21 + pos.z*m31);
    ty = -(pos.x*m12 + pos.y*m22 + pos.z*m32);
    tz = -(pos.x*m13 + pos.y*m23 + pos.z*m33);
}

//---------------------------------------------------------------------------
// Matrix4×3::setupRotate
//构造绕坐标轴旋转的矩阵
//旋转轴由一个从 1 开始的索引指定
//
//    1 => 绕 x 轴旋转
//    2 => 绕 y 轴旋转
//    3 => 绕 z 轴旋转
//theta 是旋转量，以弧度表示，用左手法则定义“正方向”
//平移部分置零
//
// 更多信息请见 8.2.2 节

void    Matrix4×3::setupRotate(int axis, float theta) {
```

```
    // 取得旋转角的 sin 和 cos 值

    float    s, c;
    sinCos(&s, &c, theta);

    // 判断旋转轴

    switch (axis) {

    case 1: // 绕 x 轴旋转

        m11 = 1.0f; m12 = 0.0f; m13 = 0.0f;
        m21 = 0.0f; m22 = c;    m23 = s;
        m31 = 0.0f; m32 = -s;   m33 = c;
        break;

    case 2: // 绕 y 轴旋转

        m11 = c;    m12 = 0.0f; m13 = -s;
        m21 = 0.0f; m22 = 1.0f; m23 = 0.0f;
        m31 = s;    m32 = 0.0f; m33 = c;
        break;

    case 3: // 绕 z 轴旋转

        m11 = c;    m12 = s;    m13 = 0.0f;
        m21 = -s;   m22 = c;    m23 = 0.0f;
        m31 = 0.0f; m32 = 0.0f; m33 = 1.0f;
        break;

    default:

        // 非法索引

        assert(false);
    }

    // 平移部分置零

    tx = ty = tz = 0.0f;
}

//---------------------------------------------------------------------------
// Matrix4×3::setupRotate
```

```
//构造绕任意轴的旋转，旋转轴通过原点
//旋转轴为单位向量
//theta 是旋转的量，以弧度表示，用左手法则来定义“正方向”
//平移部分置零
//
// 更多信息请见 8.2.3 节

void    Matrix4×3::setupRotate(const Vector3 &axis, float theta) {

    // 检查旋转轴是否为单位向量

    assert(fabs(axis*axis - 1.0f) < .01f);

    // 取得旋转角的 sin 和 cos 值

    float    s, c;
    sinCos(&s, &c, theta);

    // 计算 1-cos(theta)和一些公用的子表达式

    float    a = 1.0f - c;
    float    ax = a * axis.x;
    float    ay = a * axis.y;
    float    az = a * axis.z;

    //矩阵元素的赋值。
    //仍有优化的机会，因为有许多相同的子表达式，我们把这个任务留给编译器

    m11 = ax*axis.x + c;
    m12 = ax*axis.y + axis.z*s;
    m13 = ax*axis.z - axis.y*s;

    m21 = ay*axis.x - axis.z*s;
    m22 = ay*axis.y + c;
    m23 = ay*axis.z + axis.x*s;

    m31 = az*axis.x + axis.y*s;
    m32 = az*axis.y - axis.x*s;
    m33 = az*axis.z + c;

    // 平移部分置零

    tx = ty = tz = 0.0f;
}
```

```
//-------------------------------------------------------------------------
// Matrix4×3::fromQuaternion
//从四元数转换到矩阵
//平移部分置零
//
// 更多信息请见 10.6.3 节

void   Matrix4×3::fromQuaternion(const Quaternion &q) {

    // 计算一些公用的子表达式

    float   ww = 2.0f * q.w;
    float   xx = 2.0f * q.x;
    float   yy = 2.0f * q.y;
    float   zz = 2.0f * q.z;

    // 矩阵元素的赋值。
    // 仍然有优化的机会，因为有许多相同的子表达式，我们把这个任务留给编译器

    m11 = 1.0f - yy*q.y - zz*q.z;
    m12 = xx*q.y + ww*q.z;
    m13 = xx*q.z - ww*q.x;

    m21 = xx*q.y - ww*q.z;
    m22 = 1.0f - xx*q.x - zz*q.z;
    m23 = yy*q.z + ww*q.x;

    m31 = xx*q.z + ww*q.y;
    m32 = yy*q.z - ww*q.x;
    m33 = 1.0f - xx*q.x - yy*q.y;

    // 平移部分置零

    tx = ty = tz = 0.0f;
}

//-------------------------------------------------------------------------
// Matrix4×3::setupScale
//
// 构造沿各坐标轴缩放的矩阵
// 对于缩放因子 k，使用向量 Vector3(k,k,k)表示
//
// 平移部分置零
//
// 更多信息请见 8.3.1 节
```

```
void    Matrix4×3::setupScale(const Vector3 &s) {

    // 矩阵元素赋值，非常直接

    m11 = s.x;  m12 = 0.0f; m13 = 0.0f;
    m21 = 0.0f; m22 = s.y;  m23 = 0.0f;
    m31 = 0.0f; m32 = 0.0f; m33 = s.z;

    // 平移部分置零

    tx = ty = tz = 0.0f;
}

//---------------------------------------------------------------------------
// Matrix4×3::setupScaleAlongAxis
//
// 构造沿任意轴缩放的矩阵
// 旋转轴为单位向量
// 平移部分置零
//
// 更多信息请见 8.3.2 节

void    Matrix4×3::setupScaleAlongAxis(const Vector3 &axis, float k) {

    // 检查旋转轴是否为单位向量

    assert(fabs(axis*axis - 1.0f) < .01f);

    // 计算 k-1 和常用的子表达式

    float    a = k - 1.0f;
    float    ax = a * axis.x;
    float    ay = a * axis.y;
    float    az = a * axis.z;

    // 矩阵元素赋值，这里我们自己完成优化操作，因为其对角元素相等

    m11 = ax*axis.x + 1.0f;
    m22 = ay*axis.y + 1.0f;
    m32 = az*axis.z + 1.0f;

    m12 = m21 = ax*axis.y;
    m13 = m31 = ax*axis.z;
    m23 = m32 = ay*axis.z;
```

```
    // 平移部分置零

    tx = ty = tz = 0.0f;
}

//---------------------------------------------------------------------------
// Matrix4×3::setupShear
//
//构造切变矩阵
//切变类型由一个索引指定，变换效果如以下伪代码所示：
//
//    axis == 1  =>  y += s*x, z += t*x
//    axis == 2  =>  x += s*y, z += t*y
//    axis == 3  =>  x += s*z, y += t*z
//平移部分置零
//
// 更多信息请见 8.6 节

void   Matrix4×3::setupShear(int axis, float s, float t) {

    // 判断切变类型

    switch (axis) {

    case 1: // 用 x 切变 y 和 z

        m11 = 1.0f; m12 = s;    m13 = t;
        m21 = 0.0f; m22 = 1.0f; m23 = 0.0f;
        m31 = 0.0f; m32 = 0.0f; m33 = 1.0f;
        break;

    case 2: // 用 y 切变 x 和 z

        m11 = 1.0f; m12 = 0.0f; m13 = 0.0f;
        m21 = s; m22 = 1.0f; m23 = t;
        m31 = 0.0f; m32 = 0.0f; m33 = 1.0f;
        break;

    case 3: // 用 z 切变 x 和 y

        m11 = 1.0f; m12 = 0.0f; m13 = 0.0f;
        m21 = 0.0f; m22 = 1.0f; m23 = 0.0f;
        m31 = s; m32 = t; m33 = 1.0f;
        break;
```

```
    default:

        // 非法索引

        assert(false);
    }

    // 平移部分置零

    tx = ty = tz = 0.0f;
}

//---------------------------------------------------------------------------
// Matrix4×3::setupProject
//
//构造投影矩阵，投影平面过原点，且垂直于单位向量 n
//
// 更多信息请见 8.4.2 节

void   Matrix4×3::setupProject(const Vector3 &n) {

    // 检查旋转轴是否为单位向量

    assert(fabs(n*n - 1.0f) < .01f);

    //矩阵元素赋值，这里我们自己完成优化操作，因为其对角元素相等

    m11 = 1.0f - n.x*n.x;
    m22 = 1.0f - n.y*n.y;
    m33 = 1.0f - n.z*n.z;

    m12 = m21 = -n.x*n.y;
    m13 = m31 = -n.x*n.z;
    m23 = m32 = -n.y*n.z;

    // 平移部分置零

    tx = ty = tz = 0.0f;
}

//---------------------------------------------------------------------------
// Matrix4×3::setupReflect
//
//构造反射矩阵，反射平面平行于坐标平面
```

```
//
// 反射平面由一个索引指定
//
//     1 => 沿 x=k 平面反射
//     2 => 沿 y=k 平面反射
//     3 => 沿 z=k 平面反射
//
// 平移部分置为合适的值，因为 k!=0 时平移是一定会发生的
//
// 更多信息请见 8.5 节

void   Matrix4×3::setupReflect(int axis, float k) {

    // 判断反射平面

    switch (axis) {

    case 1: // 沿 x=k 平面反射

        m11 = -1.0f; m12 =  0.0f; m13 =  0.0f;
        m21 = 0.0f; m22 =  1.0f; m23 = 0.0f;
        m31 = 0.0f; m32 =  0.0f; m33 =  1.0f;

        tx = 2.0f * k;
        ty = 0.0f;
        tz = 0.0f;

        break;

    case 2: // 沿 y=k 平面反射

        m11 =  1.0f; m12 =  0.0f; m13 =  0.0f;
        m21 =  0.0f; m22 = -1.0f; m23 =  0.0f;
        m31 =  0.0f; m32 =  0.0f; m33 =  1.0f;

        tx = 0.0f;
        ty = 2.0f * k;
        tz = 0.0f;

        break;

    case 3: // 沿 z=k 平面反射

        m11 =  1.0f; m12 =  0.0f; m13 =  0.0f;
        m21 =  0.0f; m22 =  1.0f; m23 =  0.0f;
```

```
            m31 =  0.0f; m32 =  0.0f; m33 = -1.0f;

            tx = 0.0f;
            ty = 0.0f;
            tz = 2.0f * k;

            break;

        default:

            // 非法索引

            assert(false);
        }

}

//---------------------------------------------------------------------------
// Matrix4×3::setupReflect
//
//构造反射矩阵，反射平面为通过原点的任意平面，且垂直于单位向量 n
//平移部分置零
//
// 更多信息请见 8.5 节

void    Matrix4x3::setupReflect(const Vector3 &n) {

    // 检查旋转轴是否为单位向量

    assert(fabs(n*n - 1.0f) < .01f);

    // 计算公共子表达式

    float    ax = -2.0f * n.x;
    float    ay = -2.0f * n.y;
    float    az = -2.0f * n.z;

    //矩阵元素赋值，这里我们自己完成优化操作，因为其对角元素相等

    m11 = 1.0f + ax*n.x;
    m22 = 1.0f + ay*n.y;
    m32 = 1.0f + az*n.z;

    m12 = m21 = ax*n.y;
    m13 = m31 = ax*n.z;
```

```
    m23 = m32 = ay*n.z;

    //平移部分置零

    tx = ty = tz = 0.0f;
}

//---------------------------------------------------------------------------
// Vector * Matrix4×3
//
// 变换该点，这使得使用向量类就像在纸上做线性代数一样直观
// 提供*=运算符，以符合 C 语言的语法习惯
//
// 请见 7.1.7 节


Vector3   operator*(const Vector3 &p, const Matrix4×3 &m) {

    // 根据线性代数法则

    return Vector3(
        p.x*m.m11 + p.y*m.m21 + p.z*m.m31 + m.tx,
        p.x*m.m12 + p.y*m.m22 + p.z*m.m32 + m.ty,
        p.x*m.m13 + p.y*m.m23 + p.z*m.m33 + m.tz
        );
}

Vector3 &operator*=(Vector3 &p, const Matrix4×3 &m) {
    p = p * m;
    return p;
}

//---------------------------------------------------------------------------
// Matrix4×3 * Matrix4×3
//
//矩阵连接，这使得使用矩阵类就像在纸上做线性代数一样直观
//提供*=运算符，以符合 C 语言的语法习惯
//
// 请见 7.1.6 节

Matrix4×3 operator*(const Matrix4×3 &a, const Matrix4×3 &b) {

    Matrix4×3 r;

    // 计算左上的 3×3(线性变换)部分
```

```
    r.m11 = a.m11*b.m11 + a.m12*b.m21 + a.m13*b.m31;
    r.m12 = a.m11*b.m12 + a.m12*b.m22 + a.m13*b.m32;
    r.m13 = a.m11*b.m13 + a.m12*b.m23 + a.m13*b.m33;

    r.m21 = a.m21*b.m11 + a.m22*b.m21 + a.m23*b.m31;
    r.m22 = a.m21*b.m12 + a.m22*b.m22 + a.m23*b.m32;
    r.m23 = a.m21*b.m13 + a.m22*b.m23 + a.m23*b.m33;

    r.m31 = a.m31*b.m11 + a.m32*b.m21 + a.m33*b.m31;
    r.m32 = a.m31*b.m12 + a.m32*b.m22 + a.m33*b.m32;
    r.m33 = a.m31*b.m13 + a.m32*b.m23 + a.m33*b.m33;

    // 计算平移部分

    r.tx = a.tx*b.m11 + a.ty*b.m21 + a.tz*b.m31 + b.tx;
    r.ty = a.tx*b.m12 + a.ty*b.m22 + a.tz*b.m32 + b.ty;
    r.tz = a.tx*b.m13 + a.ty*b.m23 + a.tz*b.m33 + b.tz;

    // 返回值，这种方法需要调用拷贝构造函数
    // 如果速度非常重要，我们可能需要用单独的函数在期望的地方给出返回值

    return r;
}

Matrix4×3 &operator*=(Matrix4×3 &a, const Matrix4×3 &b) {
    a = a * b;
    return a;
}

//---------------------------------------------------------------------------
// determinant
//
//计算矩阵左上 3×3 部分的行列式
//
// 更多信息请见 9.1.1 节

float   determinant(const Matrix4×3 &m) {
    return
        m.m11 * (m.m22*m.m33 - m.m23*m.m32)
        + m.m12 * (m.m23*m.m31 - m.m21*m.m33)
        + m.m13 * (m.m21*m.m32 - m.m22*m.m31);
}

//---------------------------------------------------------------------------
```

```
// inverse
//
// 求矩阵的逆，使用经典的伴随矩阵除以行列式的方法
//
// 更多信息请见 9.2.1 节

Matrix4×3 inverse(const Matrix4×3 &m) {

    // 计算行列式

    float   det = determinant(m);

    // 如果是奇异的，即行列式为零，则没有逆矩阵

    assert(fabs(det) > 0.000001f);

    // 计算 1/行列式，这样的除法只需要做一次

    float   oneOverDet = 1.0f / det;

    // 计算 3×3 部分的逆，用伴随矩阵除以行列式

    Matrix4×3 r;

    r.m11 = (m.m22*m.m33 - m.m23*m.m32) * oneOverDet;
    r.m12 = (m.m13*m.m32 - m.m12*m.m33) * oneOverDet;
    r.m13 = (m.m12*m.m23 - m.m13*m.m22) * oneOverDet;

    r.m21 = (m.m23*m.m31 - m.m21*m.m33) * oneOverDet;
    r.m22 = (m.m11*m.m33 - m.m13*m.m31) * oneOverDet;
    r.m23 = (m.m13*m.m21 - m.m11*m.m23) * oneOverDet;

    r.m31 = (m.m21*m.m32 - m.m22*m.m31) * oneOverDet;
    r.m32 = (m.m12*m.m31 - m.m11*m.m32) * oneOverDet;
    r.m33 = (m.m11*m.m22 - m.m12*m.m21) * oneOverDet;

    // 计算平移部分的逆

    r.tx = -(m.tx*r.m11 + m.ty*r.m21 + m.tz*r.m31);
    r.ty = -(m.tx*r.m12 + m.ty*r.m22 + m.tz*r.m32);
    r.tz = -(m.tx*r.m13 + m.ty*r.m23 + m.tz*r.m33);

    // 返回值，这种方法需要调用拷贝构造函数
    // 如果速度非常重要，需要用单独的函数在适当的地方给出返回值
```

```
    return r;
}

//---------------------------------------------------------------------------
// getTranslation
//
// 以向量的形式返回平移部分

Vector3   getTranslation(const Matrix4×3 &m) {
    return Vector3(m.tx, m.ty, m.tz);
}

//---------------------------------------------------------------------------
// getPositionFromParentToLocalMatrix
//
// 从父→局部(如世界→物体)变换矩阵中提取物体的位置
// 假设矩阵代表刚体变换

Vector3   getPositionFromParentToLocalMatrix(const Matrix4×3 &m) {

    // 负的平移值乘以 3×3 部分的转置
    // 假设矩阵是正交的(该方法不能应用于非刚体变换)

    return Vector3(
        -(m.tx*m.m11 + m.ty*m.m12 + m.tz*m.m13),
        -(m.tx*m.m21 + m.ty*m.m22 + m.tz*m.m23),
        -(m.tx*m.m31 + m.ty*m.m32 + m.tz*m.m33)
    );
}

//---------------------------------------------------------------------------
// getPositionFromLocalToParentMatrix
//
// 从局部→父(如物体→世界)变换矩阵中提取物体的位置

Vector3   getPositionFromLocalToParentMatrix(const Matrix4×3 &m) {

    // 所需的位置就是平移部分

    return Vector3(m.tx, m.ty, m.tz);
}
```

几何图元

本章主要介绍各种几何图元的基本性质，共分 7 节：

- 12.1 节讨论表达图元的一般方法。
- 12.2 节讨论直线和射线。
- 12.3 节讨论球和圆。
- 12.4 节讨论矩形边界框。
- 12.5 节讨论平面。
- 12.6 节讨论三角形。
- 12.7 节讨论多边形。

本章讲解一般和特殊的几何图元。首先，我们讨论一些与表达几何图元相关的基本原理，接着讨论一系列的基本几何图元。我们将给出这些图元的表达方法和它们的重要性质及操作。然而，本章不只是讲理论，同时也出一些 C++代码，这些代码用来表示图元和实现所讨论的操作。

12.1 表示方法

本节讨论一般的表示方法。任意图元都可以使用这些方法中的一种或多种来表示，在不同情况下应该采用不同的方法。

12.1.1 隐式表示

通过定义一个布尔函数 $f(x, y, z)$，我们能够隐式表示一个图元。如果所指定的点在这个图元上，这个布尔函数就为真；对于其他的点，这个布尔函数为假。例如等式：

$$x^2+y^2+z^2=1$$

对中心在原点的单位球表面上的所有点为真。隐式表示法用于测试图元是否包含某点时非常有用。

12.1.2　参数形式表示

图元也能以参数形式表示。我们从一个简单的 2D 例子开始，定义如下两个关于 t 的函数：

$$x(t) = \cos 2\pi t$$

$$y(t) = \sin 2\pi t$$

这里 t 被称作参数，并和所用的坐标系无关。当 t 从 0 变化到 1 时，点($x(t)$，$y(t)$)的轨迹就是所要描述的形状。这组等式表示的是一个中心在原点的单位圆(如图 12.1 所示)。

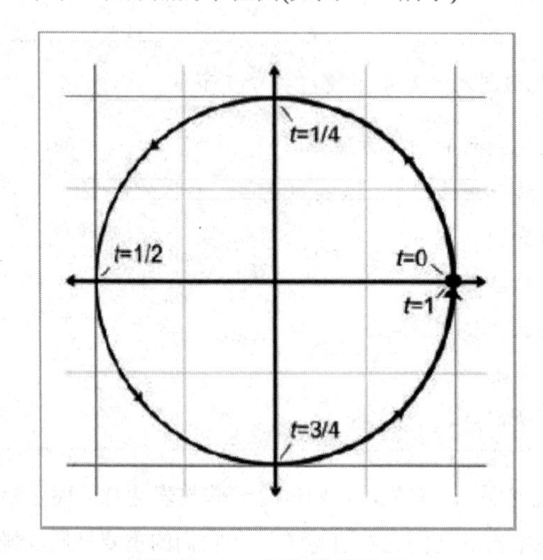

图 12.1　参数形式的圆

尽管可以让 t 在我们想要的任意范围内变化，但是在大多数情况下，把参数的变换范围限制在 0 到 1 之间会比较方便一些。另一种常见的变换范围是从 0 到 l，l 是图元的“长度”。

如果函数只使用一个参数，就称这些函数为**单变量**的。单变量函数的轨迹是一条曲线。有时候函数可能有多于一个的参数，**双变量**函数接受两个参数，经常设为 s 和 t。双变量函数的轨迹是一个曲面。

12.1.3　“直接”形式表示

我们将这组表示方法命名为“直接”法，是因为没有更好的术语来描述它们。它们随图元的类型而变化，而且经常能直接地体现图元最本质和最明显的信息。例如，用两个端点来表示一个线段。用球心和半径来表示一个球。直接形式是最便于人们直接使用的形式。

12.1.4　自由度

每个几何图元都有一个固有的属性：**自由度**。自由度是无歧义地描述该实体所需信息量的最小数目。有趣的是，同一几何图元，不同表示方法所用到的自由度是不同的。然而，我们会发现“多余”的自由度数量经常是由于图元参数化中的冗余造成的，这些冗余可以通过一些适当的假设条件来消除，如假设向量为单位长度。

12.2　直线和射线

本节将讨论 2D 和 3D 中的直线和射线。这里术语是很重要的，在经典几何中，仍使用的是下列定义：

- **直线**向两个方向无限延伸。
- **线段**是直线的有限部分，有两个端点。
- **射线**是直线的“一半”，有一个起点并向一个方向无限延伸。

在计算机科学和计算几何中，存在着这些定义的许多变种。本书使用“直线”和“线段”的经典定义，但对“射线”的定义作出修改：

- **射线**就是有向线段。

对我们来说，射线有起点和终点。这样，一条射线定义了一个位置，一个有限长度和一个方向(除非射线长度为零)。任何射线都定义了包含这个射线的一条直线和线段。射线在计算几何和图形学中占有非常重要的位置，这是本节讨论的重点。(见图 12.2)

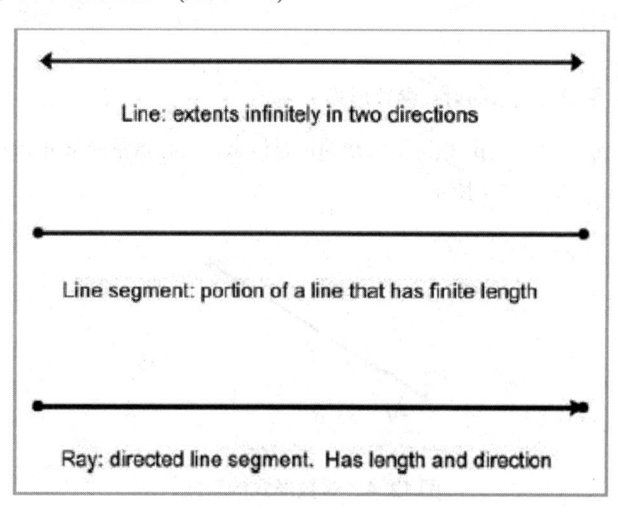

图 12.2　直线、线段和射线的对比

12.2.1 两点表示法

描述射线最直观的方法是给出两个端点：起点 $\mathbf{p}_{org}$ 和终点 $\mathbf{p}_{end}$ 。如图 12.3 所示：

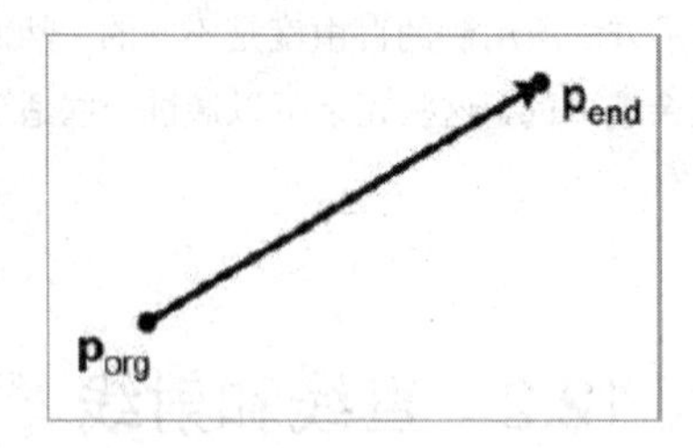

图 12.3 用起点和终点定义射线

12.2.2 射线的参数形式

2D 和 3D 射线都能用参数形式表示。2D 射线的参数形式使用两个函数，如公式 12.1 所示：

$$x(t) = x_0 + t\Delta x$$
$$y(t) = y_0 + t\Delta y$$

公式 12.1 2D 射线的参数形式

3D 射线是对 2D 的一种直接扩展，只需再加上第 3 个函数 $z(t)$即可。参数 t 的范围为 0 到 1。

向量记法能使射线的参数形式更加紧凑。在任意维度中表示射线都可以用这种形式，如公式 12.2 所示：

$$\mathbf{p}(t) = \mathbf{p}_0 + t\mathbf{d}$$

公式 12.2 用向量记法表示的射线参数形式

射线的起点 $\mathbf{p}(0) = \mathbf{p}_0$ 。这样，$\mathbf{p}_0$ 指定了射线的位置信息，同时增量向量 $\mathbf{d}$ 指定了它的长度和方向。射线的终点 $\mathbf{p}(1) = \mathbf{p}_0 + \mathbf{d}$ 。如图 12.4 所示：

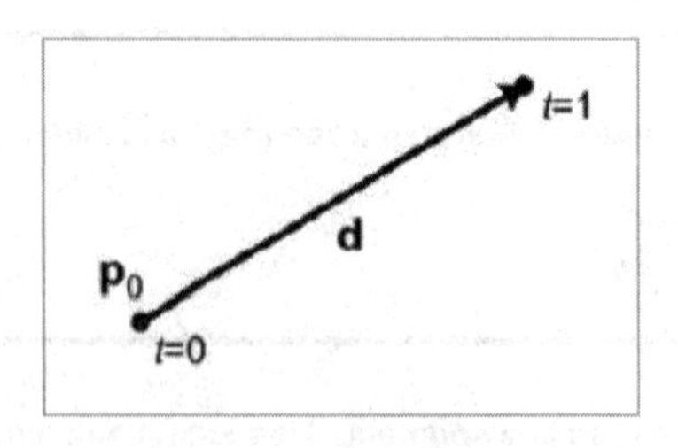

图 12.4 参数形式的射线

在一些相交性测试中，我们可能使用公式 12.2 的一种变形：$\mathbf{d}$ 为单位向量，参数 t 从 0 变化到 l ，l 是射线的长度。

12.2.3　特殊的 2D 直线表示方法

本节讨论描述直线的方法。这些方法仅适用于 2D，在 3D 中用同样的方法定义的是平面(见 12.5 节)。2D 中，可以使用公式 12.3 隐式表示直线：

$$ax + by = d$$

公式 12.3　2D 直线的隐式定义

注意　某些书中使用的公式为：$ax + by + d = 0$。d 的符号与我们提供的公式相反，我们采用公式 12.3 的原因是它更简单。

另一种表示方法为，设向量 **n**=[a，b]，用向量记法将公式 12.3 写为公式 12.4 的形式：

$$\mathbf{p} \cdot \mathbf{n} = d$$

公式 12.4　用向量记法的 2D 直线的隐式定义

当等式两边同乘以常数 k 时，**n** 和 d 会发生变化但这并不会改变直线的定义。如果 **n** 为单位向量，大多数情况下计算会很方便。这给了 **n** 和 d 有意义的几何解释，本节的后面会讨论到它。

再换一种表示方法，变换等式，将直线表示为斜截式，见公式 12.5：

$$y = mx + b$$

公式 12.5　斜截式

m 是直线的“斜率”，等于 *rise* 和 *run* 的比值：每向上移动 *rise* 单位，就会向右移动 *run* 单位。b 是 y 截距(不同于第一种隐式法中的 b)。b 之所以称为 y 截距，是因为直线和 y 轴相交于此。将 x=0 代入上述等式，就可以清楚地看出直线和 y 轴交于 y=b。如图 12.5 所示。

水平直线的斜率为 0；竖直直线的斜率为无穷大，不能用斜截式表示。竖直直线的隐式表示为：

$$x = k$$

另一种描述直线的方法是给出垂直于直线的标准向量 **n** 和原点到直线的垂直距离 d。标准向量描述了直线的方向，距离则描述了直线的位置，如图 12.6 所示。

注意，这只是公式 12.4 的一种特殊情况。**n** 是垂直于直线的单位向量，d 给出了原点到直线的有符号距离。这个距离是在垂直于直线的方向(平行于 **n**)上度量的。有符号距离的意思是如果直线和标准向量 **n** 代表的点在原点的同一侧，则 d 为正。当 d 增大时，直线沿方向 **n** 移动。

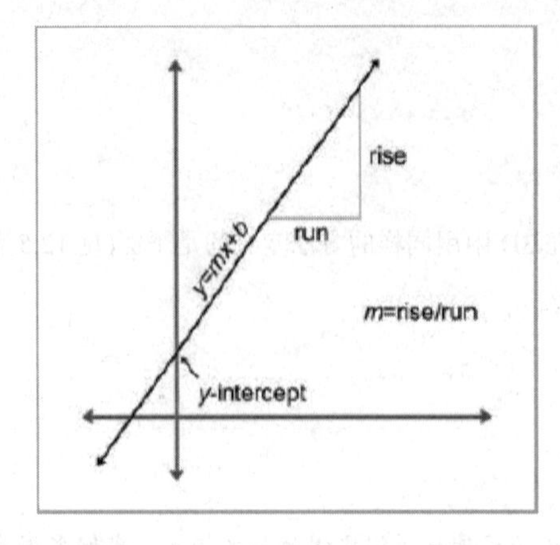

图 12.5　直线的斜率和 y 截距

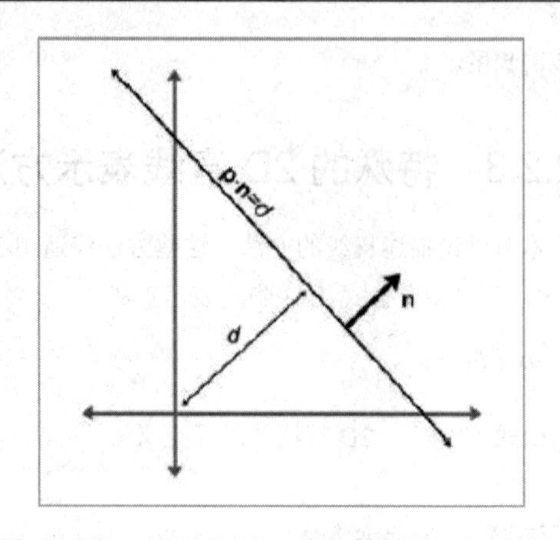

图 12.6　用垂直向量和到原点的距离定义直线

一种变形是用直线上的点来描述直线的位置而不是用原点到直线的距离。当然，直线上的任意点都可以。直线的方向仍然用垂直于直线的标准向量 **n** 表示。如图 12.7 所示。

最后一种定义是将直线作为两个点 **q** 和 **r** 的垂直平分线，如图 12.8 所示。事实上，这也是直线最早的一种定义：到两个给定点距离相等的点的集合。

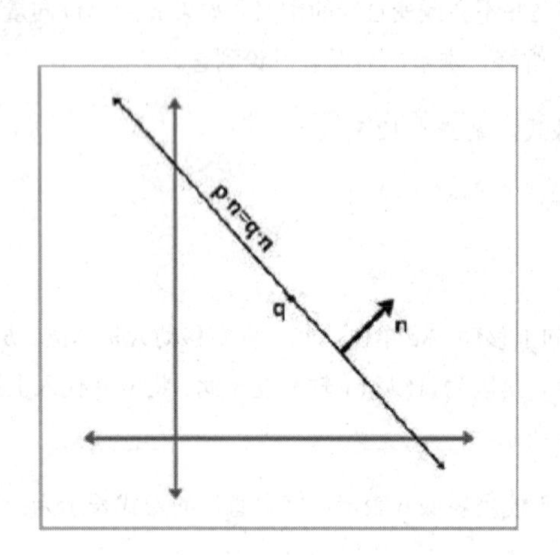

图 12.7　用垂直向量 n 和直线上的一点来定义直线

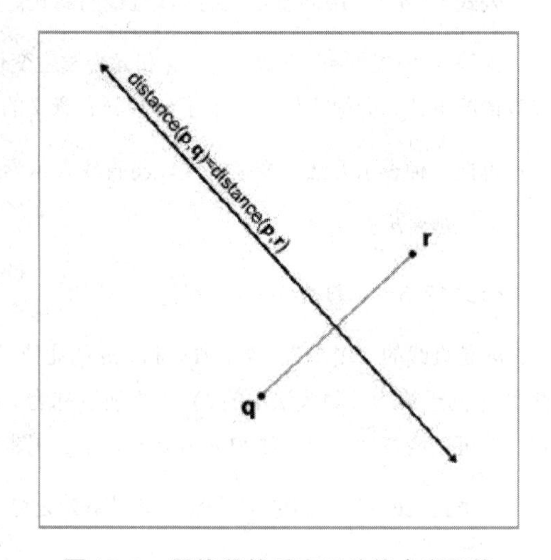

图 12.8　用线段的垂直平分线定义直线

12.2.4　在不同表示方法间转换

本节会给出一些例子，展示直线或射线是怎样在的不同表示方法间转换的。这里没有包含所有可能的组合。注意，直线的表示方法仅适用于 2D。

从射线的两点定义式转换到参数形式：

$$\mathbf{p}_0 = \mathbf{p}_{org}$$
$$\mathbf{d} = \mathbf{p}_{end} - \mathbf{p}_{org}$$

相反的转换，从参数形式转换到两点定义的形式：

$$\mathbf{p}_{org} = \mathbf{p}_0$$
$$\mathbf{p}_{end} = \mathbf{p}_0 + \mathbf{d}$$

如果给定一条射线的参数形式，就能够从中计算出包含该射线的直线的隐式表示：

$$a = \mathbf{d}_y$$
$$b = -\mathbf{d}_x$$
$$d = \mathbf{p}_{org\,x}\mathbf{d}_y - \mathbf{p}_{org\,y}\mathbf{d}_x$$

直线的隐式转换到斜截式：

$$m = -a/b\text{，}\quad b = d/b$$

注意，等号左边的 b 是斜截式—— $y = mx + b$ 中的 b；等号右边的 b 则是隐式 $ax + by = d$ 中 y 的系数。

从直线的隐格式转换到“标准向量+距离”形式：

$$\mathbf{n} = [a \quad b]/\sqrt{a^2 + b^2}$$

$$distance = d/\sqrt{a^2 + b^2}$$

从“标准向量+直线上的点”形式转换到“标准向量+距离”形式(设 **n** 为标准向量)：

$$\mathbf{n} = \mathbf{n}$$

$$distance = \mathbf{n} \cdot \mathbf{q}$$

最后，从垂直平分线形式转换到隐格式：

$$a = \mathbf{q}_y - \mathbf{r}_y$$
$$b = \mathbf{r}_x - \mathbf{q}_x$$
$$\begin{aligned} d &= \frac{\mathbf{q} + \mathbf{r}}{2} \cdot [a \quad b] \\ &= \frac{\mathbf{q} + \mathbf{r}}{2} \cdot [\mathbf{q}_y - \mathbf{r}_y \quad \mathbf{r}_x - \mathbf{q}_x] \\ &= \frac{(\mathbf{q}_x + \mathbf{r}_x)(\mathbf{q}_y - \mathbf{r}_y) + (\mathbf{q}_y + \mathbf{r}_y)(\mathbf{r}_x - \mathbf{q}_x)}{2} \\ &= \frac{(\mathbf{q}_x\mathbf{q}_y - \mathbf{q}_x\mathbf{r}_y + \mathbf{r}_x\mathbf{q}_y - \mathbf{r}_x\mathbf{r}_y) + (\mathbf{q}_y\mathbf{r}_x - \mathbf{q}_y\mathbf{q}_x + \mathbf{r}_y\mathbf{r}_x - \mathbf{r}_y\mathbf{q}_x)}{2} \\ &= \mathbf{r}_x\mathbf{q}_y - \mathbf{r}_y\mathbf{q}_x \end{aligned}$$

12.3　球　和　圆

球是一种 3D 物体，定义为到给定点的距离为给定长度的所有点的集合。球面上某点到球心的距离称作球的**半径**。球的直接表示形式能描述出球心 **c** 和半径 r：

如图 12.9 所示。

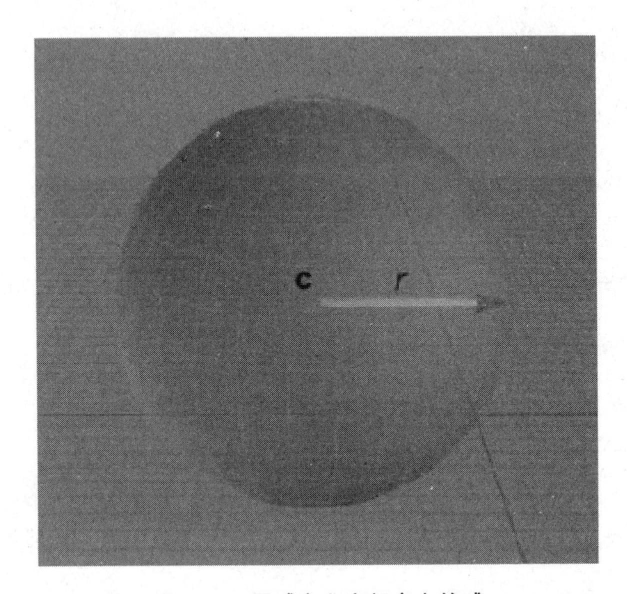

图 12.9　用球心和半径定义的球

球的简单性使它在计算几何和图形学中是几乎处不在。“边界球”经常用于相交性测试中，因为检验与一个球是否相交是非常简单的。而且由于旋转一个球时并不会改变它的形状，所以使用边界球时不必考虑物体的方向。

由球的定义可以直接导出它的隐式表示形式：到球心的距离为给定距离的点的集合。球心为 **c**，半径为 r 的球的隐式表示形式为：

$$\|\mathbf{p}-\mathbf{c}\|=r$$

公式 12.6　　向量记法的球的隐式表示

注意 **p** 是球表面上的任意一点。如果要让球内部的点 **p** 也满足这个式子，就必须将等号换为“≤”。公式 12.6 也是 2D 圆的隐式表示。将公式 12.6 在 3D 中展开，两边同时平方得到公式 12.7：

$$(x-\mathbf{c}_x)^2+(y-\mathbf{c}_y)^2+(z-\mathbf{c}_z)^2=r^2$$

公式 12.7　　球的隐式定义

我们能计算圆和球的直径(经过圆心的直线与圆有两个交点，这两个交点间的距离称作直径)和周长(绕圆一周的长度即为周长)，见公式 12.8：

$$D = 2r$$
$$C = 2\pi r$$
$$= \pi D$$

公式 12.8　　圆的直径和周长

公式 12.9 为圆的面积：

$$A = \pi r^2$$

公式 12.9　　圆面积

球的表面积 S 及体积 V 的计算方式如公式 12.10 所示：

$$S = 4\pi r^2$$

$$V = \frac{4}{3}\pi r^3$$

公式 12.10　　球的表面积和体积

如果学过微积分，您会发现一个非常有趣的现象：圆面积的微分是圆周长；球体积的微分是球表面积。

12.4　矩形边界框

另一种常见的用来界定物体的几何图元是矩形边界框。矩形边界框可以是与轴对齐的或是任意方向的。轴对齐矩形边界框有一个限制，就是它的边必须垂直于坐标轴。缩写 AABB 常用来表示 axially aligned bounding box(轴对齐矩形边界框)，OBB 用来表示 oriented bounding box(方向矩形边界框)。轴对齐矩形边界框不仅容易创建，而且易于使用，是本节讨论的重点。

一个 3D 的 AABB 就是一个简单的六面体，每一边都平行于一个坐标平面。矩形边界框不一定都是立方体，它的长、宽、高可以彼此不同。在图 12.10 中，画出了一些简单的 3D 物体和它们的 AABB。

图 12.10　3D 物体和它们的 AABB

12.4.1　AABB 的表达方法

先介绍 AABB 的一些重要性质和引用这些值时所用到的记法。AABB 内的点满足下列不等式：

$x_{\min} \leqslant x \leqslant x_{\max}$

$y_{\min} \leqslant y \leqslant y_{\max}$

$z_{\min} \leqslant z \leqslant z_{\max}$

特别重要的两个顶点为：

$$\mathbf{p}_{\min} = [x_{\min} \quad y_{\min} \quad z_{\min}]$$
$$\mathbf{p}_{\max} = [x_{\max} \quad y_{\max} \quad z_{\max}]$$

中心点 **c** 为：

$$\mathbf{c} = (\mathbf{p}_{\min} + \mathbf{p}_{\max})/2$$

“尺寸向量” **s** 是从 $\mathbf{p}_{\min}$ 指向 $\mathbf{p}_{\max}$ 的向量，包含了矩形边界框的长、宽、高：

$$\mathbf{s} = \mathbf{p}_{\max} - \mathbf{p}_{\min}$$

还可以求出矩形边界框的“半径向量” **r**，它是从中心指向 $\mathbf{p}_{\max}$ 的向量：

$$\begin{aligned}\mathbf{r} &= \mathbf{p}_{\max} - \mathbf{c} \\ &= \mathbf{s}/2\end{aligned}$$

明确地定义一个 AABB 只需要 $\mathbf{p}_{\min}$， $\mathbf{p}_{\max}$， **c**， **s**， **r** 这 5 个向量中的两个(除 **s** 和 **r** 不能配对外，它们中的任意两个都可配对)。在一些情况下，某些配对形式比其他的会更有用。我们建议用 $\mathbf{p}_{\min}$ 和 $\mathbf{p}_{\max}$ 表

示一个边界框，因为实际应用中，使用它们的频率远高于 **c**，**s** ，**r**。当然，由 $\mathbf{p}_{min}$ 和 $\mathbf{p}_{max}$ 计算其余三个中的任意一个都是很容易的。

在我们的 C++代码中，使用下面的类表示 AABB。这是一个缩略的代码清单，只包含数据成员(完整的代码清单见 13.20 节)。

```
class AABB3 {
public:
Vector3 min;
Vector3 max;
};
```

12.4.2　计算 AABB

计算一个顶点集合的 AABB 是非常简单的：先将最小值和最大值设为“正负无穷大”或任何比实际中用到的数都大或小得多的数。接着，遍历全部点，并扩展边界框直到它包含所有点为止。

我们在 AABB 类中引入了两个辅助函数。第一个函数负责“清空”AABB：

```
void AABB3::empty() {
    const float kBigNumber = 1e37f;
    min.x = min.y = min.z = kBigNumber;
    max.x = max.y = max.z = -kBigNumber;
}
```

第二个函数将单个点“加”到 AABB 中，并在必要的时候扩展 AABB 以包含每个点：

```
void AABB3::add(const Vector3 &p) {
    if (p.x < min.x) min.x = p.x;
    if (p.x > max.x) max.x = p.x;
    if (p.y < min.x) min.y = p.y;
    if (p.y > max.x) max.y = p.y;
    if (p.z < min.x) min.z = p.z;
    if (p.z > max.x) max.z = p.z;
}
```

现在，从一个点集创建矩形边界框，可以使用下面的代码：

程序清单 12.1　从点集计算其 AABB

```
// 点的列表
const int n;
Vector3 list[n];
// 首先，清空矩形边界框
AABB3 box;
```

```
box.empty();
// 将点添加到矩形边界框中
for (int i = 0 ; i < n ; ++i) {
    box.add(list[i]);
}
```

12.4.3 AABB 与边界球

很多情况下，AABB 比边界球更适合于做定界体。

- 计算一个点集的 AABB，在编程上更容易实现，并能在较短的时间内完成。计算边界球则困难得多(附录 B 的参考文献[4]，[16]中有计算边界球的算法)。
- 对实际世界里的许多物体，AABB 提供了一种“更紧凑”的边界。当然，对于某些物体，边界球更好(设想一个本身就是球形的物体！)。在极端的情况下，AABB 的体积可能仅相当于边界球体积二分之一。大部分时候边界球的体积会比矩形边界框的体积大得多，比较一下电线杆的边界球和 AABB 就知道了，图 12.11 所示为不同物体的 AABB 与边界球的比较。

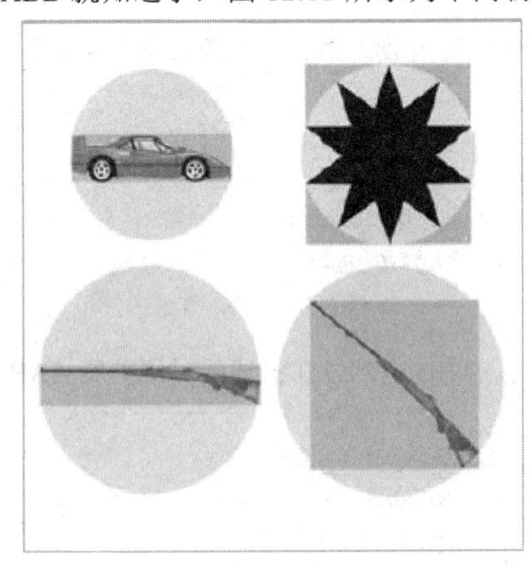

图 12.11 不同物体的 AABB 和边界球

边界球的根本问题是它的形状只有一个自由度——半径。而 AABB 却有三个自由度——长、宽、高。因此，它可以调节这些自由度以适应不同物体。对图 12.11 中的大部分物体，除了右上角的星形体外，AABB 都比边界球小。对这颗星，边界球也仅比 AABB 略微小一些。通过图 12.11，我们可以注意到 AABB 对物体的方向很敏感。比较下面两枝枪的 AABB。图中枪的大小都是相同的，只是方向不同而已；还应注意到在这一情况下边界球大小相同，因为边界球对物体方向不敏感。

12.4.4 变换 AABB

当物体在虚拟世界中移动时，它的 AABB 也需要随之移动。此时我们有两个选择——用变换后的物体来重新计算 AABB，或者对 AABB 做和物体同样的变换。所得到的结果不一定是轴对齐的(如果物体旋转)，也不一定是盒状的(如果物体发生了扭曲)。不过，通过“变换后的 AABB”进行计算要比通过“经过变换的物体”计算 AABB 快得多，因为 AABB 只有 8 个顶点。

通过“变换后的 AABB”计算不能只是简单地变换 8 个顶点，也不能通过转换原 $\mathbf{p}_{min}$ 和 $\mathbf{p}_{max}$ 来得到新的 $\mathbf{p}_{min}$ 和 $\mathbf{p}_{max}$ ——这样可能会导致 $x_{min} > x_{max}1$ 。为了计算新的 AABB，必须先变换 8 个顶点，再从这 8 个顶点中计算一个新的 AABB。

根据变换的不同，这种方法可能使新边界框比原边界框大许多。例如，在 2D 中，45° 的旋转会大大增加边界框的尺寸。如图 12.12 所示。

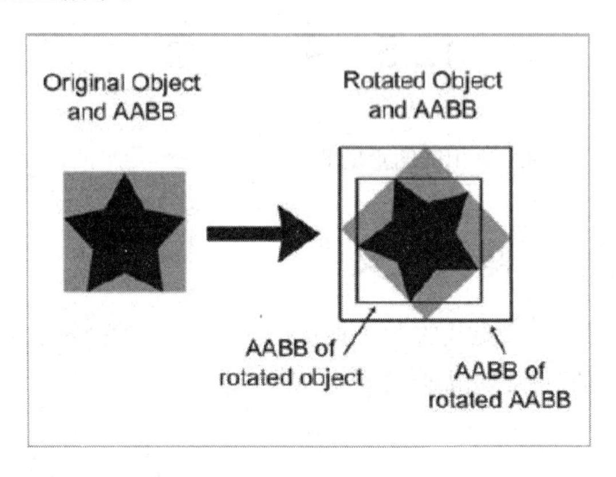

图 12.12　变换后的 AABB

比较图 12.12 中原 AABB(灰色框)和新 AABB(右边较大的方框)，它是通过旋转后的 AABB 计算的，新 AABB 几乎是原来的两倍。注意，如果从旋转后的物体而不是通过旋转后的 AABB 来计算新 AABB，它的大小将和原来的 AABB 相同。

可以利用 AABB 的结构来加快新的 AABB 的计算速度，而不必先变换 8 个顶点，再从这 8 个顶点中计算新 AABB。

让我们简单回顾一下 3×3 矩阵变换一个 3D 点的过程(如果您已经忘了向量与矩阵的乘法，可参见 7.1.7 节)：

$$[x' \quad y' \quad z'] = [x \quad y \quad z]\begin{bmatrix} m_{11} & m_{12} & m_{13} \\ m_{21} & m_{22} & m_{23} \\ m_{31} & m_{32} & m_{33} \end{bmatrix}$$

$$x' = m_{11}x + m_{21}y + m_{31}z$$
$$y' = m_{12}x + m_{22}y + m_{32}z$$
$$z' = m_{13}x + m_{23}y + m_{33}z$$

设原边界框为 x_{min} ， x_{max} ， $y_{min}\cdots$，新边界框计算将得到 x'_{min} ， x'_{max} ， $y'_{min}\cdots$。现在我们的任务就是

想办法加快计算 x'_{min} 的速度。换句话说，我们希望找到 $m_{11}x + m_{21}y + m_{31}z$ 的最小值。其中[x，y，z]是原 8 个顶点中的任意一个。我们的所要做的就是找出这些点经过变换后谁的 x 坐标最小。看第一个乘积：$m_{11}x$ 。为了最小化乘积，必须决定是用 x_{min} 还是 x_{max} 来代换其中的 x。显然，如果 m_{11} >0，用 x_{min} 能得到最小化乘积；如果 m_{11} <0，则用 x_{max} 能得到最小化乘积。比较方便的是，不管 x_{min} 和 x_{max} 中哪个被用来计算 x'_{min} ，都可以用另外一个来计算 x'_{max} 。可以对矩阵的 9 个元素中的每一个都应用这个计算过程，如 13.20 节中程序清单 13.4 中的 AABB3::setToTransformedBox()所示。

12.5　平　　面

在 3D 中，平面是到两个点的距离相等的点的集合。平面完全是平的，没有厚度，且无限延伸。

12.5.1　平面方程——隐式定义

可以用类似于 12.2.3 节中定义直线的方法来定义平面。平面的隐式定义由所有满足平面方程的点 **p**=(x，y，z)给出，平面方程的两种记法如公式 12.11 所示：

$$ax + by + cz = d$$

$$\mathbf{p} \cdot \mathbf{n} = d$$

公式 12.11　　平面方程

注意第二种形式中，**n**=[a，b，c]。一旦知道 **n**，就能用任意已知的平面上的点来计算 d。

向量 **n** 也称作平面的**法向量**，因为它垂直于平面。让我们来验证它。设 **p** 和 **q** 都在平面上，满足平面方程。将 **p**，**q** 代入式 12.11，即有：

$$\mathbf{p} \cdot \mathbf{n} = d$$

$$\mathbf{n} \cdot \mathbf{p} = d$$

$$\mathbf{n} \cdot \mathbf{q} = d$$

$$\mathbf{n} \cdot \mathbf{p} = \mathbf{n} \cdot \mathbf{q}$$

$$\mathbf{n} \cdot \mathbf{p} - \mathbf{n} \cdot \mathbf{q} = 0$$

$$\mathbf{n} \cdot (\mathbf{p} - \mathbf{q}) = 0$$

最后一行点乘的几何意义就是 **n** 垂直于从 **q** 到 **p** 的向量(参考点乘的几何意义)。这对于平面上的任意 **p**，**q** 点都是成立的。因此，**n** 垂直于平面上的任意向量。

我们还假设平面有“正面”和“反面”。一般来说，**n** 指向的方向是平面的正面(Front Side)。即，从 **n**

的头向尾看，我们看见的是正面，如图 12.13 所示。

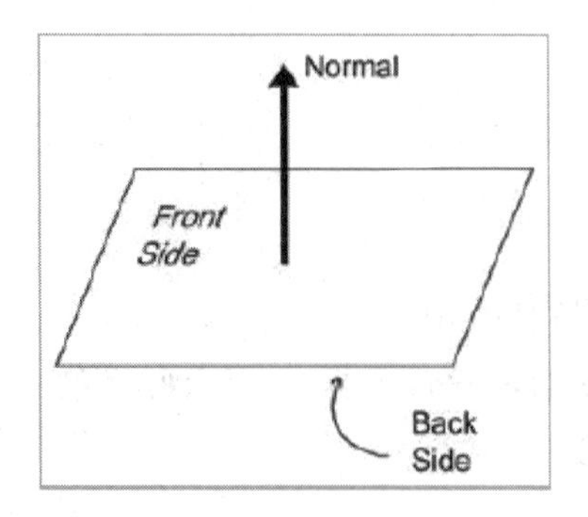

图 12.13　平面的正面和反面

将 **n** 限制为单位长度并不会失去一般性，而且通常会给计算带来方便。

12.5.2　用三个点定义

另一种定义平面的方法是给出平面上不共线的三个点，也就是说，这三个点不在一条直线上。(如果三个点在一条直线上，就存在无数多个平面包含这条直线，这样也就无法说明我们指的是哪个平面了。)

让我们通过平面上的三个点 $\mathbf{p}_1$， $\mathbf{p}_2$ 和 $\mathbf{p}_3$ 来计算 **n** 和 d。先计算 **n**，**n** 指向什么方向呢？左手坐标系中的惯例是：当从平面的正面看时， $\mathbf{p}_1$， $\mathbf{p}_2$ 和 $\mathbf{p}_3$ 以顺时针方向列出。(右手坐标系中，经常假设这些点以逆时针方向列出，这样，不管使用哪种坐标系公式，结果都是相同的)。

图 12.14 展示了使用平面上的三个点计算平面的法线向量的情况。

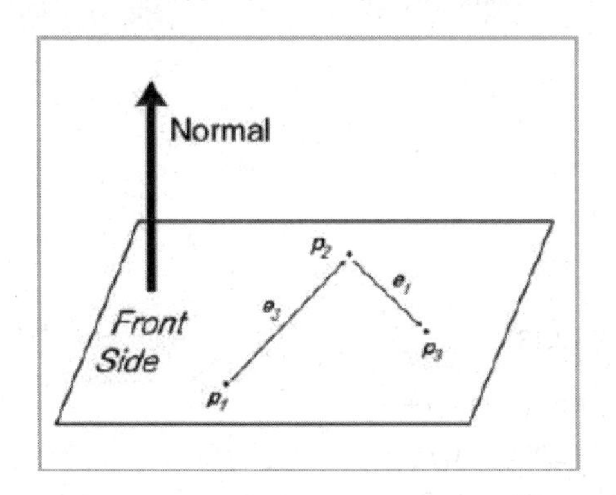

图 12.14　从平面上的三点计算法向量

我们按顺时针方向构造两个向量，(如图 12.14 所示)。“e”代表“边(edge)”向量，因为这个公式经常用来计算三角形所代表的平面。(这些看起来有些奇怪的下标与详细讨论三角形的 12.6 节中的下标索引是一致的)。这两个向量的叉乘结果就是 **n**，但可能不是单位向量。前面提到，我们总是要正则化 **n**，以上所有过程用公式 12.12 来简洁地概括。

$$\mathbf{e}_3 = \mathbf{p}_2 - \mathbf{p}_1$$
$$\mathbf{e}_1 = \mathbf{p}_3 - \mathbf{p}_2$$
$$\mathbf{n} = \frac{\mathbf{e}_3 \times \mathbf{e}_1}{\|\mathbf{e}_3 \times \mathbf{e}_1\|}$$

公式 12.12 包含三个点的平面法向量

注意，如果这些点共线，则 $\mathbf{e}_3$ 与 $\mathbf{e}_1$ 平行。这样，叉乘为 $\mathbf{0}$，不能正则化。这个数学上的特例与物理特例相吻合：共线点不能唯一地定义一个平面。

现在知道了 $\mathbf{n}$，剩下的就是求 d。可以由某个点与 $\mathbf{n}$ 点乘获得。

12.5.3 多于三个点的“最佳”平面

有时，我们希望从一组三个以上的点集出平面方程。这种点集最常见的例子就是多边形顶点。在这种情况下，这些顶点绕多边形顺时针地列出。(顺序很重要，因为要依据它决定哪边是“正面”哪边是“反面”。)

一种糟糕的方法是任选三个连续的点并用这三个点计算平面方程。毕竟所选的三个点可能共线，或接近共线。因为数值精度的问题，这将非常糟糕。或者，多边形可能是凹的，所选的点恰好在凹处，从而构成了逆时针(将导致法向量方向错误)。又或者，多边形上的顶点可能不是共面的，这可能是由数值上的不精确，或错误的生成多边形的方法所引起的。我们真正想要的是从点集中求出“最佳”平面的方法，该平面综合考虑了所有的点。设给定 n 个点：

$$\begin{aligned}
\mathbf{p}_1 &= [x_1 \quad y_1 \quad z_1] \\
\mathbf{p}_2 &= [x_2 \quad y_2 \quad z_2] \\
&\vdots \\
\mathbf{p}_{n-1} &= [x_{n-1} \quad y_{n-1} \quad z_{n-1}] \\
\mathbf{p}_n &= [x_n \quad y_n \quad z_n]
\end{aligned}$$

最佳垂直向量 $\mathbf{n}$ 为(见公式 12.13)：

$$\begin{aligned}
\mathbf{n}_x &= (z_1 + z_2)(y_1 - y_2) + (z_2 + z_3)(y_2 - y_3) + \cdots \\
&\quad + (z_{n-1} + z_n)(y_{n-1} - y_n) + (z_n + z_1)(y_n - y_1) \\
\mathbf{n}_y &= (x_1 + x_2)(z_1 - z_2) + (x_2 + x_3)(z_2 - z_3) + \cdots \\
&\quad + (x_{n-1} + x_n)(z_{n-1} - z_n) + (x_n + x_1)(z_n - z_1) \\
\mathbf{n}_z &= (y_1 + y_2)(x_1 - x_2) + (y_2 + y_3)(x_2 - x_3) + \cdots \\
&\quad + (y_{n-1} + y_n)(x_{n-1} - x_n) + (y_n + y_1)(x_n - x_1)
\end{aligned}$$

公式 12.13 从 n 个点中计算出最佳垂直向量

如果我们限制 $\mathbf{n}$ 必须为单位向量，则这个向量必须正则化。

求和符号能使公式 12.13 更简洁些。设 $\mathbf{p}_{n+1}=\mathbf{p}_1$，则有：

$$\mathbf{n}_x=\sum_{i=1}^{n}(z_i+z_{i+1})(y_i-y_{i+1})$$

$$\mathbf{n}_x=\sum_{i=1}^{n}(x_i+x_{i+1})(z_i-z_{i+1})$$

$$\mathbf{n}_x=\sum_{i=1}^{n}(y_i+y_{i+1})(x_i-x_{i+1})$$

如下代码展示了怎样从点集中求出最佳法向量。

程序清单 12.2　计算点集的最佳平面

```
Vector3 computeBestFitNormal(const Vector3 v[], int n) {
    // 和置零
    Vector3 result = kZeroVector;
    // 从最后一个顶点开始，避免在循环中做 if 判断
    const Vector3 *p = &v[n-1];
    // 迭代所有顶点
    for (int i = 0 ; i < n ; ++i) {
        // 得到“当前”顶点
        const Vector3 *c = &v[i];
        // 边向量乘积相加
        result.x += (p->z + c->z) * (p->y - c->y);
        result.y += (p->x + c->x) * (p->z - c->z);
        result.z += (p->y + c->y) * (p->x - c->x);
        // 下一个顶点
        p = c;
    }
    // 正则化结果并返回
    result.normalize();
    return result;
}
```

最佳 d 值为每个点对应的 d 的平均值：

$$\begin{aligned}d&=\frac{1}{n}\sum_{i=1}^{n}(\mathbf{p}_i\cdot\mathbf{n})\\&=\frac{1}{n}\left(\sum_{i=1}^{n}\mathbf{p}_i\right)\cdot\mathbf{n}\end{aligned}$$

12.5.4 点到平面的距离

设想一个平面和一个不在平面上的点 **q**。平面上存在一个点 **p**，它到 **q** 的距离最短。很明显，从 **p** 到 **q** 的向量垂直于平面，且形式为 $a\mathbf{n}$。如图 12.15 所示。

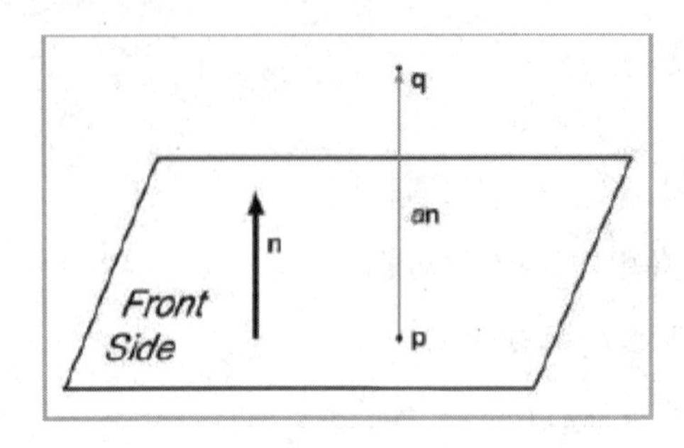

图 12.15 计算点和平面间的距离

假设 **n** 为单位向量，那么 **p** 到 **q** 的距离(也就是 **q** 到平面的距离)就是 a 了。(如果 **q** 在平面的反面，这个距离为负。)令人惊奇的是，不用知道 **p** 的位置就能计算出 a。让我们来回顾 **q** 的原定义，并做一些向量计算以消掉 **p**，如公式 12.14 所示。

$$\mathbf{p}+a\mathbf{n}=\mathbf{q}$$

$$(\mathbf{p}+a\mathbf{n})\cdot\mathbf{n}=\mathbf{q}\cdot\mathbf{n}$$

$$\mathbf{p}\cdot\mathbf{n}+(a\mathbf{n})\cdot\mathbf{n}=\mathbf{q}\cdot\mathbf{n}$$

$$d+a=\mathbf{q}\cdot\mathbf{n}$$

$$a=\mathbf{q}\cdot\mathbf{n}-d$$

公式 12.14 计算任意点到平面的有符号距离

12.6 三 角 形

三角形在建模和图形学中有着极其重要的位置。复杂 3D 物体的表面，如车或人体，都是用三角形模拟的。像这样一组相连的三角形称作**三角网格**——第 14 章将详细讨论这一主题。在学习怎样操作多个三角形之前，先要学会如何操作单个三角形。

12.6.1 基本性质

三角形是通过列出它的三个顶点来定义的。这些点的顺序是非常重要的，在左手坐标系中，当从三角形“正面”看时，经常以顺时针方向列出这些点。设这三个顶点为 $\mathbf{v}_1$， $\mathbf{v}_2$， $\mathbf{v}_3$。

三角形位于一个平面中，这个平面的方程(法向量 **n** 和到原点的距离 d)在很多应用中非常重要。关于平面的更多信息，包括怎样从给定的三个点中计算平面方程，请参见 12.5.2 节。

让我们标出图 12.16 中的三角形内角、顺时针边向量、边长。

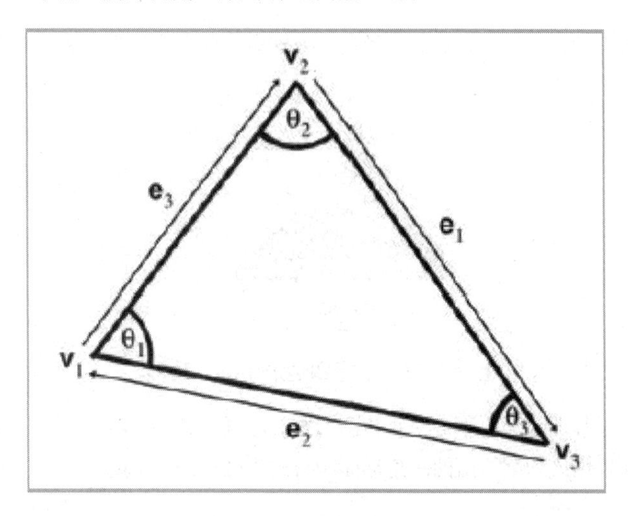

图 12.16　标注三角形

设 l_i 为 $\mathbf{e}_i$ 的长度。注意 $\mathbf{e}_i$、l_i 和 $\mathbf{v}_i$ 的对应关系， $\mathbf{v}_i$ 为相应下标的顶点，它们的关系如下：

$\mathbf{e}_1 = \mathbf{v}_3 - \mathbf{v}_2$　　　$l_1 = \|\mathbf{e}_1\|$

$\mathbf{e}_2 = \mathbf{v}_1 - \mathbf{v}_3$　　　$l_2 = \|\mathbf{e}_2\|$

$\mathbf{e}_3 = \mathbf{v}_2 - \mathbf{v}_1$　　　$l_3 = \|\mathbf{e}_3\|$

使用这些记法写出正弦和余弦公式(公式 12.15 及 12.16)：

$$\frac{\sin\theta_1}{l_1} = \frac{\sin\theta_2}{l_2} = \frac{\sin\theta_3}{l_3}$$

公式 12.15　　正弦公式

$$l_1^2 = l_2^2 + l_3^2 - 2l_2l_3\cos\theta_1$$
$$l_2^2 = l_1^2 + l_3^2 - 2l_1l_3\cos\theta_2$$
$$l_3^2 = l_1^2 + l_2^2 - 2l_1l_2\cos\theta_3$$

公式 12.16　　余弦公式

三角形的周长通常是一个重要的值，它的计算方法很简单，将三个边长相加即可(公式 12.17)：

$p = l_1 + l_2 + l_3$

公式 12.17　三角形周长

12.6.2 面积

本节介绍多种计算三角形面积的方法。最经典的方法是用底和高计算面积。观察图 12.17 中的平行四边形及其包含的三角形。

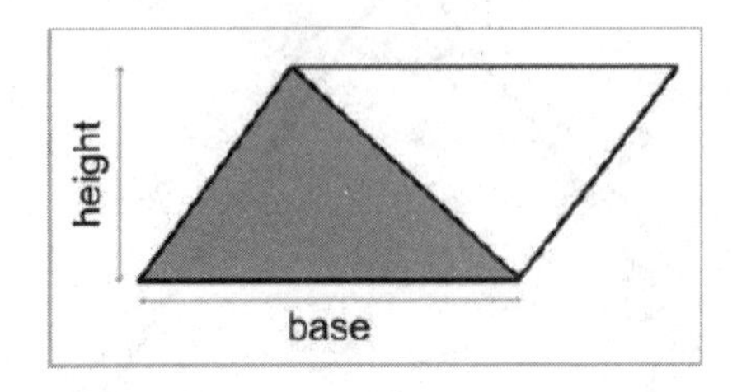

图 12.17　平行四边形中的三角形

由经典几何可知，平行四边形面积等于底和高的乘积(参看 5.11.2 节对此的解释)。因为三角形恰好占了这个面积的一半，所以由底和高给出的三角形面积公式为(公式 12.18)：

$$A = bh/2$$

公式 12.18　三角形面积是平行四边形面积的一半

如果不知道高，可以使用海伦公式计算面积，它只需要提供三边的长度即可。设 s 为周长的一半(也称作半周长)，如公式 12.19 所示：

$$s = \frac{l_1 + l_2 + l_3}{2} = \frac{p}{2}$$
$$A = \sqrt{s(s - l_1)(s - l_2)(s - l_3)}$$

公式 12.19　海伦公式

海伦公式非常有用，因为它在 3D 中使用非常方便。

有时候，高和周长都没有直接提供，所知道的只有顶点的笛卡尔坐标。(当然，总是可以从坐标中算出边长，但在某些情况下，我们想要避免这种代价相对较高的计算。)让我们看看能否从顶点坐标直接计算面积。

先在 2D 中解决这个问题。基本思想是，对三角形三边中的每一边，计算上由该边，下由 x 轴所围成的梯形的有符号面积(如图 12.18 所示)。“有符号面积”是指：如果边的端点是从左向右的，则面积为正；如果边的端点是从右向左的，则面积为负。注意不管三角形的方向如何变化，都存在至少一个正边和一个负边。一个竖直边的面积为 0。各边下面的区域的面积分别为：

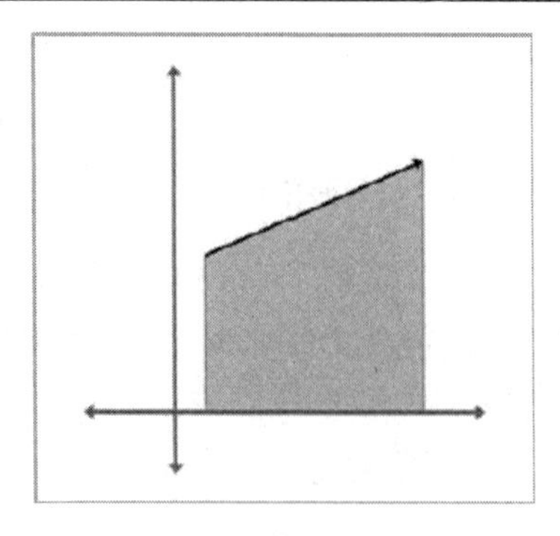

图 12.18　向量“围”的面积

$$A(\mathbf{e}_1)=\frac{(y_3+y_2)(x_3-x_2)}{2}$$

$$A(\mathbf{e}_2)=\frac{(y_1+y_3)(x_1-x_3)}{2}$$

$$A(\mathbf{e}_3)=\frac{(y_2+y_1)(x_2-x_1)}{2}$$

即使一部分(或整个)三角形扩展到了 x 轴下边，上面的公式依然正确。

这三个梯形的有符号面积相加，就得到了三角形本身的面积。事实上，能用同样的思想计算任意多边形的面积，虽然在本书中不必用这种方法来计算多边形的面积。

这里，假设顶点是按顺时针列出的，如果顶点以相反的顺序列出，面积的符号将变负。将这三个梯形的面积相加，计算三角形的有符号面积：

$$\begin{aligned}A&=A(\mathbf{e}_1)+A(\mathbf{e}_2)+A(\mathbf{e}_3)\\&=\frac{(y_3+y_2)(x_3-x_2)+(y_1+y_3)(x_1-x_3)+(y_2+y_1)(x_2-x_1)}{2}\\&=\frac{(y_3x_3-y_3x_2+y_2x_3-y_2x_2)+(y_1x_1-y_1x_3+y_3x_1-y_3x_3)+(y_2x_2-y_2x_1+y_1x_2-y_1x_1)}{2}\\&=\frac{-y_3x_2+y_2x_3-y_1x_3+y_3x_1-y_2x_1+y_1x_2}{2}\\&=\frac{y_1(x_2-x_3)+y_2(x_3-x_1)+y_3(x_1-x_2)}{2}\end{aligned}$$

实际上，还能进一步简化。基本思想是：平移三角形不会改变三角形的面积。因此，我们可以在竖直方向上平移三角形，从每个 y 坐标中减去 y_3，如公式 12.20 所示。(用代数变换也能得到这个简化形式。)

$$\begin{aligned}A&=\frac{y_1(x_2-x_3)+y_2(x_3-x_1)+y_3(x_1-x_2)}{2}\\&=\frac{(y_1-y_3)(x_2-x_3)+(y_2-y_3)(x_3-x_1)+(y_3-y_3)(x_1-x_2)}{2}\end{aligned}$$

$$=\frac{(y_1-y_3)(x_2-x_3)+(y_2-y_3)(x_3-x_1)}{2}$$

公式 12.20　　2D 中用顶点坐标计算三角形面积

在 3D 中，可以通过叉乘来计算三角形的面积。回顾 5.11.2 节，两向量 **a**，**b** 叉乘的大小等于以 **a**，**b** 为两边的平行四边形的面积。因为三角形面积等于包围它的平行四边形的一半，所以我们有了一种简便方法。给出三角形的两个边向量，$\mathbf{e}_1$ 和 $\mathbf{e}_2$，则三角形面积为：

$$A=\frac{\|\mathbf{e}_1\times\mathbf{e}_2\|}{2}$$

12.6.3　重心坐标空间

虽然我们经常在 3D 中使用三角形，但三角形的表面是一个平面，它天生是一个 2D 物体。在 3D 中任意朝向的三角形表面上移动是一件令人烦恼的事。最好是有一个坐标空间与三角形表面相关联且独立于三角形所在的 3D 坐标空间。重心坐标空间正是这样的坐标空间。

三角形所在平面的任意点都能表示为顶点的加权平均值。这个权就称作**重心坐标**，从重心坐标(b_1，b_2，b_3)到标准 3D 坐标的转换为：

$$(b_1,b_2,b_3)\Leftrightarrow b_1\mathbf{v}_1+b_2\mathbf{v}_2+b_3\mathbf{v}_3$$

公式 12.21　　从重心坐标中计算 3D 点坐标

重心坐标的和总是 1：

$$b_1+b_2+b_3=1$$

b_1，b_2 和 b_3 的值是每个顶点对该点的“贡献”或“权”。图 12.19 展示了一些点和它们的重心坐标。

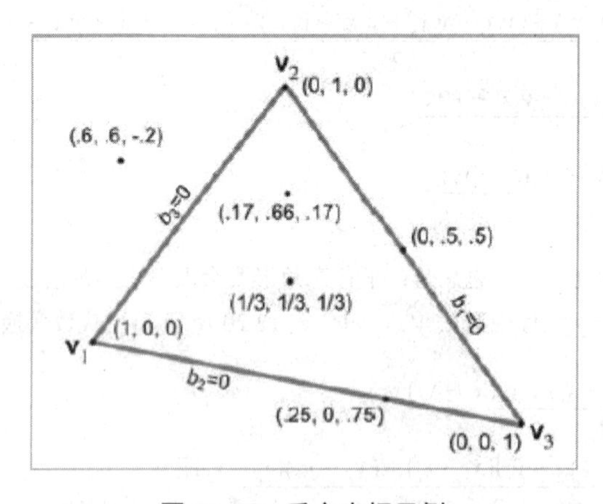

图 12.19　重心坐标示例

这里应注意以下几点：

- 第一。三角形三个顶点的重心坐标都是单位向量：

  $(1,0,0) \Leftrightarrow \mathbf{v}_1$
  $(0,1,0) \Leftrightarrow \mathbf{v}_2$
  $(0,0,1) \Leftrightarrow \mathbf{v}_3$

- 第二。在某顶点的相对边上的所有点的对应重心坐标分量为 0。例如，对于所有与 $\mathbf{v}_1$ 相对边上的点，$b_1 = 0$。
- 第三。不只是三角形内的点，该平面上的所有点都能用重心坐标描述。三角形内的点的重心坐标在范围 0 到 1 之间变化。三角形外的点至少有一个坐标为负。重心坐标用和原三角形大小相同的块“嵌满”整个平面。如图 12.20 所示。

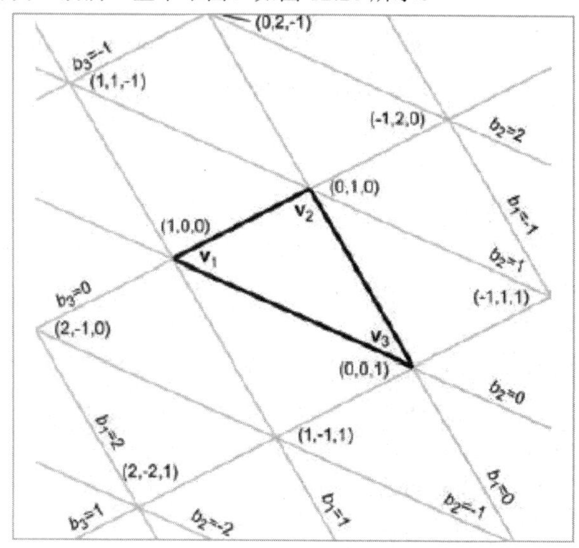

图 12.20　重心坐标嵌满整个平面

重心坐标空间的本质不同于笛卡尔坐标空间。这是因为重心坐空间系是 2D 的，但却使用了三个坐标。又因为坐标的和等于 1，所以重心坐标空间仅有两个自由度，有一个分量是冗余的。从另一方面说，重心坐标空间中仅用两个数就能完全的描述一个点，用这两个数就可以计算出第三个。

要将一个点从重心坐标空间转换到普通的 3D 坐标空间，只需要应用公式 12.21 来计算顶点加权平均值就可以了。而计算 2D 或 3D 中任意一点的重心坐标就稍微困难一些。让我们看看怎样在 2D 中做到这一点。见图 12.21，它标出了三个顶点 $\mathbf{v}_1$，$\mathbf{v}_2$，$\mathbf{v}_3$ 和点 $\mathbf{p}$。我们还标出了三个“子三角形” T_1，T_2，T_3，它们和同样下标的顶点相对。稍后会用到它们。

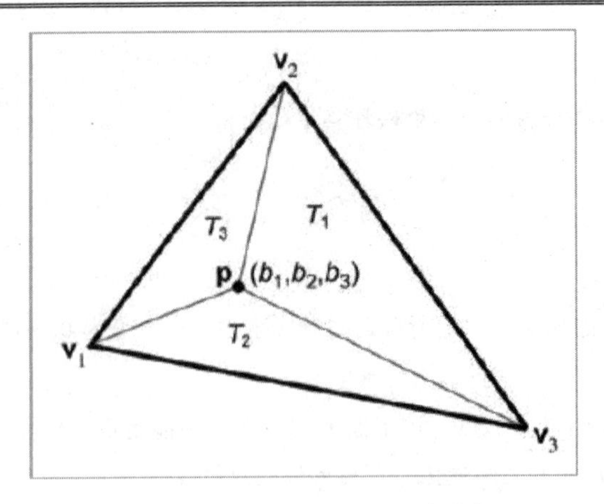

图 12.21 求任意点 p 的重心坐标

现在，我们知道的是三个顶点和点 **p** 的笛卡尔坐标，而任务就是要计算重心坐标 b_1 ，b_2 和 b_3 。根据这些已知条件可以列出三个等式和三个未知数(x，y 为顶点)

$$\mathbf{p}_x = b_1x_1 + b_2x_2 + b_3x_3$$
$$\mathbf{p}_y = b_1y_1 + b_2y_2 + b_3y_3$$
$$b_1 + b_2 + b_3 = 1$$

解这个方程组得公式 12.22：

$$b_1 = \frac{(\mathbf{p}_y - y_3)(x_2 - x_3) + (y_2 - y_3)(x_3 - \mathbf{p}_x)}{(y_1 - y_3)(x_2 - x_3) + (y_2 - y_3)(x_3 - x_1)}$$
$$b_2 = \frac{(\mathbf{p}_y - y_1)(x_3 - x_1) + (y_3 - y_1)(x_1 - \mathbf{p}_x)}{(y_1 - y_3)(x_2 - x_3) + (y_2 - y_3)(x_3 - x_1)}$$
$$b_3 = \frac{(\mathbf{p}_y - y_2)(x_1 - x_2) + (y_1 - y_2)(x_2 - \mathbf{p}_x)}{(y_1 - y_3)(x_2 - x_3) + (y_2 - y_3)(x_3 - x_1)}$$

公式 12.22 求 2D 点的重心坐标

仔细观察公式 12.22，发现每个表达式中的分母相同，并且都等于三角形面积的两倍(根据公式 12.20)。还有，对每个重心坐标 b_i ，其分子等于“子三角形” T_i 面积的两倍。换句话说：

$$b_1 = A(T_1)/A(T)$$
$$b_2 = A(T_2)/A(T)$$
$$b_3 = A(T_3)/A(T)$$

公式 12.23 把重心坐标解释为面积比

注意，即使 **p** 在三角形外，这个解释也是成立的，这是因为如果顶点以逆时针方向列出，计算面积的公式将得到一个负值。如果三角形的三个顶点共线，分母上的“子三角形”的面积为零，重心坐标也就没有定义。

计算 3D 中任意点的重心坐标比在 2D 中复杂。不能再像以前那样解一个方程组了，因为有三个未知数和四个方程。另一个导致复杂性的地方是 **p** 可能不在三角形所在的平面中，这时重心坐标没有意义。但现在我们假设 **p** 在三角形所在的平面上。

一种技巧是通过抛弃 x，y，z 中的一个分量，将 3D 问题转化到 2D 中，这和将三角形投影到三个基本平面中的某一个上面的原理相同。理论上，这是能解决问题的，因为投影面积和原面积成比例。

那么应该抛弃哪个坐标呢？不能总是抛弃某一个，因为如果三角形垂直于某个平面，投影点将共线。如果三角形接近垂直于投影平面，会遇到浮点数精度问题。一种解决方法是挑选投影平面，使得投影面积最大。这可以通过检查平面的法向量做到，我们要抛弃的就是绝对值最大的坐标。例如，法向量为[-1，0，0]。我们将抛弃顶点和 **p** 的 x 分量，把三角形投影到 yz 平面。下面的代码展示了怎样计算 3D 中任意点的重心坐标：

程序清单 12.3　计算 3D 中任意点的重心坐标

```
bool computeBarycentricCoords3d(
                            const Vector3 v[3], // 三角形顶点
                            const Vector3 &p, // 要求重心坐标的点
                            float b[3] // 保存重心坐标
                            ) {
    // 首先，计算两个边向量，呈顺时针方向
    Vector3 d1 = v[1] - v[0];
    Vector3 d2 = v[2] - v[1];
    // 用叉乘计算法向量，许多情况下，这一步都可以省略，因为法向量是预先计算的
    // 不需要正则化，不管预先计算的法向量是否正则化过。
    Vector3 n = crossProduct(d1, d2);
    // 判断法向量中占优势的轴，选择投影平面
    float u1, u2, u3, u4;
    float v1, v2, v3, v4;
    if ((fabs(n.x) >= fabs(n.y)) && (fabs(n.x) >= fabs(n.z))) {
        // 抛弃 x，向 yz 平面投影
        u1 = v[0].y - v[2].y;
        u2 = v[1].y - v[2].y;
        u3 = p.y - v[0].y;
        u4 = p.y - v[2].y;
        v1 = v[0].z - v[2].z;
        v2 = v[1].z - v[2].z;
        v3 = p.z - v[0].z;
        v4 = p.z - v[2].z;
    } else if (fabs(n.y) >= fabs(n.z)) {
        // 抛弃 y，向 xz 平面投影
        u1 = v[0].z - v[2].z;
```

```
        u2 = v[1].z - v[2].z;
        u3 = p.z - v[0].z;
        u4 = p.z - v[2].z;
        v1 = v[0].x - v[2].x;
        v2 = v[1].x - v[2].x;
        v3 = p.x - v[0].x;
        v4 = p.x - v[2].x;
    } else {
        u1 = v[0].x - v[2].x;
        u2 = v[1].x - v[2].x;
        u3 = p.x - v[0].x;
        u4 = p.x - v[2].x;
        v1 = v[0].y - v[2].y;
        v2 = v[1].y - v[2].y;
        v3 = p.y - v[0].y;
        v4 = p.y - v[2].y;
    }
    // 计算分母，并判断是否合法
    float denom = v1 * u2 - v2 * u1;
    if (denom == 0.0f) {
        // 退化三角形——面积为零的三角形
        return false;
    }
    // 计算重心坐标
    float oneOverDenom = 1.0f / denom;
    b[0] = (v4*u2 - v2*u4) * oneOverDenom;
    b[1] = (v1*u3 - v3*u1) * oneOverDenom;
    b[2] = 1.0f - b[0] - b[1];
    // OK
    return true;
}
```

另一种计算 3D 重心坐标的方法基于在 12.6.2 节讨论过的用向量叉乘计算 3D 三角形面积的方法。给出三角形的两个边向量 $\mathbf{e}_1$ 和 $\mathbf{e}_2$，三角形面积为 $\|\mathbf{e}_1 \times \mathbf{e}_2\|/2$。一旦有了整个三角形的面积和三个“子三角形”的面积，就能计算重心坐标了。

还有一个小小的问题：叉乘的大小对顶点的顺序不敏感。根据定义，叉乘大小总是正的。这种方法不适用于三角形外的点，因为它们至少有一个负的重心坐标。

看看能否找到解决问题的思路。当顶点以“不正确”的顺序列出时，向量叉乘的大小可能会是负值，我们需要一种正确计算的方法。幸运的是，有一种非常简单的方法能做到这一点：点乘。

设 $\mathbf{c}$ 为三角形两个边向量的叉乘，$\mathbf{c}$ 的大小等于三角形面积的两倍。设有一个单位法向量 $\mathbf{n}$，$\mathbf{n}$ 和 $\mathbf{c}$ 是平行的，因为它们都垂直于三角形所在的平面。当然，它们的方向可能是相反的。回顾 5.10.2 节，两向量的点乘等于它们大小的积再乘以它们夹角的 cos 值。因为 **n** 是单位向量，不管 **n** 和 **c** 方向相同还是相反，都有：

$$\begin{aligned}\mathbf{c}\cdot\mathbf{n} &= \|\mathbf{c}\|\|\mathbf{n}\|\cos\theta \\ &= \|\mathbf{c}\|(1)(\pm 1) \\ &= \pm\|\mathbf{c}\|\end{aligned}$$

将这个面积除以 2，就得到了 3D 中三角形的“有符号”面积。有了这个技巧，就能利用前一节的结论：b_i 就是“子三角形” T_i 的面积占整个三角形面积的比。如图 12.22 所示，标出了所有用到的向量。

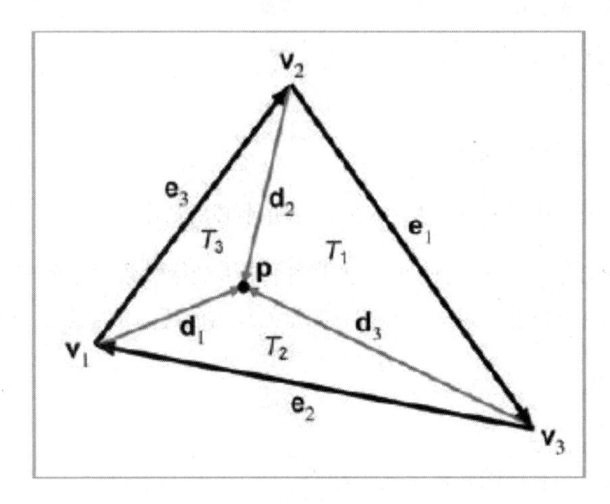

图 12.22　在 3D 中计算重心坐标

正如您所看到的，每个顶点都有一个向量 $\mathbf{d}_i$，它从 $\mathbf{v}_i$ 指向 **p**，列出这些向量满足的方程：

$$\begin{aligned}\mathbf{e}_1 &= \mathbf{v}_3 - \mathbf{v}_2 \\ \mathbf{e}_2 &= \mathbf{v}_1 - \mathbf{v}_3 \\ \mathbf{e}_3 &= \mathbf{v}_2 - \mathbf{v}_1 \\ \mathbf{d}_1 &= \mathbf{p} - \mathbf{v}_1 \\ \mathbf{d}_2 &= \mathbf{p} - \mathbf{v}_2 \\ \mathbf{d}_3 &= \mathbf{p} - \mathbf{v}_3\end{aligned}$$

还需要一个单位法向量，如下计算：

$$\mathbf{n} = \frac{\mathbf{e}_1 \times \mathbf{e}_2}{\|\mathbf{e}_1 \times \mathbf{e}_2\|}$$

现在整个三角形的面积(记作 T)和三个子三角形的面积分别为：

$$A(T)=((\mathbf{e}_1\times\mathbf{e}_2)\cdot\mathbf{n})/2$$
$$A(T_1)=((\mathbf{e}_1\times\mathbf{d}_3)\cdot\mathbf{n})/2$$
$$A(T_2)=((\mathbf{e}_2\times\mathbf{d}_1)\cdot\mathbf{n})/2$$
$$A(T_3)=((\mathbf{e}_3\times\mathbf{d}_2)\cdot\mathbf{n})/2$$

每个重心坐标 b_i 都由 $A(T_i)/A(T)$ 给出，如公式 12.24 所示：

$$b_1=A(T_1)/A(T)=\frac{(\mathbf{e}_1\times\mathbf{d}_3)\cdot\mathbf{n}}{(\mathbf{e}_1\times\mathbf{e}_2)\cdot\mathbf{n}}$$
$$b_2=A(T_2)/A(T)=\frac{(\mathbf{e}_2\times\mathbf{d}_1)\cdot\mathbf{n}}{(\mathbf{e}_1\times\mathbf{e}_2)\cdot\mathbf{n}}$$
$$b_3=A(T_3)/A(T)=\frac{(\mathbf{e}_3\times\mathbf{d}_2)\cdot\mathbf{n}}{(\mathbf{e}_1\times\mathbf{e}_2)\cdot\mathbf{n}}$$

公式 12.24　　在 3D 中计算重心坐标

注意到所有的分子和分母中都有 $\mathbf{n}$，因此，实际上并不必正则化 $\mathbf{n}$。此时，分母为 $\mathbf{n}\cdot\mathbf{n}$ 。

这种计算重心坐标的方法比向 2D 投影的方法用到了更多的标量数学运算。但是，它没有分支，并为向量处理器提供了更多的优化机会。因此，它在有向量处理器的超标量体系结构中会更快一些。

12.6.4　特殊点

本节将讨论三角形中三个有特殊几何意义的点：

- 重心
- 内心
- 外心

本节中许多内容的灵感来自于附录 B 中参考资料[12]。对于每一个点，先给出它的几何特征和构造方法，然后给出重心坐标。

重心是三角形的最佳平衡点，它是三角形三条中线的交点(**中线**指从顶点到对边中点的连线)。图 12.23 展示了一个三角形的重心。

重心是三个顶点的几何均值：

$$\mathbf{c}_{Grav}=\frac{\mathbf{v}_1+\mathbf{v}_2+\mathbf{v}_3}{3}$$

重心坐标为：

$$\left(\frac{1}{3},\frac{1}{3},\frac{1}{3}\right)$$

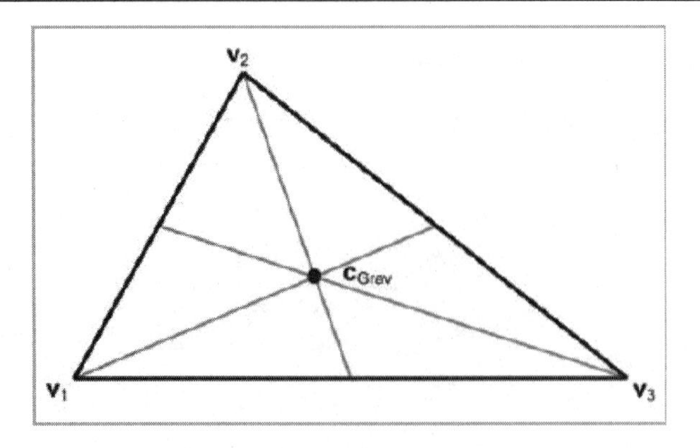

图 12.23　三角形的重心

重心也被称作**质心**。

内心是指到三角形各边距离相等的点。之所以称作内心是因为它是三角形内切圆的圆心。内心是角平分线的交点，如图 12.24 所示。

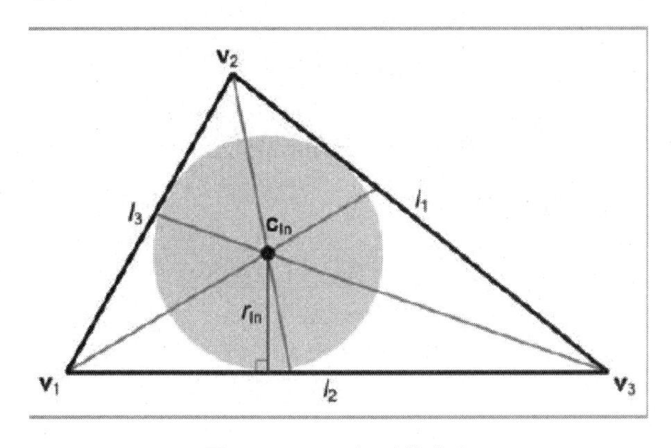

图 12.24　三角形的内心

内心的计算：

$$\mathbf{c}_{In}=\frac{l_1\mathbf{v}_1+l_2\mathbf{v}_2+l_3\mathbf{v}_3}{p}$$

$p=l_1+l_2+l_3$ 是三角形的周长。因此，内心的重心坐标为：

$$\left(\frac{l_1}{p},\frac{l_2}{p},\frac{l_3}{p}\right)$$

内切圆的半径可由三角形面积除以周长求得：

$$r_{\text{In}}=\frac{A}{p}$$

内切圆解决了寻找与三条直线相切的圆的问题。

外心是三角形中到各顶点距离相等的点，它是三角形外接圆的圆心。外心是各边垂直平分线的交点。图 12.25 展示了一个三角形的外心。

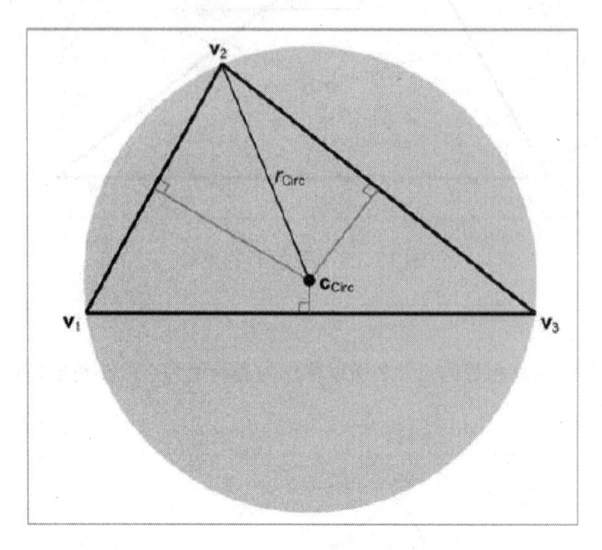

图 12.25　三角形的外心

为了计算外心，先定义以下临时变量：

$$d_1 = -\mathbf{e}_2 \cdot \mathbf{e}_3$$
$$d_2 = -\mathbf{e}_3 \cdot \mathbf{e}_1$$
$$d_3 = -\mathbf{e}_1 \cdot \mathbf{e}_2$$
$$c_1 = d_2 d_3$$
$$c_2 = d_3 d_1$$
$$c_3 = d_1 d_2$$
$$c = c_1 + c_2 + c_3$$

有了这些临时变量，可以得到外心的重心坐标为：

$$\left(\frac{c_2+c_3}{2c}, \frac{c_3+c_1}{2c}, \frac{c_1+c_2}{2c}\right)$$

外心为：

$$\mathbf{c}_{\text{Circ}} = \frac{(c_2+c_3)\mathbf{v}_1 + (c_3+c_1)\mathbf{v}_2 + (c_1+c_2)\mathbf{v}_3}{2c}$$

外接圆半径为：

$$r_{\text{Circ}} = \frac{\sqrt{(d_1+d_2)(d_2+d_3)(d_3+d_1)/c}}{2}$$

外心和外接圆半径解决了寻找过三个点的圆的问题。

12.7　多　边　形

很难为**多边形**下一个简单的定义，因为在不同场合它的精确定义不同。一般来说，多边形是由顶点和边构成的平面物体。在以下几节中将讨论多边形分类的不同方法。

12.7.1　简单多边形与复杂多边形

简单多边形不包含“洞”，复杂多边形可能包含“洞”(图 12.26)。简单多边形可以通过沿多边形列出所有顶点来描述(左手坐标系中，通常以从多边形正面看时的顺时针方向列出所有点)。简单多边形的使用频率比复杂多边形高得多。

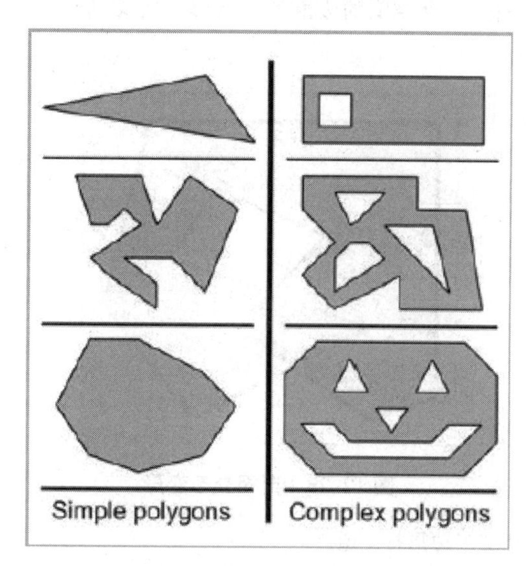

图 12.26　简单多边形与复杂多变形

通过添加一对“接缝”边，能将任意复杂多边形转化成简单多边形，如图 12.27 所示。见右边的放大图，我们在每个“缝”添加了两个边。这两个边实际上是重合的，放大图中将其分开是为了让您看得更清楚。当我们考虑到绕多边形的边的顺序时，这两个接缝边的方向是相反的。

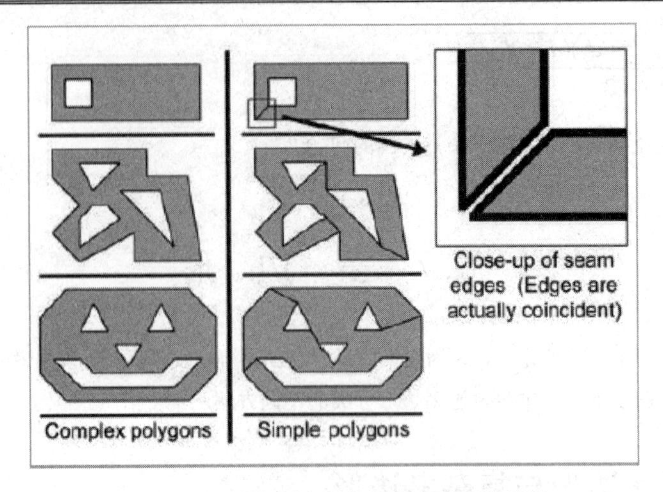

图 12.27　复杂多边形向简单多边形的转换

12.7.2　自相交多边形

大多数简单多边形的边不相交。如果有的边相交了，那么这个多边形叫作自相交多边形。一个简单的自相交多边形如图 12.28 所示。

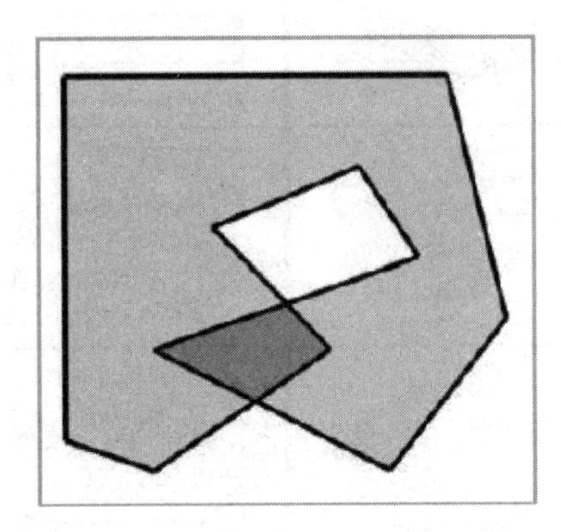

图 12.28　自相交多变形

我们大多数时候与非自相交多边形打交道。

12.7.3　凸多边形与凹多边形

非自相交多边形能进一步细分为凸多边形和凹多边形。给“凸”多边形下一个精确定义是一件非常困难的事，因为存在很多令人棘手的退化形式。对大多数多边形，下列常用的定义是等价的。不过对于一些退化多边形来说，根据一种定义它是凸的，而根据另一种定义它又可能是凹的。

- 直观上，凸多边形是没有任何“凹陷处”的，而凹多边形至少有一个顶点处于“凹陷处”——凹点。
- 凸多边形中，任意两顶点的连线都包含在多边形中。但在凹多边形中，总能找到一对顶点，它们的连线有一部分在多边形外。
- 沿凸多边形周边移动时，在每个顶点的转向都是相同的。对凹多边形，一些是向右转，一些是向左转，在凹点的转向是相反的(注意这仅是对非自相交多边形来说的)。

前面曾提到过，退化多边形会使这些相对清晰的定义变得模糊不清。例如，一些多边形有两个连续的顶点重合，或这一条边以相反的方向重复了两次。能认为这些多边形是“凸”的吗？实践中，经常用到下列凸性的定义：

- 如果只能对凸多边形起作用的代码对这个多边形也能起作用，那么它就是凸的(也就是说“如果一个定义没有被打破就不用修正它”)。
- 如果凸性测试算法判断它是凸的，那么它就是凸的(这是由“算法定义”解释的)。

现在，让我们忽略一些病态情况，给出一些大家意见都一致的凸、凹多边形。如图 12.29 所示，右上角的凹多边形有一个凹点，而下面的凹多边形有五个凹点。

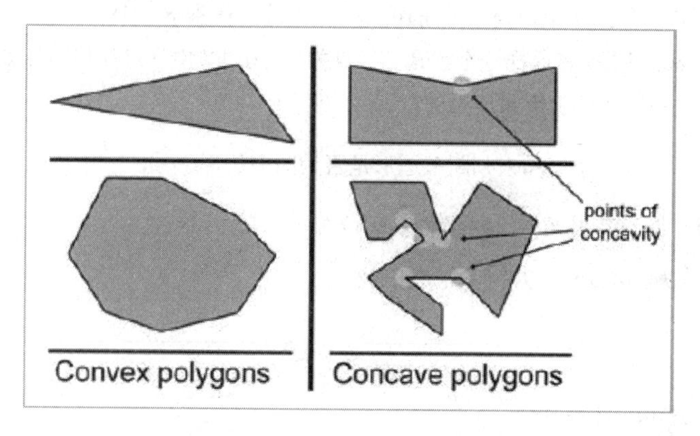

图 12.29　凸多边形与凹多边形

任意凹多边形都能分解为凸多边形片，关于这项技术的工作原理，请参看附录 B 中的参考资料[19]。它的基本思路是定位凹点(那篇文章中称作“反射顶点”)并通过添加对角线来有系统地移除它们。附录 B 中的参考资料[4]中给出一种算法，它对复杂多边形和简单多边形同样能起作用。

怎样才能知道一个多边形是凸的还是凹的？一种方法是检查各顶点的内角和。考虑 n 个顶点的凸多边形，它的内角和为$(n-2)180^{\circ}$，有两种方法可以证明这个结论。

- 第一种，设 θ_i 为顶点 i 的内角。很明显，$\theta_i \leqslant 180^{\circ}$(假设多边形是凸的)。在每个顶点上，补角为$(180-\theta_i)^{\circ}$，对于一个封闭的凸多边形，全部顶点的补角之和为 360°，有：

$$\sum_{i=1}^{n}(180^{\circ}-\theta_i)=360^{\circ}$$

$$n180^{\circ}-\sum_{i=1}^{n}\theta_i=360^{\circ}$$

$$-\sum_{i=1}^{n}\theta_i=360^{\circ}-n180^{\circ}$$

$$\sum_{i=1}^{n}\theta_i=n180^{\circ}-306^{\circ}$$

$$\sum_{i=1}^{n}\theta_i=(n-2)180^{\circ}$$

- 第二种方法在 12.7.4 节会讲到，任意 n 个顶点的凸多边形都能分解为 n-2 个三角形。由经典几何知识可知，三角形内角和为 180°。所有三角形的内角和为$(n-2)180^{\circ}$，可以看到，这个和总是等于多边形的内角和。

不幸的是，凹多边形和凸多边形一样，内角和也是$(n-2)180^{\circ}$。怎样才能进一步判断一个多边形是不是凸多边形呢？对一个凸多边形，内角不会大于外角。(外角不是“补角”，一对内角外角的和等于 360°。)

所以，将每个顶点处较小的角(内角或外角)相加，凸多边形得到$(n-2)180^{\circ}$，凹多边形则小于它。怎样判断哪个角较小呢？幸运的是，有这样一个工具——点乘，5.10.2 节中学过如何用点乘计算两向量的夹角。这种方法返回的角总是以较短的弧度来度量的。

下面的代码说明了怎样用角度和来判断多边形是否为凸多边形。

程序清单 12.4　3D 中用角度和判断凸多边形

```
// 判断多边形是否为凸多边形，假设多边形是平面的
//
// 输入：
// n 顶点数目
// vl 指向顶点数组的指针
bool isConvex(int n, const Vector3 vl[]) {
    // 和初始化为零
    float angleSum = 0.0f;
    // 遍历整个多边形，将角度相加
    for (int i = 0 ; i < n ; ++i) {
        // 计算边向量，必须小心第一个和最后一个顶点，当然还有优化的余地
        Vector3 e1;
        if (i == 0) {
            e1 = vl[n-1] - vl[i];
        } else {
            e1 = vl[i-1] - vl[i];
        }
```

```
        Vector3 e2;
        if (i == n-1) {
            e2 = vl[0] - vl[i];
        } else {
            e2 = vl[i+1] - vl[i];
        }
        // 标准化并计算点乘
        e1.normalize();
        e2.normalize();
        float dot = e1 * e2;
        // 计算较小的角，用“安全”反三角函数，避免发生数值精度问题
        float theta = safeAcos(dot);
        // 加和
        angleSum += theta;
    }
    // 计算内角和
    float convexAngleSum = (float)(n - 2) * kPi;
    // 现在可以判断凸凹性，允许一些经验数值误差
    if (angleSum < convexAngleSum - (float)n * 0.0001f) {
        // 凹多边形
        return false;
    }
    // 凸多边形，有一定误差
    return true;
}
```

另一种检测凸性的方法是检测多边形上是否有凹点。如果一个都没有找到，就是凸多边形。它的基本想法是每个顶点的转向应该一致，任何转向不一致的点都是凹点。

怎样检测一个点的转向呢？技巧是利用边向量的叉乘，回忆 5.11.2 节，左手坐标系中，如果向量的转向是顺时针，它们的叉乘就会指向您。

什么是“指向您”呢？我们从多边形的正面看，正面由法向量指明。如果没有提供法向量，就必须做一些计算来得到。12.5.3 节从点集中计算最佳法向量的技术用在这里正合适。

在 2D 中，可以简单地认为多边形在 3D 空间中 z=0 的平面上，并且假设法向量为[0，0，-1]。

一旦有了法向量，检查多边形的每个顶点。用相邻的两个边向量计算该顶点的法向量，接着用多边形的法向量和顶点的法向量点乘，检测它们的方向是否相反。如果是(点乘为负)，那么这个顶点就是一个凹点。

在附录 B 参考资料[20]中介绍了检测多边形凸性的更多方法。

12.7.4 三角分解和扇形分解

任意多边形都能分解为三角形。因此，所有对三角形的操作都能应用到多边形上。复杂、自相交、甚至简单的凹多边形的三角分解都不是一件简单的工作，稍微超出了本书的范围。要想获得更多信息，我们推荐阅读附录 B 中的参考资料[4]和[19]。它们都非常详细地讲解了这些复杂的计算。

幸运的是，简单多边形的三角分解是一件容易的事。一种显而易见的三角分解技术是选取一个点(称作第一个点)，沿着顶点按“扇形”分解多边形。给定一个有 n 个顶点的多边形，沿多边形列顶点 $\mathbf{v}_1 \cdots \mathbf{v}_n$，能够很容易地构造形如 $\{\mathbf{v}_1, \mathbf{v}_{i-1}, \mathbf{v}_i\}$ 的 $n-2$ 个三角形，见图 12.30。

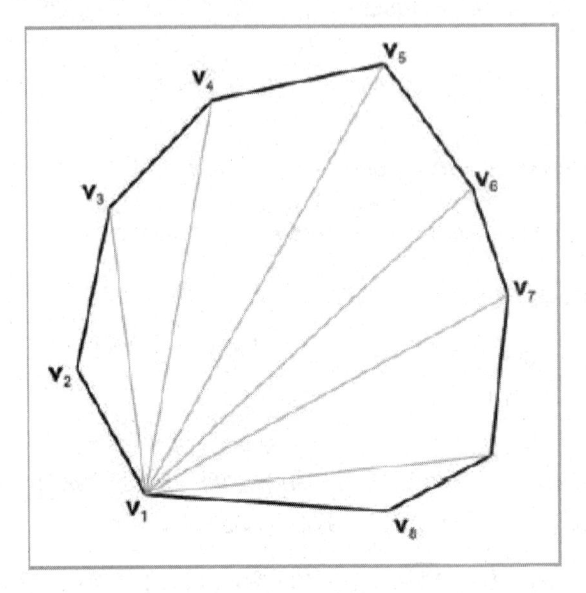

图 12.30 凸多边形的扇形三角分解

扇形三角分割会分割出一些长的，较细的三角形，这在某些情况下会引起麻烦。如同计算表面的法向量一样，数值的不精确性在度量极小的角时会造成一些问题。

一种更加“聪明”的分解方法是：连接两顶点的对角线将一个多边形分解为两部分。这时，对角线端点处的两个内角都能分解为两个新的内角。因此，总共产生了四个新内角。为了分解多边形，选择能使这四个新内角中最小的角最大化的对角线，用这条对角线将多边形分为两个。对分割后的每一部分都递归应用这个过程直到剩下的都是三角形。

这个方法产生较少的细三角形。但是在实践中，它过于复杂。根据几何学和应用目的，扇形分解已经足够了(并且简单得多)。

12.8 练　　习

(1) 计算出 2D 直线 $4x+7y=42$ 的斜率和 y 截距。

(2) 考虑一个三角形，其顶点顺时针排列为(6，10，−2)，(3，−1，17)，(−9，8，0)，求：

a. 包含该三角形的平面的方程。

b. (3，4，5)在平面的前面还是后面。

c. 该点到平面的距离。

d. 计算(−3.3，12.4，33.2)的重心坐标。

e. 计算出三角形的重心、内心、外心。

几何检测

本章主要讨论应用在基本图元上的几何测试共分 20 节：

- 13.1 到 13.5 节是最近点检测，讨论图元上到图元外给定点的最近点。
- 13.6 节讨论一些与相交性检测相关的问题，它们用来检测 3D 中两个图元的重合部分。
- 13.7 节到 13.18 节讨论一系列的相交性检测。
- 13.19 节讨论本书没有包含的其他相交性检测。
- 13.20 节给出 AABB3 类的完整代码。

在前面的章节中，我们讨论的是运用在单个图元上的运算。本章我们将讨论多个图元间的运算。

13.1　2D 隐式直线上的最近点

考虑 2D 中的直线 L，L 由所有满足 $\mathbf{p}\cdot\mathbf{n}=d$ 的点 **p** 组成。

其中 **n** 是单位向量。我们的目标是，对任意点 **q**，找出直线 L 上距 **q** 距离最短的点 **q'**。它是 **q** 投影到 L 上的结果。让我们画一条经过 **q** 并平行于 L 的辅助线 M,，如图 13.1 所示。设 $\mathbf{n}_M$ 和 d_M 分别为直线方程的法向量和 d 值。因为 L 和 M 平行，所以它们法向量相等：$\mathbf{n}_M$=**n**。又因为 **q** 在 M 上，所以 d_M 为 $\mathbf{q}\cdot\mathbf{n}$。

现在可以得知，M 到 L 的有符号距离为：$d-d_m=d-\mathbf{q}\cdot\mathbf{n}$。这个距离显然等于 **q** 与 **q'** 之间的距离(如果结果只需要距离而不是 **q'** 的值，到这里就可以停止计算了)。为了计算 **q'**，只需要将 **q** 沿 **n** 的方向位移一定距离(公式 13.1)：

$$\mathbf{q}'=\mathbf{q}+(d-\mathbf{q}\cdot\mathbf{n})\mathbf{n}$$

公式 13. 1　　计算 2D 隐式直线上的最近点

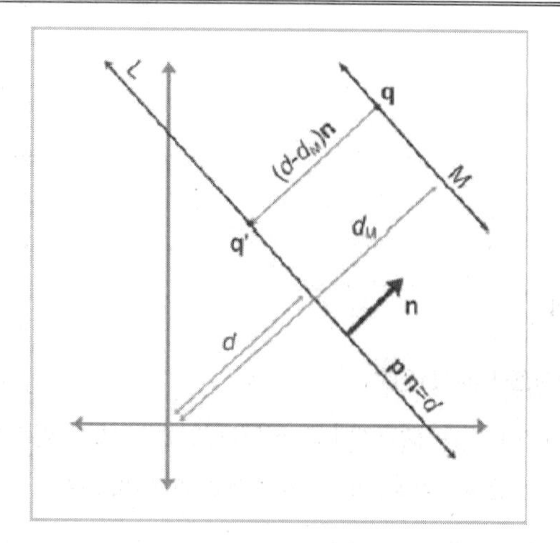

图 13.1　寻找 2D 隐式直线上的最近点

13.2　参数射线上的最近点

考虑在 2D 或 3D 中的参数射线 R：$\mathbf{p}(t)=\mathbf{p}_{org}+t\mathbf{d}$

其中 **d** 是单位向量，参数 t 在 0 到 l 间变化，l 是 R 的长度。对一给定点 **q**，我们想要找出在 R 上离 **q** 最近的点 **q'**。

这是一个简单的向量到向量的投影问题，它的解法在 5.10.3 节中就已经给出了。设 **v** 为 $\mathbf{p}_{org}$ 到 **q** 的向量。我们希望得到 **v** 在 **d** 上的投影，或 **v** 平行于 **d** 的部分。如图 13.2 所示。

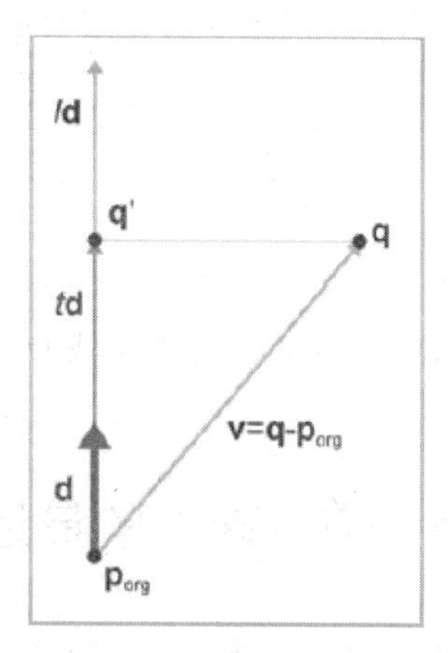

图 13.2　寻找射线上的最近点

点乘 $\mathbf{v}\cdot\mathbf{d}$ 的结果就是满足 $\mathbf{p}(t)=\mathbf{q}'$ 的 t 值。

$$
\begin{aligned}
t &= \mathbf{d} \cdot \mathbf{v} \\
&= \mathbf{d} \cdot (\mathbf{q} - \mathbf{p}_{org}) \\
\mathbf{q}' &= \mathbf{p}(t) \\
&= \mathbf{p}_{org} + t\mathbf{d} \\
&= \mathbf{p}_{org} + (\mathbf{d} \cdot (\mathbf{q} - \mathbf{p}_{org}))\mathbf{d}
\end{aligned}
$$

公式 13.2　计算参数射线上的最近点

实际上，等式 $\mathbf{p}(t)$ 求得了在包含 R 的直线上距 **q** 最近的点。如果 $t<0$ 或 $t>l$，则 $\mathbf{p}(t)$ 不在 R 的范围内。这种情况下，R 上距 **q** 最近的点是原点(如果 $t<0$)或者终点(如果 $t>l$)。

如果射线的定义是 t 从 0 到 1 变化，**d** 不必是单位向量。那么在计算 t 值时必须除以 **d** 的模：

$$
t = \frac{\mathbf{d} \cdot (\mathbf{q} - \mathbf{p}_{org})}{\|\mathbf{d}\|}
$$

13.3 平面上的最近点

考虑平面 **p**，其定义为标准的隐式：满足 $\mathbf{p} \cdot \mathbf{n} = d$ 的点的集合。

其中 **n** 为单位向量。给定一点 **q**，我们想要找到点 $\mathbf{q}'$，它是 **q** 在 **p** 上的投影。$\mathbf{q}'$ 就是 **p** 上离 **q** 最近的点。

在 12.5.4 节中已经学过如何计算点到平面上的距离。为了计算 $\mathbf{q}'$，只要在 **n** 的方向上平移一段距离(公式 13.3)：

$$
\mathbf{q}' = \mathbf{q} + (d - \mathbf{q} \cdot \mathbf{n}) \cdot \mathbf{n}
$$

公式 13.3　计算平面上的最近点

注意到，该式和用于计算在 2D 中隐式直线上最近点的公式 13.1 相同。

13.4 圆或球上的最近点

考虑 2D 中的点 **q** 和圆心为 **c**、半径为 r 的圆(下面的讨论也适用于 3D 中的球体)。我们希望找到点 $\mathbf{q}'$，它是圆上离 **q** 最近的点。

设 **d** 为从 **q** 指向 **c** 的向量。该向量和圆相交于 **q'**。设 **b** 为从 **q** 指向 **q'** 的向量，如图 13.3 所示。

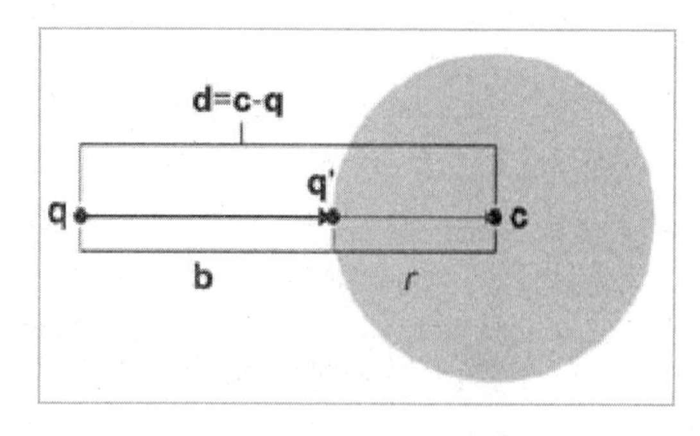

图 13.3　寻找圆上的最近点

可以清楚地看出，$\|\mathbf{b}\| = \|\mathbf{d}\| - r$。因此：

$$\mathbf{b} = \frac{\|\mathbf{d}\| - r}{\|\mathbf{d}\|}\mathbf{d}$$

将此位移加到 **q** 上，并将它投影到圆上(公式 13.4)：

$$\begin{aligned}\mathbf{q}' &= \mathbf{q} + \mathbf{b} \\ &= \mathbf{q} + \frac{\|\mathbf{d}\| - r}{\|\mathbf{d}\|}\mathbf{d}\end{aligned}$$

公式 13.4　　计算圆或球上的最近点

如果 $\|\mathbf{d}\| < r$，那么 **q** 在圆内部。在这种情况下我们该怎么做呢？是让 **q'**＝**q**，还是将 **q** 投影到圆上？在不同情况下需要不同的做法。如果决定将点投影到圆上，又面临着另一个问题：当 **q**＝**c** 时怎么办？

13.5　AABB 上的最近点

设B是由极值点 $\mathbf{p}_{min}$ 和 $\mathbf{p}_{max}$ 定义的AABB。对任意点 **q** 都能很容易地计算出在B上距离 **q** 最近的点 **q'**。所用的方法是按一定顺序沿着每条轴将 **q**“推向”B。见程序清单 13.1。

程序清单 13.1　计算 AABB 上的最近点

```
if (x < minX) {
   x = minX;
} else if (x > maxX) {
   x = maxX;
}
if (y < minY) {
```

```
    y = minY;
} else if (y > maxY) {
    y = maxY;
}
if (z < minZ) {
    z = minZ;
} else if (z > maxZ) {
    z = maxZ;
}
```

注意，如果 **q** 本来就在矩形边界框内部，代码运行的结果将返回原来的点。

13.6 相交性检测

在接下来的几节中，我们会介绍一系列相交性检测的方法。这些测试的目的是检测两个几何图元是否相交，在某些情况下还要求出相交部分。这些基本测试构成了碰撞检测系统的基础。碰撞检测用来防止物体互相穿越，或者使物体看起来好像互相被弹开。

我们将讨论两种不同类型的相交性检测。

- **静态测试**检测两个静止图元是否相交。它是一种布尔型测试——也就是说，测试结果只有真(相交时)或假(不相交时)。如果两个图元相交，则可以获取更多的信息。但一般来说，这种测试的目的只是返回一个布尔值。
- **动态测试**针对的是两个运动图元，检测它们是否相交，及相交的时间点。运动值通常以参数形式来表达。因此，这种测试返回的结果不仅仅是一个布尔型的真/假值，还会返回一个指明相交时间点的值(参数 t 的值)。对于这里我们要讨论的测试，运动值是一个简单的线性位移——当 t 从 0 变化到 1 时原向量的偏移量。每个图元都可以有自己的运动值。然而，从单个图元的角度来考虑问题会比较简单。也就是说，一个图元被认为是“静止”的，同时另一个图元做了所有的“运动”。很容易做到这一点，只要将两个位移向量组合成一个相对位移向量，它描述了两个图元间的相对移动关系。因此，所有动态测试总是涉及一个静态图元和一个动态图元。

注意，包含射线在内的许多重要的测试实际上都是动态测试，因为射线能被看作一个运动的点。

13.7 在 2D 中两条隐式直线的相交性检测

在 2D 中，要检测用隐式定义的两条直线是否相交是非常简单的，通过解线性方程组就能解决问题。

我们有两个方程(两条直线的隐式方程)和两个未知数(交点的 x，y 坐标)。两个方程分别为：

$$a_1x + b_1y = d_1$$
$$a_2x + b_2y = d_2$$

解此方程组得公式 13.5：

$$x = \frac{b_2d_1 - b_1d_2}{a_1b_2 - a_2b_1}$$
$$y = \frac{a_1d_2 - a_2d_1}{a_1b_2 - a_2b_1}$$

公式 13.5　　计算 2D 中两直线的交点

和其他方程组一样，存在 3 种可能性(如图 13.4 所示)：

- 只有一个解，这种情况下，公式 13.5 中的分母为非零值。
- 无解，意味着直线是平行的，永远不会相交，分母为零。
- 无穷多解，意味着两条直线重合，分母为零。

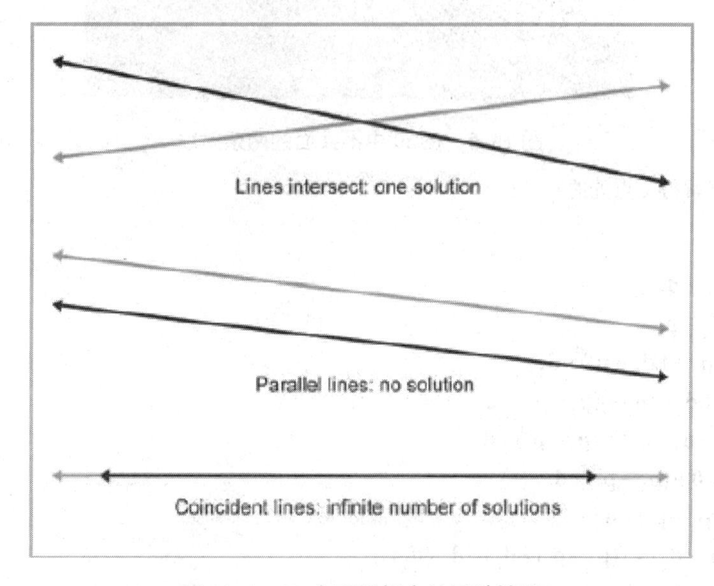

图 13.4　2D 中直线相交的三种情况

13.8　在 3D 中两条射线的相交性检测

考虑 3D 中两条以参数形式定义的射线：

$$\mathbf{r}_1(t_1) = \mathbf{p}_1 + t_1\mathbf{d}_1$$
$$\mathbf{r}_2(t_2) = \mathbf{p}_2 + t_2\mathbf{d}_2$$

我们能够解得它们的交点。暂时先不考虑 t_1，t_2 的取质范围。因此，我们考虑的是无限长的射线；同样，向量 $\mathbf{d}_1$，$\mathbf{d}_2$ 也不必是单位向量。如果这两条射线在一个平面中，那么和前一节的情况一样，也存在三种可能性：

- 两条射线交于一点。
- 两条射线平行，没有交点。
- 两条射线重合，有无限多交点。

在 3D 中，还有第四种可能性：两条射线不在一个平面中，如图 13.5 所示。

图 13.5　在 3D 中不共面的两条射线

下面演示如何解得交点处的 t_1，t_2：

$$\begin{aligned}
\mathbf{r}_1(t_1) &= \mathbf{r}_2(t_2) \\
\mathbf{p}_1 + t_1\mathbf{d}_1 &= \mathbf{p}_2 + t_2\mathbf{d}_2 \\
t_1\mathbf{d}_1 &= \mathbf{p}_2 + t_2\mathbf{d}_2 - \mathbf{p}_1 \\
(t_1\mathbf{d}_1) \times \mathbf{d}_2 &= (\mathbf{p}_2 + t_2\mathbf{d}_2 - \mathbf{p}_1) \times \mathbf{d}_2 \\
t_1(\mathbf{d}_1 \times \mathbf{d}_2) &= (t_2\mathbf{d}_2) \times \mathbf{d}_2 + (\mathbf{p}_2 - \mathbf{p}_1) \times \mathbf{d}_2 \\
t_1(\mathbf{d}_1 \times \mathbf{d}_2) &= t_2(\mathbf{d}_2 \times \mathbf{d}_2) + (\mathbf{p}_2 - \mathbf{p}_1) \times \mathbf{d}_2 \\
t_1(\mathbf{d}_1 \times \mathbf{d}_2) &= t_2\mathbf{0} + (\mathbf{p}_2 - \mathbf{p}_1) \times \mathbf{d}_2 \\
t_1(\mathbf{d}_1 \times \mathbf{d}_2) &= (\mathbf{p}_2 - \mathbf{p}_1) \times \mathbf{d}_2 \\
t_1(\mathbf{d}_1 \times \mathbf{d}_2) \cdot (\mathbf{d}_1 \times \mathbf{d}_2) &= ((\mathbf{p}_2 - \mathbf{p}_1) \times \mathbf{d}_2) \cdot (\mathbf{d}_1 \times \mathbf{d}_2) \\
t_1 &= \frac{((\mathbf{p}_2 - \mathbf{p}_1) \times \mathbf{d}_2) \cdot (\mathbf{d}_1 \times \mathbf{d}_2)}{\|\mathbf{d}_1 \times \mathbf{d}_2\|^2}
\end{aligned}$$

也可以用类似的方法求出 t_2：

$$t_2 = \frac{((\mathbf{p}_2 - \mathbf{p}_1) \times \mathbf{d}_1) \cdot (\mathbf{d}_1 \times \mathbf{d}_2)}{\|\mathbf{d}_1 \times \mathbf{d}_2\|^2}$$

如果两条射线平行或重合，$\mathbf{d}_1$，$\mathbf{d}_2$ 的叉乘为零，所以上面两个等式的分母都为零。如果两条射线不在一个平面内，那么 $\mathbf{p}_1(t_1)$ 和 $\mathbf{p}_2(t_2)$ 是相距最近的点。通过检查 $\mathbf{p}_1(t_1)$ 和 $\mathbf{p}_2(t_2)$ 间的距离即可确定两条射线相交的情况。当然，在实践中因为浮点数的精度问题，精确的相交很少出现，这时就需要用到一个偏差值。

上面的讨论假设没有限定 t_1，t_2 的取值范围，如果射线的长度有限(或只沿一个方向延伸)，在计算出 t_1，t_2 后还应作适当的边界检测。

13.9　射线和平面的相交性检测

在 3D 中射线与平面相交于一点。射线的参数定义为：

$$\mathbf{p}(t) = \mathbf{p}_0 + t\mathbf{d}$$

平面以标准方式来定义，即对于平面上的所有点 $\mathbf{p}$，都满足：

$$\mathbf{p} \cdot \mathbf{n} = d$$

尽管 $\mathbf{n}$ 和 $\mathbf{d}$ 常被限制为单位向量，但这里是没有必要加上这些限制条件的(如图 13.6)。

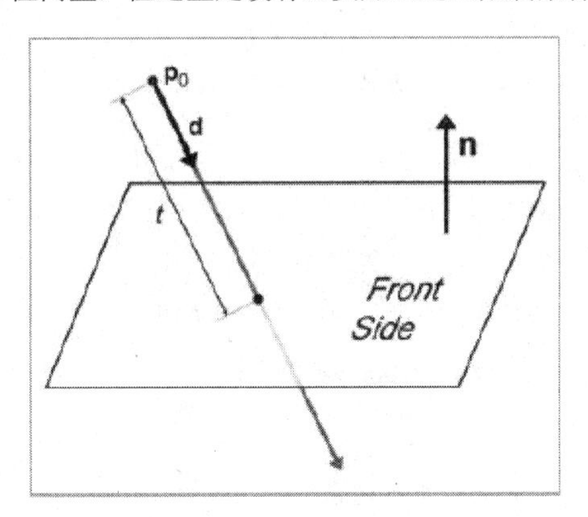

图 13.6　在 3D 中射线和平面相交

解得相交点的 t 值，暂时假设射线的长度是无限的(公式 13.6)：

$$(\mathbf{p}_0 + t\mathbf{d}) \cdot \mathbf{n} = d$$
$$\mathbf{p}_0 \cdot \mathbf{n} + t\mathbf{d} \cdot \mathbf{n} = d$$

$$t\mathbf{d} \cdot \mathbf{n} = d - \mathbf{p}_0 \cdot \mathbf{n}$$

$$t = \frac{d - \mathbf{p}_0 \cdot \mathbf{n}}{\mathbf{d} \cdot \mathbf{n}}$$

公式 13.6　　参数形式的射线和平面相交

如果射线和平面互相平行，分母 $\mathbf{d}\cdot\mathbf{n}$ 为零，则它们之间没有交点。(我们仅讨论与平面的正面相交的情况。在这种情况下，仅当射线的方向和平面的法向量相反时才有交点，此时 $\mathbf{d}\cdot\mathbf{n}<0$)。如果 t 超出了取值范围，说明射线和平面不相交。

13.10　AABB 和平面的相交性检测

考虑 3D 中由极值点 $\mathbf{p}_{min}$ 和 $\mathbf{p}_{max}$ 定义的 AABB 和以标准方式定义的平面：$\mathbf{p}\cdot\mathbf{n}=d$，其中 $\mathbf{n}$ 为单位向量。平面与 AABB 必须处于相同的坐标系中。关于变换 AABB 的方法，参见 12.4.4 节。计算平面的变换会更快一些。

一种简单的静态测试方法是，计算矩形边界框顶点和 $\mathbf{n}$ 的点积，通过比较点积与 d，来检测边界框的顶点是否完全在平面的一边，或是在另外一边。如果所有点积都大于 d，那么整个边界框就在平面的正面所指的一侧；如果所有点积都小于 d，那么整个边界框就在平面的反面所指的一侧。

实际上，不需要检测全部的 8 个顶点。可以用和 12.4.4 节中变换 AABB 类似的技巧，例如，如果 $\mathbf{n}_x>0$，点积最小的顶点是 $x=x_{min}$，点积最大的顶点是 $x=x_{max}$。如果 $\mathbf{n}_x<0$，则得出的是相反的结论。对 $\mathbf{n}_y$，$\mathbf{n}_z$ 也有同样的结论。我们计算最小和最大点积的值，如果最小点积大于 d 或最大点积小于 d，说明它们不相交；否则，两个点在平面的两边，说明边界框与平面相交。

接下来进行动态测试。我们假设平面是静止的。(回忆 13.6 节，以一个移动物体为参考来考虑它们的相交性检测会比较简单。)边界框的位移由单位向量 $\mathbf{d}$ 和长度 l 定义。和前面一样，先求得点积最大和最小的顶点，并在 $t=0$ 时作一次相交性检测，如果边界框和平面最初没有相交，那么一定是离平面最近的顶点先接触平面，它可能就是前一步检测出的两个顶点之一。如果只对与平面的“正面”碰撞感兴趣，那么总是使用点积值最小的顶点。一旦检测出先接触到平面的顶点，就可以利用 13.9 节中的射线与平面的相交性测试来解决问题。

AABB3 类实现了 AABB 与平面的静态、动态相交性检测。

13.11　三个平面间的相交性检测

在 3D 中，三个平面相交于一点，如图 13.7 所示。

假设三个平面的隐式方程为：

$$\mathbf{p}\cdot\mathbf{n}_1 = d_1$$
$$\mathbf{p}\cdot\mathbf{n}_2 = d_2$$
$$\mathbf{p}\cdot\mathbf{n}_3 = d_3$$

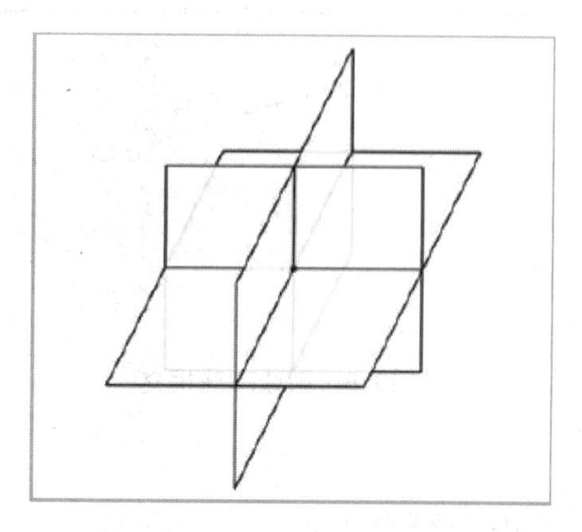

图 13.7 3D 中的三个平面相交于一点

虽然平面的法向量通常被限制为单位向量，但此时这种限制是没有必要的。上面的等式组成了一个有三个方程和三个未知数(交点的 x，y，z 坐标)的线性方程组。解这个方程组能得到如公式 13.7 所示的结果，详见附录 B 中参考资料[11]：

$$\mathbf{p} = \frac{d_1(\mathbf{n}_3 \times \mathbf{n}_2) + d_2(\mathbf{n}_3 \times \mathbf{n}_1) + d_3(\mathbf{n}_1 \times \mathbf{n}_2)}{(\mathbf{n}_1 \times \mathbf{n}_2)\cdot\mathbf{n}_3}$$

公式 13.7 三个平面相交于一点

如果任意一对平面平行，那么交点要么不存在，要么不惟一，在这两种情况下，公式 13.7 的分母都为零。

13.12 射线和圆/球的相交性检测

本节将讨论 2D 中射线和圆的相交性检测，检测的方法也适用于 3D 中射线和球之间的相交性检测，这是因为可以在包含射线和球心的平面中进行检测，从而将 3D 问题转化为 2D 问题。(如果射线包含在穿过球心的直线上，那么这个平面就不是惟一的。但这并不是问题，在这种情况下我们能使用任意包含射线和球心的平面来进行计算。)

我们使用的构图方法在附录 B 的参考资料[15]中有详细的描述，见图 13.8。用圆心 $\mathbf{c}$ 和半径 r 来定义球，射线的定义为：$\mathbf{p}(t) = \mathbf{p}_0 + t\mathbf{d}$

这里，$\mathbf{d}$ 为单位向量，t 从 0 变化到 l，l 为射线长度。所要求的是交点处 t 的值：

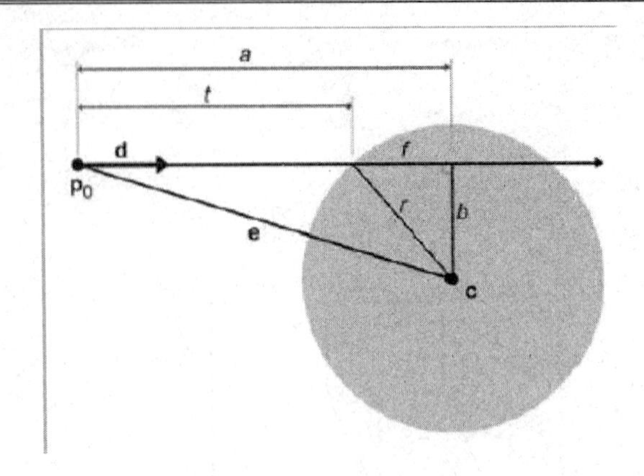

图 13.8　射线和球相交

$t=a-f$。

a 的计算方法如下，设 $\mathbf{e}$ 为从 $\mathbf{p}_0$ 指向 $\mathbf{c}$ 的向量：

$$\mathbf{e}=\mathbf{c}-\mathbf{p}_0$$

现在将 $\mathbf{e}$ 投影到 $\mathbf{d}$(参见 5.10.3 节)。这个向量的长度为 a，它的计算式为：

$$a=\mathbf{e}\cdot\mathbf{d}$$

现在的任务就是计算 f。首先，根据勾股定理，可以很清楚地得到：

$$f^2+b^2=r^2$$

在较大的三角形中用勾股定理求得 b^2：

$$a^2+b^2=e^2$$

$$b^2=e^2-a^2$$

e 是从射线起点到圆心之间的距离，也就是向量 $\mathbf{e}$ 的长度，因此，e^2 为：

$$e^2=\mathbf{e}\cdot\mathbf{e}$$

代入并化简得到 f：

$$f^2+b^2=r^2$$

$$f^2+(e^2-a^2)=r^2$$

$$f^2=r^2-e^2+a^2$$
$$f=\sqrt{r^2-e^2+a^2}$$

最后求得 t(公式 13.8)：

$$t = a - f$$

$$= a - \sqrt{r^2 - e^2 + a^2}$$

公式 13.8　　参数形式的射线和球相交

这里有一些注意事项：

如果 $r^2 - e^2 + a^2$ 为负，那么射线和圆不相交。

射线的起点可能在圆内，此时 $e^2 < r^2$。此时，根据不同的测试目的，会有不同的行为。

13.13　两个圆/球的相交性检测

两个球的静态测试是相对比较简单的(本节的讨论对圆也适用，事实上，图 13.9 中用的就是圆)。考虑由球心 $\mathbf{c}_1$，$\mathbf{c}_2$ 和半径 r_1，r_2 定义的两个球(如图 13.9 所示)。设 d 为球心间的距离。很明显，当 $d < r_1 + r_2$ 时它们相交。在实践中通过比较 $d^2 < (r_1 + r_2)^2$，可以避免包括计算 d 在内的平方根运算。

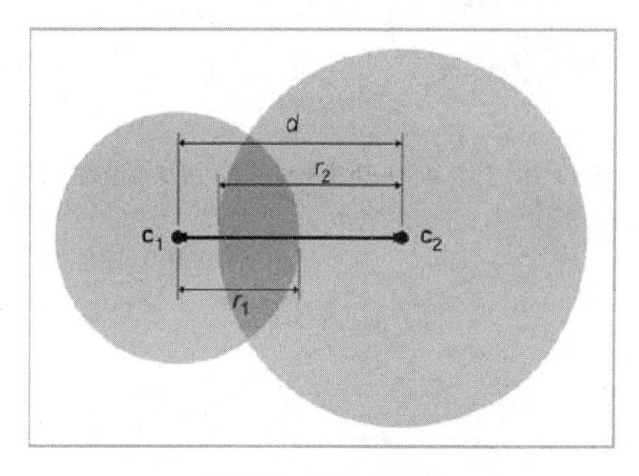

图 13.9　两个球相交

对两个运动的球进行相交性检测要麻烦一些。假设有两个单独的位移向量 $\mathbf{d}_1$ 和 $\mathbf{d}_2$，球与位移向量是一一对应的，它们描述了在所讨论的时间段中球的运动方式。如图 13.10 所示。

从第一个球的角度来看能够简化这个问题。现在假设这个球是“静止的”，另一个球是“运动”的。这给出了单一的位移向量 $\mathbf{d}$。它等于原位移向量 $\mathbf{d}_2$ 和 $\mathbf{d}_1$ 的差 $\mathbf{d}_2 - \mathbf{d}_1$，如图 13.11 所示。

设静止球由球心 $\mathbf{c}_s$ 和半径 r_s 定义。运动球的半径为 r_m，当 t=0 时，球心为 $\mathbf{c}_m$。t 不再从 0 变化到 1，而是将 d 正则化，t 的取后范围从 0 到 l，l 是移动的距离。所以在 t 时刻运动球的球心为 $\mathbf{c}_m + t\mathbf{d}$。所要求的是当运动球接触静止球时的 t。其中的几何关系如图 13.12 所示。

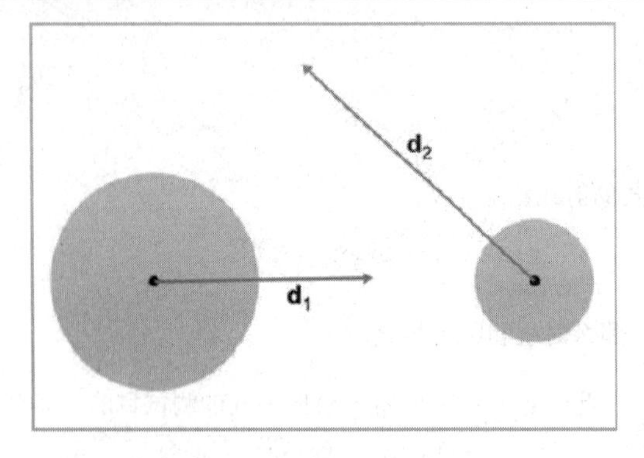

图 13.10　两个运动的球

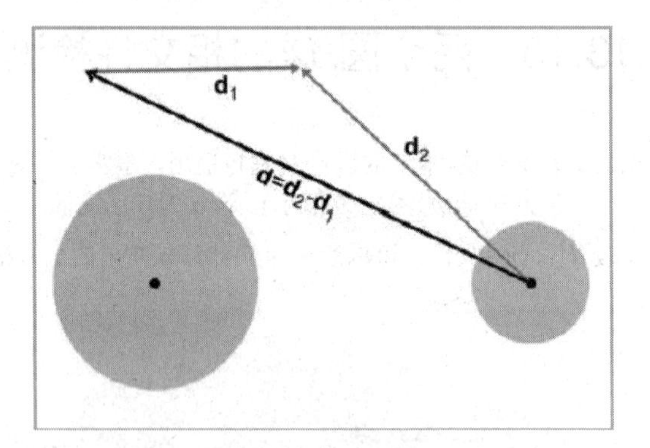

图 13.11　认为其中一个球是静止的，并组合运动向量

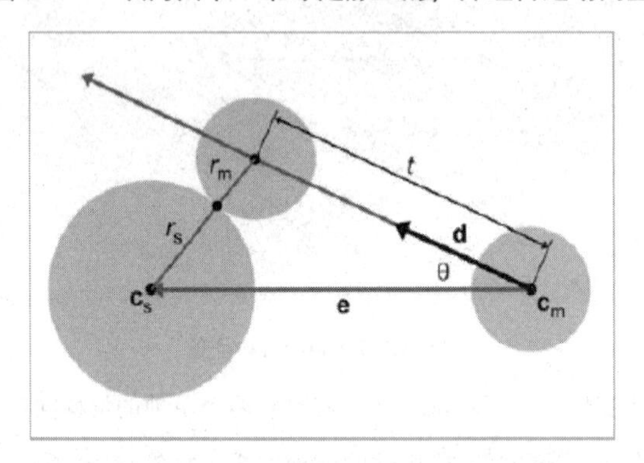

图 13.12　球和圆的动态检测

为了计算 t，得先计算从 $\mathbf{c}_m$ 指向 $\mathbf{c}_s$ 的临时向量 $\mathbf{e}$，并设半径的和为 r：

$$\mathbf{e} = \mathbf{c}_s - \mathbf{c}_m$$
$$r = r_m + r_s$$

根据 cos 定理(参见附录 A)，有：

$$r^2 = t^2 + \|\mathbf{e}\|^2 - 2t\|\mathbf{e}\|\cos\theta$$

应用点乘的几何解释(详见 5.10.2 节)，化简可得：

$$r^2 = t^2 + \|\mathbf{e}\|^2 - 2t\|\mathbf{e}\|\cos\theta$$
$$r^2 = t^2 + \mathbf{e}\cdot\mathbf{e} - 2t(\mathbf{e}\cdot\mathbf{d})$$
$$0 = t^2 - 2(\mathbf{e}\cdot\mathbf{d})t + \mathbf{e}\cdot\mathbf{e} - r^2$$

应用二次求根公式：

$$0 = t^2 - 2(\mathbf{e}\cdot\mathbf{d})t + \mathbf{e}\cdot\mathbf{e} - r^2$$
$$t = \frac{2(\mathbf{e}\cdot\mathbf{d}) \pm \sqrt{(-2(\mathbf{e}\cdot\mathbf{d}))^2 - 4(\mathbf{e}\cdot\mathbf{e} - r^2)}}{2}$$
$$t = \frac{2(\mathbf{e}\cdot\mathbf{d}) \pm \sqrt{4(\mathbf{e}\cdot\mathbf{d})^2 - 4(\mathbf{e}\cdot\mathbf{e} - r^2)}}{2}$$
$$t = (\mathbf{e}\cdot\mathbf{d}) \pm \sqrt{(\mathbf{e}\cdot\mathbf{d})^2 - \mathbf{e}\cdot\mathbf{e} + r^2}$$

这时要选择哪个根呢？较小的值(负根)是两个球开始接触时的 t 值，较大的根(正根)是两个球脱离接触时的 t 值。显然我们对前一个根更感兴趣。

$$t = (\mathbf{e}\cdot\mathbf{d}) - \sqrt{(\mathbf{e}\cdot\mathbf{d})^2 - \mathbf{e}\cdot\mathbf{e} + r^2}$$

这里有一些重要的注意事项：

如果 $\|e\| < r$，则球在 $t=0$ 时就相交。

如果 $t<0$ 或 $t>l$，那么在所讨论的时间段内两个球不会发生接触。

如果根号内的值是负的，那么两个球不会相交。

13.14　球和 AABB 的相交性检测

为了进行球和 AABB 的静态相交性检测，首先用 13.5 节中介绍的方法找到 AABB 中距球心最近的顶点。计算该点到球心的距离，并和球的半径比较(实际上，比较的是距离的平方和半径的平方，以避免平方根运算)。如果距离小于半径，那么球和 AABB 相交。

在附录 B 的参考资料[1]中，Arvo 讨论了这项技术，它被用来作球和“实”矩形边界框的相交性检测。他还讨论了一些球和“空”矩形边界框的相交性检测技巧。

静态检测相对比较容易。但动态检测就要复杂一些了，详细内容见附录 B 的参考资料[16]。

13.15 球和平面的相交性检测

球和平面的静态检测相对容易一些。可以用公式 12.14 来计算球心到平面的距离。如果距离小于球半径，那么它们相交。实际上还能作一种更灵活的检测，这种检测把相交分为球完全在平面正面，完全在背面，跨平面等三种情况。仔细分析程序清单 13.2。

程序清单 13.2 判断球在平面的哪一边

```
// 给定一个球和平面，判断球在平面的哪一边
//
// 若返回值：
//
// < 0 表示球完全在背面
// > 0 表示球完全在正面
// 0 表示球横跨平面
int classifySpherePlane(
                    const Vector3 &planeNormal, // 必须正则化
                    float planeD, // p * planeNormal = planeD
                    const Vector3 &sphereCenter, // 球心
                    float sphereRadius // 球半径
                    ) {
    // 计算球心到平面的距离
    float d = planeNormal * sphereCenter - planeD;
    // 完全在前面?
    if (d >= sphereRadius) {
        return +1;
    }
    // 完全在背面?
    if (d <= -sphereRadius) {
        return -1;
    }
    // 球横跨平面
    return 0;
}
```

动态检测要稍微复杂一些。设平面为静止的，球作所有的相对位移。

平面的定义方式一如既往，用标准形式 $\mathbf{p}\cdot\mathbf{n}=d$，$\mathbf{n}$ 为单位向量。球由半径 r 和初始球心位置 $\mathbf{c}$ 定义。球的位移，由单位向量 $\mathbf{d}$ 指明方向，l 代表位移的距离。t 从 0 变化到 l，用直线方程 $\mathbf{c}+t\mathbf{d}$ 计算球心的运动轨迹。如图 13.13 所示。

不管在平面上的哪一点上发生相交，在球上的相交点总是固定的，认识到这一点能大大简化问题。用

$\mathbf{c}-r\mathbf{n}$ 来计算交点，如图 13.14 所示。

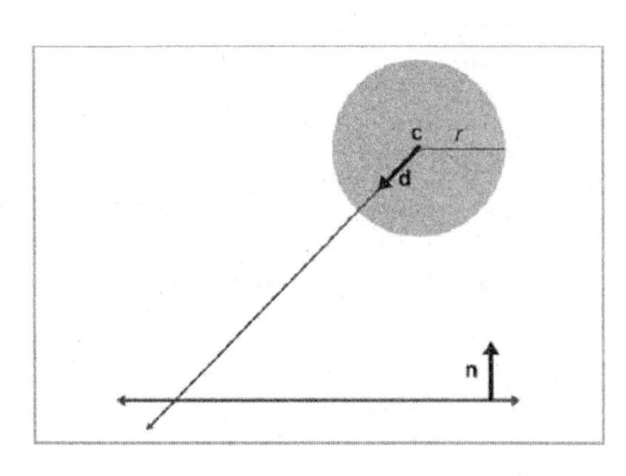

图 13.13 球向平面移动

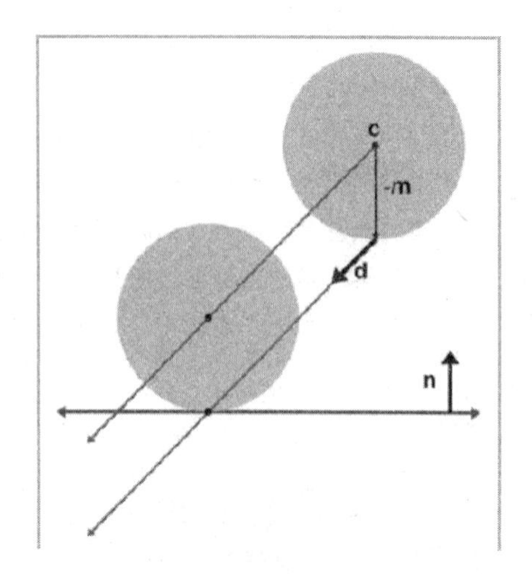

图 13.14 球和平面接触的点

现在我们知道了球上的相交点。就可以利用 13．9 节中介绍的简单的射线与平面相交性检测的方法。替换掉公式 13.6 中的 $\mathbf{p}_0$，得到公式 13.9：

$$t=\frac{d-\mathbf{p}_0\cdot\mathbf{n}}{\mathbf{d}\cdot\mathbf{n}}$$

$$=\frac{d-(\mathbf{c}-r\mathbf{n})\cdot\mathbf{n}}{\mathbf{d}\cdot\mathbf{n}}$$

$$=\frac{d-\mathbf{c}\cdot\mathbf{n}+r}{\mathbf{d}\cdot\mathbf{n}}$$

公式 13.9 球和平面的动态检测

13.16 射线和三角形的相交性检测

在图形学和计算几何中射线与三角形的相交性检测是非常重要的。因为缺乏射线和复杂物体间相交性检测的方法，我们通常用三角网格代表(或至少是近似代表)物体表面，再作射线和三角网格的相交性检测。

我们使用附录 B 中参考资料[2]提出的方法。第一步是计算射线和包含该三角形的平面的交点。13.9 节已经学过这种射线与平面检测的方法。第二步是通过计算交点的重心坐标，来判断它是否在三角形中。这在 12.6.3 节中就已经介绍过了。

为了使测试效率尽可能高，要使用下列技巧：

- 在检测中尽可能早地返回负值(没有相交)，这称作“提前结束(early out)”。
- 尽可能地延迟“昂贵”的数学运算，如除法。有两个原因：第一，如果并不需要“昂贵”运算的结果，比如说遇到了“提前结束”的情况，那么执行这些运算的时间就白白浪费了。第二，它给了编译器更多的空间以利用现代处理器的指令管道的优点。如果指令(如除法)有很长的延迟，编译器就能向前查看并预先生成开始除法运算的代码。在准备除法运算时，它产生执行其他测试的代码(可能导致提前结束)。所以，在执行期间，如果确实需要除法运算的结果，该结果可能已经被计算出来，或至少已经部分被计算出来了。
- 只检测与三角形正面的相交。这几乎可以节省一半的检测时间。

下面的代码实现了这些技术。我们做了一些“逆向”的浮点数比较，当存在非法的浮点输入数据时，它的效果会好一些。

```
//射线与三角形的相交性检测，算法来自 Didier Badouel,Graphics Gess I,pp 390-393
float rayTriangleIntersect(
const Vector3 &rayOrg, // 射线起点
const Vector3 &rayDelta, // 射线长度和方向
const Vector3 &p0, // 三角形顶点
const Vector3 &p1, // .
const Vector3 &p2, // .
float minT // 目前为止最近的点，从 1.0 开始
) {
// 如果没有相交就返回这个大数
const float kNoIntersection = 1e30f;
// 计算顺时针的边向量
Vector3 e1 = p1 - p0;
Vector3 e2 = p2 - p1;
// 计算表面法向量(不需要正则化)
Vector3 n = crossProduct(e1, e2);
// 计算倾斜角，表示靠近三角形“正面”的程度
float dot = n * rayDelta;
// 检查射线平行于三角形或未指向三角形正面的情况
// 注意这将拒绝退化三角形和射线，这里的编码方式非常特殊，NAN 将不能通过检测(当涉及到
// NAN 时，与 dot >= 0.0f 时的表现不同)
if (!(dot < 0.0f)) {
    return kNoIntersection;
}
// 计算平面方程的 d 值，在右边使用带 d 的平面方程
//
// Ax + By + Cz = d
float d = n * p0;
// 计算和包含三角形的平面的参数交点
float t = d - n * rayOrg;
// 射线起点在多边形的背面? Is ray origin on the backside of the polygon? Again,
```

```
// we phrase the check so that NANs will bail
if (!(t <= 0.0f)) {
   return kNoIntersection;
}
// 交点已经找到(或射线并未到达平面)?
//
// 因为 dot < 0:
//
// t/dot > minT
//
// 与
//
// t < dot*minT
//是相同的
// (And then we invert it for NAN checking...)
if (!(t >= dot*minT)) {
   return kNoIntersection;
}
// 好的，射线和平面相交。计算实际的交点
t /= dot;
assert(t >= 0.0f);
assert(t <= minT);
// 计算 3D 交点
Vector3 p = rayOrg + rayDelta*t;
// 找到最主要的轴，选择投影平面
float u0, u1, u2;
float v0, v1, v2;
if (fabs(n.x) > fabs(n.y)) {
if (fabs(n.x) > fabs(n.z)) {
   u0 = p.y - p0.y;
   u1 = p1.y - p0.y;
   u2 = p2.y - p0.y;
   v0 = p.z - p0.z;
   v1 = p1.z - p0.z;
   v2 = p2.z - p0.z;
} else {
   u0 = p.x - p0.x;
   u1 = p1.x - p0.x;
   u2 = p2.x - p0.x;
   v0 = p.y - p0.y;
   v1 = p1.y - p0.y;
   v2 = p2.y - p0.y;
}
} else {
if (fabs(n.y) > fabs(n.z)) {
```

```
      u0 = p.x - p0.x;
      u1 = p1.x - p0.x;
      u2 = p2.x - p0.x;
      v0 = p.z - p0.z;
      v1 = p1.z - p0.z;
      v2 = p2.z - p0.z;
   } else {
      u0 = p.x - p0.x;
      u1 = p1.x - p0.x;
      u2 = p2.x - p0.x;
      v0 = p.y - p0.y;
      v1 = p1.y - p0.y;
      v2 = p2.y - p0.y;
   }
   }
   // 计算分母，检查其有效性
   float temp = u1 * v2 - v1 * u2;
   if (!(temp != 0.0f)) {
      return kNoIntersection;
   }
   temp = 1.0f / temp;
   // 计算重心坐标，每一步都检查边界条件
   float alpha = (u0 * v2 - v0 * u2) * temp;
   if (!(alpha >= 0.0f)) {
      return kNoIntersection;
   }
   float beta = (u1 * v0 - v1 * u0) * temp;
   if (!(beta >= 0.0f)) {
      return kNoIntersection;
   }
   float gamma = 1.0f - alpha - beta;
   if (!(gamma >= 0.0f)) {
      return kNoIntersection;
   }
   // 返回参数交点
   return t;
   }
```

还有一个的能优化“昂贵”计算的策略没体现在上述代码中：即预先计算结果。如果像多边形法向量这样的值预先被计算出来的话，就可以采用更加优化的策略。

因为这个检测的重要性，程序员总是寻找更快的实现方法。Tomax Moller 提出一种略有不同的方法，在很多情况下速度会更快一些。可以通过本书的网站 www.cngda.com 了解他及其他人的研究成果。

13.17　射线和 AABB 的相交性检测

检测 AABB 和射线的相交性非常重要，因为根据检测的结果可以避免对更复杂物体的测试。(例如，我们要检测射线与多个由三角网格组成的物体的相交性，可以先计算射线和三角网格的 AABB 的相交性。有时候可以一次就排除整个物体，而不必去检测这个物体的所有三角形。)

在附录 B 的参考资料[24]中，作者 Woo 提出一种方法：先判断矩形边界框的哪个面会相交，再检测射线与包含这个面的平面的相交性。如果交点在盒子中，那么射线与矩形边界框有相交，否则不存在相交。

AABB3 中 rayIntersect()就是用 Woo 的技术来实现的。

13.18　两个 AABB 的相交性检测

检测两个静止 AABB 的相交性是很简单的。只需要在每一维上单独检查它们的重合程度即可。如果在所有维上都没有重合，那么这两个 AABB 就不会相交。AABB3cpp 中的 intersectAABBs()就是用这项技术来实现的。

AABB 间的动态检测稍微复杂一些。考虑一个由极值点 $\mathbf{s}_{min}$ 和 $\mathbf{s}_{max}$ 定义的静止 AABB 和一个由 $\mathbf{m}_{min}$ 和 $\mathbf{m}_{max}$ 定义的运动 AABB。运动 AABB 的运动由向量 $\mathbf{d}$ 给出，t 从 0 变化到 1。

目标是计算运动边界框碰撞到静止边界框的时刻 t(假设两个边界框刚开始时不相交)。要计算出 t，我们需要计算出两个边界框在所有维上同时重合的第一个点。因为它的应用范围在 2D 或 3D 中，我们先在 2D 中解决它。(扩展到 3D 也是非常容易的)。先单独分析每个坐标，解决两个(在 3D 中就是三个)独立的一维问题，再把它们组合到一起就得到最终答案。

现在要解决的问题变成一维问题了。我们需要知道两个矩形边界框在特定维上重合的时间区间。假设把问题投影到 x 轴上，如图 13.15 所示。

黑色矩形代表沿数轴滑动的运动 AABB。当图 13.15 中的 t=0 时，运动的 AABB 完全位于静止 AABB 的左边，当 $t=1$ 时运动 AABB 完全位于静止 AABB 右边。t_{enter} 是两个 AABB 开始相交的时刻，t_{leave} 是两个 AABB 脱离接触的时刻。对于正在讨论的维，设 $m_{min}(t)$ 和 $m_{max}(t)$ 代表运动 AABB 在时刻 t 的最小值和最大值：

$$m_{min}(t) = m_{min}(0) + td$$
$$m_{max}(t) = m_{max}(0) + td$$

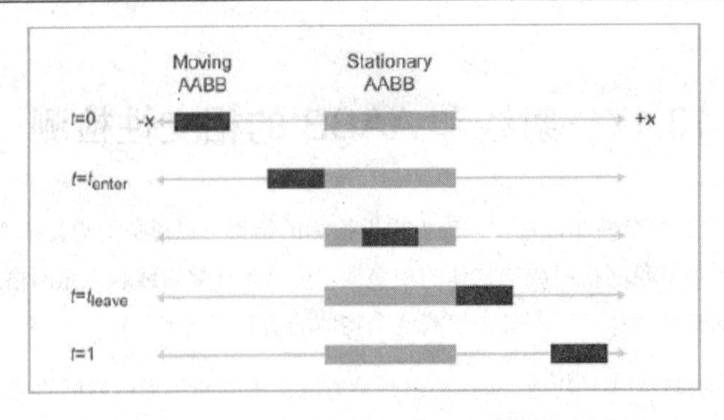

图 13.15　把 AABB 的动态检测问题投影到一个轴上

$m_{min}(0)$和 $m_{max}(0)$是运动 AABB 的起始位置，d 是位移向量 **d** 在这个维上的分量。类似地用 s_{min} 和 s_{max} 来定义静止 AABB(当然，它们和 t 是不相关的，因为这个 AABB 是静止的)。t_{enter} 就是当 $m_{max}(t)$ 等于 s_{min} 时的 t 值：

$$m_{max}(t_{enter}) = s_{min}$$
$$m_{max}(0) + t_{enter}d = s_{min}$$
$$t_{enter}d = s_{min} - m_{max}(0)$$
$$t_{enter} = \frac{s_{min} - m_{max}(0)}{d}$$

同样可以求得 t_{leave}：

$$m_{min}(t_{leave}) = s_{max}$$
$$m_{min}(0) + t_{leave}d = s_{max}$$
$$t_{leave}d = s_{max} - m_{min}(0)$$
$$t_{leave} = \frac{s_{max} - m_{min}(0)}{d}$$

这里有三个要点：

- 如果分母 d 为 0，那么两个矩形边界框总是相交，或永不相交。代码中会介绍应付这种情况的方法。
- 如果运动 AABB 开始位于静止 AABB 的右边并向左移动，那么 t_{enter} 将大于 t_{leave}。此时我们交换两个值以确保 $t_{enter} < t_{leave}$。
- t_{enter} 和 t_{leave} 的值可能会超出[0,1]这个区间。为了应付 t 值超出区间的情况，可以认为运动 AABB 是沿着平行于 **d** 的无限轨道移动，如果 $t_{enter} > 1$ 或 $t_{leave} < 0$ 时，在所讨论的时间内它们是不相交的。

现在我们已经能够求出两个边界框重合的时间范围了，其边界为 t_{enter} 和 t_{leave}。在这段时间内两个边界框会在某一维上相交，而所有维上的时间区间的交集就是两个边界框相交的时间段。图 13.16 展示了在 2D 中的两个时间区间(不要和图 13.15 混淆，图 13.16 中的数轴是时间轴；而图 13.15 中的数轴是 x 轴)。

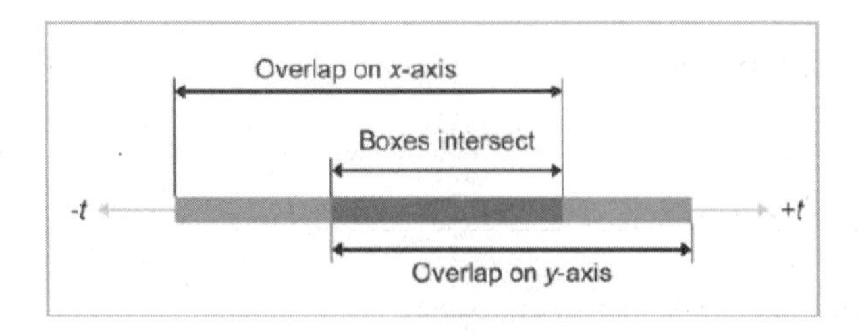

图 13.16　相交区间的交集

如果区间为空，那么两个边界框永远不会相交；如果区间范围在[0,1]之外，那么在所讨论的时间段内它们不相交。实际上，这个时间区间给出的信息比我们想要的还多，因为我们只需要知道它们开始相交的时间点，而不需要知道结束相交的点。然而，我们仍然要维持这个区间来检测时间区间是否为空。

intersectMovingAABB()中有上述过程的完整实现。

不幸的是，在实际情况中，物体的边界框很少是轴对齐于同一个坐标空间的。然而，因为这个检测相对较快，所以可以把它当作一个预备测试，可以先排除一些物体，然后再做一个特殊(通常计算量更大的)检测。

另一种检测方法可以检测任意方向的边界框。www.cngda.com 上有关于这种检测方法的更多信息。

13.19　其他种类的检测

由于时间关系，在这里没有讨论其他几种重要的几何检测：

- 三角形与三角形的相交性检测。
- AABB 与 OBB(有局边界框)的相交性检测。
- 三角形与 AABB 的相交性检测。
- 一些更加“奇特”的图元的相交性检测。如圆柱、圆环等。

在 www.cngda.com 上可以找到关于这些检测方法的相关链接。

13.20　AABB3 类

前几节中都提到了 AABB3 类，它代表的是 3D 中的轴对齐矩形边界框(AABB)。这一节给出该类的完整定义和实现。

这个类在 AABB3.h 中声明，代码如下。

程序清单 13.3 AABB3.h

```
/////////////////////////////////////////////////////////////////////////////
//
// 3D Math Primer for Graphics and Game Development
//
// AABB3.h - Declarations for class AABB3
//
// For more details, see AABB3.cpp
//
/////////////////////////////////////////////////////////////////////////////
#ifndef __AABB3_H_INCLUDED__
#define __AABB3_H_INCLUDED__
#ifndef __VECTOR3_H_INCLUDED__
#include "Vector3.h"
#endif
class Matrix4_3;
//---------------------------------------------------------------------------
//实现 3D 轴对齐矩形边界框类
class AABB3 {
public:
    // 公共数据
    // 最小点和最大点，非常简单.
    Vector3 min;
    Vector3 max;
    // 查询各种参数
    Vector3 size() const { return max - min; }
    float xSize() { return max.x - min.x; }
    float ySize() { return max.y - min.y; }
    float zSize() { return max.z - min.z; }
    Vector3 center() const { return (min + max) * .5f; }
    // 提取 8 个顶点中的一个，参考.cpp 文件中点的编号
    Vector3 corner(int i) const;
    // 矩形边界框操作
    // "清空"矩形边界框
    void empty();
    // 向矩形边界框中添加点
    void add(const Vector3 &p);
    // 向矩形边界框中添加 AABB
    void add(const AABB3 &box);
    // 变换矩形边界框，计算新的 AABB
    void setToTransformedBox(const AABB3 &box, const Matrix4_3 &m);
```

```
    // 包含/相交性测试
    // 返回 true，如果矩形边界框为空
    bool isEmpty() const;
    // 返回 true，如果矩形边界框包含该点
    bool contains(const Vector3 &p) const;
    // 返回矩形边界框上的最近点
    Vector3 closestPointTo(const Vector3 &p) const;
    // 返回 true，如果和球相交
    bool intersectsSphere(const Vector3 &center, float radius) const;
    // 和参数射线的相交性测试，如果不相交则返回值大于 1
    float rayIntersect(const Vector3 &rayOrg, const Vector3 &rayDelta,
       Vector3 *returnNormal = 0) const;
    // 判断矩形边界框在平面的哪一面
    int classifyPlane(const Vector3 &n, float d) const;
    // 和平面的动态相交性测试
    float intersectPlane(const Vector3 &n, float planeD,
       const Vector3 &dir) const;
};
// 检测两个 AABB 的相交性，如果相交返回 true，还可以返回相交部分的 AABB
bool intersectAABBs(const AABB3 &box1, const AABB3 &box2,
                 AABB3 *boxIntersect = 0);
// 返回运动 AABB 和静止 AABB 相交时的参数点，如果不相交则返回值大于 1
float intersectMovingAABB(
                      const AABB3 &stationaryBox,
                      const AABB3 &movingBox,
                      const Vector3 &d
                      );
/////////////////////////////////////////////////////////////////////////
#endif // #ifndef __AABB3_H_INCLUDED__
```

实现部分在 AABB3.cpp 中，代码如下。

程序清单 13.4　AABB3.cpp

```
/////////////////////////////////////////////////////////////////////////
//
// 3D Math Primer for Graphics and Game Development
//
// AABB3.cpp - Implementation for class AABB3
//
// For more details, see Chapter 12
//
/////////////////////////////////////////////////////////////////////////
#include <assert.h>
#include <stdlib.h>
```

```
#include "AABB3.h"
#include "Matrix4_3.h"
#include "CommonStuff.h"
/////////////////////////////////////////////////////////////////////////
//
// AABB3 类成员函数
//
/////////////////////////////////////////////////////////////////////////
//-----------------------------------------------------------------------
// AABB3::corner
//返回 8 个顶点中的一个，顶点编号如下所示：
//
//          6                       7
//             ------------------------
//           /|                      /|
//          / |                     / |
//         /  |                    /  |
//        /   |                   /   |
//       /    |                  /    |
//      /     |                 /     |
//     /      |                /      |
//    /       |               /       |
//   /        |              /        |
// 2/         |            3/         |
// /-----------------------/          |
// |          |            |          |
// |          |            |          |  +Y
// |        4 |            |          |
// |          |------------|----------|   |
// |         /             |         / 5  |
// |        /              |        /     |     +Z
// |       /               |       /      |
// |      /                |      /       |     /
// |     /                 |     /        |    /
// |    /                  |    /         |   /
// |   /                   |   /          |  /
// |  /                    |  /           | /
// | /                     | /            |/
// |/                      |/             ----------- +X
// --------------------------
// 0                        1
//
// 第 0 位选择 min.x vs. max.x
// 第 1 位选择 min.y vs. max.y
// 第 2 位选择 min.z vs. max.z
```

```
Vector3 AABB3::corner(int i) const {
    // 确保索引合法
    assert(i >= 0);
    assert(i <= 7);
    // 返回点
    return Vector3(
        (i & 1) ? max.x : min.x,
        (i & 2) ? max.y : min.y,
        (i & 4) ? max.z : min.z
        );
}
//---------------------------------------------------------------------------
// AABB3::empty
//将值赋为极大/极小值以清空矩形边界框
void AABB3::empty() {
    const float kBigNumber = 1e37f;
    min.x = min.y = min.z = kBigNumber;
    max.x = max.y = max.z = -kBigNumber;
}
//---------------------------------------------------------------------------
// AABB3::add
//向矩形边界框中加一个点
void AABB3::add(const Vector3 &p) {
    //必要的时候扩张矩形边界框以包含这个点
    if (p.x < min.x) min.x = p.x;
    if (p.x > max.x) max.x = p.x;
    if (p.y < min.x) min.y = p.y;
    if (p.y > max.x) max.y = p.y;
    if (p.z < min.x) min.z = p.z;
    if (p.z > max.x) max.z = p.z;
}
//---------------------------------------------------------------------------
// AABB3::add
//向矩形边界框中添加 AABB
void AABB3::add(const AABB3 &box) {
    // 必要的时候扩张矩形边界框
    if (box.min.x < min.x) min.x = box.min.x;
    if (box.min.x > max.x) max.x = box.min.x;
    if (box.min.y < min.x) min.y = box.min.y;
    if (box.min.y > max.x) max.y = box.min.y;
    if (box.min.z < min.x) min.z = box.min.z;
    if (box.min.z > max.x) max.z = box.min.z;
}
//---------------------------------------------------------------------------
// AABB3::setToTransformedBox
```

```
// 变换矩形边界框并计算新的 AABB。
// 记住，这将得到一个至少和原 AABB 一样大的 AABB，或大得多的 AABB
//
// 见 12.4.4 节
void AABB3::setToTransformedBox(const AABB3 &box, const Matrix4_3 &m) {
    // 如果为空，则返回
    if (box.isEmpty()) {
        empty();
        return;
    }
    // 从平移部分开始
    min = max = getTranslation(m);
    // 依次检查矩阵的 9 个元素，计算新的 AABB
    if (m.m11 > 0.0f) {
        min.x += m.m11 * box.min.x; max.x += m.m11 * box.max.x;
    } else {
        min.x += m.m11 * box.max.x; max.x += m.m11 * box.min.x;
    }
    if (m.m12 > 0.0f) {
        min.y += m.m12 * box.min.x; max.y += m.m12 * box.max.x;
    } else {
        min.y += m.m12 * box.max.x; max.y += m.m12 * box.min.x;
    }
    if (m.m13 > 0.0f) {
        min.z += m.m13 * box.min.x; max.z += m.m13 * box.max.x;
    } else {
        min.z += m.m13 * box.max.x; max.z += m.m13 * box.min.x;
    }
    if (m.m21 > 0.0f) {
        min.x += m.m21 * box.min.y; max.x += m.m21 * box.max.y;
    } else {
        min.x += m.m21 * box.max.y; max.x += m.m21 * box.min.y;
    }
    if (m.m22 > 0.0f) {
        min.y += m.m22 * box.min.y; max.y += m.m22 * box.max.y;
    } else {
        min.y += m.m22 * box.max.y; max.y += m.m22 * box.min.y;
    }
    if (m.m23 > 0.0f) {
        min.z += m.m23 * box.min.y; max.z += m.m23 * box.max.y;
    } else {
        min.z += m.m23 * box.max.y; max.z += m.m23 * box.min.y;
    }
    if (m.m31 > 0.0f) {
        min.x += m.m31 * box.min.z; max.x += m.m31 * box.max.z;
```

```
    } else {
        min.x += m.m31 * box.max.z; max.x += m.m31 * box.min.z;
    }
    if (m.m32 > 0.0f) {
        min.y += m.m32 * box.min.z; max.y += m.m32 * box.max.z;
    } else {
        min.y += m.m32 * box.max.z; max.y += m.m32 * box.min.z;
    }
    if (m.m33 > 0.0f) {
        min.z += m.m33 * box.min.z; max.z += m.m33 * box.max.z;
    } else {
        min.z += m.m33 * box.max.z; max.z += m.m33 * box.min.z;
    }
}
//---------------------------------------------------------------------------
// AABB3::isEmpty
//如果为空则返回 true
bool AABB3::isEmpty() const {
    // 检查是否在某个轴上反过来了
    return (min.x > max.x) || (min.y > max.y) || (min.z > max.z);
}
//---------------------------------------------------------------------------
// AABB3::contains
//如果包含该点则返回 true
bool AABB3::contains(const Vector3 &p) const {
    // 检查每个轴上是否存在重叠部分
    return
        (p.x >= min.x) && (p.x <= max.x) &&
        (p.y >= min.y) && (p.y <= max.y) &&
        (p.z >= min.z) && (p.z <= max.z);
}
//---------------------------------------------------------------------------
// AABB3::closestPointTo
//返回 AABB 上的最近点

Vector3 AABB3::closestPointTo(const Vector3 &p) const {
    // 在每一维上将 p“推向”矩形边界框
    Vector3 r;
    if (p.x < min.x) {
        r.x = min.x;
    } else if (p.x > max.x) {
        r.x = max.x;
    } else {
        r.x = p.x;
    }
```

```
    if (p.y < min.y) {
        r.y = min.y;
    } else if (p.y > max.y) {
        r.y = max.y;
    } else {
        r.y = p.y;
    }
    if (p.z < min.z) {
        r.z = min.z;
    } else if (p.z > max.z) {
        r.z = max.z;
    } else {
        r.z = p.z;
    }
    // 返回
    return r;
}
//---------------------------------------------------------------------------
// AABB3::intersectsSphere
//和球相交则返回 true，使用 Arvo 的算法

bool AABB3::intersectsSphere(const Vector3 &center, float radius) const {
    // 找到矩形边界框上离球心最近的点
    Vector3 closestPoint = closestPointTo(center);
    // 检查最近点和球心的距离是否小于半径
    return distanceSquared(center, closestPoint) < radius*radius;
}
//---------------------------------------------------------------------------
// AABB3::rayIntersect
//和参数射线相交。如果相交的话返回 0 到 1 之间的参数值，否则返回大于 1 的值
//算法来自于 Woo 的“快速射线与矩形边界框相交性检测”方法，见 Graphics Gems I，第 395 页
//
// 见 12.9.11
float AABB3::rayIntersect(
                        const Vector3 &rayOrg, // 射线起点
                        const Vector3 &rayDelta, // 射线长度和方向
                        Vector3 *returnNormal // 可选的，相交点
                        ) const {
    // 如果未相交则返回这个大数
    const float kNoIntersection = 1e30f;
    // 检查点在矩形边界框内的情况，并计算到每个面的距离
    bool inside = true;
    float xt, xn;
    if (rayOrg.x < min.x) {
        xt = min.x - rayOrg.x;
```

```
        if (xt > rayDelta.x) return kNoIntersection;
        xt /= rayDelta.x;
        inside = false;
        xn = -1.0f;
    } else if (rayOrg.x > max.x) {
        xt = max.x - rayOrg.x;
        if (xt < rayDelta.x) return kNoIntersection;
        xt /= rayDelta.x;
        inside = false;
        xn = 1.0f;
    } else {
        xt = -1.0f;
    }
    float yt, yn;
    if (rayOrg.y < min.y) {
        yt = min.y - rayOrg.y;
        if (yt > rayDelta.y) return kNoIntersection;
        yt /= rayDelta.y;
        inside = false;
        yn = -1.0f;
    } else if (rayOrg.y > max.y) {
        yt = max.y - rayOrg.y;
        if (yt < rayDelta.y) return kNoIntersection;
        yt /= rayDelta.y;
        inside = false;
        yn = 1.0f;
    } else {
        yt = -1.0f;
    }
    float zt, zn;
    if (rayOrg.z < min.z) {
        zt = min.z - rayOrg.z;
        if (zt > rayDelta.z) return kNoIntersection;
        zt /= rayDelta.z;
        inside = false;
        zn = -1.0f;
    } else if (rayOrg.z > max.z) {
        zt = max.z - rayOrg.z;
        if (zt < rayDelta.z) return kNoIntersection;
        zt /= rayDelta.z;
        inside = false;
        zn = 1.0f;
    } else {
        zt = -1.0f;
    }
```

```
// 是否在矩形边界框内？
if (inside) {
    if (returnNormal != NULL) {
        *returnNormal = -rayDelta;
        returnNormal->normalize();
    }
    return 0.0f;
}
// 选择最远的平面——发生相交的地方
int which = 0;
float t = xt;
if (yt > t) {
    which = 1;
    t = yt;
}
if (zt > t) {
    which = 2;
    t = zt;
}
switch (which) {
case 0: // 和 yz 平面相交
    {
        float y = rayOrg.y + rayDelta.y*t;
        if (y < min.y || y > max.y) return kNoIntersection;
        float z = rayOrg.z + rayDelta.z*t;
        if (z < min.z || z > max.z) return kNoIntersection;
        if (returnNormal != NULL) {
            returnNormal->x = xn;
            returnNormal->y = 0.0f;
            returnNormal->z = 0.0f;
        }
    } break;
case 1: // 和 xz 平面相交
    {
        float x = rayOrg.x + rayDelta.x*t;
        if (x < min.x || x > max.x) return kNoIntersection;
        float z = rayOrg.z + rayDelta.z*t;
        if (z < min.z || z > max.z) return kNoIntersection;
        if (returnNormal != NULL) {
            returnNormal->x = 0.0f;
            returnNormal->y = yn;
            returnNormal->z = 0.0f;
        }
    } break;
case 2: // 和 xy 平面相交
```

```
        {
            float x = rayOrg.x + rayDelta.x*t;
            if (x < min.x || x > max.x) return kNoIntersection;
            float y = rayOrg.y + rayDelta.y*t;
            if (y < min.y || y > max.y) return kNoIntersection;
            if (returnNormal != NULL) {
                returnNormal->x = 0.0f;
                returnNormal->y = 0.0f;
                returnNormal->z = zn;
            }
        } break;
    }
    // 返回交点的参数值
    return t;
}
//---------------------------------------------------------------------------
// AABB3::classifyPlane
// 静止 AABB 与平面的相交性检测
// 返回值:
// <0 矩形边界框完全在平面的背面
// >0 矩形边界框完全在平面的正面
// 0 矩形边界框和平面相交
int AABB3::classifyPlane(const Vector3 &n, float d) const {
    // 检查法向量，计算最小和最大 D 值，即距离
    float minD, maxD;
    if (n.x > 0.0f) {
        minD = n.x*min.x; maxD = n.x*max.x;
    } else {
        minD = n.x*max.x; maxD = n.x*min.x;
    }
    if (n.y > 0.0f) {
        minD += n.y*min.y; maxD += n.y*max.y;
    } else {
        minD += n.y*max.y; maxD += n.y*min.y;
    }
    if (n.z > 0.0f) {
        minD += n.z*min.z; maxD += n.z*max.z;
    } else {
        minD += n.z*max.z; maxD += n.z*min.z;
    }
    // 完全在平面的前面?
    if (minD >= d) {
        return +1;
    }
    //完全在平面的背面?
```

```
    if (maxD <= d) {
        return -1;
    }
    // 横跨平面
    return 0;
}
//-----------------------------------------------------------------------------
// AABB3::intersectPlane
// 动态 AABB 与平面相交性检测
// n 为平面法向量(假设为标准化向量)
// planeD 是平面方程 p.n = d 中的 D 值
// dir 是 AABB 移动的方向
//
// 假设平面是静止的
// 返回交点的参数值——相交时 AABB 移动的距离，如果未相交则返回一个大数
//
// 只探测和平面正面的相交
//
float AABB3::intersectPlane(
                        const Vector3 &n,
                        float planeD,
                        const Vector3 &dir
                        ) const {
    // 检测它们是否为正则化向量
    assert(fabs(n*n - 1.0) < .01);
    assert(fabs(dir*dir - 1.0) < .01);
    // 如果未相交返回这个大数
    const float kNoIntersection = 1e30f;
    // 计算夹角，确保我们是在向平面的正面移动
    float dot = n * dir;
    if (dot >= 0.0f) {
        return kNoIntersection;
    }
    // 检查法向量，计算最小和最大 D 值，minD 是“跑在最前面的”顶点的 D 值
    float minD, maxD;
    if (n.x > 0.0f) {
        minD = n.x*min.x; maxD = n.x*max.x;
    } else {
        minD = n.x*max.x; maxD = n.x*min.x;
    }
    if (n.y > 0.0f) {
        minD += n.y*min.y; maxD += n.y*max.y;
    } else {
        minD += n.y*max.y; maxD += n.y*min.y;
    }
```

```
    if (n.z > 0.0f) {
        minD += n.z*min.z; maxD += n.z*max.z;
    } else {
        minD += n.z*max.z; maxD += n.z*min.z;
    }
    // 检测是否已经全部在平面的另一面
    if (maxD <= planeD) {
        return kNoIntersection;
    }
    // 将最前顶点代入标准射线方程
    float t = (planeD - minD) / dot;
    // 已经穿过它了？
    if (t < 0.0f) {
        return 0.0f;
    }
    // 返回它，如果结果> 1 ，则未能及时到达平面，这时需要调用者进行检查
    return t;
}
/////////////////////////////////////////////////////////////////////////////
//
// 全局非成员函数代码
//
/////////////////////////////////////////////////////////////////////////////
//---------------------------------------------------------------------------
// 检测两个 AABB 是否相交，如果相交则返回 true。也可以返回相交部分的 AABB。
//
bool intersectAABBs(
                const AABB3 &box1,
                const AABB3 &box2,
                AABB3 *boxIntersect
                ) {
    // 判断是否有重叠
    if (box1.min.x > box2.max.x) return false;
    if (box1.max.x < box2.min.x) return false;
    if (box1.min.y > box2.max.y) return false;
    if (box1.max.y < box2.min.y) return false;
    if (box1.min.z > box2.max.z) return false;
    if (box1.max.z < box2.min.z) return false;
    // 有重叠，计算重叠部分的 AABB，如果需要的话
    if (boxIntersect != NULL) {
        boxIntersect->min.x = max(box1.min.x, box2.min.x);
        boxIntersect->max.x = min(box1.max.x, box2.max.x);
        boxIntersect->min.y = max(box1.min.y, box2.min.y);
        boxIntersect->max.y = min(box1.max.y, box2.max.y);
        boxIntersect->min.z = max(box1.min.z, box2.min.z);
```

```
        boxIntersect->max.z = min(box1.max.z, box2.max.z);
    }
    // 它们相交
    return true;
}
//---------------------------------------------------------------------------
// intersectMovingAABB
//动态 AABB 的相交性测试，如果返回值> 1 则未相交
//
float intersectMovingAABB(
                        const AABB3 &stationaryBox,
                        const AABB3 &movingBox,
                        const Vector3 &d
                        ) {
    // 如果未相交返回这个大数
    const float kNoIntersection = 1e30f;
    // 初始化时间区间，以包含需要考虑的全部时间段
    float tEnter = 0.0f;
    float tLeave = 1.0f;
    //计算每一维上的重叠部分，再将这个重叠部分和前面的重叠部分作相交
    //如果有一维上重叠部分为零则返回(不会相交)
    //每一维上都必须当心零重叠
    //
    // 检查 x 轴
    if (d.x == 0.0f) {
        // x 轴上重叠部分为空？
        if (
            (stationaryBox.min.x >= movingBox.max.x) ||
            (stationaryBox.max.x <= movingBox.min.x)
            ) {
            // 不会相交
            return kNoIntersection;
        }
        // 无穷大的时间区间，没有必要的更新
    } else {
        // 只除一次
        float oneOverD = 1.0f / d.x;
        // 计算开始接触和脱离接触的时间
        float xEnter = (stationaryBox.min.x - movingBox.max.x) * oneOverD;
        float xLeave = (stationaryBox.max.x - movingBox.min.x) * oneOverD;
        // 检查顺序
        if (xEnter > xLeave) {
            swap(xEnter, xLeave);
        }
        // 更新区间
```

```
        if (xEnter > tEnter) tEnter = xEnter;
        if (xLeave < tLeave) tLeave = xLeave;
        // 是否导致空重叠区？
        if (tEnter > tLeave) {
            return kNoIntersection;
        }
    }
    // 检查 y 轴
    if (d.y == 0.0f) {
        // y 轴上重叠部分为空？
        if (
            (stationaryBox.min.y >= movingBox.max.y) ||
            (stationaryBox.max.y <= movingBox.min.y)
            ) {
            // 不会相交
            return kNoIntersection;
        }
        // 无穷大的时间区间，没有必要的更新
    } else {
        // 只除一次
        float oneOverD = 1.0f / d.y;
        //计算开始接触和脱离接触的时间
        float yEnter = (stationaryBox.min.y - movingBox.max.y) * oneOverD;
        float yLeave = (stationaryBox.max.y - movingBox.min.y) * oneOverD;
        // 检查顺序
        if (yEnter > yLeave) {
            swap(yEnter, yLeave);
        }
        // 更新区间
        if (yEnter > tEnter) tEnter = yEnter;
        if (yLeave < tLeave) tLeave = yLeave;
        //是否导致空重叠区？
        if (tEnter > tLeave) {
            return kNoIntersection;
        }
    }
    // 检查 z 轴
    if (d.z == 0.0f) {
        // z 轴上重叠部分为空？
        if (
            (stationaryBox.min.z >= movingBox.max.z) ||
            (stationaryBox.max.z <= movingBox.min.z)
            ) {
            // 不会相交
            return kNoIntersection;
```

```
        }
        // 无穷大的时间区间，没有必要的更新
    } else {
        // 只除一次
        float oneOverD = 1.0f / d.z;
        // 计算开始接触和脱离接触的时间
        float zEnter = (stationaryBox.min.z - movingBox.max.z) * oneOverD;
        float zLeave = (stationaryBox.max.z - movingBox.min.z) * oneOverD;
        // 检查顺序
        if (zEnter > zLeave) {
            swap(zEnter, zLeave);
        }
        // 更新区间
        if (zEnter > tEnter) tEnter = zEnter;
        if (zLeave < tLeave) tLeave = zLeave;
        //是否导致空重叠区？
        if (tEnter > tLeave) {
            return kNoIntersection;
        }
    }
    // 好了，有相交发生，返回交点的参数值
    return tEnter;
}
```

13.21 练　　习

注意　以下各习题中如果给出的向量看上去像单位向量，就认为它们是单位向量。

(1) 考虑在 2D 中的无限长直线的隐式为 $\mathbf{p}\cdot[0.3511,0.9363]=6$，求出点(10,20)在直线上的最近点及它们之间的距离，再求出点(4,3)在直线上的最近点及它们之间的距离。

(2) 考虑在 3D 中的参数形式的射线 $\mathbf{p}(t)=[3,4,5]+t[0.2673,0.8018,0.5345]$，$t$ 由 0 变化到 50。计算出点(18,7,32)和点(13,52,26)在射线上的最近点的 t 值，并计算出这两个点的笛卡尔坐标。

(3) 考虑由 $\mathbf{p}\cdot[0.4838,0.8602,-0.1613]=42$ 所定义的平面，找出点(3,6,9)和点(7,9,42)在平面上的最近点。

(4) 考虑球心在点(2,6,9)的单位球(半径为 1 的球)，找出点(3,−17,6)在球上的最近点。

(5) 考虑由 $\mathbf{p}_{min}=(2,4,6)$ 和 $\mathbf{p}_{max}=(8,14,26)$ 定义的 AABB，找出点(23,−9,12)在 AABB 上的最近点。

(6) 计算出直线 $\mathbf{p}\cdot[-0.7863,0.6178]=8$ 和直线 $\mathbf{p}\cdot[0.2688,0.9632]=2$ 的交点。

(7) 考虑在 3D 中的两条参数形式的射线，如下：

$r_1(t_1)=[2,8,3]+t_1[0.3429,-0.9077,0.2420]$

$r_2(t_2)=[1,6,13]+t_2[-0.7079,-0.6926,0.1385]$

计算出当两个射线离得最近时的 t_1 和 t_2 的值，并计算出由 t_1 和 t_2 决定的点的笛卡尔坐标。

(8) 考虑在 3D 中的无限长的射线，它经过原点，并由 $r(t)=t[0.4417,0.5822,0.6826]$ 定义。另有由 $\mathbf{p}\cdot[0.6125,0.4261,0.6658]=11$ 定义的平面。计算出它们的交点并判断这个交点是在平面的正面还是反面。

(9) 考虑由 $\mathbf{p}_{\min}=(7,-4,16)$ 和 $\mathbf{p}_{\max}=(18,4,26)$ 定义的 AABB 及由 $\mathbf{p}\cdot[-0.4472,0,-0.8944]=13$ 定义的平面。判断平面与 AABB 是否相交，如果两者没有相交，这个 AABB 是在平面的正面一侧还是反面一侧？

(10) 找出以下三个平面的交点：

$\mathbf{p}\cdot[-0.5973,0.6652,-0.4480]=2$

$\mathbf{p}\cdot[0.7613,0.2900,-0.5800]=3$

$\mathbf{p}\cdot[0.3128,0.8096,0.4968]=5$

(11) 找出由 $\mathrm{r}(t)=[-10.1275,-9.6922,-9.7103]+t[0.5179,0.6330,0.5754]$ 定义的射线与中心在原点，半径为 10 的球的交点。

(12) 考虑半径为 7，球心在(42，9，90)的球 S_1 和半径为 5，球心在(41，80，41)的球 S_2。当 t=0 时两个球开始运动，S_1 的速度向量为[27,38,-37]，S_2 的速度向量为[24,-38,10]。判断这两个球能否相交。如果它们能相交，计算出当它们第一次接触时的 t 值。

(13) 考虑球心在(78，43，43)，半径为 3 的球和由 $\mathbf{p}\cdot[0.5358,-0.7778,-0.3284]=900$ 定义的平面。当 t=0 时，球开始运动，速度向量为[9,2,1]。判断球与平面是否相交。计算出它们第一次接触时的 t 值。再用速度向量[-9,-2,-1]来重新计算一遍。

(14) 考虑按顺时针方向列出的三个点(78，59，29)，(21，172，65)和(7，6，0)所定义的三角形。计算出包含此三角形的平面的方程。计算以下从原点出发的无限射线与这个平面的交点，并计算出交点的重心坐标，最后，根据这些信息来判断这些射线是否与三角形相交。射线方程如下：

$r(t)=t[0.6956,0.6068,0.3848]$

$r(t)=t[0.3839,0.3839,0.8398]$

$r(t)=t[0.7208,0.1941,0.6654]$

(15) 计算出第 13 题中的球的 AABB，并判断这些 AABB 是否相交。如果相交，计算出它们第一次接触的时间 t_{enter} 和最后接触的时间 t_{leave}。

三角网格

本章主要讨论一系列存储与操作三角网格的主题，共分 5 节：

- 14.1 节讨论三角网的不同表示方法
- 14.2 节讨论存储于三角网的各种附加数据
- 14.3 节讨论三角网格拓扑
- 14.4 节讨论三角网格的操作
- 14.5 节给出对应的三角网格类

前面，我们讨论了表示单个三角形、多边形的方法。本章讨论多边形、三角形网格。最简单的情形，多边形网格不过是一个多边形列表；三角网格就是全部由三角形组成的多边形网格。多边形和三角网格在图形学和建模中广泛使用，用来模拟复杂物体的表面，如建筑，车辆，人体，当然，还有茶壶等。图 14.1 给出一些例子。

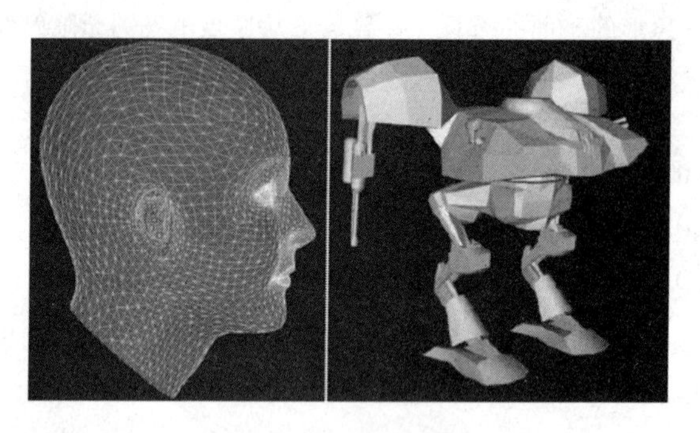

图 14.1　三角网格的例子

本章主要讨论三角网格。当然，任意多边形网格都能转换成三角网格。(参考 12.7.4 节的多边形三角化。)我们讨论的大多数概念对多边形和三角网格都适用。三角网格以其简单性而吸引人，相对于一般多边形网格，许多操作对三角网格更容易。当然，多边形在某些情况下具有优势，在差别很显著的时候我们会作出解释。

14.1 表示网格

三角网格为一个三角形列表，所以最直接的表示方法是用三角形数组：

程序清单 14.1　一个简单的三角网格类

```
struct Triangle {
   Vector3 p[3];
};
struct TriangleMesh {
   int triCount;
   Triangle *triList;
};
```

对于某些应用程序，这种表示方法已经足够。然而，术语“网格”隐含的相邻三角形的联通性却未在这种简单表示中有任何体现。实际应用中出现的三角网格，每个三角形都和其他三角形共享边。于是，三角网格需要存储三类信息：

- **顶点**。每个三角形都有三个顶点。各顶点都有可能和其他三角形共享。
- **边**。连接两个顶点的边。每个三角形有三条边。
- **面**。每个三角形对应一个面。我们可以用顶点或边列表表示面。

根据应用程序的不同，有多种有效的网格表示方法，本章集中讨论一种标准存储格式：索引三角网格。

14.1.1 索引三角网格

在索引三角网格中，我们维护了两个列表：顶点表与三角形表。

每个顶点包含一个 3D 位置，也可能有如纹理映射坐标、表面法向量、光照值等附加数据。

每个三角形由顶点列表的三个索引组成。通常，顶点列出的顺序是非常重要的，因为我们必须考虑面的“正面”和“反面”。从前面看时，我们将用顺时针方向列出顶点。另外一些信息也存在这一级中，如预先计算的表面法向量，表面属性(纹理映射)等。

程序清单 14.2 给出了一段高度简化的代码。

程序清单 14.2　索引三角网格

```
// 结构 Vertex 用于保存顶点级的信息
struct Vertex {
    // 顶点的 3D 坐标
    Vector3 p;
```

```
    // 还可以有其他信息如纹理映射坐标，表面法向量，光照值等
}
// 结构 Triangle 用于保存三角形级的信息
struct Triangle {
    // 顶点列表
    int vertex[3];
    // 其他信息如法向量，材质信息等
}
// 结构 TriangleMesh 保存索引三角网格
struct TriangleMesh {
    // 顶点数
    int vertexCount;
    Vertex *vertexList;
    // 三角形数
    int triangleCount;
    Triangle *triangleList;
};
```

实践中，三角网格类会有一系列方法，用于存取和维护顶点、三角形列表。在 14.5 节中，我们会看到一个这样的类并给出一些我们的设计建议。当然，为存储多边形网格，还需要定义一个多边形类，用来表达有任意多顶点的面。为简化和提高效率，我们可以对每个多边形的最大顶点数做出限制。

注意到，索引三角形列表中的邻接信息是隐含的，例如：边信息没有直接存储，但我们还是可以通过搜索三角形表找出公共边。和前面“三角形数组”方式相比，这种方式确实能节省不少空间。原因是信息存于顶点级别，它的整数索引比之三角形数组里存储的顶点重复率要小得多。实践中，三角网里确实有大量的联通性问题，如前面的图 14.1 所示。

14.1.2　高级技术

简单索引三角网格对于基本应用已经足够了。但为更加高效地实现某些操作还可以进行一些改进。主要的问题是邻接信息没有显式表达，所以必须从三角形列表中搜索。另一种表达方法可以在常数时间内取得这种信息。

方法是显式维护一个边列表，每一边由两个端点定义，同时维护一个共享该边的三角形列表。这样，三角形可视为三条边而非三个点的列表，也就是说它是边列表而不是点列表的索引。该思想的一个扩展称作“winged edge”模型，对每一顶点，存储使用该点的边的索引。这样，三角形和边都可以通过定位点列表快速查找，请见参考资料[8]和[9]。

14.1.3　针对渲染的特殊表达

大多数图形卡并不直接支持索引三角网。渲染三角形时，一般是将三个顶点同时提交。这样，共享顶

点会多次提交，三角形用到一次就提交一次。因为内存和图形硬件间的数据传输是瓶颈，所以许多 API 和硬件支持特殊的三角网格式以减少传输量。基本思想是排序点和面，使得显存中已有的三角形不需要再次传输。

从最高灵活性到最低灵活性，我们讨论三种方案：

- 顶点缓存；
- 三角带；
- 三角扇。

14.1.4　顶点缓存

与其说顶点缓存是一种特殊的存储格式，不如说是 API 和硬件之间的一种存储策略，用以发挥相续三角形顶点一致性的特点。通常，高级代码不需要了解顶点缓存是如何实现和执行的；后面我们会给出一些步骤以最大限度地利用顶点缓存。

和其他缓存机制类似，顶点缓存基于最近使用的数据未来仍将被使用的原则。图形处理器缓存一小部分(如，16 个)最近使用的顶点，当 API 要发送顶点时，首先探测缓存内是否已存在。当然，这要求 API 了解图形卡缓存的大小和替换机制。若缓存内没有该顶点，则发生脱靶，API 发送顶点，并更新缓存；若缓存内有该顶点，就命中，API 通知图形卡“使用缓存内位置 x 的顶点”。

如前所述，顶点缓存其实是一种底层的优化手段。任何三角网都可用高级代码实现正确渲染而不用考虑缓存。但进行顶点顺序的调整，使共享顶点的三角形集中发送有助于提高效率。这种调整只需要进行一次，并且可以离线进行。它只会对性能有帮助，不会使没有缓存的系统性能降低。参考附录 B 中的参考资料[14]以获得更多信息。

善用缓存，可能使发送到显卡的顶点数降低到平均每三角形少于一个。

14.1.5　三角带

三角带是一个三角形列表，其中每个三角形都与前一个三角形共享一边。图 14.2 显示了一个三角带的例子。注意顶点列出的顺序使得每三个连续的点都能构成一个三角形。例如：

- 顶点 1，2，3 构成第一个三角形；
- 顶点 2，3，4 构成第二个三角形；
- 顶点 3，4，5 构成第三个三角形。

在图 14.2 中，顶点以构成三角带的顺序编号。“索引”信息不再需要，因为顶点顺序已经隐式定义了三角形。通常，列表前部有顶点数目，或末尾处有一特殊码表示“列表结束”。

注意到，顶点顺序在顺时针和逆时针间不断变换(见图 14.3)。某些平台上，需要指出第一个三角形的顶点顺序，而有些平台上顺序是固定的。

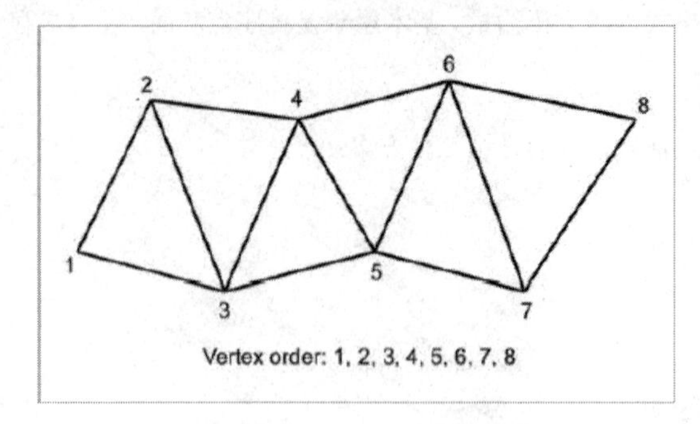

图 14. 2　一个三角带

顶点	三角形	顶点顺序
1	无	
2	无	
3	1，2，3	顺时针
4	2，3，4	逆时针
5	3，4，5	顺时针
6	4，5，6	逆时针
7	5，6，7	顺时针
8	6，7，8	逆时针

图 14. 3　三角带中的三角形顶点顺序在顺时针、逆时针间切换

最佳情况下，三角带可用 $n+2$ 个顶点存储 n 个面。n 很大时，每个三角形平均发送一个顶点。遗憾的是，这只是最佳情况。实践中，很多网格是一个三角带无法表达的；不仅如此，三个以上三角形共享的顶点还是要多次发送给图形卡。从另一方面说，每个三角形至少要发送一个顶点。但在顶点缓存机制下，有可能将每个三角形发送的顶点数降到一个以下。当然，顶点缓存需要额外的簿记信息(索引和缓存管理数据)。可是尽管这些额外信息对单个顶点来讲相对较大，操作速度也会相对下降，但发送顶点数最少的系统在特定平台上速度最快。

假设用一种生成三角带的直接方法，用三角带表示三角网需要的顶点数为 $t+2s$，t 为三角形数目，s 为三角带数目。每个三角带的第一个三角形对应三个顶点，以后每个三角形对应一顶点。因为我们希望最小化发往图形卡的顶点数，所以三角带的数目应尽可能少，即三角带越长越好。STRIPE 方法给出了一种三角带数目接近理论下限的生成手段，更多信息见附录 B 中的参考资料[6]。

另一个希望减少三角带数目的原因在于建立各三角带需要额外时间。从另一方面说，分别渲染两个长为 n 的三角带所需时间长于渲染一个长为 $2n$ 的三角带，即使这个三角带中的三角形数多于两个分开带中三角形数量的和。于是，我们经常通过使用退化三角形连接多个三角带，从而将整个网格置于一个连续的三角带中。退化的意思是面积为零。图 14.4 显示了如何重复顶点以将两个三角带合并为一个。

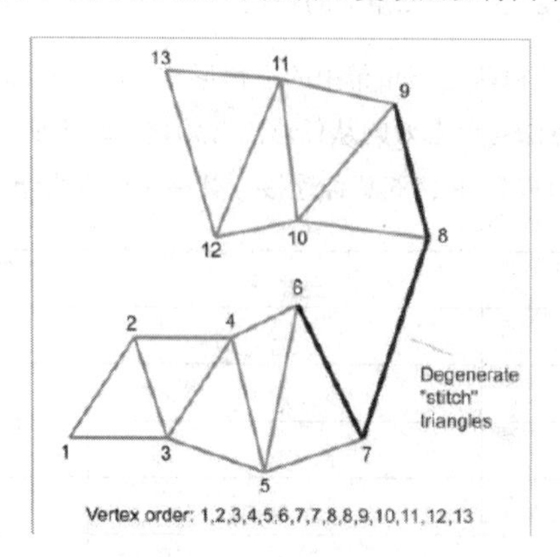

图 14.4　用退化三角形将两个三角带连接成一个

图 14.4 的含义不太明显，但这里有四个退化三角形用于连接两个三角带从而维持正确的顺时针、逆时针顺序。顶点 7、8 间的边实际包含两个退化三角形。图 14.5 指出了图 14.4 中包含的三角形。退化三角形面积为零不需渲染，所以不会影响效率。实际上要发送到图形卡的顶点仍然只是第一列的顶点：

顶点	三角形	顶点顺序
1	无	
2	无	
3	1，2，3	顺时针
4	2，3，4	逆时针
5	3，4，5	顺时针
6	4，5，6	逆时针
7	5，6，7	顺时针
7	6，7，7	逆时针
8	7，7，8	顺时针
8	7，8，8	逆时针
9	8，8，9	顺时针
10	8，9，10	逆时针
11	9，10，11	顺时针
12	10，11，12	逆时针
13	11，12，13	顺时针

图 14.5　连接两个三角带的三角形

1,2,3,4,5,6,7,7,8,8,9,10,11,12,13

这符合我们每三个连续顶点表示一个三角形的约定。

一些硬件(如 PS2 上的 GS)可以跳过三角带中的三角形，方法是通过一个顶点上的标志位指出“不必绘制”此三角形。这给我们一种方法可以有效的从任意点开始新三角带而不必重复顶点或使用退化三角形。例如，图 14.4 中的两个三角带可以如图 14.6 那样连接，其中灰色行表示顶点被标记“不必绘制”。

顶点	三角形	顶点顺序
1	无	
2	无	
3	1，2，3	顺时针
4	2，3，4	逆时针
5	3，4，5	顺时针
6	4，5，6	逆时针
7	5，6，7	顺时针
8	6，7，8	顺时针
9	7，8，9	顺时针
10	8，9，10	逆时针
11	9，10，11	顺时针
12	10，11，12	逆时针
13	11，12，13	顺时针

图 14.6　由可跳过顶点连接的两个三角带

14.1.6　三角扇

三角扇和三角带类似，但不如三角带灵活，所以很少使用。如图 14.7 所示即为三角扇。

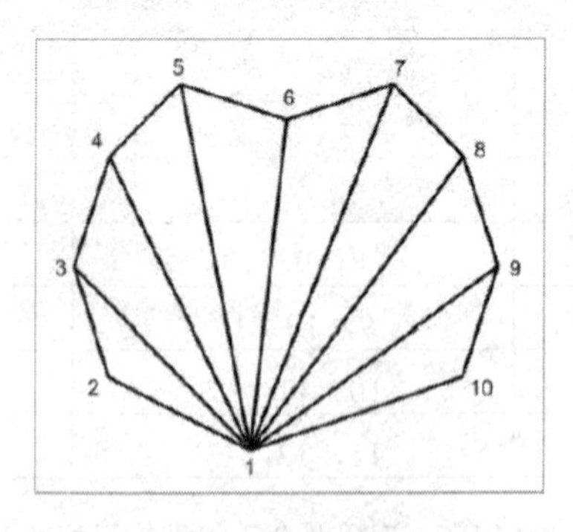

图 14.7　三角扇

三角扇使用 n+2 个顶点存储 n 个面，和三角带相同。但是，第一个顶点必须为所有三角形共享，所以实践中不太经常能找到大型三角扇应用的场合。并且，三角扇不能象三角带那样连接。所以，三角扇只能在特殊场合应用，对一般应用来说，三角带更灵活。

14.2 额 外 信 息

三角网可在三角形或顶点级保存额外信息。

14.2.1 纹理映射坐标

纹理映射是将位图(称作“纹理图”或简称“纹理”)贴到多边形表面的过程。15.6 节将详细讨论纹理映射，这里只给出一个高度简化的解释：我们希望将 2D 纹理贴到多边形表面上，同时考虑多边形在摄像机空间的方向。对多边形中每个需要渲染的像素都要计算 2D 纹理映射坐标，这些坐标用以索引纹理图，从而为相应像素着色。

通常，在顶点保存纹理映射坐标，三角形面中其余各点的坐标通过插值进行计算。

14.2.2 表面法向量

许多应用程序中，网格上的各点都需要一个表面法向量。它可以用来：

- 计算光照(参考 15.4 节)
- 进行背面剔除(参考 15.9.1)
- 模拟粒子在表面“弹跳”的效果
- 通过只考虑正面而加速碰撞检测

表面法向量可能保存于三角形级或顶点级，或两者皆有。

三角形级法向量可以通过 12.5.2 节的技术轻松获得，而顶点级法向量的计算则困难一些。首先，应注意到顶点处其实是没有法向量定义的，因为此处网格表面不连续。第二，三角网是对连续表面的逼近，所以我们实际想要的是连续表面的法向量。根据产生三角网的方法，这种信息不一定现成可得。如果网格是自动生成的，比如说从参数曲面上，则可以直接获得法向量。

若法向量没有提供，则必得由现有数据(顶点位置和三角形)生成。一个技巧是平均相邻三角形的表面法向量并将结果标准化。当然，这要求知道三角形法向量。一般可以假设三角形顶点以顺时针列出，通过叉乘计算外表面的法向量。如果顶点顺序不能假设时，可使用附录 B 参考资料[10]中 Glassner 的方法。

通过平均三角形法向量求得顶点法向量是一种经验性方法，大多数情况下都能工作得很好。但是有必要指出，某些情况下，其结果并不是所期望的。

最明显的例子是两个法向量刚好相反的三角形共享一个顶点。这种情形常发生在“公告板”物体上，“公告板”由两个三角形背靠背构成。它的两个法向量方向恰好相反，其平均值为零不能标准化。为解决这种问题，必须拆开所谓的“双面”三角形(参考 14.4.3 节)。

平均顶点法向量的另一个问题会在应用 Gouraud 着色时发生。我们将在 15.4.10 节详细讨论 Gouraud 着色，这里给出一个简化解释：光照是按顶点法向量逐点计算的。如果使用平均三角形法向量计算的顶点法向量，某些应该有尖锐边缘的地方会显得“过于平滑”。以最简单的盒子为例，边缘处应该有一个剧烈的光照变化。如果我们使用平均顶点法向量，这个剧烈变化会消失。如图 14.8 所示。

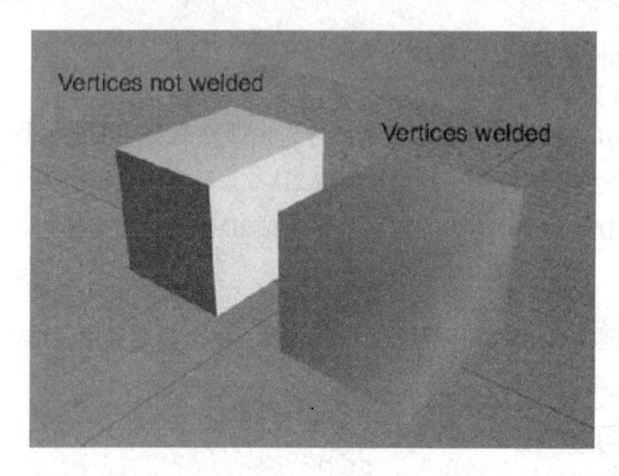

图 14. 8　右边盒子的棱消失了，因为每个顶点只有一个法向量

根本问题在于盒子边缘不连续，而这种不连续却不能很好的被表达，因为每个顶点只有一个法向量。其实仍然可以使用面拆分解决问题；换句话说，重复不连续处的顶点。这样做之后，人为的构造了一个不连续以防止顶点法向量被平均。这种“裂缝”在网格拓扑中可能会导致问题；但在如渲染、光线追踪等任务中没有问题。14.5 节中介绍的 EditTriMesh 类展示了如何处理这种不连续。

另一个小问题是这种平均方法会导致结果向较多拥有相同法向量的三角形偏移。例如，若干三角形共享一个顶点，但其中两个共面。则平均出的法向量会发生偏移，因为共面三角形的法向量重复了两次，相比于其他法向量有更多“发言权”。于是，即使表面并未变化，也会使顶点法向量发生改变。我们可以修正此错误，但幸运的是实践中这并不是什么大问题，因为顶点法向量本来就是一种近似。

14.2.3 光照值

另一种常由顶点维护的信息是光照值。这些光照值用于沿表面的插值，典型的方法如 Gouraud 着色(参考 15.4.10 节)。

有些时候，顶点处仅保存法向量，渲染时动态计算光照值。15.8.2 节有这种计算的更多细节。另一些情况下，我们要自己指定光照值。有关更多的顶点格式，请参考 15.7.2 节。

14.3　拓扑与一致性

三角网格的拓扑是指当在三角网格中不考虑顶点位置与其他几何性质的逻辑连通性时，两个顶点数相同且三角形互联方式一致的三角网格为同拓扑的，即使它们对应的物体完全不同。从另一方面说，尽管形状不同，拉伸网格但不打破邻接性，我们得到的是同拓扑的网格。

有一种特殊网格称作**封闭网格**，又称作“**流形**”。概念上，封闭网格完美地覆盖物体表面；网格中没有间隙，从外面完全无法看到任何三角形的背面。这是一种重要的网格，它的点和边组成形式就象平面图，即如果将顶点当成平面点，用直线连接顶点，此封闭网格可以画在一个 2D 平面上，而且没有边交叉。平面图符合 Euler 方程：$v-e+f=2$，其中 v 为顶点数，e 为边数，f 为网格上的面数。

实践中，我们经常遇到拓扑异常的三角网格，导致网格不封闭：

- **孤立顶点**：顶点未被任何三角形使用。
- **重复顶点**：完全相同的顶点。使用这些点的三角形几何上相邻而逻辑上不相邻。多数情况下，我们不希望看到这种现象，应该删除(参考 14.4.2 节)。
- **退化三角形**：使用一顶点超过一次的三角形。意味着这个三角形没有面积。一般，这种三角形应该删除。(但在 14.1.3 节，我们特意使用退化三角形来连接三角带。)
- **开放边**：仅为一个三角形所使用。
- **超过两个三角形共享的边**：封闭网格中，任一边必须为两个三角形共享。
- **重复面**：网格中包含有两个或更多相同的面。这是不希望看到的，应该去掉多余面而只保留一个。

根据应用的不同，上述异常可能是严重的错误，也可能是小错误，或者无关紧要。附录 B 中的参考文献[18]是一本关于拓扑的优秀著作。

14.4　三角网格操作

现在已经知道三角网格的存储方法，接下来就是如何运用的问题。本节讨论一系列重要的三角网格操作。

14.4.1　逐片操作

三角网格是顶点和三角形的列表。三角网格的一系列基本操作都是逐点和逐三角形应用基本操作的结果。最明显的，渲染和转换都属于这种操作。为渲染三角网格，我们逐个三角形渲染；如要向三角网格应用转换，如旋转和缩放等，应逐顶点进行。

14.4.2 焊接顶点

当两个或更多顶点相同(也许有误差)要时，将它们焊接在一起是有益处的。更加准确地说，删除其余的，只剩一个。例如，我们要焊接图 14.9 中的 A 和 B，有两个步骤：

- 步骤 1，扫描三角形列表，将对 B 的引用全部替换成对 A 的引用。

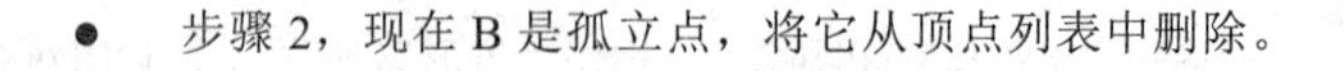

- 步骤 2，现在 B 是孤立点，将它从顶点列表中删除。

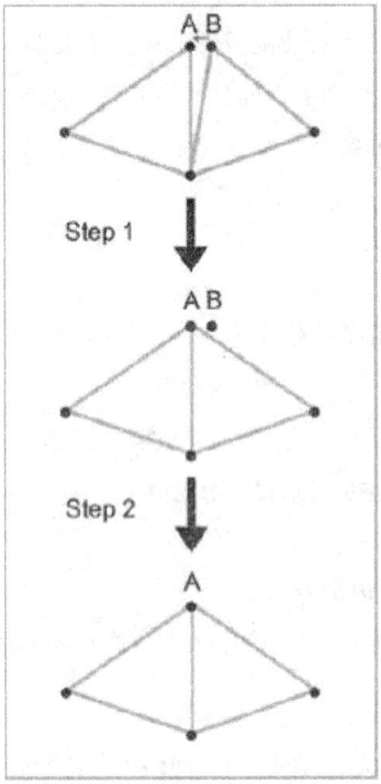

焊接顶点的目的有两个。首先，去除重复顶点，节约内存。这是一种重要的优化方法，使得对网格的操作(如渲染和转换)更快。其次，使几何上相邻的边在逻辑上也是相邻的。

上面讨论的是两个顶点的焊接，实践中，我们常常希望找出与焊接点邻近的所有顶点。这个想法是非常直接的，但有几个细节需要明确。

(1) 焊接前应去除孤立点。我们不想让任何未被使用的点影响正在被使用的点，如图 14.10 所示。

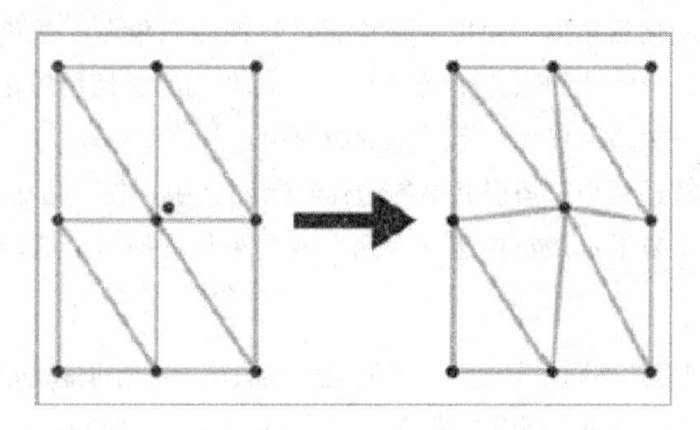

图 14.9 焊接两相邻顶点

图 14.10 一个顶点被焊接到孤立顶点，结果造成网格变形

(2) 当两个顶点均来自“细长”三角形，焊接可能产生退化三角形，如图 14.11 所示。(这和边缩坍类似，参考 14.4.4 节。)这样的三角形应被删除，通常，它们的数量并不大。焊接常会显著减少顶点数，同时也会除去一小部分细长面。

(3) 焊接时，似乎应该用原顶点的平均作为新顶点，而不是简单地选择其中一个而抛弃另一个。这种方式不偏向任何一个顶点。在只有少量顶点需要焊接时这似乎是个好主意。然而，焊接自动进行的时候可能引起“多米诺”效应，导致原来不在误差容限内的多个点被焊接。

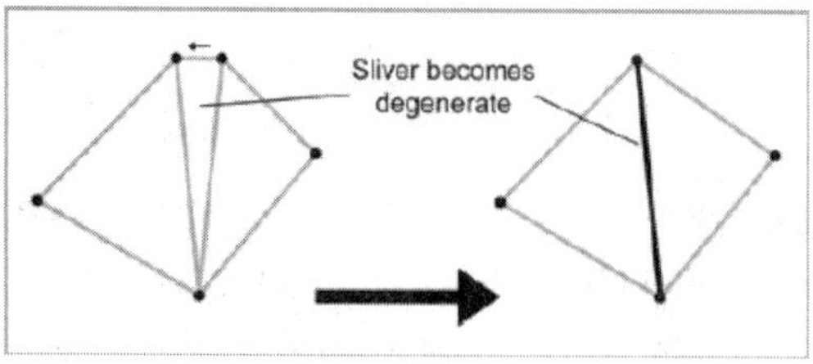

图 14.11　焊接细长三角形的两个顶点，结果产生退化三角形

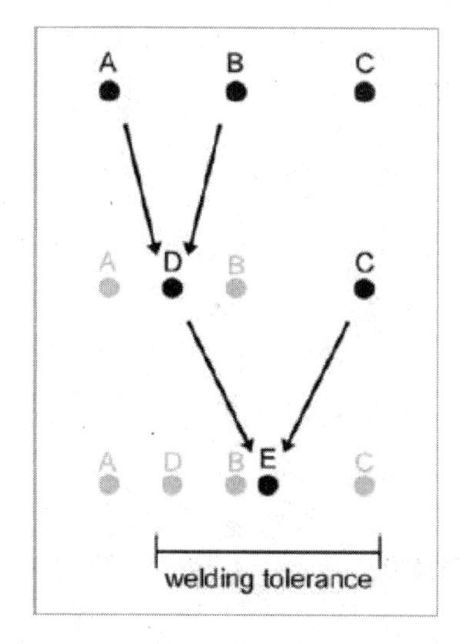

图 14.12　焊接顶点的平均顶点坐标引起的多米诺效应

图 14.12 中，点 A 和 B 在误差容限内应被焊接。我们“聪明地”焊接这两个点，计算 A 和 B 的平均值得到一个新的点 D。现在 C 和 D 又在容限范围内，被焊接，最终产生 E。结果是点 A 和 C 被焊接了，它们本不在误差容限内的。并且，我们“聪明的”尝试也失败了，因为 A，B 和 C 被焊接，但结果并不是这三个点的平均。

这还不是最坏的情形，至少没有点跑出误差容限外去。但确实可以故意用更多顶点和不同顺序制造这种恶毒的例子。更不幸的是实践中确实存在这种问题，建模程序和自动生成程序常这么干。

其实，即使不平均生成新坐标，依然会有上面的问题。例如不考虑平均坐标，以为应用一个简单的规则“总是将高序数顶点焊接到低序数顶点”就可以解决这个问题。

有一些防止出现上述问题的方法。比如，可以先找出所有误差容限内的顶点组，再焊接它们；或者，不考虑已经焊接过的点；或者，记录原顶点坐标，当顶点和它们相比在容限外时就不焊接。这些方法都过于复杂，我们不应为不显著的性能而增加复杂性。焊接是为了去除重复顶点，而不是为了网格消减：即大量减少三角形数，而尽量保持三角网外形不变。关于网格消减，必须使用更加高级的算法，见 14.4.5 节。

另外一个问题是关于三角网的附加信息的，如表面法向量、纹理映射坐标等。当点焊接时，先前的不连续消失了。图 14.8 就是一个例子。

最后，顶点焊接的直接实现非常慢。即使在当今的硬件条件下，数千个点和面的焊接也要用掉数秒钟。寻找焊接顶点对的算法是 $O(n^2)$复杂度的。一次焊接后的顶点索引替换需要遍历整个三角形列表；删除一个顶点也需要遍历三角形列表以修复比删除点序号高的顶点的索引。幸运的是，加以思考，我们可以找到一个快得多的算法。14.5 节中展示的三角网格类提供了一个预期时间为线性的焊接算法。源程序见 www.cngda.com。

14.4.3　面拆分

面拆分即复制顶点，使边不再被共用。它和焊接刚好相反。显然，面拆分会导致拓扑间断，因为面不再邻接。而这正是我们的目的，使得几何间断的地方拓扑也是间断的(如角和边)。图 14.13 显示了两个三角形的拆分。尽管我们把两个三角形分开以显示这里有多个边和顶点，这只是为了显示。顶点没有移动，新的顶点和边其实是重合的。

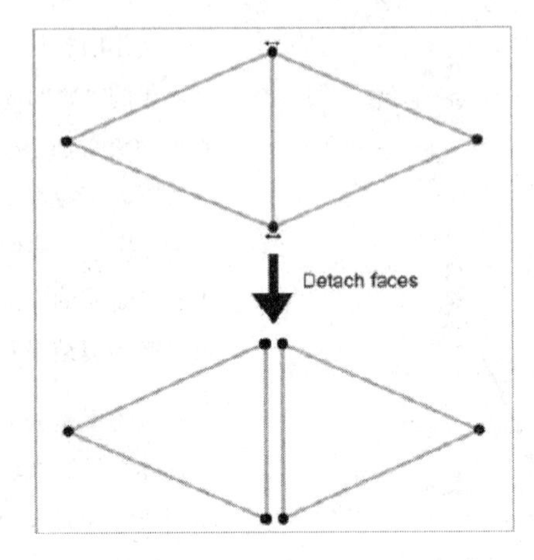

图 14.13　拆分两个三角形

实践中，我们经常要拆分所有面。

14.4.4　边缩坍

边缩坍是将边缩减为顶点的方法。与之对应的是顶点拆分。如图 14.14 所示。注意到边缩坍使边的两个顶点变为一个，共享该边的三角形(图 14.14 中阴影部分)消失。边缩坍常用于网格消减(14.4.5 节讨论)，因为它减少了顶点和三角形数量。

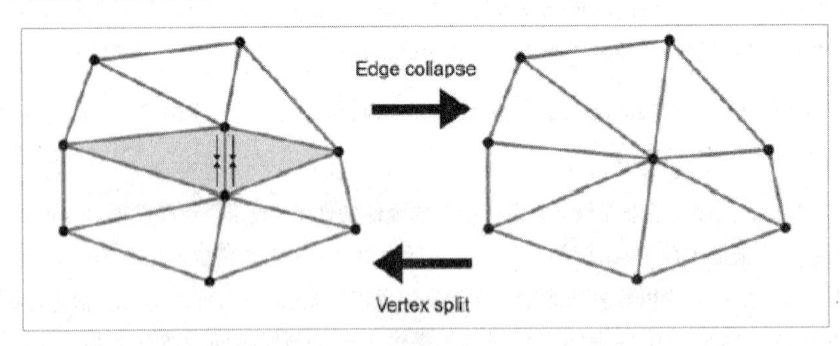

图 14.14　边缩坍与顶点分拆

14.4.5　网格消减

网格消减是将三角形和顶点数较多的网格变为三角形和顶点数相对较少的网格，并且要求网格外观和主要顶点尽可能保持不变。

Hugues Hoppe 指出只用边缩坍就可以达到好的效果。选择要缩坍的边相对费时，视启发方法的复杂性而定。附录 B 的参考文献[13]中，Hoppe 给出了选优的一些建议。

尽管选取缩坍对象的时间较长，但缩坍操作本身并不复杂。我们可将此过程离线记录下来，在实时需要时“重放”它，即可得到任意精细程度的网格。(15.7.1 节讨论 LOD。)Hoppe 的论文描述了如何利用顶点拆分来反演边缩坍过程，用此反演法生成的网格称为渐进式网格。

14.5　C++三角网格类

本节给出一个索引三角网格的 C++实现代码。初学者常犯的一个错误是想写一个三角网类可以完成所有功能，而这是不现实的。

为快速渲染，网格必须要转换为平台相关的格式，网格也许要存储为三角带，或者我们实际想将网格转换为一系列特殊图形处理器的指令(比如说在 PS 2 主机上)。无论什么平台，我们总希望数据量尽可能小，便于访问和向图形卡传送。另一方面，快速碰撞检测则要求预先计算表面法向量或以某种树形结构保存。

这些特殊的需求需要一般的网格操作，比如增加删除顶点和三角形，渐进式建立三角网，焊接顶点，等。因此，我们并不试图做一个能完成所有功能的“超级”三角网格类。

类 EditTriMesh 被设计用来方便地完成网格操作，它并不试图高效地完成其他事情，如渲染和碰撞探测等。而且数据也没有优化，尽管我们提供了准备渲染的操作。为了节省纸张拯救树木(也节省您的钱)，这里只给出了定义部分，实现部分可以从 www.cngda.com 下载。

类 EditTriMesh 定义在 EditTriMesh.h 中，下面列出来的。列表后面有一些关于接口要点的讨论。

程序清单 14.3　EditTriMesh.h

```
/////////////////////////////////////////////////////////////////////////////
//
// 3D Math Primer for Graphics and Game Development
//
// EditTriMesh.h - Declarations for class EditTriMesh
//
// For more details, see EditTriMesh.cpp
//
```

```
////////////////////////////////////////////////////////////////////////
#ifndef __EDITTRIMESH_H_INCLUDED__
#define __EDITTRIMESH_H_INCLUDED__
#ifndef __VECTOR3_H_INCLUDED__
#include "Vector3.h"
#endif
class Matrix4_3;
////////////////////////////////////////////////////////////////////////
//
// EditTriMesh 类
//用一种非常灵活的格式保存索引三角网格，
//使得网格编辑和操作容易实现(未对渲染，碰撞检测，或其他方面做优化)
//支持纹理映射坐标和顶点法向量
//
////////////////////////////////////////////////////////////////////////
class EditTriMesh {
public:
   // 局部类型
   // Vertex 类用于保存顶点信息
   class Vertex {
   public:
      Vertex() { setDefaults(); }
      void setDefaults();
      // 3D 坐标
      Vector3 p;
      // 顶点级纹理映射坐标
      //注意这些坐标值可能失效，"真正"的 UV 坐标保存在三角形中
      //对于渲染，经常需要顶点级的纹理坐标
      //对于其他优化，经常需要焊接不同 UV 值的顶点
      float u, v;
      // 顶点级表面法向量，同样可能失效
      Vector3 normal;
      // 工具变量，很方便
      int mark;
   };
   // 类 Tri 用于保存三角形信息
   class Tri {
   public:
      Tri() { setDefaults(); }
      void setDefaults();
      // 面顶点
      struct Vert {
         int index; // 顶点列表的索引
         float u,v; // 纹理坐标
      };
```

```
    Vert v[3];
    // 表面法向量
    Vector3 normal;
    // 属于网格的哪部分？
    int part;
    // 材质列表索引
    int material;
    // 工具变量，方便
    int mark;
    // 判断是否为"退化"三角形——同一顶点使用超过一次
    bool isDegenerate() const;
    // 返回顶点索引(0…2)或-1，如果未使用该顶点
    int findVertex(int vertexIndex) const;
};
// 保存材质信息
// 这里只保存一个简单的漫反射纹理映射
// 材质经常还有许多更复杂的信息
class Material {
public:
    Material() { setDefaults(); }
    void setDefaults();
    char diffuseTextureName[256];
    // 工具变量
    int mark;
};
// 控制优化的选项
class OptimationParameters {
public:
    OptimationParameters() { setDefaults(); }
    void setDefaults();
    // 判断两个顶点是否重合的容差
    float coincidentVertexTolerance;
    // 三角形角度容差
    //如果三角形某一边被不同三角形所共享，且这些三角形法向量角度很大
    //那么这条公共边上的顶点不能被焊接
    //所以我们保存这个角度的 cos 值，并用下面这个函数设置它
    float cosOfEdgeAngleTolerance;
    void setEdgeAngleToleranceInDegrees(float degrees);
};
// 标准类操作
EditTriMesh();
EditTriMesh(const EditTriMesh &x);
~EditTriMesh();
// =操作符用于网格复制
EditTriMesh &operator=(const EditTriMesh &src);
```

```
// 存取网格数据
int vertexCount() const { return vCount; }
int triCount() const { return tCount; }
int materialCount() const { return mCount; }
Vertex &vertex(int vertexIndex);
const Vertex &vertex(int vertexIndex) const;
Tri &tri(int triIndex);
const Tri &tri(int triIndex) const;
Material &material(int materialIndex);
const Material &material(int materialIndex) const;
// 基本网格操作
// 重置网格为空
void empty();
// 设置列表大小
// 如果列表增长，新增加的值会有合适的初值
// 如果列表缩减，不会进行有效性检查
void setVertexCount(int vc);
void setTriCount(int tc);
void setMaterialCount(int mc);
// 添加三角形/顶点/材质，返回新加入元素的索引
int addTri();
int addTri(const Tri &t);
int addVertex();
int addVertex(const Vertex &v);
int dupVertex(int srcVertexIndex);
int addMaterial(const Material &m);
// 同时设置所有 mark 变量
void markAllVertices(int mark);
void markAllTris(int mark);
void markAllMaterials(int mark);
// 删除操作
void deleteVertex(int vertexIndex);
void deleteTri(int triIndex);
void deleteMaterial(int materialIndex);
void deleteUnusedMaterials();
void deleteMarkedTris(int mark);
void deleteDegenerateTris();
// 逐个分离所有面
//这项操作会产生一个新的顶点列表
//其中每个顶点只用于一个三角形
// 同时删除未用的点
void detachAllFaces();
// 变换所有顶点
void transformVertices(const Matrix4_3 &m);
// 计算
```

```
    // 计算三角形的表面法向量
    void computeOneTriNormal(int triIndex);
    void computeOneTriNormal(Tri &t);
    void computeTriNormals();
    // 计算顶点法向量，自动计算三角形法向量
    void computeVertexNormals();
    // 优化
    // 根据使用情况重新排列顶点列表，能够增强 cache 的性能
    // 还会删除未用的顶点
    void optimizeVertexOrder(bool removeUnusedVertices);
    // 根据材质为三角形排序，对于快速渲染非常重要
    void sortTrisByMaterial();
    // 焊接顶点
    void weldVertices(const OptimationParameters &opt);
    // 确保顶点 UV 值正确，如果需要可能会复制顶点
    void copyUvsIntoVertices();
    // 进行所有的优化，为快速渲染准备好模型，还有光照，对于"大多数"渲染系统来说
    void optimizeForRendering();
    // 导入/导出 S3D 模型
    bool importS3d(const char *filename, char *returnErrMsg);
    bool exportS3d(const char *filename, char *returnErrMsg);
    //调试用
    void validityCheck();
    bool validityCheck(char *returnErrMsg);
private:
    // 网格列表
    int vAlloc;
    int vCount;
    Vertex *vList;
    int tAlloc;
    int tCount;
    Tri *tList;
    int mCount;
    Material *mList;
    // 实现细节
    void construct();
};
////////////////////////////////////////////////////////////////////////////
#endif // #ifndef __EDITTRIMESH_H_INCLUDED__
```

类的大部分行为由函数原型和注释说明。更多的细节可参考其.cpp 文件(可以从 www.cngda.com 下载)。但此处仍有几点要加以说明。

一个重要问题是如何访问单独的顶点、三角形和材质？结论是没有必要执行这些操作。首先，这些事物的类名存在于 EditTriMesh 名字空间中。一个单独的 Vertex 类是否必要？因为不同应用中需要各种各样

不同的顶点形式。第二，通过访问列表，使用 vertex()，tri()，material()方法，它们可以返回要访问对象的引用，就像数组一样。例如，改变特定面的材质，如下：

```
int i;
EditTriMesh mesh;
int newMaterialIndex;
mesh.tri(i).material = newMaterialIndex;
```

每个访问函数都有 const 和非 const 两种，以在访问过程中保持逻辑不变性(不能修改 const 对象)。

这里应注意，要小心那些指向列表中对象的引用和指针。避免向操作网格的函数传递这些指针和引用；避免在函数中保存它们。原因是，如果列表增长，它们会因 realloc 调用而不再有效。请参考 EditTriMesh::dupVertex()旁的注释。

EditTriMesh.cpp 文件中，我们尽量使用这些访问函数，即使在类内部我们“知道”索引在有效范围内并且能直接访问列表。(访问函数的目的是检查边界错误。)但在多次访问一行中的对象时，我们仍使用一个指针，这不仅使代码易读，更避免反复调用访问函数。

另一个让人疑惑的地方是顶点和三角形中纹理映射坐标(u 和 v 成员)的重复。一般的“正式”拷贝经常存在三角形中，因为顶点中的纹理映射坐标可能会失效。重复存储的原因是让某些操作容易一些。更明确地说，当计算顶点法向量时，需要平均顶点周围所有三角形的法向量，不管纹理映射中的间断。(其他种类的间断可能会考虑，如边缘和角。)所以点焊接时忽略纹理映射坐标。纹理映射坐标存在于顶点中的根本原因是当今的渲染硬件和 API 都把映射坐标存在顶点级。要将三角形中的纹理坐标拷贝到顶点，可以调用 copyUvsIntoVertices()。当多个三角形共享同一顶点但纹理坐标不同时，会产生额外的顶点。这些细节都在 optimizeForRendering()中处理。

importS3D()和 exportS3D()方法装载和保存.S3D 格式的网格文件。S3D 代表“Simple 3D”，是一种简单的文本文件，用于 Terminal Reality 公司内部。可在 gamemath.com 上得到这种文件格式的完整文档，那里还可以找到 S3D 与其他建模软件，如 3D Studio Max，LightWave，Maya 的接口，与我们在 Terminal Reality 中使用的工具一样。

OptimizationParameters 辅助类用于控制点焊接中的误差和其他参数。

图形数学

本章介绍计算机图形学中的数学，分为以下几节：

- 15.1 图形管道概述
- 15.2 讲解如何设置视图参数。主要概念：
  - 如何指定输出窗口
  - 像素纵横比
  - 视锥
  - 视场角与放大倍数
- 15.3 再论坐标空间问题。主要概念：
  - 模型与世界空间
  - 摄像机空间
  - 裁减空间
  - 屏幕空间
- 15.4 介绍光照和雾化。主要概念：
  - 颜色数学
  - 光源
  - 标准光照方程
  - 镜面反射分量
  - 散射分量
  - 环境光分量
  - 光的衰减
  - 雾
  - Flat 着色和 Gouraud 着色
- 15.5 介绍渲染中的缓冲。主要概念：
  - 帧缓冲与双缓冲
  - 深度缓冲

- 15.6 纹理映射
- 15.7 讲解几何体的生成与提交。主要概念：
  - LOD 选择和过程模型建立
  - 提交几何体到 API
- 15.8 介绍变换与光照。基本概念：
  - 变换至裁减空间
  - 顶点级光照
- 15.9 背面剔除与裁减
- 15.10 光栅化

本章将讨论一系列计算机三维图形中出现的数学问题。当然，我们无法在这有限的篇幅内涵盖全部内容，关于这方面的专著有很多，本节更像这些专著的一个缩影。我们旨在从数学的角度概述基本原则并接触一些理论和实践问题。

15.1 图形管道概述

本节，我们试着给出一个“典型”现代图形管道的概况。当然，不同渲染策略的数目就像图形程序员一样多。每人皆有其自己的偏好，技巧和优化方法；但是，多数渲染系统有极大的共性。

我们将讨论渲染一幅带有基本光照的单个图像的大体过程，这里不考虑动画和全局光照，如阴影和辐射度。

此外，注意这里只从概念上讲解通过图形管道的数据流，其顺序并不是固定的。实践中，我们也许会为了性能的优化而并行或乱序执行一些任务。比如，考虑到不同的渲染 API，我们可能首先变换和照明所有顶点，然后才进一步的处理(进行裁剪和剔除)，或者会并行处理二者，也可能，在背面剔除之后再进行光照会得到更高效率。

还有一个我们将不详细讨论的要点，即工作负担如何在 CPU 与渲染硬件间分配。正确地组织渲染任务，以求得最大的并行效果对高效渲染是至关重要的。

考虑上述简化，就得到了图形管道中数据流的概况，如下所示：

- 建立场景：开始渲染之前，需要预先设定对整个场景有效的一些选项。比如，要建立摄像机位置，或者更具体些，要选择进行渲染的出发点——视点，渲染的输出——视图。我们将在 15.2 节讨论这个过程。还需要设定光照与雾化选项，在 15.4 节讨论，同时准备 z-缓冲——在 15.5 节讨论。
- 可见性检测：选好了摄像机，就必须检测场景中哪些物体是可见的。可见性检测对实时渲染极为重要，因为我们不愿意浪费时间去渲染那些根本看不到的东西。我们会在第十六章中讨论一些高级技术，并研究几个简单的例子。

- 设置物体级的渲染状态：一旦发现某物体潜在可见，就到了把它实际绘制出来的时候。每个物体的渲染设置可能是不同的，在渲染该物体的任何片元之前，首先要设置上述选项，最常见的此类选项是纹理映射，15.6 节讨论该主题。
- 几何体的生成与提交：接着，实际向 API 提交几何体，通常提交的数据是种种形式的三角形；或是独立的三角形；或是如 14.1 节中讨论的索引三角形网格与三角带。此阶段，我们可能会应用 LOD，或者渐进式生成几何体。15.7 节会详细讨论此类问题。
- 变换与光照：一旦渲染 API 得到了三角形数据，由模型空间向摄像机空间的顶点坐标转换及顶点光照计算即开始。15.8 节讨论这些过程。
- 背面剔除与裁剪：然后，那些背对摄像机的三角形被去除(“背面剔除”)；三角形在视锥外的部分也被去除，称作裁剪——这可能导致产生多于三个边的多边形。剔除与裁剪，在 15.9 节讨论。
- 投影到屏幕空间：在 3D 裁剪空间中经裁剪产生的多边形，被投影到输出窗口的 2D 屏幕空间里。关于这些操作的数学知识，在 15.3.4 节讨论。
- 光栅化：当把裁剪后的多边形转换到屏幕空间后，就到了光栅化阶段。光栅化指计算应绘制三角形上的哪些像素的过程，并为接下来的像素着色阶段提供合理的插值参数(如：光照和纹理映射坐标)，这个极复杂的过程将在 15.10 节讨论。
- 像素着色：最后，在管道的最后阶段，计算三角形的色彩，此过程称作“着色”。接着把这些颜色写至屏幕，这时可能需要 alpha 混合与 z-缓冲。在 15.10 节，我们讨论此问题。

下面的伪代码描述了渲染管道。为了达到概观的目的，大量细节被省去了。同时，由于渲染平台和 API 的不同，实践中会有许多不同的形式。

程序清单 15.1　图形管道的伪代码

```
// 首先，设置观察场景的方式
setupTheCamera();
// 清除 z-buffer
clearZBuffer();
// 设置环境光源和雾化
setGlobalLightingAndFog();
// 得到可见物体列表
potentiallyVisibleObjectList = highLevelVisibilityDetermination(scene);
// 渲染它们
for (all objects in potentiallyVisibleObjectList) {
    // 使用包围体方法执行低级别 VSD 检测
    if (!object.isBoundingVolumeVisible()) continue;
    // 提取或者渐进式生成几何体
```

```
    triMesh = object.getGeometry()
        // 裁剪和渲染面
        for (each triangle in the geometry) {
            //变换顶点到裁剪空间，执行顶点级别光照
            clipSpaceTriangle = transformAndLighting(triangle);
            //三角形为背向的？
            if (clipSpaceTriangle.isBackFacing()) continue;
            //对视锥裁剪三角形
            clippedTriangle = clipToViewVolume(clipSpaceTriangle);
            if (clippedTriangle.isEmpty()) continue;
            // 三角形投影至屏幕空间，并且光栅化
            clippedTriangle.projectToScreenSpace();
            for (each pixel in the triangle) {
                // 插值颜色,z-缓冲值和纹理映射坐标
                // 执行 zbuffering 和 alpha 检测
                if (!zbufferTest()) continue;
                if (!alphaTest()) continue;
                //像素着色
                color = shadePixel();
                // 写内容到帧缓冲和 z-缓冲
                writePixel(color, interpolatedZ);
            }
        }
}
```

15.2 设定视图参数

渲染场景之前，首先必须建立摄像机和输出窗口。即必须决定从哪个位置进行观察渲染(视点位置、方向、缩放)以及把渲染结果送到哪里(屏幕上的目标矩形区域)。上述二者中，输出窗口较为简单，故先讨论输出窗口。

15.2.1 指定输出窗口

我们不一定要把图像渲染到整个屏幕。比如，一个分屏的多人游戏，每个玩家只占据显示屏幕的一部分。输出窗口即指输出设备中图像将要渲染到的那部分，如图 15.1 所示。

窗口位置由左上角像素(winPosx，winPosy)给出，整数 winResx, winResy 是以像素为单位的窗口大小，如此定义，使用窗口大小而不是右下角的坐标，可避免整数像素坐标系带来一些麻烦。同时要注意窗口的实际物理大小和像素大小的区别，下一节将就此进行讨论。

如前所述，要知道我们不一定在屏幕上渲染，也许只是将渲染结果保存到一个 TGA 文件里，或是 AVI

的一帧，也许只是渲染到一个纹理上——作为主渲染器的一个子过程而已，因此，名词“帧缓冲”一般指用来保存我们正渲染图像的那块内存。

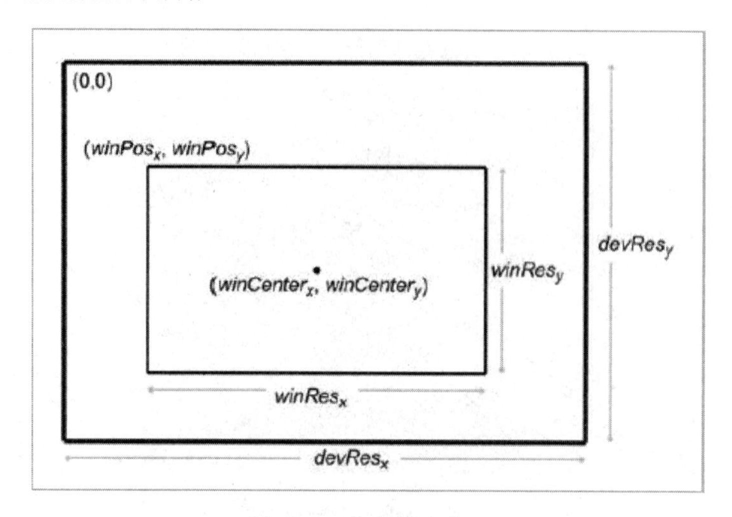

图 15.1　指定输出窗口

15.2.2　像素纵横比

不管是渲染到屏幕还是缓冲区，我们必须知道像素的**横纵比**。它是像素高对宽的比值，一般为 1(“方形”像素)，不过并非总是如此。下面给出其计算公式(公式 5.1)：

$$\frac{pixPhys_x}{pixPhys_y}=\frac{devPhys_x}{devPhys_y}\cdot\frac{dev\mathrm{Res}_y}{dev\mathrm{Res}_x}$$

公式 15.1　　计算像素横纵比

pixPhys 指像素物理尺寸。一般来说，度量单位并无关系，比例才是重要的。*devPhys* 是显示设备的物理高与宽比，尺寸可能是英寸、英尺、picas 等，但也只有比例才是重要的。比如，标准的桌面显示器，尺寸各异却拥有相同的比值：4∶3——视区宽大于高约 33%。另一个常见比例是高清晰电视和 DVD 上的 16∶9。整数 *devResx* 与 *devResy* 是 x、y 方向的像素比，如 640×480 指 $devRes_x$=640，$devRes_y$=480。

如前所述，比值为 1 的方形像素最为常见。如标准桌面显示器，有 4∶3 的物理横纵比，而许多常见解析度：320×240，640×480，800×600，102×768，1600×1200 也都是 4∶3，因此像素是方形的。

注意计算中未用到窗口的尺寸及位置，这是合理的，窗口性质不影响像素的物理属性。但是，窗口尺寸在视场问题中十分重要，见 15.2.4 节；而位置对摄像机到屏幕的映射是关键，见 15.3.4 节。

15.2.3　视锥

视锥是摄像机可见的空间体积，看上去像截掉顶部的金字塔，如图 15.2 所示。

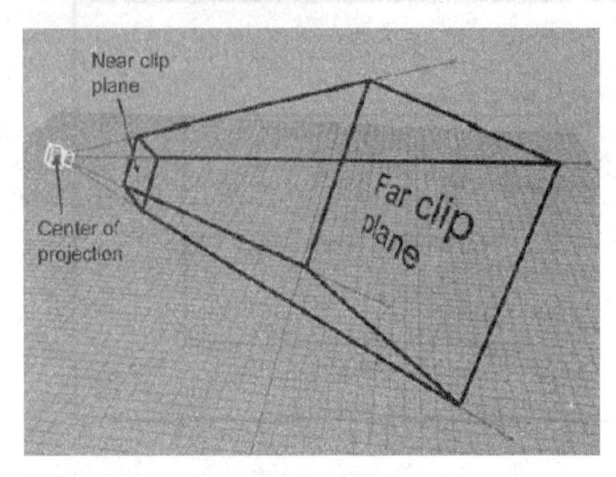

图 15.2　3D 视锥

视锥是由 6 个裁剪面围成的。构成视锥的 4 个侧面称为上、左、下、右面，它们对应着输出窗口的四边。为防止物体离摄像机过近，设置近剪面，从而去除金字塔形的顶端。同理，也设置了视野的远端，因为太远的物体实际上太小而不可见，故可有效而安全地去掉。

15.2.4　视场与缩放

摄像机同其他物体一样有位置和朝向，同时它还具有“**视场**”这一额外的属性。另一名词“缩放”您也许已经很熟悉，直观上，您早就知道放大或缩小。当拉近时，物体显大；拉远时，物体显小，这太常见了。下面更详细谈论。

视场是视锥所截的角。实际上需要两个角：分别对应水平视场和垂直视场。这里只在 2D 中讨论其中一个。图 15.3 从上方显示了视锥，精确的展示了水平视场角。坐标轴的标记用的是摄像机空间，见 15.3.2 节。

缩放表示物体实际大小和物体在 90° 视场中显示大小的比。所以大比值表示放大，小比值表示缩小。比如，2.0 的缩放表示物体在屏幕上比用 90° 视场时大两倍。缩放的几何解释如图 15.4 所示。

应用基本三角知识，就能推导出缩放和视场角之间的转换公式：

$$zoom = \frac{1}{\tan(fov/2)}$$

$$fov = 2\arctan(1/zoom)$$

公式 15.2　　转换缩放和视场角

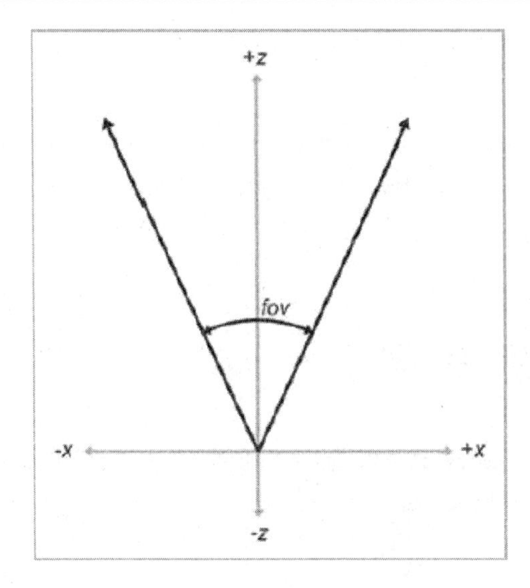

图 15.3　水平视场角

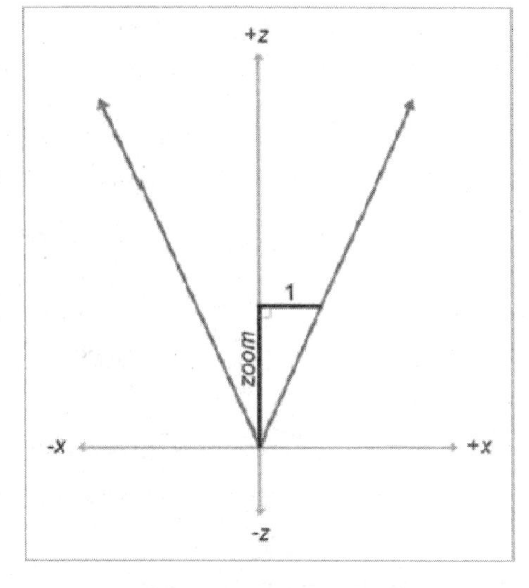

图 15.4　缩放比的几何解释

视场对我们来说较方便，而放大倍数值则为计算机所需要。

在 3D 中，需要两个缩放值，一个水平的，一个垂直的。可以随意给值，但如果二者比例不恰当，图像便像被拉伸过似的。(好比宽银幕电影在电视上播出。)为了维持恰当的比例，缩放要和输出窗口的尺寸对应：

$$\frac{zoom_x}{zoom_y}=\frac{winPhys_x}{winPhys_y}$$

当然，通常我们并不知道输出窗口的物理大小，但知道像素的横纵比：

$$\begin{aligned}\frac{zoom_x}{zoom_y}&=\frac{winPhys_x}{winPhys_y}\\&=\frac{win\mathrm{Res}_x}{win\mathrm{Res}_y}\cdot\frac{pixPhys_x}{pixPhys_y}\\&=\frac{win\mathrm{Res}_x}{win\mathrm{Res}_y}\cdot\frac{devPhys_x}{devPhys_y}\cdot\frac{dev\mathrm{Res}_y}{dev\mathrm{Res}_x}\end{aligned}$$

上面公式中：

- **zoom** 表示摄象机的 zoom 值
- **winPhys** 表示窗口物理尺寸
- **winRes** 表示窗口以像素为单位的大小
- **pixPhys** 表示像素的物理尺寸

- **devPhys** 表示输出设备的物理尺寸，我们常常不知道其大小，但知道比值
- **devRes** 表示输出设备以像素为单位的大小

假设输出为正常比例，许多渲染引擎允许仅用一个视场角(或 zoom 值)设定摄像机，然后自动计算另一个。例如，可以指定水平视场角，自动计算垂直视场角，反之亦然；或者指定视场角中较大的一个，自动计算较小的。

15.3 坐标空间

下面几节讨论与 3D 视图相关的不同坐标空间。不幸的是，有些相同概念在不同文献中的表述往往不同。我们按照坐标空间在渲染管道的几何流中出现的顺序依次介绍。

15.3.1 模型与世界空间

物体最开始由物体空间(和物体相连的坐标空间)来描述(见 3.2.2 节)。其中常见的信息包括顶点位置和表面法向量。物体空间又称模型空间或局部空间。

可将坐标从模型空间中转换到世界空间中(见 3.2.1 节)。此过程称作模型变换。通常，光照计算使用世界空间(在 15.8 节中将见到)，但其实使用什么坐标空间无所谓，只要确保几何体与光线在同一空间即可。

15.3.2 摄像机空间

通过视变换，顶点从世界空间变换到摄像机空间(见节 3.2.3)，此空间也称作眼睛空间。摄像机空间是原点在投影中心的 3D 坐标系统，一个轴平行于摄象机拍摄方向且垂直于投影平面；另一轴由上、下裁剪面相交得到；还有一轴由右、左裁剪面相交得到。如果我们考虑的是透视投影，那么一个轴可视为水平，另一个则可视为垂直的。

左手坐标系中，常约定摄像机朝向+z，而+x 和+y 指向右和上方向(透视投影情况下)。这是非常直观的，如图 15.5 所示。右手坐标则指定-z 为摄像机朝向。后面章节我们将使用左手坐标系。

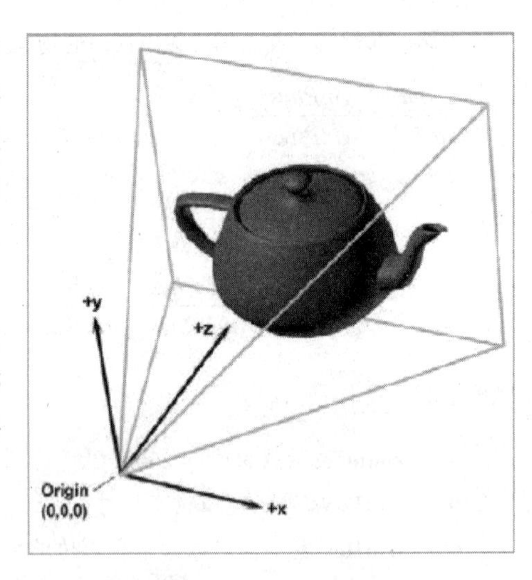

图 15.5 摄像机空间

15.3.3 裁剪空间

从摄像机空间，顶点接着又被变换到裁剪空间，又名**标准视体空间**(the canonicalview volume space)。该变换对应的矩阵称为裁剪矩阵。

目前为止，顶点还是“纯粹”的 3D 向量。即，它们只有三个坐标值，或者加上第四个分量 w，并且 w 总为 1。裁剪矩阵改变了这个现状，它将有用信息放入 w 中。它主要做两件事：

为透视投影准备向量，由除以 w 来实现

规格化 x，y，z，使它们可与 w 比较，用于裁剪

下面分别详细讨论。裁剪矩阵的第一个目的是为透视投影准备向量而将坐标值除以 w。在 9.4.4 节，我们已讨论过透视要除以 w，这里复习一下要点。

回忆 9.4.1 节，4D 齐次向量由除以 w 而对应到 3D 向量：

$$\begin{bmatrix} x \\ y \\ z \\ w \end{bmatrix} \Rightarrow \begin{bmatrix} x/w \\ y/w \\ z/w \end{bmatrix}$$

裁剪矩阵的一个目的就是计算正确的 w 值，以得到正确的投影。在 9.4.6 节，已讨论过如何投影到垂直于 z 轴且距原点为 d 的平面(形如 $z=d$ 的平面)。投影平面在视锥内的矩形部分将映射到屏幕。如果改变 d，投影平面将前后移动；在一个真正的摄像机中，这样变化焦距将产生放大、缩小的效果。但对计算机内的投影平面不会如此，为什么？在真的摄像机中，增大焦距使像变大了，而底片位置不变，所以物像变大。在计算机中，增大焦距，像也会变大，但是“底片”(就是投影平面在视锥内的部分)也变大了。因为它们变化的比例一致，所以渲染出的图像不变。因此，计算机图形学中，缩放完全由视锥的形状控制，d 值并不重要。所以，我们可以任意选择一个 d 值并一直使用它。对我们来说最方便的值是 $d=1$。

如果这是裁剪矩阵唯一的目的，即计算正确的 w 值，那么它可简化如下：

$$\begin{bmatrix} 1 & 0 & 0 & 0 \\ 0 & 1 & 0 & 0 \\ 0 & 0 & 1 & 1 \\ 0 & 0 & 0 & 0 \end{bmatrix}$$

将它乘以形如[x，y，z，1]的向量再进行透视除法，得到：

$$\begin{bmatrix} x & y & z & 1 \end{bmatrix} \begin{bmatrix} 1 & 0 & 0 & 0 \\ 0 & 1 & 0 & 0 \\ 0 & 0 & 1 & 1 \\ 0 & 0 & 0 & 0 \end{bmatrix} = \begin{bmatrix} x & y & z & z \end{bmatrix} \Rightarrow \begin{bmatrix} x/z & y/z & 1 \end{bmatrix}$$

现在已经知道如何用矩阵求得 w 的值。这里，您也许发现似乎只要除以 z 就可完成上述工作。没错，的确可以只用 z 而不涉及 w。但 4D 坐标可以表达更多的摄像机要求，包括一些“奇异”的形式，比如投影面不垂直于摄像机指向；另一个原因是它使得 z 裁剪(近面和远面裁剪)和 x，y 裁剪形式一致，从而更好地使用硬件。一般来说，使用齐次坐标和 4×4 矩阵更紧凑和优雅(在某些人眼里)。无论如何，多数 API 都使用它，这才是最重要的。

裁剪矩阵的另一个目的是规格化 x，y，z 分量，使得六个裁剪面有一致的简单形式。符合下列简单不等式的点在视锥外：

bottom　　$y < -w$

top　　$y > w$

left　　$x < -w$

right　　$x > w$

near　　$z < -w$

far　　$z > w$

公式 15.3　　裁剪空间中的视锥

反之，视锥内的点满足下列不等式：

$-w <= x <= w$

$-w <= y <= w$

$-w <= z <= w$

任何不满足这些不等式的点都要被裁剪掉，裁剪在 15.9 节中讨论。

我们用摄象机的缩放值对 x，y 进行缩放，从而使上、左、右、下 4 个剪切平面处于正确位置，这个过程在节 15.2.4 已讨论过。对于近、远两个剪切面，z 坐标被偏移和缩放，使得对近剪切面 $z/w=-1$，远剪切面 $z/w=1$。

设 $zoom_x$、$zoom_x$ 分别为水平、垂直缩放值，设 n、f 分别为近、远二个剪切面的距离。下面的矩阵可完成上述计算：

$$\begin{bmatrix} zoom_x & 0 & 0 & 0 \\ 0 & zoom_y & 0 & 0 \\ 0 & 0 & \dfrac{f+n}{f-n} & 1 \\ 0 & 0 & \dfrac{2nf}{n-f} & 0 \end{bmatrix}$$

公式 15.4　OpenGL 风格的 DIP 矩阵

所谓“openGL 风格”，是指近裁剪面到远裁剪面的 z 值在[-w，+w]之间(并不是说我们在使用列向量)。其他 API(如 DirectX)调整 z 值到区间[0，w]。换言之，如果满足下式，那么点在裁剪面外：

near　　$z<0$

far　　$z>w$

而在视锥以内的点则满足：

$0 <= z <= w$

此时剪切矩阵稍有不同(公式 15.5)：

$$\begin{bmatrix} zoom_x & 0 & 0 & 0 \\ 0 & zoom_y & 0 & 0 \\ 0 & 0 & \dfrac{f}{f-n} & 1 \\ 0 & 0 & \dfrac{nf}{n-f} & 0 \end{bmatrix}$$

公式 15.5　DirectX 风格的 DIP 矩阵

15.3.4　屏幕空间

一旦用视锥完成了几何体裁剪，即可向屏幕空间投影，从而对应于真正的屏幕像素。注意输出窗口不一定占有整个屏幕，只不过，通常情况下希望屏幕坐标系和渲染设备坐标系一致。

显然，屏幕空间是 2D 的。于是要进行一次 3D 到 2D 的映射以得到正确的 2D 坐标。下列公式概括这一过程：除以 w，并调整 x，y 以映射到如图 15.6 所示的输出窗口：

$$xscreen = \frac{xclipwinres_x}{2 \bullet wclip} + wimCenterx$$

$$yscreen = \frac{yclipwin\mathrm{Re}s_y}{2 \bullet wclip} + winCenter$$

公式 15.6　投影并映射到屏幕空间

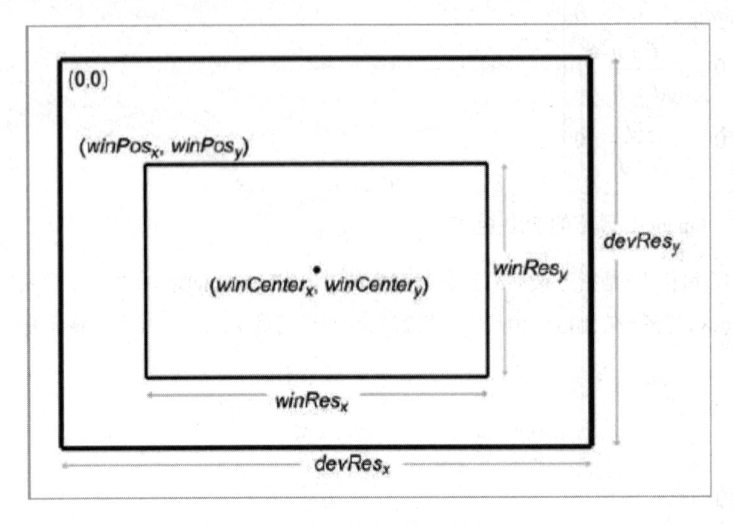

图 15.6　屏幕空间中的输出窗口

注意 y 前面的负号，因为裁剪空间中$+y$ 向上，而屏幕空间的$+y$ 向下。

Zscreen 和 Wscreen 呢？因为屏幕是 2D 的，它们并无意义。但也不能简单地丢弃它们，在 z 缓冲和透视校正中，它们还会有用。

15.4　光照与雾化

想在 15.4 这样的小节中详尽讨论光照这样复杂而丰富的主题，几乎是不可能的。我们甚至连不同的光照技术都难以一一述及；它们中的每一个都有大部头的著作来描述。这里主要讨论大多数 API——OpenGL 和 DirectX 中的“标准”光照模型。这种模型尽管有其自身的局限，但却是实际上的标准，。

标准光照模型是局部模型中的一种——即当处理一个物体时，不考虑其他物体的影响。物体也不向别的物体投下影子，实际上，物体自身无法生成影子。影子是使用全局光照模型生成的，本书不讨论。

15.4.1　色彩的数学

计算机中的色彩常用 RGB 色彩模型表示，这里 R 表示红，G 表绿，B 表蓝。其精度因平台与渲染状态而异。我们视 RGB 为 0 至 1 间的值，并且也不考虑其中各分量到底占用多少二进制位。

在计算机图形学中，色彩常被视为数学实体。我们用黑体的小写罗马字母表示色彩符号，如 **c**，与向量符号相同，但由于二者上下文不同，所以不会混淆。

可以认为色彩存在于一个 3D 单位立方体“色彩空间”中，如图 15.7 所示。但由于本书是黑白印刷的，我们用文字标出了颜色。

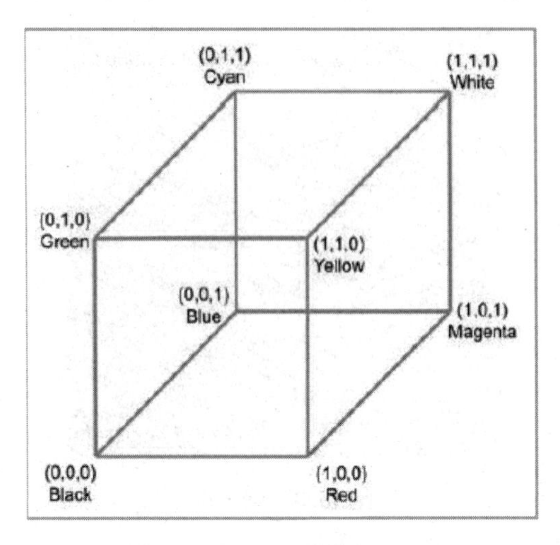

图 15.7　颜色立方体

黑、白两色十分重要，分别由 RGB(0，0，0)和(1，1，1)表示。并用特殊的符号 0、1 分别标识。灰色都在黑白色之间的那条连线上。

色彩可以加、减、乘以标量，和向量运算一样。两个色彩也可以作“按位乘”运算，运算记为⊗。

色彩运算有时会使一个或多个 RGB 分量超出[0，1]的界限。(比如，计算光照时，出现极强的光亮。)此时，简单地加以截断。根据情况，也许在计算中每一步都进行截断，也许中间允许超界，而在最后截断。

如果只有一个分量超界，截断运算可能会引起色彩错乱。比如，色彩(1，2，1)其实是(0.5，1，0.5)的一个更亮的表示，类似某种绿色。简单地加以截断后，绿色消失只剩余白色。更聪明的办法是以最大色彩值加以规格化。此例中，均除以最大分量值 2。当然，开始时就防止越界(比如，调整光强以使越界不发生)，才是最好的办法。

15.4.2　光源

为进行渲染，必须向图形 API 描述场景中的光。下面是一个光源类型的简单列表。本节将讨论大多数渲染 API 都支持的常见光源。

- 点光源
- 平行光
- 聚光灯
- 环境光

点光源是向四面八方发射光线的单点，又称**全向光**或**球状光**。点光源有方向和色彩，此色彩同时表示色调与亮度；点光源还有一个辐射衰减半径，控制照亮的范围。图 15.8 展示了 3ds 如何表示点光源。

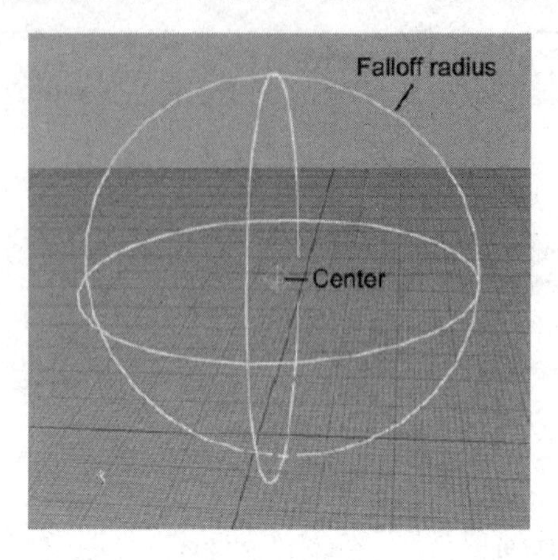

图 15. 8　点光源

光强通常由光源中心向辐射前进方向不断衰减，最终为零。我们在 15.4.7 节详细讨论衰减。点光源可代表许多常见发光物，如灯泡、电灯、火把等。

平行光代表从无限远处射来的点光源的光线，场景中所有光线皆为平行的。平行光源没有位置的概念，也无衰减。太阳是平行光的典型代表(目前还不考虑太阳的位置来渲染场景)。

聚光灯指从特定光源向特定方向射出的光。比如信号灯、车头灯等。它们有位置，方向，甚至还有辐射距离的概念。其照亮区域为圆锥形或金字塔形。

圆形聚光灯有一个圆形的“底”。其宽度由辐射衰减角给出(注意与辐射衰减距离的区别)。并且，有一个描述高亮区的内角度，如图 15.9。

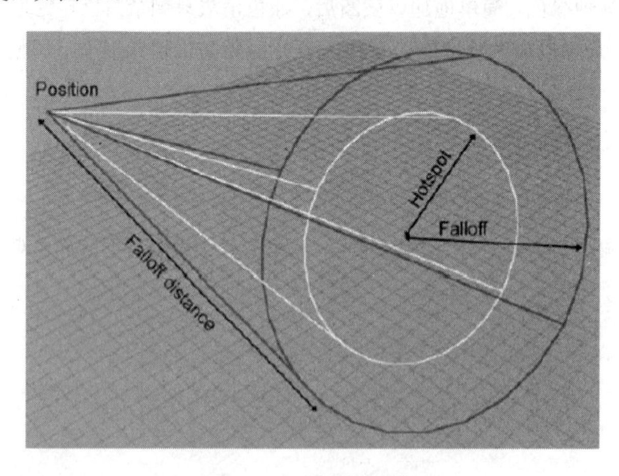

图 15. 9　圆形聚光灯

方形聚光灯形成金字塔形状，而不是圆锥形。方形聚光灯非常有趣，因为常被用来投影图像。比如，电影放映。

最后，**环境光**指不属于任何光源而照亮整个场景的光。不考虑环境光，则物体的影子将完全是黑的，因为它们不被任何光源照亮。现实中，这类物体常被间接照亮，环境光是积累这种间接光照最根本的方法。15.4.6 节将详论环境光。

15.4.3　标准光照方程——概述

15.4 节中的光照方程定义了标准光照模型，用于计算单个像素的色彩。标准方程可简写为公式 15.7：

$$\mathbf{C}_{lit} = \mathbf{C}_{spec} + \mathbf{C}_{diff} + \mathbf{C}_{amb}$$

公式 15. 7　　标准光照方程

其中，

- $\mathbf{C}_{lit}$ 是打开光照情况下计算颜色值的结果，这与关闭光照(注意：相当于用最强光照照射)情况下计算的结果不同。和我们日常生活中的“光照”一词不同，计算机图形学中的“光照”是指取关闭光照情况下的纹理颜色值进行计算，一般情况下得到的结果比原纹理颜色值暗。等光照过程讲解完毕后，这些概念会更清楚。
- $\mathbf{C}_{spec}$ 是镜面反射分量，见 12.4.4 节。
- $\mathbf{C}_{diff}$ 是散射分量，见 12.4.5 节。
- $\mathbf{C}_{amb}$ 是环境分量，见 12.4.6 节。

物体外观主要取决于以下四点因素：

- 物体表面的性质，即材质属性。
- 表面的方位与朝向，朝向常用单位法向量表示。
- 照射来的各光源性质。
- 观察者位置。

方程中的三个组成部分，分别考虑了上述因子的不同组合。

下面，分别研究上述三个部分。在 15.4.8 节，我们再将它们结合到一起。

15.4.4　镜面反射分量

标准光照方程的镜面反射分量指由光源直接经物体表面反射入眼睛的光线，如图 15.10。

镜面反射使物体看上去有光泽，粗糙表面因反射率不高，所以缺乏此类效果。镜面反射的强度取决于物体，光源和观察者。

n 为表面法向量

v 指向观察者

l 指向光源。对方向光源，**l** 为定值

r 为“镜象”向量，即 **l** 对 **n** 镜象之结果

θ为 **r** 和 **v** 的夹角，由 $\mathbf{r}\cdot\mathbf{v}$ 给出。描述镜象的方向性

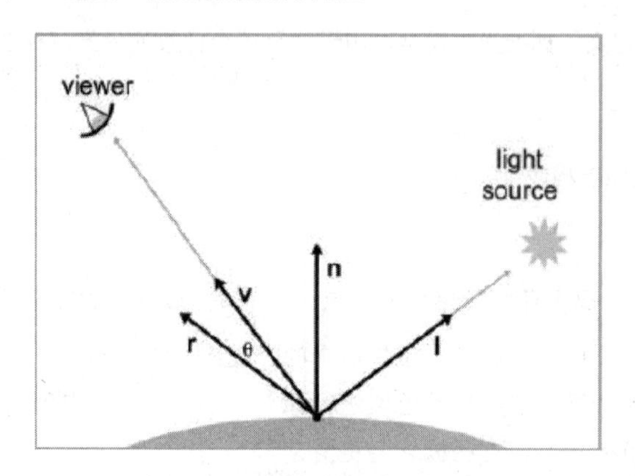

图 15.10　镜面反射的 Phong 模型

所有向量均为单位向量。如图 15.11 所示，**r** 由 $2(\mathbf{n}\cdot\mathbf{l})\mathbf{n}-\mathbf{l}$ 给出。

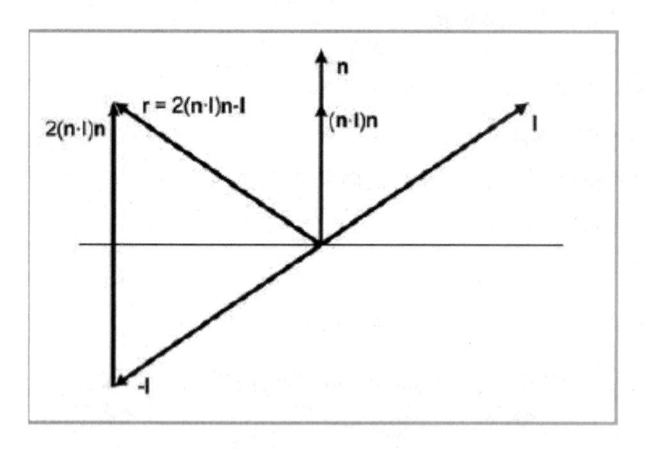

图 15.11　求反射向量 r

下列等式给出镜面反射的 Phong 模型：

$$\mathbf{c}_{spec}=(\cos\theta)^{m_{gls}}\mathbf{s}_{spec}\otimes\mathbf{m}_{spec}$$

$$= (\mathbf{v} \cdot \mathbf{r})^{m_{gls}} \mathbf{s}_{spec} \otimes \mathbf{m}_{spec}$$

公式 15.8　　镜面反射的 Phong 模型

m_{gls} 为材料的光泽度，也称作 Phong 指数。它控制“亮斑”的范围，小的 m_{gls} 带来大而平滑的光斑；大的值带来小而亮的光斑。完全的反射面，如玻璃，有非常大的 m_{gls} ——只有反射光进入眼睛；不完全的光反射面，如苹果的表面，有较大的亮斑。

另一个有关“亮度”的值为 $\mathbf{m}_{spec}$，即材料的反射颜色。对整个材料来说一般是一个不变的灰度值。$\mathbf{m}_{gls}$ 控制光斑的大小，$\mathbf{m}_{spec}$ 控制光斑的强度。强反射面，有大的 $\mathbf{m}_{spec}$ 值，粗糙些的表面则有较小的 $\mathbf{m}_{spec}$ 值。如果您愿意，可用一个“光泽图”控制物体的反射，如同纹理控制物体颜色一样。

$\mathbf{s}_{spec}$ 是光源的镜面反射颜色，控制光本身的色彩与强度。对于方形聚光灯，此值可能来自投影光照图。$\mathbf{s}_{spec}$ 常等于光的漫反射颜色 $\mathbf{s}_{diff}$。

图 15.12 显示了 m_{gls} 与 $\mathbf{m}_{spec}$ 如何影响物体的镜面反射。图中，$\mathbf{m}_{spec}$ 从最左列到最右列由黑至白变化，而指数 m_{gls} 在上方第一行最大，以后向下逐行递减。注意到，最左面一列的头像看上去一样；因为镜面反射强度为零，对光照没有任何贡献。(光线来自散射和环境光照，下一节讨论。)

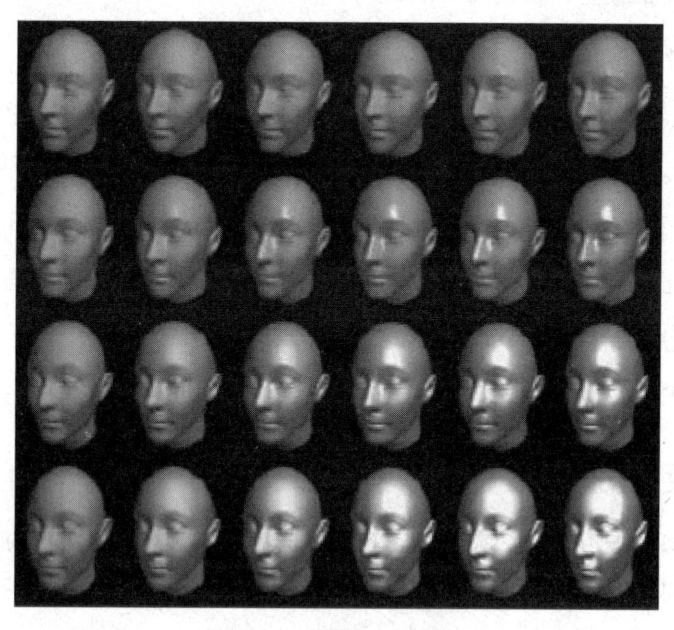

图 15.12　不同 m_{gls} 和 $\mathbf{m}_{spec}$

如果观察者离物体的距离远大于物体的尺寸，可以仅计算 $\mathbf{v}$ 一次，然后认为它对整个物体是一个常量。同样道理对光源和 $\mathbf{l}$ 也适用。(其实对平行光源，$\mathbf{l}$ 本身就是固定的。)但由于 $\mathbf{n}$ 是变化的，仍需计算 $\mathbf{r}$——这是一个应该尽量避免的计算。Blinn 模型通过计算一个稍微不同的角度来避免这个计算，如图 15.13 所示。

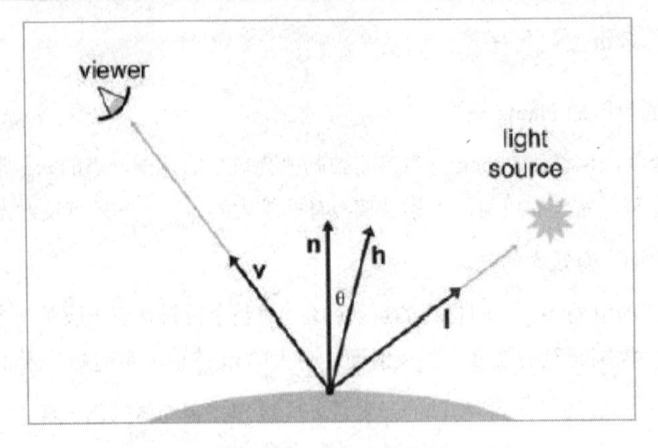

图 15.13 Blinn 模型计算镜面反射

Blinn 模型使用 **h**，表示 **v**，**l** 的中间向量，由标准化 **v**，**l** 的平均值求得：

$$\mathbf{h} = \frac{\mathbf{v}+\mathbf{l}}{\|\mathbf{v}+\mathbf{l}\|}$$

公式 15.9　Blinn 模型中间向量 **h** 的计算

Blinn 模型和 Phong 模型一样，只不过θ表示 **n** 与 **h** 的夹角：

$$\mathbf{c}_{spec} = (\cos\theta)^{m_{gls}} \mathbf{s}_{spec} \otimes \mathbf{m}_{spec}$$

$$= (\mathbf{n} \cdot \mathbf{h})^{m_{gls}} \mathbf{s}_{spec} \otimes \mathbf{m}_{spec}$$

公式 15.10　镜面反射的 Blinn 模型

此方程便于硬件实现，特别是当光源与观察者均远离物体时，此时 **h** 被视为常数仅需计算一次。Phong 模型与 Blinn 模型的区别，见参考资料[7]。

我们忽略的一个细节是有时 cosθ小于零，此时简单地令镜面反射为 **0** 即可。

15.4.5　漫反射分量

与镜面反射类似，漫反射分量也刻画直接照射物体的光线。漫反射反映的是散开的随机方向上的反射，这是由物体表面的粗糙引起的，相反，镜面反射则反映良好的反射。图 15.14 比较了良好反射表面和粗糙表面。

漫反射不依赖于视点位置，因为它本来就是随机的。光源与物体的相对位置反而显得更重要。例如：若假定光线射入眼睛的几率一定，则由于垂直于光线的面在单位面积受光多于一个斜射的面，因而入射眼睛的光线更多，如图 15.15 所示。

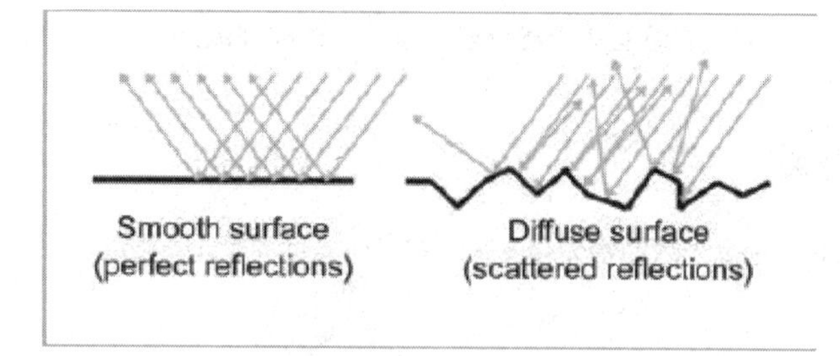

图 15.14 散开的漫反射模型

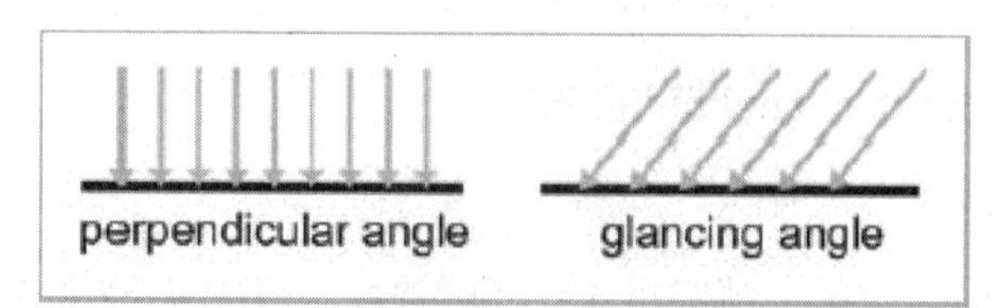

图 15.15 更接近于垂直光线的面在单位面积接受更多的光线

注意上述两种情况中，光线间的垂直距离都相等。(由于错觉，右边的也许显得远些，但量一下，您就发觉实际情况了)。然而，注意右面的图，其命中目标时分得更开些，那么单位面积接受的光线将少些。从图上的示点线可看出左边受光 9 个单位，而右边只有 6 个单位，尽管二者面积一样。这正是赤道气候比两极暖和的原因，因为地球是圆的，太阳光在赤道有较直接的照射。

漫反射光服从 Lambert 法则：反射光强正比于法向量与光线夹角的余弦，用点乘计算余弦，如下：

$$\mathbf{c}_{diff} = (\mathbf{n} \cdot \mathbf{l})\mathbf{s}_{diff} \otimes \mathbf{m}_{diff}$$

公式 15.11 使用 Lambert 法则计算漫反射

$\mathbf{n}$ 为表面法向量，$\mathbf{l}$ 为指向光源的单位向量，$\mathbf{m}_{diff}$ 为材料的散射色，即多数人认同的物体颜色。材质多来自纹理图，$\mathbf{s}_{diff}$ 为光源散射色，一般和光源镜面色 $\mathbf{s}_{spec}$ 一致。与镜面反射类似，这里也要防止点积出现负值，免得物体从背后透光。

15.4.6 环境光分量

镜面反射和漫反射都是刻画光源经物体反射后直接进入眼中的光线，但现实世界中，光线也经常在经历多于一次的反射后进入眼睛。好比您在黑暗的厨房打开冰箱，整个房间都会变得亮些，尽管箱门(您的身体)挡住了大部分直线光。

描述这类反射，我们可用环境光。环境光取决于材质和全局环境光。此时没有涉及任何光源。下面的公式计算环境光：

$$\mathbf{c}_{amb} = \mathbf{g}_{amb} \otimes \mathbf{m}_{amb}$$

$\mathbf{m}_{amb}$ 为材质的环境光分量。它总是等于漫反射分量——由纹理图定义。$\mathbf{g}_{amb}$ 为整个场景的环境光值。

15.4.7 光的衰减

光随距离衰减。所以，远离光源的物体会变暗一些。现实世界里，光强度反比于物体和光源距离的平方。

$$\frac{i_1}{i_2}=\frac{d_2^2}{d_1^2}$$

公式 15.12　　实际光线衰减反比于距离的平方

此处 i 为光强，d 为距离。

实践中，公式 15.12 并不方便，我们常用另一个简单的基于辐射衰减距离的模型替代，15.4.2 节已经介绍过在辐射衰减距离之外，光线将完全衰减为 0。通常，可在光线有效射程内使用线性插值表现光随距离 d 的衰减：

$$i(d)=\begin{cases}1, & d\leqslant d_{\min}\\ \dfrac{d_{\max}-d}{d_{\max}-d_{\min}}, & d_{\min}<d<d_{\max}\\ 0, & d\geqslant d_{\max}\end{cases}$$

如上，实际有两个辐射衰减距离。在 $d_{\min}$ 内，光强不衰减；$d_{\min}$ 至 $d_{\max}$，光强由 1 减至 0；超出 $d_{\max}$，光强一律为 0。$d_{\min}$ 控制开始衰减的距离，常设为 0，表示光一旦射出即开始衰减；$d_{\max}$ 是真正的衰减距离，此距离之外，光完全失效。

距离衰减也适用于点光源和聚光灯(平行光无衰减)。聚光灯还多出一个 Hotspot 辐射衰减半径，表示光亮在光锥边上的衰减。

一旦计算出衰减系数 i，即可将它乘以镜面反射分量和漫反射分量。记住环境光是没有衰减的，这很显然。

15.4.8 光照方程——合成

前面分别讨论了光照方程的各分量，现在是把它们合成到一起的时候了：

$$\begin{aligned}\mathbf{c}_{lit}&=\mathbf{c}_{spec}+\mathbf{c}_{diff}+\mathbf{c}_{amb}\\ &=i(\max(\mathbf{n}\cdot\mathbf{h},0)^{m_{gls}}\mathbf{s}_{spec}\otimes\mathbf{m}_{spec}+\max(\mathbf{n}\cdot\mathbf{l},0)\mathbf{s}_{diff}\otimes\mathbf{m}_{diff})\\ &\quad+\mathbf{g}_{amb}\otimes\mathbf{m}_{amb}\end{aligned}$$

公式 15.13　　单一光源的标准光照方程

图 15.16 显示了当光分量独立存在时，各分量的视觉效果，有几点需要注意：

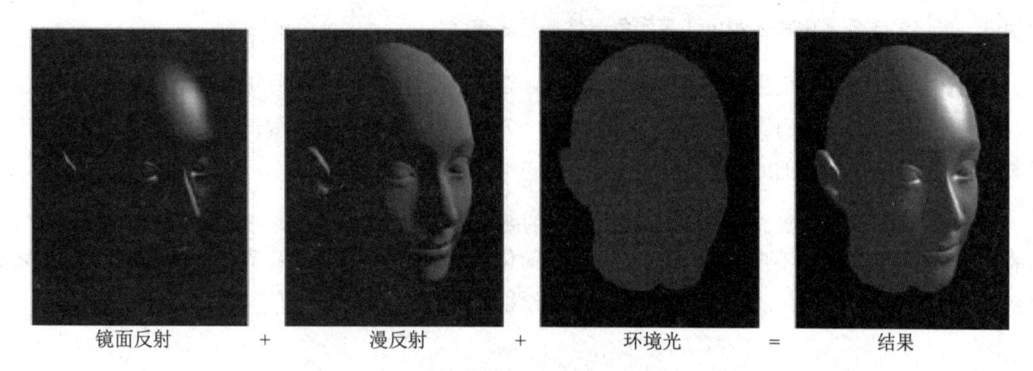

图 15.16　光照方程中各分量对视觉的贡献

耳朵与鼻子一样亮，其实它本应该在头部的影子中。这是采用局部光照的结果，要计算阴影，必须考虑其他高级技术，影子涉及全局光照。

前两幅图中，因为没有环境光，头背向光源的部分为全黑。若想照亮物体的“背向”部分，必须使用环境光；或者在场景中设置更多的光源，使得所有面都能被直接照亮。

当只有环境光时，只能看出轮廓。光照是使物体呈现“3D”外观的重要武器，为了避免这种“卡通”效果，我们可以使用足够多的光源使场景中的所有表面都能被直接照亮。

当有多个光源时，光照方程如何工作？对所有光源求和即可。若 S_j 表示第 j 个光源，j 从 $1\cdots n$，n 是光源个数，光照公式如下：

$$
\begin{aligned}
\mathbf{c}_{lit} = & \sum_{j=1}^{n}(i_j(\max(\mathbf{n}\cdot\mathbf{h}_j,0)^{m_{gls}}\mathbf{s}_{j_{spec}}\otimes\mathbf{m}_{spec}+\max(\mathbf{n}\cdot\mathbf{l}_j,0)\mathbf{s}_{j_{diff}}\otimes\mathbf{m}_{diff}) \\
& +\mathbf{g}_{amb}\otimes\mathbf{m}_{amb}
\end{aligned}
$$

公式 15.14　　多个光源相加的标准光照方程

当然，因为环境光只有一个，所以不做求和。

15.4.9　雾化

现实中，光线被空气中无数粒子反射与折射。如果单位体积内粒子的浓度足够，则它们是可见的，例如烟、灰尘、雾等。计算机图形学中，上述现象都是通过雾化技术加以模拟的。

想像我们正在注视远处的物体，眼睛与物体间的光线受到大量粒子的扰动。一些原来直线传播无法进入眼睛的光线，被那些粒子反射而进入眼睛，这就是我们“看到”空气中粒子的原因。最后的视觉效果上，物体的颜色向雾的颜色偏移，粒子越多，偏移越大。

雾浓度在[0，1]间取值，控制雾化程度。浓度 0 表示无雾化，浓度 1 表示完全雾化，这时像素呈现雾的颜色，最终的颜色值由物体颜色和雾颜色线性插值求得。

如何计算雾浓度？前面提到，大气中粒子越多，雾化越显著。然而，如何知道粒子数并转化为雾浓度呢？幸运的是，不必知道确切的粒子数，我们用另一个值模拟这个数。粒子数依赖两个因素：场景中的全局雾浓度和眼睛——物体间的距离。

眼睛——物体间的距离容易得到。于是，剩下的就是根据这个距离由雾浓度求得像素颜色。如何定义雾的浓度和单位呢？我们不直接定义，而是用一个简化系统。雾浓度由两个距离 $d_{\min}$ 和 $d_{\max}$ 控制，像素和眼睛距离小于 $d_{\min}$ 时无雾化，随着距离的增大，雾化逐渐加重，当距离大于 $d_{\max}$ 时完全雾化。如公式 15.15 所示：

$$f(d)=\begin{cases}0, & d\leqslant d_{\min}\\ \dfrac{d-d_{\min}}{d_{\max}-d_{\min}}, & d_{\min}<d<d_{\max}\\ 1, & d\geqslant d_{\max}\end{cases}$$

公式 15.15　　使用最大和最小雾化距离的雾浓度计算

有两点注意事项：

- 该公式假设雾是空间均匀的，但实际情况并不总是如此。例如，现实世界中，雾常在下方较浓。此模型不能表达这个现象。
- 距离的定义是可变的。当然，可以用欧式距离，得到球状雾效果，但需要做开方运算。有一种简化是以摄像机空间深度 z 为距离，从而得到线性雾。它的优点是速度快，但有一个恼人的副作用，某一点的雾浓度可能因摄像机朝向的不同而改变，现实世界中这是不可能的。

一旦得到[0，1]间的雾浓度，像素颜色就可以用如下线性插值公式计算，

$$\mathbf{c}_{fogged}=\mathbf{c}_{lit}+f(\mathbf{g}_{fog}-\mathbf{c}_{lit})$$

其中：

- $\mathbf{c}_{lit}$ 为计算光照后的物体表面颜色
- f 为公式 15.15 得出的雾浓度
- $\mathbf{g}_{fog}$ 为全局雾颜色
- $\mathbf{c}_{fogged}$ 为最终结果

为了在场景中得到雾化效果，必须向 API 说明雾的性质。常要需要下列三种信息：

- 雾化开关，如果要得到雾化效果，必须打开
- 雾的颜色，即上式的 $\mathbf{c}_{fog}$

- 雾化距离，d_{min} 和 d_{max}

15.4.10 flat 着色与 Gourand 着色

若渲染速度并不重要，我们可以逐像素地计算光照和雾化。(对于光照，这项技术称作 Phong 着色模型——不要和镜面反射的 Phong 模型混淆。)然而这样做计算量过于巨大，所以我们必须折中并减少计算的频率。有两个选择：逐多边形或逐顶点计算，这两项技术分别称作 flat 着色和 Gourand 着色。

使用 flat 着色，对整个三角形只计算一次光照值。通常，计算光照的“位置”为三角形中心，表面法向量为三角形法向量。如图 15.17 所示，使用 flat 着色，物体由多边形构成的本质表露无遗，没有任何光泽可言。

Gourand 着色，又称作顶点着色或插值着色。在顶点级计算光照和雾，然后这些值被线性插值用于整个多边形面，图 15.18 是和图 15.17 同样的茶壶，但是采用 Gourand 着色。

图 15.17　flat 着色的茶壶

图 15.18　Gourand 着色的茶壶

显然，Gourand 着色在保持物体的光滑性上做得较好。当被模拟的值本来就是线性时，Gourand 着色能得到很好的效果。问题出在，如果这些值不是线性变化，比如镜面高光。比较 Gourand 着色茶壶的高光部分和 Phong 着色茶壶的高光部分，如图 15.19 所示。Phong 着色中，除去几何不连续的把手、壶嘴部分，高光的连续性很好，而 Gourand 着色中，由其高光面甚至可辨出各个小面元的分布。

图 15.19　Phong 着色的茶壶

线性插值的基本问题是内插值不可能大于较大的顶点值，所以高光只能在顶点出现，充分细化，可解决这一问题。

尽管有着自身的局限性，Gourand 着色仍是现今硬件最常用的方法。当使用纹理帖图做为输入(最常见的是 diffuse 纹理帖图)代替光照方程时，怎样计算顶点级的光照呢？这个问题我们将在 15.8.2 节讨论它。

15.5　缓　　存

渲染涉及大量的缓存。这里，缓存只是一个简单的存有像素数据的矩形内存块。最重要缓存是帧缓存和深度缓存。

帧缓存存储每个像素的色彩，即渲染后的图像。色彩可能有多种格式，但就当前的讨论来说，不考虑格式的差异。帧缓存常常在显存中，显卡不断读取该内存，并将二进制数据转化为 CRT 接收的合适信号。所谓双缓存技术，是为了防止图像在未完全渲染好之前就被显示。此时，实际上使用了两个帧缓存，一个缓存放当前显示的图像，另一个缓存，离线缓存存放正在渲染的图像。

一旦渲染完成并准备好显示，即“切换”缓存，有两种方式：

- 如使用页切换技术，则命令显示卡开始从离线缓存读取数据。接着对调两个缓存的角色；现在的显示缓存变为离线缓存。
- 也可以将离线缓存复制到显示缓存。

图 15.20 显示了双缓存的情况。

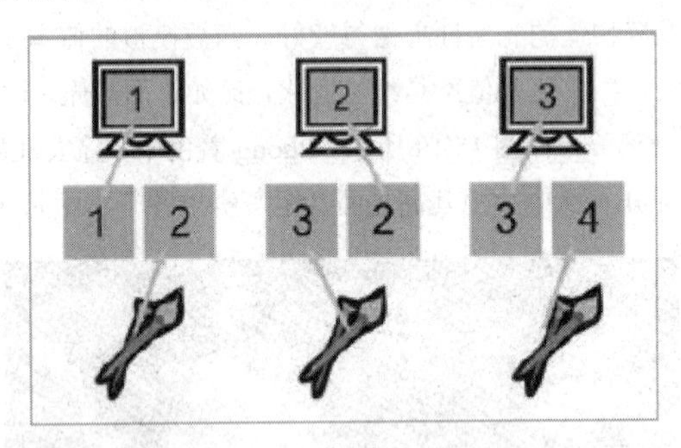

图 15.20　双缓存

另一个用于渲染的重要缓存是深度缓存——也称作 *z*-buffer。深度缓存不存储像素的颜色，而代之以像素的深度信息。存入缓存的深度信息有多种不同的变体，但它们基本上都反映物体到摄像机的距离。实践中，通常保存的都是裁剪空间的 *z* 坐标，这就是 *z*-buffer 名称的由来。

深度缓存一般用于计算物体之间的遮挡。当光栅化三角形时，计算各像素的插值深度。在渲染素前，将这个深度值和深度缓存中该像素的深度值比较。如果新的深度比现有值离摄像机更远，则新的像素被丢弃；否则，像素颜色被写到帧缓存，并用新的，更近的值更新深度缓存。

在开始进行新的渲染之前，记得要置 *z*-buffer 各值为无限远(在裁剪空间中，这个值为 1.0)，这样第一批像素才能通过深度测试。一般不对 *z*-buffer 设置双缓存。

15.6　纹理映射

物体外观不仅仅限于形状，不同物体的表面有着不同的颜色和图案。一个简单而有效的实现这种特性的方法是使用纹理映射。

纹理图是一个铺在物体表面上的位图，使用纹理映射可以在“texel”(一个 texel 是纹理图中的一个像素)级别控制颜色，这优于在顶点或三角形级别控制物体颜色，也许您已经见过纹理映射的实例，不过还请看看下面的例子，它展示了纹理的强大威力。图 15.21 展示了一个纹理映射前和后的 3D 人物模型，“Rayne”。

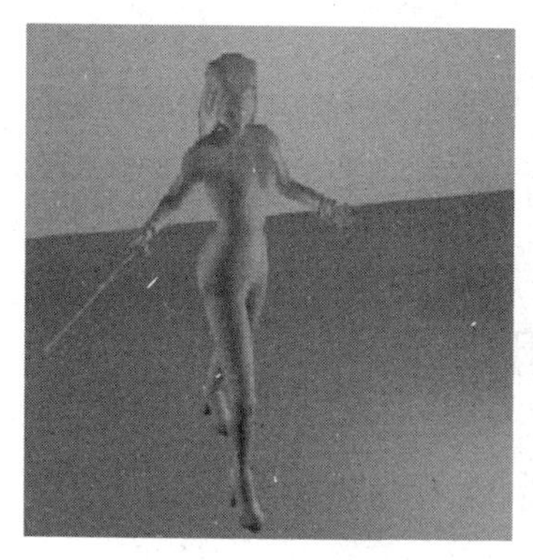

图 15. 21　一个模型在应用纹理映射之前和之后的比较

纹理图不过是一个贴在模型表面的位图。它是如何把整个物体包起来的？实际上，有多种不同方法，可以将网格用纹理图“包”起来。“平面映射”线性地将纹理投射于三角网；球形映射、柱形映射和立方体则有不同的投射方式。这里，每项技术的细节并不重要。因为，建模软件，如 3D Studio Max，会处理它们。无论位图如何放置，每个顶点都要赋给一个纹理映射坐标，也就是位图上的 2D 笛卡尔坐标。通常，称它们为 u，v，以防止和渲染坐标 x，y 混淆。纹理映射通常按照位图尺寸规格化为[0，1]之间的值。如图 15.22，给出了图 15.21 模型中的一个纹理。

此纹理图为 Rayne 的头部所用，包围在头部的一半，从鼻子到后脑中线。艺术家特意使它的尺寸合适于模型，头部的另一半使用同样的纹理，一个镜象。

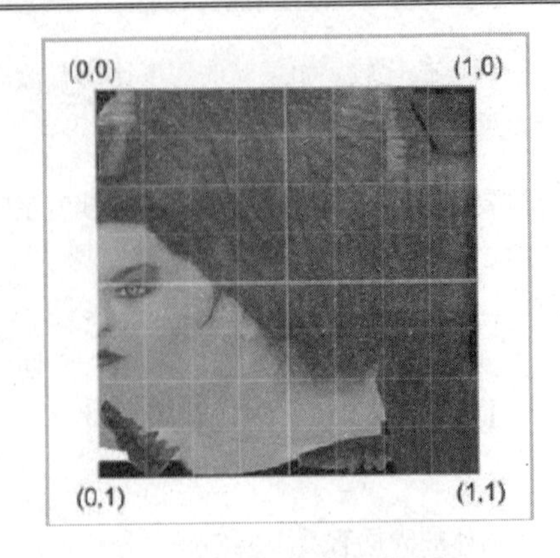

图 15.22　一个纹理的例子

注意纹理不一定要“连续”地包围几何体。因为每个三角形都能独立映射，纹理的不同部分可以任意映射到物体的不同部分。比如，上图中左下角的“牙齿”就是这样；Rayne 有毒牙，嘴张开时可以看见。当然，如果不使用“连续”映射，且纹理映射坐标存储在顶点级，纹理交界处对应的顶点坐标是双份的。

注意这里对纹理使用了原点在左上角的坐标系，这类似于硬件访问的方式。更具“学术性”的文献则使用左下角为坐标原点。

如前所述，各顶点都有一个纹理的 u，v 坐标。用这种方式，纹理被“钉在”三角网上。要渲染三角形中的某个像素，可以先插值计算其 u，v 坐标(类似于 Gouraud 着色)，然后读取对应的纹理值。

15.7　几何体的生成与提交

一旦知道哪些物体可见(或至少潜在可见)，即可将其生成并提交到图形处理器。该阶段完成以下任务：

- 细节层次(LOD)选择
- 渐进式生成几何体
- 向图形 API 提交数据

15.7.1　LOD 选择与渐进式生成

一般我们希望以最大可能的三角形数量描绘物体以求得最佳的视觉效果，但不幸的是，较多的三角形一般意味着低帧率。我们必须在可接受的外表和帧率间做出折衷选择。LOD 在一定程度上可两全其美，基本思路是离摄像机远的物体只使用较少的多边形，此时并不降低视觉效果。

如何得到三角形数量较少的三角网？一种简单方法(从程序员的角度！)是让美工直接制作一个。然后根据物体离摄像机的远近(或屏幕分辨率大小)选用合适的 LOD。问题是就在它由远及近改变的那一刻，这种方法会有一种“跳动效果”。当然，我们希望把这种视觉上的不连续降低到最低限度——好的三角网也许会有更大帮助。

一种克服“跳动”的方法是引入连续 LOD。这种系统中，不同级别 LOD 包含的三角形数目几乎是连续的；我们可以产生任意多三角形的网格。渐进式网格技术就是一种这样的“网格消减”技术(见 14.4.5 节)。但需要注意生成连续 LOD 的开支可能会很显著。而使用离散 LOD，网格是现成可用的，渲染时可立即投送；我们所要做的就是决定用哪个网格。所以，也许即使实际的网格是用网格消减技术生成的，离散 LOD 还是在实践中经常使用。

有时候几何体并非由美工创建，而是由计算机生成，这称为程序建模。分形地形图是程序建模的好例子，植物也可以自动创建。有时 LOD 也用在此类建模算法中，详细讨论已超出于本书范围。可见附录 B 的参考文献[5]。

15.7.2　向 API 投送几何体

不论几何数据的来源是什么，某一时刻总是要送往渲染 API。本节讨论现代 API 常用的几何体数据格式。

如前所述，多数 API 希望某种形式的三角网格输入，如单个三角形，索引三角网格，三角带或三角扇等。(14.1 节我们讨论过这些三角网格。)无论哪种形式，数据的核心都是顶点，三角形不过是顶点合适的连接方式。从另一方面说，API 并不需要超过三角形级别的数据。由于前面讨论了如何表示三角形，本节详细讨论表示顶点的不同方法。

API 根据操作的不同接受不同的数据格式。(当我们说‘API 如何时’，是指整个图形子系统。不论操作是由软件完成还是硬件完成的。)

在简化的情况下。顶点的数据一般分为 3 类：

- **位置**：描述顶点的位置。可以是 3D 向量或者有深度信息的 2D 屏幕坐标。如果采用 3D 向量，还需要用模型、视图变换做向屏幕映射的工作。另一个骨骼动画中使用的高级技术是 skinning，顶点坐标由若干“骨头”给出。
- **光照和雾化**：为了渲染，顶点一般都带有色彩值。然后由这些值插值计算三角形各点的颜色。我们可以指定这些值，或者让 API 计算合适的光照值。如果让 API 计算光照，通常要给出顶点法向量。(更多光照计算见 15.8 节。)无论如何，颜色均为“RGB”加 alpha 的元组。如果直接指定颜色，经常使用一个 32 位的 ARGB 值，每分量 8 位；或者为每个分量使用一个单独的值。如使用硬件雾化，还要指定各点的雾化强度。可以手动指定这个值，也可由 API 计算。(更多雾化计算见 15.4.9 节。)
- **纹理映射坐标**：使用纹理映射时，每个顶点必须要有纹理映射坐标。最简单的情形下，只需要纹理图的 2D 坐标，常记为(u，v)。当使用多重纹理时，每个纹理都需要一个坐标。有时，可以阶段式生成纹理坐标(如向表面投射一道光线)。或者，可以“阶段性”地拷贝纹理坐标。在这种情况下，就可以不指定纹理坐标。

如前所述，上面是简化的描述，不过已概括了实践中的多数情况。简单的说，投送顶点并没有一个简单的格式。事实上，存在许多变种，如 DirectX 有可变顶点格式的概念，可使您自定义格式，以最方便的顺序保存任何想要的信息。

有了这些之后，让我们给出几个 C++结构，记录上面提到的常用格式。

最常见的是 3D 坐标，表面法向量和纹理映射坐标。需要 API 进行光照的静态纹理映射网格常使用这种格式。

```
// 未变换、没有光照的顶点
struct RenderVertex {
    Vector3 p;          // 坐标
    Vector3 n;          // 法向量
    float u,v;          // 纹理映射坐标
};
```

另一种常用的格式，是用来显示 2D 物体或 HUD(head up display)的，含有屏幕坐标和预定义的光照。虽然数据是“2D”的，但仍然带有某种形式的深度信息。

```
// 变换后、有光照顶点
struct RenderVertexTL {
    Vector3 p;                  // 屏幕坐标和深度
    float w;            // 1/z
    unsigned argb;      // 漫反射
    unsigned spec;      // 镜面反射
    float u,v;                  // 纹理映射坐标
};
```

最后一个例子是某种 3D 顶点，但不需要图形 API 的光照引擎照亮，它自带预定义的光照。这种格式经常用于特效，如爆炸，火焰，发光物等，以及“调试用物体”如包围盒，路点，标记等。

```
// 未变换，有光照的顶点
struct RenderVertexL {
    Vector3 p;                  // 坐标
    unsigned argb;      // 漫反射
    unsigned spec;      // 镜面反射
    float u,v;                  // 纹理映射坐标
};
```

15.8　变换和光照

网格被提交到 API 之后，接下来的操作就是变换与光照。(经常用 *T&L* 表示。)图形管道的该阶段其实包含大量顶点级别的计算。基本上，所有顶点级别的计算都可以在本阶段进行，但最常见的操作有：

- 物体空间顶点位置变换到裁剪空间
- 使用光照设置及法向量计算光照
- 根据顶点位置计算顶点级雾浓度
- 阶段式产生纹理映射坐标
- 在骨骼动画中，用 skinning 技术计算顶点值

当然，根据不同的渲染上下文和提交的数据类型，某些操作不会执行。

当前图形 API 给予 *T&L* 阶段完全的灵活性。自第 8 版开始，DirectX 支持顶点着色，其实就是运行在硬件上的小段代码。这些代码操作单个顶点，接受几何提交阶段发送来的任意多输入，并产生任意多输出到裁剪/光栅化阶段。典型的输入值如 15.7.2 节——顶点位置，法向量，光照前的颜色，纹理映射坐标等。可能的输出包括顶点坐标转换(摄像机空间或裁剪空间)，Gouraud 着色，纹理坐标，雾浓度等。经常，输入只是简单地通过顶点着色，并映射成合适的输出(如纹理映射坐标，预计算的光照)；或者，顶点着色执行一些运算产生全新的输出，如变换顶点位置，雾浓度，动态光照，或阶段式生成纹理映射坐标。(更多信息见 Direct3D ShaderX：Vertex and Pixel Shader Tips and Tricks from Wordware Publishing。)

15.8.1　变换到裁剪空间

模型空间到裁剪空间的转换常以矩阵乘法实现。概念上，顶点经过一系列变换，如下所示：

- 模型转换到世界空间
- 视图变换将世界空间转换到摄象机空间
- 摄像机空间转换到裁剪空间

乘法顺序如下；

$$\mathbf{v}_{clip} = \mathbf{v}_{model}(\mathbf{M}_{model->world})(\mathbf{M}_{world->camera})(\mathbf{M}_{camera->clip})$$

如果是从本书开始一路读下来的，您也许已经猜到，实现中并没有做三步乘法。实际上，变换矩阵是连接好的，顶点的变换不需要做三次矩阵乘法。根据硬件的设计和光照方法，可以将所有矩阵连接成两个或一个矩阵。如果能够访问 *T&L* 硬件(如顶点着色)，则可以直接施加精确的控制。如果不能，就必须依赖 API 让它作所有的优化。

15.8.2 顶点光照

在 15.4 节中，我们讨论了表面光照的原理。那里提到这样的事实，理想的情况应该使用 Phong 着色，先对表面法向量插值而后像素点计算光照。实际上，我们却不得不多用 Gouraud 着色，先计算顶点的光照而后插值生成多边形中各点的光照。

当在顶点级计算光照时，无法直接用公式 15.14。因为 $\mathbf{m}_{diff}$ 不是一个顶点级材质属性，通常是由纹理定义这个值。为了使公式 15.14 更适合插值，必须进行变换以分离 $\mathbf{m}_{diff}$ 。同时，可以假设 $\mathbf{m}_{amb}$ 等于 $\mathbf{m}_{diff}$ 。

$$
\begin{aligned}
\mathbf{c}_{lit} &= \sum_{j=1}^{n} i_j(\max(\mathbf{n}\cdot\mathbf{h}_j,0)^{\mathbf{m}_{gls}}\mathbf{s}_{j_{spec}} \otimes \mathbf{m}_{spec} + \max(\mathbf{n}\cdot\mathbf{l}_j,0)\mathbf{s}_{j_{diff}} \otimes \mathbf{m}_{diff}) + \mathbf{g}_{amb} \otimes \mathbf{m}_{amb} \\
&= \left(\sum_{j=1}^{n} i_j(\max(\mathbf{n}\cdot\mathbf{h}_j,0)^{\mathbf{m}_{gls}}\mathbf{s}_{j_{spec}})\right) \otimes \mathbf{m}_{spec} \\
&\quad + \left(\sum_{j=1}^{n} i_j(\max(\mathbf{n}\cdot\mathbf{l}_j,0)\mathbf{s}_{j_{diff}})\right) \otimes \mathbf{m}_{diff} + \mathbf{g}_{amb} \otimes \mathbf{m}_{diff} \\
&= \left(\sum_{j=1}^{n} i_j(\max(\mathbf{n}\cdot\mathbf{h}_j,0)^{\mathbf{m}_{gls}}\mathbf{s}_{j_{spec}})\right) \otimes \mathbf{m}_{spec} \\
&\quad + \left(\mathbf{g}_{amb} + \sum_{j=1}^{n} i_j(\max(\mathbf{n}\cdot\mathbf{l}_j,0)\mathbf{s}_{j_{diff}})\right) \otimes \mathbf{m}_{diff}
\end{aligned}
$$

公式 15.16　　整理标准光照方程，使其适合顶点级光照计算

用上面的光照方程，就可以在顶点级插值计算光照。对于每个顶点，我们计算两个值， $\mathbf{v}_{diff}$ 和 $\mathbf{v}_{spec}$ 。$\mathbf{v}_{diff}$ 包含公式 15.16 的环境与散射分量， $\mathbf{v}_{spec}$ 包含镜面分量：

$$
\mathbf{v}_{diff} = \mathbf{g}_{amb} + \sum_{j=1}^{n} i_j(\max(\mathbf{n}\cdot\mathbf{l}_j,0)\mathbf{s}_{j_{diff}})
$$

$$
\mathbf{v}_{spec} = \sum_{j=1}^{n} i_j(\max(\mathbf{n}\cdot\mathbf{h}_j,0)^{\mathbf{m}_{gls}}\mathbf{s}_{j_{spec}})
$$

公式 15.17　　顶点级漫反射与镜面反射值

上述值都是逐顶点计算，然后对整个三角形插值。于是，对每个像素，光照公式如下：

$$
\mathbf{c}_{lit} = \mathbf{v}_{diff} \otimes \mathbf{m}_{diff} + \mathbf{v}_{spec} \otimes \mathbf{m}_{spec}
$$

公式 15.18　　使用插志光照计算像素的着色

如前所述， $\mathbf{m}_{spec}$ 经常为常量，但也可以用光泽图定义。

应使用哪个坐标空间计算光照？可以在世界空间内进行。此时，顶点坐标、法向量都要转换到世界空间，以进行光照计算，接着顶点坐标转至裁剪空间。或者，可以将光放到模型空间中计算，因为光总比顶点较少，结果是总体减少了向量—矩阵乘法运算。第三种可能是在摄像机空间内计算。如果您不通过顶点着色直接控制 T&L 管道，API 会为您做出这个选择。

15.9　背面剔除与裁剪

当三角形的顶点转换到裁减空间后，我们对三角形做两个重要测试。注意，这里讨论的顺序并不一定是硬件执行的顺序。

15.9.1　背面剔除

第一个测试称作**背面剔除**，其目的是去除背对摄像机的三角形。在标准封闭三角网格中，我们永远看不到三角形背面，除非进入那些多面体“内部”。去除这些三角形并非必要——画出它们，依然得到正确的图像，因为它们会被前方的三角形盖住。但我们不想浪费时间去绘制任何看不见的物体，所以我们常做背面剔除，特别是，在理论上，有一半三角形为背向的！

实践中，只有少于一半的三角形能被剔除，特别是静态场景中，创建时就没有背面(如地形图)。当然，也还能去掉些一些背向三角形(比如山背后)，但如果我们高于地面，多数面仍为正向的。然而，动态物体就有可能节约一半的背面了。

有两种方法可用于探测背向三角形。第一种是裁剪和投影前，在裁剪空间(或摄像机空间)中进行的。基本思想是判断眼睛是否在三角形所在平面的前面。如图 15.23 所示，将被背向剔除的面都用灰色绘制。注意背向剔除不依赖于视锥；实际上，它甚至不依赖于摄像机朝向，只考虑三角形与摄像机的相对位置。

为在 3D 中执行背面剔除，需要三角形法向量和一个从眼睛到三角形的向量(可取三角形上任何一点——我们经常任取一顶点)。如果上面两个向量的方向大致相同(点积大于 0)，则三角形为背向。

仅依靠摄像机(或裁剪)空间中三角形法向量的 z 分量是不能完成背向剔除的。看起来如果 z 值为正，则三角形背对摄像机应被剔除，其实不然。如图 15.24 所示显示了一个失败的例子，用圆圈标出的即是。

前述背面剔除方法主要用于软件渲染的时代，那时候预先计算好的表面法向量存储在三角形级。如今，由于向渲染硬件投送几何体已经成为瓶颈，这类多余的信息都不再发送了。当今图形硬件上，通常利用屏幕空间中三角形顶点的顺序(顺时针或逆时针)进行背面剔除。

本书约定，从前面看时，三角形顶点顺序为顺时针。于是，便可剔除那些逆时针顶点顺序的三角形。API 允许用户控制背面剔除。有时，可以在渲染特殊几何体时不进行剔除。或者，当物体反转的时候，可将前面的剔除顺序反过来。

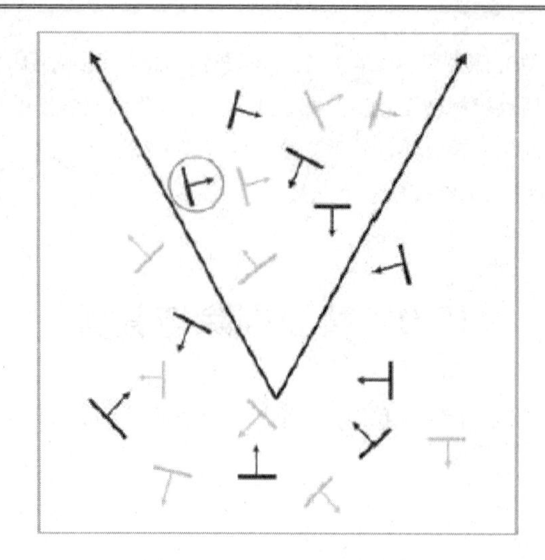

图 15.23 3D 的背面剔除

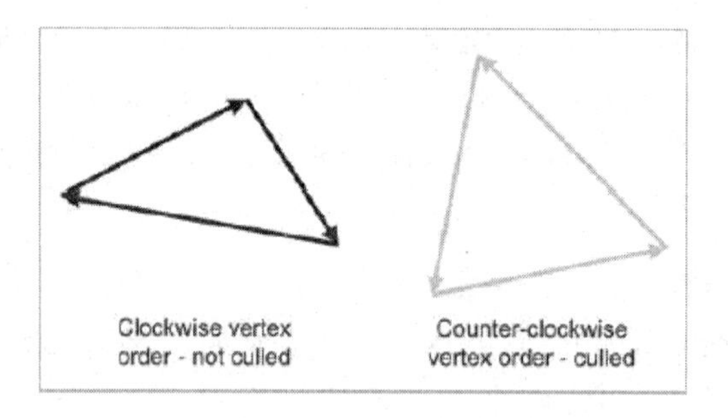

图 15.24 剔除顶点为逆时针顺序的三角形

15.9.2 裁剪

即使正对摄像机，三角形也可能部分或完全在视锥外而不可见。在投影到屏幕空间之前，一定要确保它们完全在视锥内，这个过程称作**裁剪**。由于裁剪一般由硬件完成，这里仅作粗略描述。

标准多变形裁剪算法是 Sutherland-Hodgman 算法。它将多边形分裂为多个小多边形来解决截剪问题。裁剪完后，再组合起来。

对平面做多边形裁剪时，沿边遍历多边形，依次对每边进行裁剪。边的两个顶点要么在或不在平面内，所以总共有四种情况。每种情况产生 0，1 或 2 个输出点，如图 15.25。

图 15.26 显示了右裁剪面裁剪多边形的情形。注意，裁剪输出顶点而不是边。图 15.26 中，边画出来只是为说明。特别是，最后一步似乎产生两条边，但实际只产生一个顶点——最后一条边只是为了封闭多边形加上的。

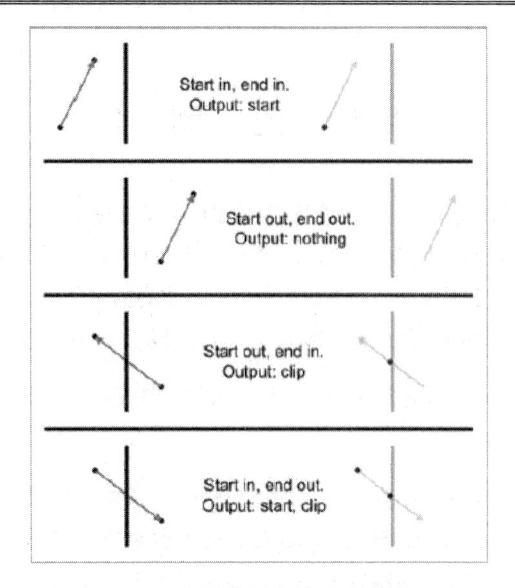

图 15.25　裁剪 1 个边的 4 种情况

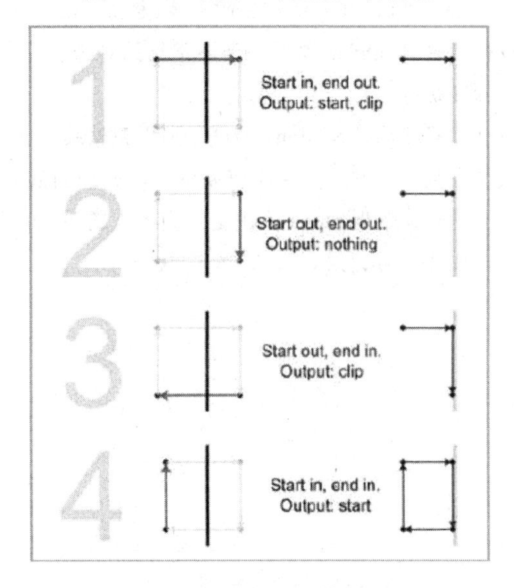

图 15.26　用右裁剪面裁剪多边形

在每一阶段的最后，如果保留的顶点数少于三个，则多边形不可见(注意一个或两个顶点无法组成多边形。输出顶点数只能为零或至少三个。)

一些图形硬件不在 3D 中做所有六个面的裁剪，而代之以近面和 2D 裁减，在下一节讨论。

15.10 光 栅 化

裁剪以后，根据公式 15.6，顶点终于可以投影到输出的屏幕坐标了。当然，这些坐标是浮点型的“连续”坐标(见 2.1 节)。而我们渲染的像素是离散的。所以如何判断对应关系？开发一个算法是非常困难的。如果算法错误，三角形之间会出现裂缝。如果我们做混合，重叠的三角形也会显示出来。从另一方面说，必须保证渲染三角形代表的平面时，每像素只渲染一次。幸运的是，图形硬件保证这一切。

虽然，我们不必知道硬件如何决定某像素属于某三角形，但还是有必要了解对一个单独的像素，它会做些什么。概念上有三步：

- **着色**：像素着色指为像素计算颜色的过程。一般，像素先光照再雾化，参考 12.8 节。像素着色的输出值不但有 RGB，还有 alpha 值表示“透明”，用于混合(见下)。
- **测试**：拒绝像素一般有三种测试方法。裁剪测试去除渲染窗口外的像素。(假如做了完整的视锥测式则不必要。)深度测试用 z-缓冲去除像素(参考 15.5 节)。alpha 测试以 alpha 值为基础去除像素。可以使用多种 alpha 测试，但最常见的是去除“过分透明”的像素。(我们不希望这类像素写入深度缓存。)
- **写入**：如果像素通过了深度测试和 alpha 测试，则更新帧缓存和深度缓存。深度缓存用新值替代旧值即可。帧缓存复杂一些，如果不需要混合，则用新的像素颜色替代旧的值。否则，就进行新旧颜色间的混合，依据 alpha 值决定它们各自的贡献。根据不同的图形硬件，也可执行其他一些运算，如加、减、乘。

16

可见性检测

本章主要介绍可见面检测，共分 6 节：

- 16.1 介绍包围体检测，包括：
  - 基于视锥的检测
  - 对遮断的检测
- 16.2 介绍空间分割技术
- 16.3 介绍网格系统
- 16.4 介绍四叉树与八叉树
- 16.5 介绍 BSP 树，包括“经典 BSP 树”和“新 BSP 树”
- 16.6 介绍遮断剔除，包括：
  - PVS 技术
  - Portals 技术

正确渲染要进行可**见面检测**(visible surface determination,VSD)。其目的是找出在最终渲染画面中应绘制的三角形，或者更重要的是，找出不应被绘制的三角形。

VSD 可在多个不同层次进行，如：像素，三角形，物体，装满物体的房间，有多个房间的楼层，或者十层的大楼。本节关注高于像素和三角形级的各种 VSD 技术。像素级 VSD 由 15.5 节介绍的深度缓存处理；三角形级 VSD 由背面剔除和裁剪完成，该技术将在 15.9 节介绍。本章主要讨论物体级的可见性探测技术。在深入到各种探测算法之前，先让我们看看什么原因会导致三角形或像素不可见。这里有两个基本原因：

- 三角形在视锥体外的部分不可见(即“离屏”)。视锥体外的部分被裁减，视锥体内的部分则留待处理。如果一个三角形完全在视锥体外，则它被抛弃且不做后续处理，这种行为称作**剪除**。
- 像素可能会被离摄像机更近的物体遮挡(或封闭)。

在管道的这一阶段我们的目的就是利用上述两条原则使流入下一阶段的物体尽可能的少。从另一方面说，我们从场景内的所有物体开始，希望尽可能快尽可能多的去除不可见的物体。有一系列的技术实现这个目的。本章的剩余部分将介绍一些高级和中级 VSD 技术。

16.1 包围体检测

通常我们并不会将场景存储在一个巨大的三角网格中，而是将它划分为若干部分。这样做的一个重要原因就是可以动态的改变物体的位置。即使对于廊柱、墙壁这样的静态物体，将场景分成多个部分也是有好处的。因为这样可以对三角形群组做批处理，而不是逐个三角形处理。至于如何分解场景则应视应用不同而定。

分解存储的一个最大好处在于可以进行基于包围体的 VSD 探测。包围体通常是长方体(12.4 节)或球体(12.3 节)因为它们的数学表达式简单且容易操作。然而，包围体本身也可以是一个三角网格，当然，它要比被包围的物体更简单才行，否则操作包围体和操作物体的代价一样昂贵就没有意义了。究竟要一个简单而松弛的包围体还是一个紧贴但复杂些的包围体，要视情况而定。包围球操作最为简单，但对于大多数物体，它提供了一个不太紧的包围。三角网提供了最为紧密的包围，但它也是最难操作的。包围盒多数时候是不错的折中，有着好的最坏性能和紧密的包围并且操作容易。

无论包围体形状如何，其基本思想都是一旦探测到包围体不可见，则内部的三角形全部不可见，不用再逐个判断了。对于大的场景，使用包围体探测的效率高于逐三角形探测。这种“中级”VSD 技术的实现也相对容易。

回想三角形或像素不可见的两个原因：离屏或被遮断。它们也可应用于包围体。如果整个包围体离屏，则内部的所有三角形也是离屏的。如果整个包围体被遮断，那么所有三角形也被遮断。做出第一个判断要比第二个判断容易得多，下面马上就会讲到。

下一小节讨论如何探测包围体的可见性。注意如果包围体不可见，则三角形不可见，但逆命题并不成立。完全有可能包围体可见，但实际上它内部的三角形没有一个是可见的。所以包围盒探测的结果是要么完全不可见要么可能可见。通常不能做出物体一定可见的结论。

16.1.1 基于视锥的检测

基于视锥探测包围盒(无论是轴对齐的或方向的)是相当容易的，基本思想是用包围盒的八个顶点对六个裁剪面进行测试。如果所有顶点都在一个或多个剪切面的“外部”(例如，它们都在顶裁剪面的上面)，则包围盒显然是不可见的，可以抛弃。如图 16.1 所示，左下角的包围盒可以抛弃，因为它完全在左裁剪面的外部。

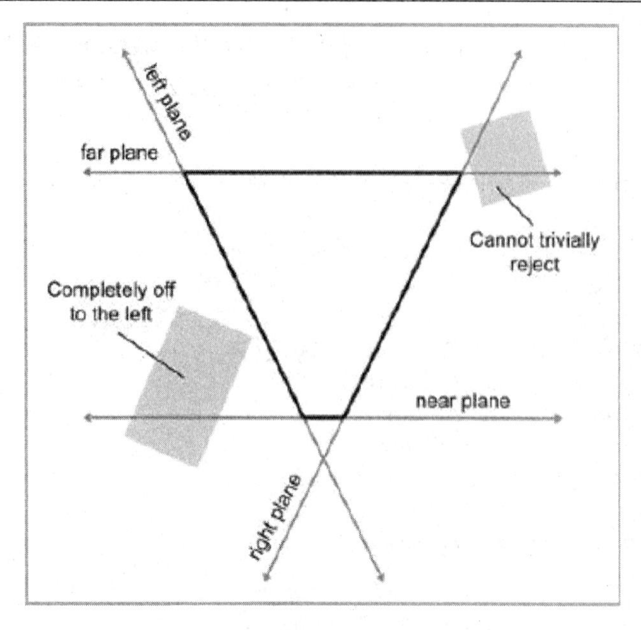

图 16.1　对包围盒进行视锥可见性探测

注意到，虽然右上角的包围盒完全在视锥体外，但它却不在任何裁剪面外部。这种情况很难探测，但是幸运的是它不经常发生。稍后我们将讨论如何对付这种情况(如果您仍然在为此而着急！)。

探测包围盒是否在裁剪面外部最简单的方法是使用裁剪矩阵(参考 15.3.3 节)。将八个顶点转换到裁剪空间，然后对六个平面逐个测试。(因为裁剪空间的特性，这些测试是非常简单的——这就是创建裁剪空间的全部原因！)记录哪些点在哪些裁剪面外部的一个技巧是对点进行编码，基本思想是对每一点，应用一个字节，字节的每一位都对应一个裁剪面，如果点在剪切面外，则相应位置 1。图 16.2 显示了一个例子。

Clip Plane	Point is outside if	Bit	Mask Value
Left	$x < -w$	0	0x01
Right	$x > w$	1	0x02
Bottom	$y < -w$	2	0x04
Top	$y > w$	3	0x08
Near	$z < -w$	4	0x10
Far	$z > w$	5	0x20

图 16.2　使用按位编码的输出码来记录裁剪面探测结果

注意，这里使用的是 OpenGL 风格的裁剪矩阵，即近裁剪面和远裁剪面的 z 值从-w 到 w，而不是从 0 到 w。D3D 风格的裁剪矩阵稍有不同。同时，裁剪面和字节中位的对应关系是任意的，哪个面对应哪个位没有关系。

如下计算某点的编码。首先，所有位置零，即假设点在视锥体内。将点转换到裁剪空间，执行图 16.2 列出的六个测试。如果点在某个面外部，则置相应位。下面的代码仅是一个示意，并不是一个高效的实现过程。

程序清单 16.1 计算裁剪空间中一个点的输出码

```
int computeOutCode(float x, float y, float z, float w) {
    // 从零开始，假设点在视锥中
    int code = 0;
    // 依次检测六个面，开关相应的位
    if (x < -w) code |= 0x01; // left
    if (x > w) code |= 0x02; // right
    if (y < -w) code |= 0x04; // bottom
    if (y > w) code |= 0x08; // top
    if (z < -w) code |= 0x10; // near
    if (z > w) code |= 0x20; // far
    // 返回
    return code;
}
```

这种编码技术的一大优点是可以使用按位与和按位或操作。如果八个顶点输出码的逻辑与结果非零，则包围体肯定是离屏的。许多平台都有计算裁剪空间内点的输出码的指令，可以用一条汇编语句完成程序清单 16.1 的工作。

同时，如果输出码的逻辑与结果为零，则所有点都在视锥体内，只需直接接受它即可。这种情况下，我们知道包围体内没有三角形需要剪切，可以直接进入管道的下一阶段。这在许多平台上能取得显著的速度提高。实际上，只有一小部分物体需要剪切，大部分物体要么完全在视锥内，要么完全在视锥外。

正如我们前面提到的，编码技术不能完全抛弃所有在视锥体外的包围体；它只能抛弃那些至少完全在一个裁剪面外部的包围体。某些包围体在视锥体外，但它们不完全在任一剪切面的外部。例如，图 16.1 右上角的包围盒和右、远裁剪面交叉。

幸运的是，这类情形比较少见，尽管在 3D 中出现的机会比简化的 2D 中大。大多数场景中，这类病态物体是不常见的。对付这类物体的办法是：用包围盒的各面分别对视锥裁剪，使用 15.9 节中介绍的多边形裁剪技术。如果所有面都被剪掉了，那么包围体不可见；如果某一面部分在视锥体中，则该物体潜在可见。

问题是，我们应该探测这类情况，还是直接渲染物体？软件中的裁剪计算一般较慢，且一般都在 CPU 上进行。根据包围盒中物体的复杂度，CPU 和图形处理器的速度，也许直接将物体渲染所花费的时间更少，让 API 和图形硬件对付它，它们会指出物体是否可见！而且，如果我们探测到包围盒可见，那么这个探测的时间就完全浪费掉了。无论是使用“灵巧”的软件探测，还是使用硬件的蛮力，都需要结合平台和应用一起考虑。

包围球对视锥的探测没有看上去那么容易，因为视野的不均匀，包围球转换到裁剪空间后变成椭球体。为避免这个问题，可以在世界坐标系中表达视锥体的六个裁剪面。接着，用 13.15 节中的技术探测包围球是否在这些裁剪面的外部。更多信息可见参考文献[16]。

16.1.2　遮断检测

一般来说，探测包围盒是否被其他物体遮断是非常困难的。一种技术是“渲染”这个包围盒，在 *z*-buffer 探测。我们光栅化包围盒的面，但并不实际渲染它，而只是探测是否有像素可见。这种技术称作 *z*-检测。

z-检测主意不错，但它的问题是要求对深度缓存直接编程。在硬件渲染中，这会非常麻烦。不同的显示卡以完全不同的方式存储深度信息。并且访问速度经常也是很慢的——大约只有主存的一半或更少。

有一些硬件支持 *z*-检测。即使这种情况下，我们仍然需要面对流水线的问题。图形处理器和 CPU 经常是并行工作的。为了最高效率，应该使两个处理器尽可能的处于忙碌状态；如果某一个出现空闲，效率就会受损。无论我们什么时候执行 *z*-检测，硬件对请求的反应都会有一定迟缓。(通常这是一件好事情，因为它意味着两个处理器都在忙碌。)不幸的是，这里需要知道测试结果后才能决定是否渲染包围盒中的物体，所以只好等待图形处理器完成先前已经提交的任务，执行我们的测试，然后返回结果。这段时间，CPU 空闲。更糟的是，也许等来的检测结果仍要求绘制多变形，那么探测时间完全就浪费掉了。

即使当今的硬件可以在 z-检测时处理好流水线问题，这类检测本身仍然是相对昂贵的，因为只是传送最后的计算结果就已不容易。

检测包围盒是否离屏相对容易一些。物体是否在屏幕上只依赖于物体和摄像机的位置；和其他物体不相关。与之相对，遮断检测天生就是复杂的，因为它总是依赖于场景中的其他物体。所以，高效遮断检测需要更加高级和系统的 VSD 方法。16.6 节将讨论两个这样的方法。

16.2　空间分割技术

前面我们曾宣称包围体技术是一种“中级”VSD 算法，本节讨论更加“高级”的 VSD 算法，可以一次处理大量数据。它的基本思想是不仅依托物体来分解场景，还要分解整个 3D 世界空间。

开始之前，让我们看看高级 VSD 算法的必要性。毕竟，包围体技术已经可以让我们只绘制场景的一部分了。但是，在任何复杂一些的场景中，它的表现并不够好。一个基本问题是，即使我们什么都不渲染，也需要处理所有的物体，探测它们是否可见。如果有很多物体，光是做检测就已经很慢了。例如，场景中有 10000 个物体，在一定的 CPU 速率和内存体系上，在确保需要的帧率时可能无法足够快地遍历这 10000 个物体。

为了对付这种数量级的场景，我们需要一种一次能够去掉一组物体的技术。多少物体为一组呢？如果每一组物体太多，就不太会有机会将它去掉。如果物体太少，则会有太多的组，这样做只是减轻了问题而没有彻底解决它。为解决这个问题，我们必须使用“组的组”或“组的组的组”的概念。从另一方面说，我们需要建立层次物体结构。

设想一个城市的街区。街区内有若干大厦。每栋大厦有若干层。每层有若干房间。每个房间里有若干物体。如果我们能一次抛弃整个大厦，那么就不需要检测大厦的每一层。如果我们能一次抛弃一层，就不需要检测该层的每一个房间。

这个层次是具有逻辑性的；我们事先已经知道大厦、层、房间的结构。而计算机没有人的帮助，是很难如此建立空间结构的。

另一种建立层次关系的方法是几何分割，而不必使用逻辑关系。比如，可以用平面和长方体分割 3D 空间。当然，如果这个分割能和逻辑结构对应则更好，不过，我们将会看到，这种对应也不是必须的。计算机处理几何分割更加得心应手。

无论分割方法如何，基本思想都是要在对数复杂度内探测可见物体，而不是线性复杂度。没有层次关系，如果物体数加倍，则探测时间也加倍，这是线性关系。使用层次关系，物体数加倍只使探测时间增加常量值。

为了对比，假设我们有两个 VSD 算法，一个为线性复杂度另一个为对数复杂度。假设场景中有 1000 个物体，这两种算法都将耗去 2ms。如果使物体数加倍到 2000 个，线性 VSD 将消耗 4ms；logVSD 消耗 3ms。再加倍到 4000 个，现在线性 VSD 消耗 8ms，而对数算法为 4ms。当物体数非常大时，对数复杂度的算法显著快过线性复杂度算法。例如，如果有 128000 个物体的场景渲染需要 256ms，这意味着每秒不会超过 4 帧，而对数复杂度算法仅需要 9ms，每秒超过 100 帧。

当然，这里我们忽略了实际渲染的时间，而且这些数字也是假设的，但您应该已经理解我们的意思了。VSD 需要的时间由许多因素决定，不只是物体数目。本节的算法确实有对数复杂度，但认为物体数加倍，VSD 时间也加倍是十分粗略的说法。

16.3 网格系统

最简单的空间分割方法是使用 2D 或 3D 网格，2D 网格多用于“室外”环境，3D 网格多用于如高大楼群这样的“垂直”环境。假设我们要用网格分割笛卡尔城，可以指定一个方格代表一个街区，网格线沿中央街道。也可以让一个建筑占用一个方格。(当然会有一个方格内存在多个建筑的情形。)要渲染这个场景时，我们可以探测哪些网格是可见的，只渲染那些可见格内的建筑。

如何探测哪些网格是可见的？一种技巧是计算视锥的轴对齐边界框 AABB 并与网格系统求交集。如

图 16.3 所示。注意到，不管城市有多大，或者有多少物体，探测可见网格都可以在常数时间内完成。这甚至好过对数复杂度的算法！(不过，后面我们会看到，网格系统也有缺点。)

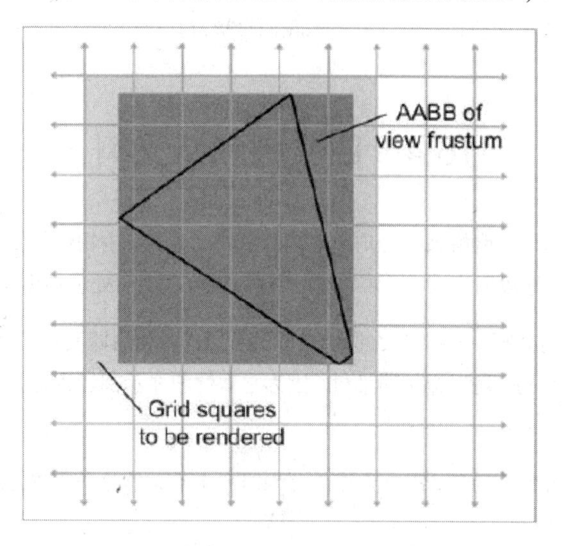

图 16.3　使用 2D 网格作可见性检测

您可已经能注意到，图 16.3 中一些标记应该渲染的网格其实在视锥的外部。可以用 16.1 节中介绍的包围体法消除它们。

于是，网格系统给我们一个美妙的方法探测可见性。我们知道如何探测可见网格，所要做的一切就是穿过这些网格渲染其中的物体。动态或静态场景均可用此法处理。当然，每个网格都需要维护一个列表，记录该网格内的物体——这种技术称作**鸽巢**。如果场景内有运动物体，则需要不断维护这些列表，但这并非难事。使用链表可以使每个网格所需的内存为常量，不管网格内有多少物体。仅“头”链接存储在网格中，剩余的数据放在物体内部。

如何处理那些占用不止一个格子的物体？显然，在一个现实世界中，会有一部分物体跨越网格线。怎样处理这些物体？如果物体是静态的，可以用网格线将它们切开，以避免问题。这种切割显然应该在预处理步骤中进行。但如果物体是运动的呢？我们可能不想负担实时切割的代价。

一种方法是允许物体在不止一个网格内，这样就需要追踪物体所在的所有网格。这个比较麻烦并且再不能用链表实现，因为链表中的项同时只能在一个列表中。

另一种方法是将物体安排给最近的网格。如果所有物体都小于一个网格(大多数情况下这种限制是可接受的)，那么只是稍微增长潜在可见网格的列表，考虑到网格内的任意物体都可能延伸到相邻网格。

网格应该定多大？这是很难决定的。网格太小，处理的开销会太大。2D 中网格存储是平方的，3D 中是立方的，所以内存可能成为严重的限制。而网格太大，则可能分割不够，达不到 VSD 的效果。

网格方法的主要问题是不够灵活。其划分总是均匀的，不管下面的几何体复杂与否。网格线不会将房间一个个分开除非墙壁恰好在网格边上(这很少发生)。它也不会给机场跑道和机场大厅以不同的划分，尽管后者的场景复杂得多需要更细的划分。下一节，我们将学习具有自适应能力的划分方法。

16.4 四叉树和八叉树

前面我们已经看到，简单的网格系统会均匀地划分空间，不管其中物体的复杂性如何。选择单一的网格尺寸总会有些难题，密集地段网格太大，稀疏地段网格太小。另外，处理超出单个格子的物体也不方便。

解决方法是自适应空间分割，即在必要的地方作分割。2D 中使用四叉树，3D 中使用八叉树。两个都是由层次节点组成的树状结构。这里介绍四叉树，因为它理解和展示都较为容易。八叉树是四叉树思想向 3D 空间的直接扩展。

四叉树中，根节点包含整个场景。根节点接着分为四个无不重叠的子节点，每个子节点进一步分为四个子节点等等。如图 16.4 所示。

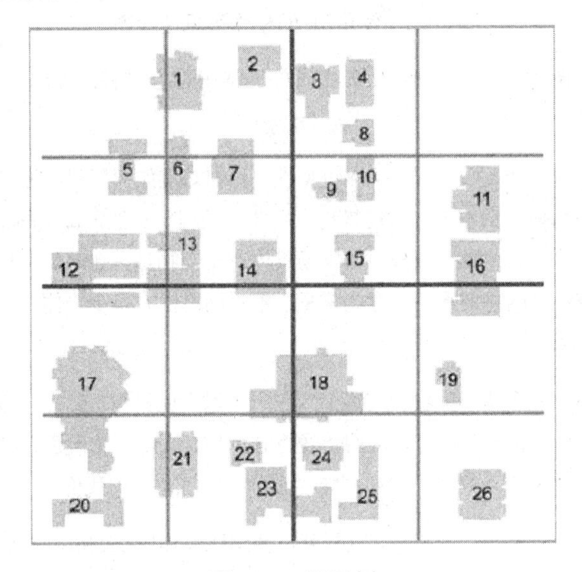

图 16.4 四叉树

我们用粗线表示更高级别的边界线。

一旦用四叉树剖分了空间，就可以将物体安排到树的节点中。这就是四叉树中“树”的来历。从根节点开始这个过程。如果一物体完全为某节点包含，则进入该子节点。不断下行，直到物体完全为某节点包含或到达某个叶子节点。如果一个物体跨越两个子节点，应停止下降将它放在该级节点中。图 16.5 展示了怎样将建筑放入四叉树中。

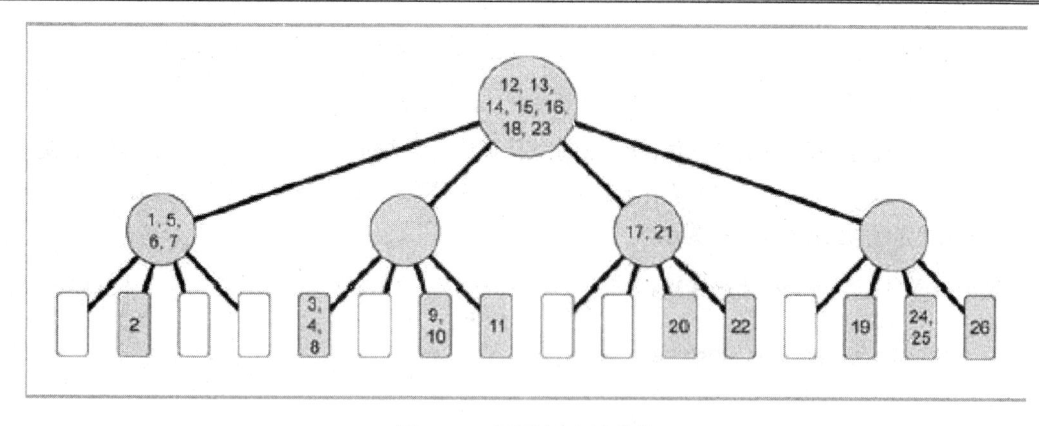

图 16.5　四叉树安排物体

图 16.4 中，我们均匀划分空间得到一个三层的树(高度 3)。从另一方面说，我们有一个完全树，即所有叶子节点都位于同一级别。但这不是必须的。(我们这样做只是为了使例子简单。)有时候节点已经达到粒度要求就不必再进一步划分了。如何知道节点剖分已经足够？有多种方法，一般来说如果满足下列条件之一就不再剖分：

- 节点内物体或三角形数目已经很少，进一步剖分没有意义。
- 子节点足够小，不能再剖分。当然，没有理由不能将小节点细分为更小的节点，我们只是防止节点小于一定的尺寸。
- 达到树的深度限度。例如，我们限制只能分到第五层。根据四叉树在内存中的表达方式，这种限制是必要的。

由于仅在必要的地方细分，使得四叉树对几何体有更好的适应性。这是它相对于简单网格的一个优点。图 16.6 展示了自适应四叉树剖分的例子。

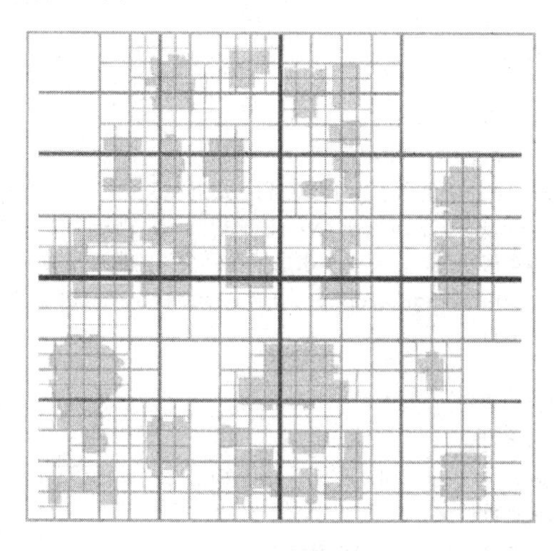

图 16.6　使用四叉树适应剖分

目前我们所做的另一简化就是总是四等分每个节点。这不是必须的。可以根据情况不同对分割面作一些调整。这将使树更加平衡(可能更小)，但构造树的过程就复杂多了。

四叉树一旦建好，就有了定位物体、物体级别剔除或碰撞检测的有效工具。它们的基本思想都是，如果我们能在某一级抛弃节点，则它的所有子节点都可以一次抛弃。下面是一个相当快速而又简单的递归程序，用来执行光线与物体相交的探测。

程序清单 16.2 四叉树光线追踪

```
// 假设世界中的对象至少有下面的方法
class Object {
public:
    // 执行光线追踪操作，如果有更近的交叉发生则更新 minT
    void raytrace(Vector3 rayOrg, Vector3 rayDelta, float &minT);
    // 同一四叉树节点中的下一个对象
    Object *next;
};
// 高度简化的四叉树节点类
class Node {
public:

    // 子节点指针，无论有四个子节点，还是是叶子四个指针全为 NULL
    Node *nw, *ne, *sw, *se;
    // 为了使例子简单，保存节点的 2D 包围矩形，虽然可以实时计算
    float xMin, xMax;
    float zMin, zMax;
    float xCenter() const { return (xMin + xMax) * 0.5f; }
    float zCenter() const { return (zMin + zMax) * 0.5f; }
    // 本节点中的对象列表
    Object *firstObject;
};
// 需要一个全局指针保存根节点
Node *root;
// 递归四叉树光线追踪。minT 的值是目前为止探测到的最近交叉点
void Node::raytrace(Vector3 rayOrg, Vector3 rayDelta, float &minT) {
    // 判断光线是否和包围矩形相交，注意这里考虑了已经找到的最近交叉
    if (!rayIntersectsBoundingBox(rayOrg, rayDelta, minT)) {
        // 拒绝我和我的子节点
        return;
    }
    // 重新追踪节点中的所有对象
    for (Object *objPtr = firstObject ; objPtr != NULL ; objPtr = objPtr->next) {
        // 追踪对象，如果更近的交叉被找到就更新 minT
        objPtr->rayTrace(rayOrg, rayDelta);
    }
```

```
    // 检查我是否为叶子？如果是，结束递归
    if (nw == NULL) {
        return;
    }
    // 判断从哪个子节点开始
    if (rayOrg.x < xCenter()) {
        if (rayOrg.z < zCenter()) {
            // 从西南子节点开始
            sw->rayTrace(rayOrg, rayDelta, minT);
            se->rayTrace(rayOrg, rayDelta, minT);
            nw->rayTrace(rayOrg, rayDelta, minT);
            ne->rayTrace(rayOrg, rayDelta, minT);
        } else {
            // 从西北子节点开始
            nw->rayTrace(rayOrg, rayDelta, minT);
            ne->rayTrace(rayOrg, rayDelta, minT);
            sw->rayTrace(rayOrg, rayDelta, minT);
            se->rayTrace(rayOrg, rayDelta, minT);
        } else {
            if (rayOrg.z < zCenter()) {
                // 从东南子节点开始
                se->rayTrace(rayOrg, rayDelta, minT);
                sw->rayTrace(rayOrg, rayDelta, minT);
                ne->rayTrace(rayOrg, rayDelta, minT);
                nw->rayTrace(rayOrg, rayDelta, minT);
            } else {
                // 从东北子节点开始
                ne->rayTrace(rayOrg, rayDelta, minT);
                nw->rayTrace(rayOrg, rayDelta, minT);
                se->rayTrace(rayOrg, rayDelta, minT);
                sw->rayTrace(rayOrg, rayDelta, minT);
            }
        }
    }
}
// 世界光线追踪的函数。返回参数交点，没有相交时返回 1.0
float rayTraceWorld(Vector3 rayOrg, Vector3 rayDelta) {
    float minT = 1.0;
    root->rayTrace(rayOrg, rayDelta, minT);
    return minT;
}
```

注意根据哪个子节点包含了光线来源，每一级向下递归的顺序是不同的。这样做的效果是遍历顺序与光线被物体截获的顺序一致。这是一个重要优化。为什么？因为当我们检测光线是否和节点的包围盒相交

时，考虑了目前最近一次的相交。换句话说，光线不仅和本节点相交，也一定和最近一次的上层节点相交。所以，当检测到相交时，我们可以截断光线，并只从该点开始继续向下判断(想像一下，拿枪向 6 英尺外的墙开火，用 500 英尺长的射线来判断子弹与墙的交点)。为提高效率，我们必须尽可能早地检测到交叉，并以光线照射顺序遍历节点。

您可能已经猜到，四叉树的效率在把物体“下推”到较深的层次时较好排除。不幸的是，节点中央附近的物体有向上层节点聚集的倾向。好在这样的物体只是一小部分。如果物体尺寸相对场景的尺寸较大(正如图 16.4 的情形)，这类情况会多些。

松散四叉树可避免上述问题，它的节点可与邻居重叠，代价是要处理的节点数较多。我们将不使用松散四叉树或八叉树，进一步的阅读见附及参考资料中的[25]。

注意到，静态场景可以用物体分割完全避免上述问题，按照四叉树的边界分割，物体的各部分都将安排到各叶子节点中。但对于动态场景，这是不可能的。

16.5 BSP 树

BSP 即二叉空间分割树。正如它的名字所表示的，BSP 是一种树状结构，每个节点都有两个子节点。子节点由分割平面隔开。在四叉树和八叉树中，分割平面是轴对齐的，在 BSP 中，这不是必须的——可以使用任意方向的平面。当然，也可以使用轴对齐的平面，事实上，任意四叉树或八叉树都有对应的 BSP。当然，BSP 要比相应的八叉树存储更多的数据，因为一些隐含的信息(如平面的方向)被显式地表达出来。

图 16.7 显示了一个 BSP 的例子。深色线条表示更高层次的平面。为更好的展示树结构，图 16.8 显示了同样的 BSP 并标出了节点。

图 16.7 一个 2D BSP

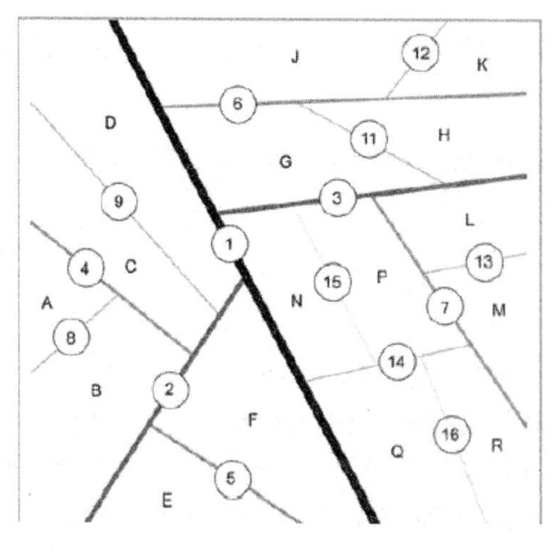

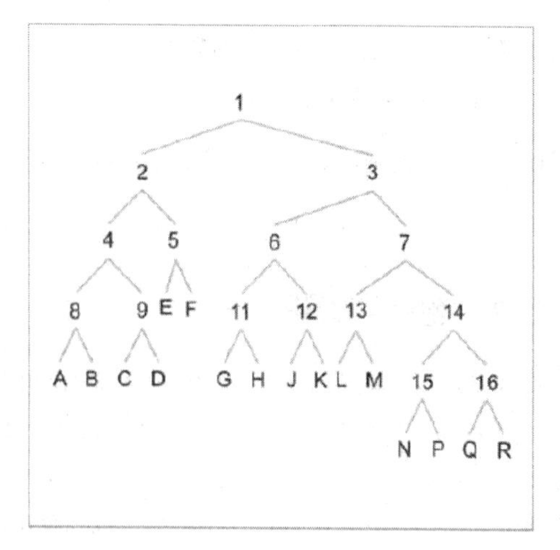

图 16.8　一个 BSP 的层次结构

图中，我们无法区分子节点。实践中，我们通常需要记录分割面的“前面”和“后面”。平面法向量的方向决定了哪个面是前面，哪个面是后面。

图中用数字标记内节点，用字母标记叶子节点，但要注意每个节点都表示一块空间，即使是内节点也如此。和四叉树一样，父、子节点是互相覆盖的。例如，节点 1(根节点)实际上代表了整个场景。图 16.9 中的阴影部分显示了节点 7 所代表的空间。

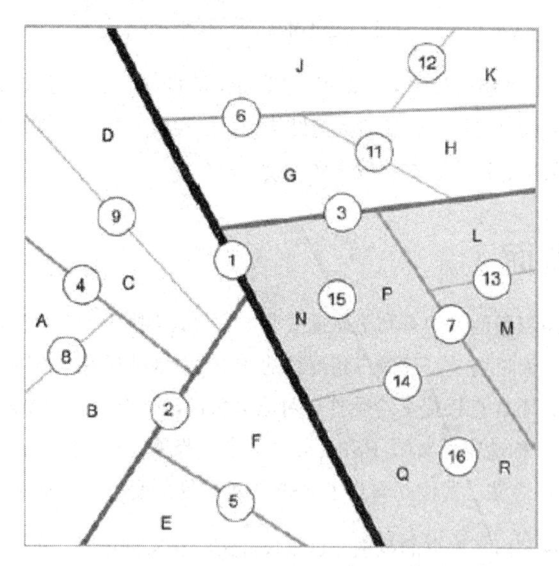

图 16.9　每个 BSP Tree 节点代表一块空间，而不仅仅是一个剖分面

BSP 的遍历和前一节中的树类似。尽可能地将物体向叶子节点中放。处理树中的物体时，从根节点开始，处理节点的所有物体。接着必须判断我们感兴趣的区域(为了渲染、碰撞检测等)是否完全在分割面的

一边或另一边。如果只对分割面的某一边感兴趣，则另一边的分支就可以完全抛弃了。如果感兴趣区域跨越分割面，则两个子节点都要处理。

BSP 建成后的使用是相对容易的。主要的技巧是选择分割面，我们有着比四叉树或八叉树更多的灵活性。

16.5.1 经典 BSP

构造 BSP 的一种策略是以三角网格为基础，以三角形本身为分割面。BSP 的每个节点都包含一个三角形。(也可以在节点中保存位于同一平面的多个三角形，但我们不讨论这项技术。)为了从一组三角形中构造 BSP，我们选择一个三角形作为“根节点”。该三角形定义了这个节点的分割面，它将其余的三角形分为两批。一批完全在分割面的正面，另一批完全在分割面的反面。而后将该算法递归应用于两批三角形。怎样对付跨越分割面的三角形？这些三角形必须沿分割面分开。当然，这会增加三角形的数目，所以这种分割应尽量避免。构造一个 好的 BSP 的技巧在于根节点的选择。根节点的选取应有利于达成两个目标：

- 尽量使被分割三角形的数目减少
- 尽量使树平衡

实际上，构造最优 BSP 是一件非常困难的任务。在每一级都选取最优节点并不能保证最终得到最优 BSP，因为每次选择都会对下级分割产生影响。为了得到绝对最优的 BSP，我们必须在每一级尝试每个三角形，即使对于很小的 BSP 这种指数复杂度也是不能忍受的。

但在实践中，只要取局部各层的最优节点即可。实际上，随机选取节点可以更快地构造可接受的 BSP。因为三角形是按顺序传递给硬件的，且伴随着大量结构，所以实践中经常出现性能最坏的情况，而随机方法可以避免这个问题，因为随机结果往往比较中庸。

16.5.2 任意分割面

上节描述的分割到三角形级的方法有利于碰撞检测，但对渲染则没什么好处。因为我们总是希望向图形硬件成批地提交三角形。而将场景打碎成三角形级的 BSP 使这种行为非常困难。如前所述，存在一个平衡点，与其探测可见性，不如直接提交给硬件。对渲染来说，一个更好的策略是使用任意分割面(不一定是由三角形定义的平面)，构造物体级的 BSP。此过程中，跨越分割面的静态物体要么被分割，要么置于 BSP 的上一层。使用这种方法，我们既得到了 BSP 的对数复杂度，又可以成批地向硬件提交三角形。

如何实现呢？全面讨论超出了本书的范围，这里仅介绍一种实践中常用的方法。

首先，生成一个备选平面法向量的列表。(基本上这就是一个平面的列表，尽管这里只保存了平面的方向而没有位置。)我们仅使用具有该列表中法向量的平面构造 BSP。例如，可以保留所有轴对齐的平面而舍弃 45° 的平面，对许多场景，这个限制集就能工作得很好。但是，我们也可以给自己更多的选择——

建立所有物体的边界框，并把所有框的所有面的法向量加入列表中。这使得实际场景对备选集产生了更多的影响。

在建立这个备选集时，可以去除“重复”的面。比如，两个法向量的值恰好相反，就可以只留下其中一个，因为它们对应的分割面相同；通常也不用考虑“前”“后”面之分。如果两个法向量的指向差不多也可以只保留其中一个。

一旦备选集建好，就可以选择根平面了：对列表中的每一个法向量，选择能最优划分空间的 d 值。该法向量和 d 就能确定平面。当然，会有无数多的 d 可以选择，但我们只需要检测其中一个很小的子集。对任意物体，总有某个 d 使得物体完全在平面的前面，却恰好紧贴平面；同样，有另一个 d 使得物体完全在平面的背面，仍恰好紧贴平面。我们可以通过扫描物体的所有顶点，将它们分别与法向量点乘得到一个 d 值。最小和最大的 d 值就是我们要找的“结果点”。还好，这些结果点可以在预处理阶段计算，并且它们的值在构造 BSP 过程中不变，除非我们在某分割面分割物体。在寻找最优 d 值的过程中可以使用一种启发分数来评价某个 d 值的好换——d 值越精，分数越大；d 值越坏，分数越小。显然，分割物体应降低分数，平衡树则应提高分数。至于如何设计启发函数兼顾前述两个目标，那就是一门艺术了。

遍历所有结果点和法向量，找到启发分数最高的平面(法向量和 d 值)。这就是我们要找的分割面。用此平面将场景分为两部分，然后递归下去。如前所述，对于跨越分割面的物体，可以分割或置于较高的节点。如果选择分割物体，则需分别为两边重新计算每个法向量的结果点列表。

16.6 遮断剔除

树形结构可以以对数(log)时间高效率地完成剔除。但是，使用标准的树遍历，我们只能剔除那些视锥以外的节点，无法做出任何基于遮断的剔除。本节介绍两个可以进行基于遮断剔除的方法——PVS 和 Portal 渲染。它们常结合某些空间剖分一起使用，并且它们本身也可以联合使用。

一般情况下，遮断技术适合应用于室内场景——墙壁常将房间以外的视角完全遮挡了。

16.6.1 潜在可见集

实时检测物体的相互遮断是十分困难的。但是，我们可以充分利用预处理时间。代替实时计算物体间的遮断关系，为什么不预先计算出这些数据呢？我们保存结果以备实时使用。这就是**潜在可见集**(potentially visible sets,PVS)的基本思路。

基本思想是这样的。对场景中的每个节点，找出从该节点任一点看过去潜在可见的物体。“节点”可以是网格，四叉树节点，或 BSP 节点——视空间剖分方法而定。“可见的”指那些可能可见的节点或者就是干脆可见的物体。节点的 PVS 就是所有从该节点内任一点可见的节点和物体的列表。PVS 里不需要存储节点本身(和其中的物体)；它们在 PVS 中隐含存在。

如何创建节点的 PVS？快速地完成是困难的。一次离线处理就可能要花去若干小时来作出全部节点的 PVS。实际上，创建完美的 PVS 极为困难，因为不同位置和方向的物体其可见性完全不同。一个实用的办法是选择节点内的若干视点，仅对这些视点计算 PVS。如何去做呢？一个技巧是先不用 PVS 进行渲染，不是写入颜色而是将物体的 ID 写入帧缓存。接着扫描帧缓存，并且找出那些真正可见的物体。这是完成遮断剔除的简单方法，尽管慢，但却可以工作。

上述方法并不完美，因为一些节点和物体仅在某些十分特殊的位置可见，我们可能根本不会探测到那些特殊点。但实践中，它已经工作得足够好了。另一个难题是，由于不是所有节点内的视点都会被渲染——比如墙壁之间的空间。可能产生过多的 BSP 节点等。这些问题的解决办法超出本书的范围。

16.6.2 Portal 技术

另一种遮断剔除的技术是利用“房间”之间的联通性。图 16.10 显示了一个典型的公寓蓝图。

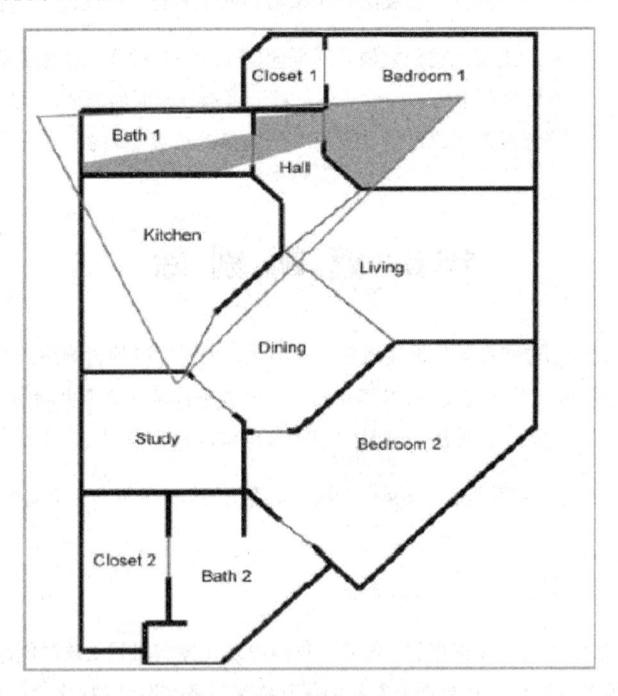

图 16.10 楼层的蓝图

设想观察者站在卧室 1 处并且从门口向外张望。图 16.10 中，绘出了 3D 视锥，实际可见的部分用阴影标出。注意从视点出发，观察者可以看见卧室 1(他所在的房间)，走廊和最近的浴室。注意这些房间是通过卧室门口看到的。从卧室门口看不到的物体从房间别处也无法看到。图 16.11 显示了观察者看到的情形。

图 16.11　从屋里看到的场景

计算机图形学中，门廊统称为 Portals。在图 16.11 中，我们画出了它的直观效果。为了利用 Portal 的可见性，我们必须也是自然地要把世界分割为房间(不要惊奇)。然后将得到一张这些房间的“图”。(提醒您图的简单定义是由边连接的节点的集合。)在我们的图中，节点表示房间，边表示 Portals(门廊)。图 16.12 显示了图 16.10 房间图转化成的抽象图。

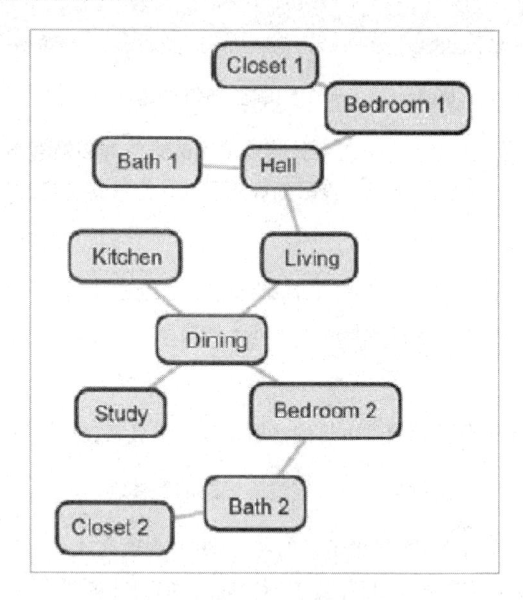

图 16.12　楼层图

逻辑上，门是图中连接两个房间的边。几何上，它是填满房间之间 3D 空间的多面体。我们存储场景时，特别的要记下它们的顶点坐标。注意一些房间之间是有门的，即使它们之间并没有真实的‘门’。

利用 Portal 的可见性渲染场景，首先要定位视点所在的房间。让我们称该节点为 V。V 中的一切都应被渲染。接着遍历 V 以外的图，渲染那些从 V 有通路连接的节点。同理，我们也只沿着从当前路径上的门可见的边进行遍历。下面来看它如何在前面的例子上工作。

从节点 V 开始，本例为卧室 1。检查和 V 邻接的边，有两条，一条通向走廊，另一条通向储物间。先看通向走廊的边(这里使用深度优先遍历，所以在储物间之前要完全探索走廊通向的所有部分。目前储物间会还在“堆栈里”。)我们取通向走廊的门的多面体，依照视锥剪切它，然后投影到屏幕，同时取得其屏幕空间坐标的边界框。如图 16.13 所示。

图 16. 13　一个门的多面体的边界框

接下来的遍历(除了还在堆栈中的壁橱)，每一件将被渲染的物体都必须落在屏幕空间的这个边界框内。前面说边的另一端是走廊。取走廊的边界框，投影到屏幕空间，检查其是否与门的边界框重叠。答案是肯定的，那么渲染走廊。

从走廊继续，有两个邻接的门(不计我们进来的那个门)。一个通往起居室，另一个通往浴室。将通往起居室的门多面体投影到屏幕空间。该投影与卧室 1 和走廊之间门的包围盒不相交。所以，我们不再沿着它向起居室遍历。

返回大厅，检查通往浴室的门。该门室可见的，所以我们沿着它去往浴室节点。如图 16.14 所示。

接着检查浴室 1 的边界框。如果可见，那么也渲染里面的物体。

由于浴室没有邻接的边，我们就完成了该节点的遍历。并且也就完成了所有与走廊邻接的边。现在“出栈”，回到柜橱。(同时，将视线从走廊移回到门。)通往储物间的门的多面体完全在视锥以外。于是，就不必再往储物间节点去了。

这样就完成了遍历操作，并且正确地渲染了场景。这就是利用 Portal 可见性的基本思路。注意我们根本没有考虑起居室，厨房，餐厅或者储物间，尽管它们对视锥是部分可见的。如果没有遮断剔除，我们将不得不渲染它们。

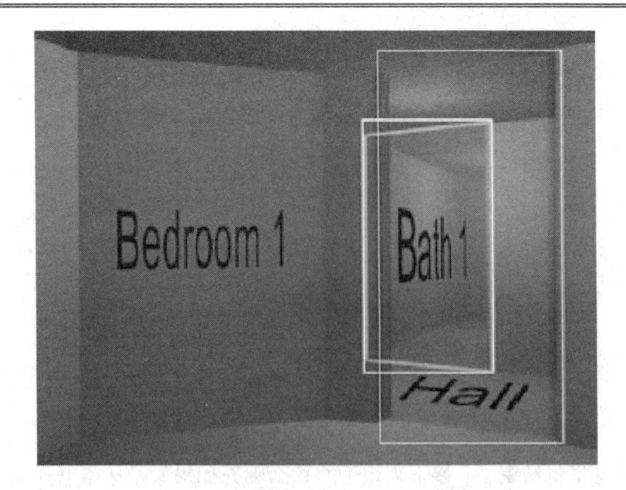

图 16.14　通过第 1 个门看见的第 2 个门

值得注意的地方：

- 我们的示例图是一棵树，即不含有回路。从另一方面说，任意两个节点之间只有一条路径。其他场景中则可能有一些节点，它们之间有多条通路。必须正确处理这种情形。
- 多个门之间的可见性是可加的。就是，如果由一个节点到 V 经过多个边(门)，那么该节点从上述所有边都是可见的。穿越图中一条边的时候，我们以当前门的包围盒截取前面所有门的包围盒以获取新的空间包围盒以用于剩下的分支遍历。
- 门的可见性使我们可以利用那些关闭着的门。一扇关上的门(不能透视)，对于可见性探测目的，可以认为不存在，图中对应的边也可以忽略。于是，根据当前帧的状态，我们可以动态剔除那扇门后面的房间。

17

后记

好了，我们的书到这里就结束了。接下来该干些什么呢？如果您是从本书开头一直读到结尾，那么可能已经有了足够的理解开始写一些实际的代码，想把学到的新知识都用到实践中，对吗？学习的最好方式就是动手做，所以，不要犹豫，开始写代码！

当然，从一片空白入手是比较困难的，有一些例子就好了。本书已经没有足够的空间容纳一个完整的demo了，在 www.cngda.com 网站上，我们准备了一个 demo，包括了本书讨论的各种知识。这些代码中，我们提供了足够多的注释，以使您不太会对代码感到“困惑”。即使您想自己从头写，这些代码也会对您有所帮助。

这只是一本“入门性”的书，您需要向不同的方向扩展视野。当然，有许多书和在线资源可供您参考，www.cngda.com 上列出了一部份。然而信息量太大也不是好事，所以我们挑出了一小部分书推荐阅读。

对于图形技术，Moller 和 Haines 的《Real-Time Rendering》(附录 B 参考资料[17])是必需的。这本书详细讨论了实时渲染，反映了当今硬件技术的进展。还有非常“经典”的(虽然有些过时但仍有参考价值)《Computer Graphics: Principles and Pratice》(附录 B 参考资料[8])。另一本关注高级图形学技术的《Advanced Animation and Rendering Techniques》(附录 B 参考资料[23])也非常有价值。

作为技巧和技术的“百宝箱”，全套的《Graphics Gems》是非常棒的选择。一个新的系列，《Game Programming Gems》，也是业界经验的结晶。

简单的数学概念

本附录简要说明一些关键的数学概念，更多信息请参见 www.cngda.com。

A.1　求和记法

求和记法是加法的一种简写，就像数学中的循环一样。看下面的例子：

$$\sum_{i=1}^{6} a_i = a_i + a_2 + a_3 + a_4 + a_5 + a_6$$

变量 i 称作下标变量。求和号上下的表达式告诉我们“循环”的次数以及每次迭代中 i 的取值。上例中，i 从 1 变到 6。为“执行”循环，用下标迭代控制条件指定的所有值，每次迭代都计算右边表达式的值，最后得到和。

求和记法也称作 sigma 记法，那个与 Z 有几分相似的符号正是希腊字母 sigma 的大写。

A.2　角度，度和弧度

“角度”度量平面中的旋转。常用希腊字母 θ 代表角度。最重要的两种角度单位是度(°)和弧度(rad)。

度对我们来说更容易使用，如 360° 代表旋转一周。

弧度是基于圆的一种单位。当用弧度表示两条射线的夹角时，我们指定了单位圆上的一段圆弧，如图 A.1 所示。

单位圆的周长是 2π，π 大约等于 3.14159265359。因此，2π 代表旋转一圈。

因为 $360^\circ=2\pi$，$180^\circ=\pi$，所以将弧度转换成角度时乘以 $180/\pi$(52.29578)，角度转换成弧度时乘以 $\pi/180$ (0.01745329)：

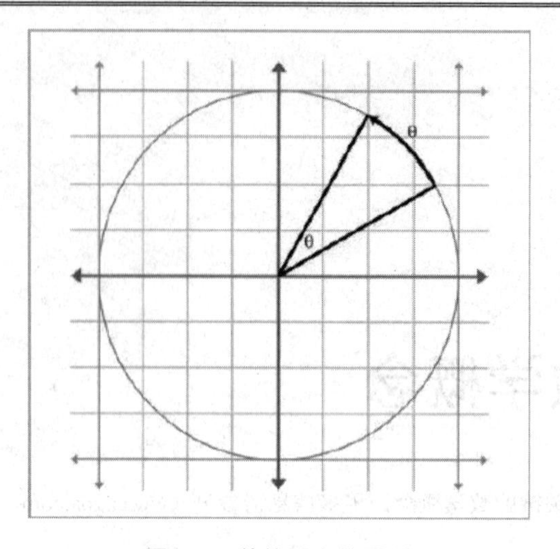

图 A.1　单位圆上的圆弧

$$1\text{rad} = \left(\frac{180}{\pi}\right)^{\circ} \approx 57.29578^{\circ} \qquad 1^{\circ} = \left(\frac{180}{\pi}\right)\text{rad} \approx 0.01745329\ \text{rad}$$

本书中角度都是用度表示的，因为度对人们来说更直观。而代码中则以弧度保存角度，因为标准 C 函数的参数都是弧度。

A.3　三 角 函 数

2D 中，让单位射线指向+x，接着以逆时针画出一个角度θ，就称这个角度在标准位置。如图 A.2 所示。

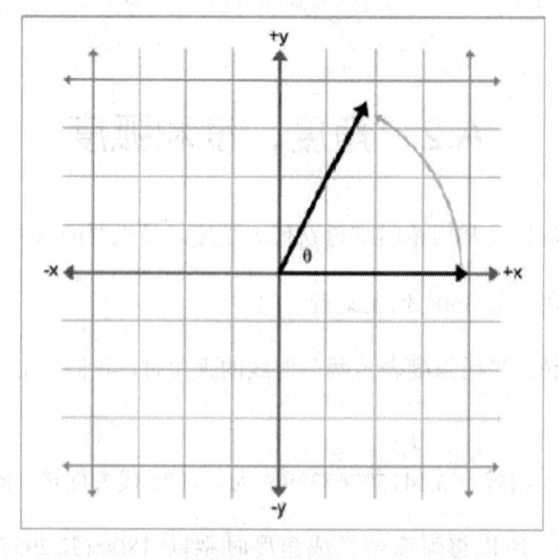

图 A.2　角度θ

射线端点的 x 和 y 值，有着特殊的性质，我们为其指派两个特殊的函数：cos 和 sin

$x=\cos\theta$

$y=\sin\theta$

可以很轻易的记住它们，因为它们是字母排序的：x 在 y 之前，cos 在 sin 之前。

我们还定义了另外一些和 sin、cos 相关的三角函数，它们是 tan，sec，csc，cot：

$$\tan\theta=\frac{\sin\theta}{\cos\theta}$$

$$\sec\theta=\frac{1}{\cos\theta}$$

$$\csc\theta=\frac{1}{\sin\theta}$$

$$\cot\theta=\frac{1}{\tan\theta}=\frac{\cos\theta}{\sin\theta}$$

如果以射线为斜边构造直角三角形的话，我们会看到 x、y 分别代表了角的邻边和对边的长度。设变量 *hyp*，*adj* 和 *opp* 分别代表斜边，邻边和对边，如图 A.3 所示。

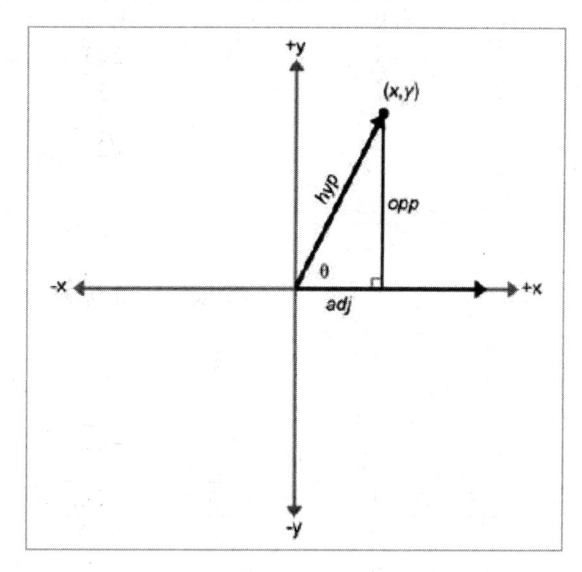

A. 3　射线构造的直角三角形

基本的三角函数如下定义：

$$\cos\theta=\frac{adj}{hyp}\qquad\sec\theta=\frac{hyp}{adj}$$

$$\sin\theta = \frac{opp}{hyp} \qquad \csc\theta = \frac{hyp}{opp}$$

$$\tan\theta = \frac{opp}{adj} \qquad \cot\theta = \frac{adj}{opp}$$

因为相似三角形的性质，即使斜边不是单位长度时上式仍然成立。但当θ为钝角时就不行了，因为不能构造一个内角为钝角的直角三角形。此时可进行一些推广，用r代表射线长度，可得：

$$\cos\theta = \frac{x}{r} \qquad \sec\theta = \frac{r}{x}$$

$$\sin\theta = \frac{y}{r} \qquad \csc\theta = \frac{r}{y}$$

$$\tan\theta = \frac{y}{x} \qquad \cot\theta = \frac{x}{y}$$

下表列出了一些特殊角度以及它们的三角函数：

θ °	θ rad	$\cos\theta$	$\sin\theta$	$\tan\theta$	$\sec\theta$	$\csc\theta$	$\cot\theta$
0	0	1	0	0	1	未定义	未定义
30	$\frac{\pi}{6}\approx 0.5263$	$\frac{\sqrt{3}}{2}$	$\frac{1}{2}$	$\frac{\sqrt{3}}{3}$	$\frac{2\sqrt{3}}{3}$	2	$\sqrt{3}$
45	$\frac{\pi}{4}\approx 0.7854$	$\frac{\sqrt{2}}{2}$	$\frac{\sqrt{2}}{2}$	1	$\sqrt{2}$	$\sqrt{2}$	1
60	$\frac{\pi}{3}\approx 1.0472$	$\frac{1}{2}$	$\frac{\sqrt{3}}{2}$	$\sqrt{3}$	2	$\frac{2\sqrt{3}}{3}$	$\frac{\sqrt{3}}{3}$
90	$\frac{\pi}{2}\approx 1.5707$	0	1	未定义	未定义	1	0
120	$\frac{2\pi}{3}\approx 2.0944$	$-\frac{1}{2}$	$\frac{\sqrt{3}}{2}$	$-\sqrt{3}$	-2	$\frac{2\sqrt{3}}{3}$	$-\frac{\sqrt{3}}{3}$
135	$\frac{3\pi}{4}\approx 2.3562$	$-\frac{\sqrt{2}}{2}$	$\frac{\sqrt{2}}{2}$	-1	$-\sqrt{2}$	$\sqrt{2}$	-1
150	$\frac{5\pi}{6}\approx 2.6180$	$-\frac{\sqrt{3}}{2}$	$\frac{1}{2}$	$-\frac{\sqrt{3}}{3}$	$-\frac{2\sqrt{3}}{3}$	2	$-\sqrt{3}$
180	$\pi\approx 3.1416$	-1	0	0	-1	未定义	未定义
210	$\frac{7\pi}{6}\approx 3.6652$	$-\frac{\sqrt{3}}{2}$	$-\frac{1}{2}$	$\frac{\sqrt{3}}{3}$	$-\frac{2\sqrt{3}}{3}$	-2	$-\sqrt{3}$
225	$\frac{5\pi}{4}\approx 3.9270$	$-\frac{\sqrt{2}}{2}$	$-\frac{\sqrt{2}}{2}$	1	$-\sqrt{2}$	$-\sqrt{2}$	-1

续表

θ °	θ rad	$\cos\theta$	$\sin\theta$	$\tan\theta$	$\sec\theta$	$\csc\theta$	$\cot\theta$
240	$\frac{4\pi}{3}\approx 4.1888$	$-\frac{1}{2}$	$-\frac{\sqrt{3}}{2}$	$\sqrt{3}$	-2	$-\frac{2\sqrt{3}}{3}$	$-\frac{\sqrt{3}}{3}$
270	$\frac{3\pi}{2}\approx 4.7124$	0	-1	未定义	未定义	-1	0
300	$\frac{5\pi}{3}\approx 5.2360$	$\frac{1}{2}$	$-\frac{\sqrt{3}}{2}$	$-\sqrt{3}$	2	$-\frac{2\sqrt{3}}{3}$	$-\frac{\sqrt{3}}{3}$
315	$\frac{7\pi}{4}\approx 5.4978$	$\frac{\sqrt{2}}{2}$	$-\frac{\sqrt{2}}{2}$	-1	$\sqrt{2}$	$-\sqrt{2}$	-1
330	$\frac{11\pi}{6}\approx 5.7596$	$\frac{\sqrt{3}}{2}$	$-\frac{1}{2}$	$-\frac{\sqrt{3}}{3}$	$\frac{2\sqrt{3}}{3}$	-2	
360	$2\pi\approx 6.2832$	1	0	0	1	未定义	未定义

A.4 三角公式

$\sin^2\theta+\cos^2\theta=1$

$1+\tan^2\theta=\sec^2\theta$

$1+\cot^2\theta=\csc^2\theta$

$\sin(-\theta)=-\sin\theta$

$\cos(-\theta)=\cos\theta$

$\tan(-\theta)=-\tan\theta$

$\sin(\frac{\pi}{2}-\theta)=\cos\theta$

$\cos(\frac{\pi}{2}-\theta)=\sin\theta$

$\tan(\frac{\pi}{2}-\theta)=\cot\theta$

和角差角公式：

$\sin(x+y)=\sin x\cos y+\cos x\sin y$

$\sin(x-y)=\sin x\cos y-\cos x\sin y$

$$\cos(x+y)=\cos x\cos y-\sin x\sin y$$

$$\cos(x-y)=\cos x\cos y+\sin x\sin y$$

$$\tan(x+y)=\frac{\tan x+\tan y}{1-\tan x\tan y}$$

$$\tan(x-y)=\frac{\tan x-\tan y}{1+\tan x\tan y}$$

倍角公式：

$$\sin 2\theta=2\sin\theta\cos\theta$$

$$\cos 2\theta=\cos^2\theta-\sin^2\theta=1-2\sin^2\theta=2\cos^2\theta-1$$

$$\tan 2\theta=\frac{2\tan\theta}{1-\tan^2\theta}$$

sin 和 cos 法则以图 A.4 为参考：

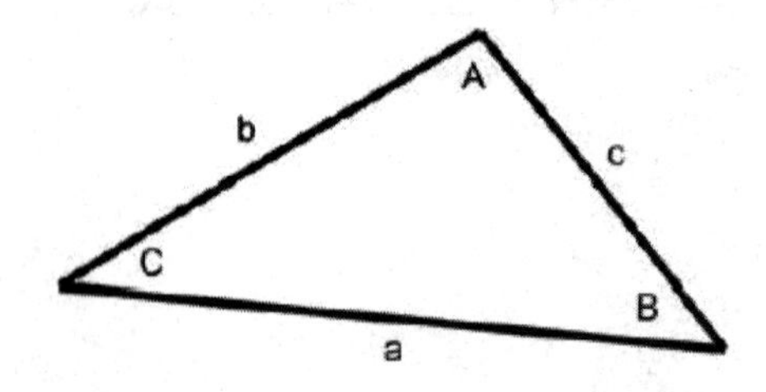

图 A.4 三角形的内角与边

$$\frac{\sin A}{a}=\frac{\sin B}{b}=\frac{\sin C}{c}$$

$$a^2=b^2+c^2-2bc\cos A$$

$$b^2=a^2+c^2-2ac\cos B$$

$$c^2=a^2+b^2-2ab\cos C$$

参考文献

[1] Arvo, James, "A Simple Method for Box-Sphere Intersection Testing," in *Graphics Gems*, Andrew S. Glassner (ed.), AP Professional, 1990.

[2] Badouel, Didier, "An Efficient Ray-Polygon Intersection," in Graphics Gems, Andrew S. Glassner (ed.), AP Professional, 1990.

[3] Dam, Erik B., Martin Koch, and Martin Lillholm, "Quaternions, Interpolation and Animation," Technical Report DIKU-TR-98/5, Department of Computer Science, University of Copenhagen, July 1998. http://www.diku.dk/students/myth/quat.html

[4] de Berg, M., M. van Kreveld, M. Overmars, and O. Schwarzkopf, Computational Geometry — Algorithms and Applications, Springer-Verlag, 1997.

[5] Ebert, David S., F. Kenton Musgrave, Darwyn Peachy, Ken Perlin, and Steven Worley, Texturing and Modeling: A Procedural Approach, second edition, AP Professional, 1998.

[6] Evans, F., S. Skiena, and A. Varshney, "Optimizing Triangle Strips for Fast Rendering," Proceedings of the IEEE Visualization '96, R. Yagel and G.M. Nielson (eds.), pp. 319-326, October 1996. http://www.cs.sunysb.edu/~stripe/

[7] Fisher, Frederick and Andrew Woo, "R·E versus N·H Specular Highlights," in Graphics Gems IV, Paul S. Heckbert (ed.), AP Professional, 1994.

[8] Foley, J.D., A. van Dam, S.K. Feiner, and J.H. Hughes, Computer Graphics — Principles and Practice, second edition, Addison-Wesley, 1990.

[9] Glassner, Andrew S., "Maintaining Winged-Edge Models," in Graphics Gems II, James Arvo (ed.), AP Professional, 1991.

[10] Glassner, Andrew S., "Building Vertex Normals from an Unstructured Polygon List," in

Graphics Gems IV, Paul S. Heckbert (ed.), AP Professional, 1994.

[11] Goldman, Ronald, “Intersection of Three Planes,” in Graphics Gems, Andrew S. Glassner (ed.), AP Professional, 1990.

[12] Goldman, Ronald, “Triangles,” in Graphics Gems, Andrew S. Glassner (ed.), AP Professional, 1990.

[13] Hoppe, Hugues, “Progressive meshes,” in Computer Graphics (SIGGRAPH 1996 Proceedings), pp. 99-108. http://research.microsoft.com/~hoppe/

[14] Hoppe, Hugues, “Optimization of mesh locality for transparent vertex caching,” in Computer Graphics (SIGGRAPH 1999 Proceedings), pp. 269~276. http://research.microsoft.com/~hoppe/

[15] Hultquist, Jeff, “Intersection of a Ray with a Sphere,” in Graphics Gems, Andrew S. Glassner (ed.), AP Professional, 1990.

[16] Lengyel, Eric, Mathematics for 3D Game Programming and Computer Graphics, Charles River Media, 2002.

[17] Möller, Tomas and Eric Haines, Real-Time Rendering, A K Peters, 1999.

[18] Mortenson, M.E., Mathematics for Computer Graphics Applications, second edition, Industrial Press, 1999.

[19] O’Rourke, Joseph, Computational Geometry in C, second edition, Cambridge University Press, 1994.

[20] Schorn, Peter and Fisher, Frederick, “Testing the Convexity of a Polygon,” in Graphics Gems IV, Paul S. Heckbert (ed.), AP Professional, 1994.

[21] Shoemake, Ken, “Euler Angle Conversion,” in Graphics Gems IV, Paul S. Heckbert (ed.), AP Professional, 1994.

[22] Shoemake, Ken, “Quaternions and 4×4 Matrices,” in Graphics Gems II, James Arvo (ed.), AP Professional, 1991.

[23] Watt, Alan and Mark Watt, Advanced Animation and Rendering Techniques, ACM Press,1992.

[24] Woo, Andrew, “Fast Ray-Box Intersection,” in Graphics Gems, Andrew S. Glassner (ed.), AP Professional, 1990.

[25] Ulrich, Thatcher, “Loose Octrees,” in Game Programming Gems, Mark DeLoura (ed.), Charles River Media, 2000